KB065898

미래국방의 국제정치학과 한국

이 저서는 2021-22년도 서울대학교 미래전연구센터, 한국국제정치학회,
대한민국 국방부, 국방대학교 안보문제연구소의 지원을 받아 수행된 연구임.

서울대학교 미래전연구센터 총서 7

미래국방의 국제정치학과 한국

김상배 엮음

김상배 · 허경무 · 정구연 · 조한승 · 윤대엽 ·
정성철 · 장기영 · 차정미 · 전경주 · 손한별 지음

International Relations of Future Defense and Korea

한울 아카데미

차례

책머리에 7

서론
미래국방의 국제정치학과 한국 김상배
연구 어젠다의 도출

1. 머리말 17
2. 미래국방의 새로운 패러다임 19
3. 미래국방의 국제정치적 동학 28
4. 미래국방 국가전략의 분석틀 36
5. 맺음말 40

제1부 미래국방의 새로운 패러다임

제1장
미래 과학기술과 미래국방 허경무

1. 서론 44
2. 미래 시나리오 프레임 도출 46
3. 2x2 시나리오 프레임 기반 사분면별 미래 이미지 51
4. 미래 이미지를 기반으로 한 시나리오 작성 53
5. 시나리오 및 Three Horizon 기법 기반 국방과학기술 미래 전망(우선순위화) 62
6. 미래 국방과학기술 68
7. 결론 83

제2장
미래전의 양상 정구연
수행 방식과 주체의 변화

1. 서론 88
2. 4차 산업혁명의 기술혁신과 군사적 적용 90
3. 전장 확대와 군사전략의 변화 100
4. 결론 109

제3장
신흥안보와 미래국방 조한승
안보 패러다임 변화

1. 머리말 113
2. 안보 패러다임의 이론적 논의와 신흥안보 115
3. 신흥안보의 주요 이슈와 주요국 군의 대응 123
4. 신흥안보와 한국의 미래국방 134
5. 맺음말 146

제2부 미래국방의 국제정치적 동학

제4장
첨단 방위산업과 군사혁신의 정치경제 윤대엽
한국과 일본의 국가안보혁신기반 개혁과 동맹협력

1. 문제 제기 152
2. 국가안보혁신기반과 동맹협력: 접근시각 155
3. 일본의 국가안보혁신기반 개혁과 동맹협력 161
4. 한국의 국가안보혁신기반 개혁과 동맹협력 169
5. 결론 및 함의 177

제5장
미래국방과 동맹외교의 국제정치 정성철

1. 들어가는 글: 미중경쟁과 동맹의 변환 183
2. 전통적 동맹론과 21세기 동맹정치 186
3. 미국 동맹망의 등장과 위기: 자유연합의 부상과 경제의존의 약화 188
4. 미국의 대외전략과 동맹의 변환: 안보·기술·가치 194
5. 나가는 글 202

제6장
'치명적 자율무기'를 둘러싼 국제협력과 국제규범화 전망 장기영
인공지능 군사무기는 국제정치 안보환경에 어떤 영향을 미칠 것인가?

1. 서론 208
2. 인공지능 군사무기 발전 210
3. 인공지능의 발전과 국제정치적 쟁점 213

4. 인공지능 규제 관련 국제규범화 현황 및 향후 국제협력 전망 220
5. 결론 227

제3부 미래국방의 국가전략과 한국

제7장
미중 미래국방 전략과 인공지능 군사력 경쟁 차정미

1. 서론 234
2. 인공지능 군사력 경쟁과 기술결정론 235
3. 미국의 인공지능에 대한 전략인식과 군사력 경쟁 241
4. 중국의 인공지능에 대한 전략인식과 군사력 경쟁 247
5. 결론: 인공지능 군비경쟁과 기술안보국가의 부상 254

제8장
중견국의 미래 국방전략 전경주

1. 들어가며 261
2. 국방 관점에서의 중견국 264
3. 중견국 국방전략의 구성 267
4. 주요 중견국의 미래 국방전략 274
5. 한국에 대한 함의 290

제9장
한국의 미래 국방전략 손한별
'국방전략 2050'의 추진과 과제

1. 서론 297
2. 개념적 고찰: 국방전략 기획 300
3. 한국 국방전략에 대한 비판적 검토 305
4. 「국방비전 2050」 318
5. 결론 327

찾아보기 332

| 책머리에 |

이 책은 서울대학교 미래전연구센터 총서 시리즈의 일곱 번째 책이다. 총서 1 『4차 산업혁명과 신흥 군사안보: 미래전의 진화와 국제정치의 변환』(2020년 4월)과 총서 2 『4차 산업혁명과 첨단 방위산업: 신흥권력 경쟁의 세계정치』(2021년 3월), 총서 3 『우주경쟁의 세계정치: 복합지정학의 시각』(2021년 5월), 총서 4 『디지털 안보의 세계정치: 미중 패권경쟁 사이의 한국』(2021년 10월), 총서 5 『미중 디지털 패권경쟁: 기술·안보·권력의 복합지정학』(2022년 4월), 총서 6 『미래전 전략과 군사혁신 모델: 주요국 사례의 비교연구』(2022년 11월)에 이어서, 『미래국방의 국제정치학과 한국』이라는 제목을 달고 총서 7로 출간하게 되었다.

이 책은 2022년도 한국국제정치학회 춘계학술회의에서 네 개의 특별 테마로 기획하여 개최된 '한국의 중장기 미래전략: 국방, 외교, 경제, 인터넷' 연구 프로젝트 시리즈 중 하나이다. 이 연구 프로젝트는 2021년 7월부터 시작되어 동년 하반기에 다섯 차례의 중간 발표회를 거치며 연구를 발전시키고 다듬었으며, 그 연구의 결과를 2022년 3월 17일에 '미래국방의 국제정치학과 한국'이라는 주제로 모아서 공개했다. 1년여의 세월을 투자하여 집중적으로 진행된 연구였지만, 좀 더 멀리 보면, 2019년에 처음 문을 연 서울대학교 미래전연구센터에서 진행해 온 연구를 중간 점검한 결과물이라고 할 수 있다. 이 책의 서론인 "미래국방의 국제정치학과 한국"(김상배)에서 자세히 언급하고 있듯이, 미래의 맥락에서 본 기본의 국방연구를 기술, 전쟁, 안보, 산업, 동맹, 규범 등의 범주로 나누어 점검하고, 한반도 주변국과 글로벌 중견국의 전략이라는 시각에서 성찰함으로써 향후 연구 어젠다를 도출할 목적으로 진행한 연구물이다.

제1부 "미래국방의 새로운 패러다임"에서는 미래국방 패러다임의 내용을 기술발달의 영향, 전쟁 수행 방식 및 주체의 변화, 신흥안보 패러다임의 부상이라는 차원에서 살펴보았다.

제1장 "미래 과학기술과 미래국방"(허경무)은 시나리오 및 'Three Horizon'과 같은 다양한 미래연구 기법에 기반하여 다양한 미래국방의 모습을 시나리오 형식으로 표현했으며, 이러한 연구 결과물을 중심으로 미래 국방과학기술 혹은 국방 R&D 분야 도출 및 우선순위화를 실시했다. 우선 2x2 시나리오 프레임을 도출하기 위해, 국방부 주관 '2050년 국방의 모습에 대한 설문조사'를 활용하여, ① 수요 측면, 즉 민수부처와 민간 분야(사회 및 일반 시민 포함)에서 전망하는 미래 유망 과학기술과 ② 군사·안보 소요에서 필요로 하는 국방과학기술을 2개의 축으로 선정했다. 선호 미래 이미지 중심 두 가지 시나리오 및 비선호 미래 이미지 중심 세 가지 시나리오를 도출했으며, 이러한 작업을 통해, 미래국방의 과학기술 전략은 국방과 군이 필요로 하는 과학기술 소요와 사회(국민)가 원하는 수요 과학기술이 일치했을 때, 과학기술 기반 선도적 미래 국방을 구축할 수 있다는 점을 확인했다.

이러한 내용을 기반으로 제1장은 총 5개의 미래 국방과학기술, ① 사이버 관련 기술(초연결 기반 국방 분야의 사이버-물리 시스템, 사이버 공격·방호, 비살상공격을 포함하는 사이버 전자전 기술, 실시간 통합 모의 가상공간 훈련을 포함한 합성훈련환경STE 기술), ② 우주·심해·극한지 극한기술(우주 통제 시스템, 에너지 확보 문제를 포함한 발사체 추진동력), ③ AI 기술(자율무기체계, 의사결정 관련 C4I, AI 중심 STE), ④ 인간시스템(바이오 변형 슈퍼솔져 및 인간강화기술), 마지막으로 ⑤ 자율무기체계(무인시스템, 자동화 드론, 소형화 무기체계를 위한 효율성, 3D 프린팅)를 도출했으며, 이 순서대로 우선순위화했다. 4차 산업혁명 내 표출되는 다양한 종류의 과학기술들은 대표적인 이중용도dual-use 기술이다. 향후 국방과학기술의 미래는 민간 분야와 군사 분야 활용 간의 경계가 불분명한 이중용도로서의 신흥 및 기반 기술의 수용 및 활용 정도에 의해 결정될 것이 확실하다.

제2장 "미래전의 양상: 수행 방식과 주체의 변화"(정구연)는 4차 산업혁명의 기술혁신, 특히 인공지능과 자율무기체계의 군사적 활용이 가져올 전쟁양상의 변화를 예측하며, 특히 억제와 위기고조의 개념을 중심으로 변화의 방향을 분석했다. 미국을 비롯한 4차 산업혁명 선두국가들은 기술혁신의 속도와 맞물려 합동전투 개념을 쇄신하고 있으며, 실제 전장에서의 수행을 위한 연합훈련도 개시하고 있다. 기술결정론의 관점은 기술혁신이 전장에서의 우위와 승리를 가져올 것이라 주장하지만, 인공지능과 자율무기체계의 도입은 오히려 역량-취약성 역설capability-vulnerability paradox의 개념이 보여주듯이 디지털 네트워크에 대한 과도한 의존이 오히려 취약성을 높이게 되는 결과로 이어질 수 있다. 예컨대 적대국의 선제공격 유인도 높아지며, 결과적으로 억제가 어려워져 전략적 안정성이 취약해질 가능성이 높다.

4차 산업혁명에 따른 빠른 기술혁신 속도는 강대국 경쟁과 맞물려 더욱 가속화되고 있는데, 이를 선도해 온 미국뿐만 아니라 중국, 러시아 역시 인공지능 기반 자율무기체계 개발에 주력하고 있다. 그러나 이들에 대한 규제의 범위와 적법성에 대해 국제적 합의에 이르지 못하는 상황이 장기화되고 있어, 국제규범 확립의 속도는 기술혁신의 속도를 따라잡기 어려울 것으로 예측된다. 이에 따라 각국은 기술혁신이 가져올 전쟁양상의 변화를 가늠하며 합동전투 개념을 개발하고 있다. 우선 기술혁신은 선제공격의 유인을 높임에 따라 공격우위의 군사전략 및 무기체계 구축을 선호케 할 것이며, 전쟁 개진의 비용을 낮추고, 점령으로 인식되어 왔던 전쟁의 목표 역시 네트워크 환경 속에서 변화할 것으로 예측된다. 더욱이 우주와 사이버 공간으로의 전장 확대는 다영역 우위 확보를 기반으로 한 교차영역 처벌 억제를 선호케 하고 있어, 우발적 위기고조의 가능성도 높일 것으로 예측된다. 이러한 변화에 대응하기 위한 미국의 전영역작전과 결심중심전 개념의 등장은 네트워크 환경 속에서의 우위를 확보하기 위한 전략이나, 이 역시 기존의 억제와 위기고조 작동 방식에 영향을 미쳐 국가 간 위기 안정성에도 영향을 미칠 것으로 예측된다.

제3장 "신흥안보와 미래국방: 안보 패러다임 변화"(조한승)는 냉전 이후 안보 개념이 전통적인 군사력 중심의 국가안보 패러다임에서 벗어나 인간, 사회 공동체를 포괄하는 방향으로 진화하고 있음에 착안하여 논지를 펼쳤다. 특히 21세기 네트워크 시대에 신흥안보 개념이 주목받고 있다고 주장한다. 신흥안보 개념은 개인 혹은 소집단 수준에서의 미시적인 안전 문제가 복잡하고 중층적인 행위자·이슈 네트워크를 거치면서 국가 및 국제적 수준에서의 거시적인 안보 문제로 창발하는 것에 주목한다. 대표적인 신흥안보 이슈로 사이버 공격, 감염병 확산, 기후변화, 난민 문제 등이 거론된다. 이러한 이슈들은 대부분 비군사적 성격에서 비롯되지만, 신흥안보 차원으로 창발하면 공동체 질서를 교란하고 사회 기능을 마비시킬 수 있다. 군은 군사적 성격의 국가안보를 담당하는 행위자이지만 기술·자연·사회 시스템으로부터 발생하는 위험요인의 신흥안보로의 창발에 대해서도 대응할 수 있는 역량을 갖추어야 한다. 군은 그동안 비전통 안보위협에 대한 대응역량을 발전시켜 왔으나, 안보를 단순히 전통과 비전통으로 구분하는 소극적 접근보다는 적극적으로 대응역량을 키우고 이를 위한 제도적 기반을 구축하기 위해서는 신흥안보 패러다임을 통한 체계적인 접근이 필요하다.

최근 보건, 사이버, 환경 및 에너지, 난민 및 국제범죄 등의 쟁점이 신흥안보 위협으로 창발하는 현상이 빈번해지고 있으며, 이에 대응하기 위해 미국과 유럽의 주요국 군은 신흥안보 패러다임을 적용한 정책을 모색하고 있다. 우리 군도 코로나 대응 지원, 아프간 난민 구출 등 신흥안보 영역에서 여러 성과를 거두었지만, 아직도 단순히 대민 지원에 불과한 것으로 이해되는 경우가 많다. 향후 더욱 증가할 신흥안보 위협에 군의 대응역량을 키우기 위해서는 메타거버넌스 접근이 필요하다. 즉, 적합성 차원에서 군의 선제적 대응에 대한 논리적 근거를 개발하고, 복원력 차원에서 위기관리뿐 아니라 미래 위협에 대응하는 역량을 발전시켜야 한다. 또한, 신흥안보 위협에 대한 민군 종합적 대응 메커니즘을 발전시키고 주변국 및 우방국과의 군사적 국제협력을 증진해야 한다.

제2부 "미래국방의 국제정치적 동학"은 미래국방 패러다임의 부상이 야기하는 국제정치의 변화를 군사혁신, 동맹외교, 국제규범을 통해서 살펴보았다.

제4장 "첨단 방위산업과 군사혁신의 정치경제: 한국과 일본의 국가안보혁신기반 개혁과 동맹협력"(윤대엽)은 군사기술 혁신, 방위산업 육성이 상호 연계되어 있는 군사혁신에서 동맹은 어떤 영향을 미치는가의 문제를 탐구했다. 특히 제4장은 한국과 일본의 사례를 통해 군사혁신과 동맹협력의 인과관계를 비교적 시각에서 분석했다. 전후 한국과 일본의 군사변환은 미국이 주도하는 군사혁신을 수동적·반응적으로 수용한 결과였다. 그런데 최근 안보 불확실성에 대응하여 군사기술 혁신과 방위산업 육성을 연계하여 군사혁신을 추진하고 있는 한국과 일본의 동맹협력에는 차이가 있다. 한국은 동맹의존을 축소하는 내생적 혁신전략을 추진하는 반면, 일본은 동맹협력을 강화하는 외생적 혁신전략을 추진하고 있다. 이러한 문제의식을 바탕으로 제4장은 한국과 일본의 군사혁신 전략이 동맹협력에 있어서의 차이점을 비교하고 미래 군사전략에 대한 함의를 검토했다.

제5장 "미래국방과 동맹외교의 국제정치"(정성철)는 '미국의 복귀'를 선언하여 동맹과 우방과의 협력을 강조하는 바이든 행정부의 전략에 착안하여 논지를 펼쳤다. 이는 단순히 전통적인 동맹망의 강화가 아니라 안보·가치·기술을 연계한 포괄적 동맹망의 추진을 뜻한다는 것이다. 새로운 성격의 동맹망 출현은 기존 현실주의와 자유주의에 기초한 동맹론의 한계를 드러낸다. 제2차 세계대전 이후 미국이 구축한 동맹망은 냉전을 거치면서 이념적으로 민주주의를 공유한 자유연합으로 거듭났지만, 미국 경제력의 상대적 약화로 미국과 동맹간 경제적 의존관계가 약화되는 변화 역시 겪었다. 이러한 상황에서 바이든 행정부는 중국의 부상을 도전으로 규정하고 권위주의 세력을 견제하고자 이념과

기술을 공유하는 동맹과의 긴밀한 협력을 추진하고 있다. 이러한 미국의 포괄적 동맹망 전략은 최근 아시아와 유럽의 반중 정서와 맞물려 민주국가들의 일정한 호응을 얻고 있는 상황이다. 하지만 바이든 행정부가 대외전략과 관련하여 국내 지지와 동력을 확보하면서 효율적이고 안정적인 글로벌 리더십을 행사할 수 있을지는 아직까지 미지수라고 할 수 있다.

이러한 맥락에서 제5장은 한국이 급변하는 국제환경과 동맹정치에 대한 이해를 바탕으로 동맹외교에 적극적으로 나서야 한다고 주장한다. 미국이 주도하는 포괄적 동맹망의 형성 속에 한국의 이익과 가치를 조화롭게 추구하면서 기후변화와 글로벌 팬데믹과 같은 새로운 도전에 맞설 국제협력 방안을 마련해야 한다는 것이다. 동맹·우방과 더불어 위협을 규정하고 역량을 결집하는 공동 작업에 주도적으로 나설 때, 21세기 국제질서를 공동 건축하는 역할을 수행하게 될 것이라는 주장이다.

제6장 "'치명적 자율무기'를 둘러싼 국제협력과 국제규범화 전망: 인공지능 군사무기는 국제정치 안보환경에 어떤 영향을 미칠 것인가?"(장기영)는 현재 AI 선도국들이 개발하고 있는 자율무기가 국제정치 안보환경에 미칠 영향에 대해 알아보았으며, 자율무기 개발을 규제하는 국제규범화를 둘러싼 국가들의 협력 가능성에 대해 살펴보았다. 인공지능 시스템은 기계가 사람의 결정 속도를 상회하여 전투 국면을 가속화하고 결과적으로 전투에서 인간의 통제를 상실하게 만들기 때문에 AI 군사기술 격차가 크지 않은 국가들 사이에서 분쟁이 일어나면 국가들의 서로 다른 인공지능 군사 무기들은 예측하기 어려운 방식으로 상호작용하여 군사위기를 필요 이상으로 증폭시킬 수 있다. 인공지능 군사기술의 발전으로 궁극적으로 방어가 공격보다 어렵게 되는 안보환경이 조성된다면 해당 국가들은 이를 극복할 수 있는 억지 수단이 결여될 뿐만 아니라 이는 국가들 간 심각한 안보딜레마 문제를 야기시킬 수 있다. 이러한 연장선에서 제6장은 만약 특화된 비국가 전문가 집단들 역시 인공지능 군사기술을 사용할 수 있게 된다면 국가가 무력행사의 주된 행위자였던 근대 국제질서에서

와는 달리 국민국가를 중심으로 형성되었던 관념과 정체성을 변화시켜 국민국가의 약화를 초래할 수 있을 것이라 전망했다.

아울러 제6장은 인공지능 군사 무기 규제를 둘러싸고 전 지구적 국제협력이 어려운 이유가 무기 금지에 대한 규범화가 AI 선도국인 강대국들의 주도가 아니라 대부분 AI 기술 후진국들의 정책선호를 반영하고 있기 때문이라고 주장한다. 현실적으로 자율살상무기체계LAWS 개발이 가능한 강대국들의 동의와 리더십이 절실하게 요구되는 상황에서 향후 LAWS 금지 규범은 인도주의적 문제라는 프레임만으로는 성공적인 규범화를 달성하기 어렵고, 성공적인 규범화를 이루기 위해서는 강대국들 사이 안보적 이해관계나 강대국 국내 정치에서 벌어지는 프레이밍 게임이 향후 규범화를 결정짓는 중요한 변수가 될 것이다. 제6장은 향후 군사 무기에 대한 국제규범은 AI 선진국들을 강하게 규제할 수 있는 형태가 아니라 AI 선진국들의 국가이익을 어느 정도 반영한 상태에서 가시화될 수 있을 것이라 주장한다.

제3부 "미래국방의 국가전략과 한국"은 미래국방 패러다임에 대응하는 주요국들의 국가전략에 대한 비교연구의 필요성을 제기했다.

제7장 "미중 미래국방 전략과 인공지능 군사력 경쟁"(차정미)이 주목한 것은 중국의 경제적 부상과 발전전략이 과거 전통적 제조업 중심에서 첨단기술산업으로 급격히 이동하면서 미·중 양국 간 패권경쟁은 미래 질서 리더십 확보에 핵심요소가 될 수 있을 것으로 인식되는 신흥기술 분야 주도권 경쟁으로 확대되고 있는 현상이다. 특히 인공지능 기술이 미래 경제성장과 군사력을 결정하는 게임체인저가 될 것이라는 인식하에 미중 양국의 미래 국가전략과 국방전략은 인공지능 기술에 주목하고 있으며, 인공지능 기술 주도 경쟁과 군사화 경쟁을 가속화하고 있다. 현재의 압도적 군사우위를 유지하고자 하는 미국과 지능화 혁신을 통한 비약적 발전으로 미국과의 격차를 좁히고자 하는 중국이 모두 인공지능을 군사혁신의 핵심으로 인식하고 있다는 점에서 인공지능의 군사력 경쟁이 주목받고 있다.

이러한 인식을 바탕으로 제7장은 미중 양국 간의 인공지능 군사력 경쟁을 초래하고 있는 기술결정론적 인식에 주목하고, 미중 양국 간 인공지능 군사력 경쟁을 전략인식과 이에 근거한 구체적인 군 구조 혁신, 군사기술 혁신, 규범 주도 경쟁 등을 중심으로 분석했다. 미중 양국이 가진 인공지능에 대한 전략인식, 즉 기술결정론적 인식과 상호 위협인식을 분석하고, 이에 근거한 양국 간의 인공지능 군사력 경쟁의 구체적 양상을 분석함으로써 미중 양국의 인공지능 군사력 경쟁의 미래와 국제정치적 함의를 제시했다. 미중 양국이 군사 분야에서 전개하고 있는 인공지능 기술 연구개발과 관련 조직 강화, 인공지능 기반의 무기 장비체계 구축 등의 노력은 실제 인공지능 군사력 경쟁, 군비경쟁의 현실을 보여주는 것이라 할 수 있다. 인공지능의 미래 영향력과 이로 인한 미래 질서, 미래 군사력, 미래 전쟁에 불확실성과 불예측성이 높아지고 있다는 점에서 인공지능이 질서경쟁과 군사력 경쟁에서 게임체인저가 될 것이라는 기술결정론은 힘을 얻고 있으며 미중 양국의 상호 위협인식과 경쟁 속에서 지속 심화될 가능성이 높다고 할 수 있다.

제8장 "중견국의 미래 국방전략"(전경주)은 주요 중견국들의 미래 국방전략을 검토함으로써 한국의 국방전략 수립을 위한 함의를 도출했다. 중견국은 중국이나 러시아처럼 세계 최강대국인 미국의 경쟁 상대가 되지는 못하지만, 국제관계에 영향을 미칠 만한 의지와 능력이 있는 국가들이다. 중견국은 어떤 문제든 단독으로 대처할 수는 없어 타국에 의존해야 하는 약소국과 모든 문제를 자율적이고 주도적으로 해결하려는 강대국 사이에 위치한다. 따라서 중견국은 국방목표를 달성하기 위해 타국과의 군사동맹에 대한 의존도를 높일 것인지, 국방혁신을 통해 자국의 독자적 역량을 강화할 것인지의 사이에서 자국의 전략을 고민하게 된다.

제8장은 이러한 고민하에 수립된 영국, 프랑스, 일본, 그리고 호주의 국방전략을 탐구했다. 영국과 프랑스는 민군협력에 기반한 대규모 방위산업을 육성하며 국방혁신을 추구하고, 각각 미국과 NATO에 집중적으로 기여하여 자국

의 목표를 달성하고 이익을 확장하려 하고 있다. 한편 호주와 일본은 미국과의 동맹에 기여하기보다는 의존하는 입장에 있으면서도, 동맹에 대한 기여를 늘리는 동시에 국방혁신을 강화하는 방향을 모색하고 있다. 영국과 프랑스는 중견국의 대열에서 상당히 앞서 있는 국가로서, 한국이 지향해야 할 국방전략을 탐색함에 있어 좋은 참고가 된다. 호주와 일본은 중견국 대열에서 한국과 비교적 경쟁적 위치에 있는 국가들이자, 유사한 전략환경에 있는 국가들이다. 이들의 뒤처지지 않기 위한 노력 역시 한국의 국방에 유의미한 함의를 던져줄 것이다.

제9장 "한국의 미래 국방전략: '국방전략 2050'의 추진과 과제"(손한별)는 미래국방의 국제정치학 시각에서 한국의 사례를 다루었다. 한국 국방부는 2050년을 목표로 하는 「국방비전 2050」을 수립하고, 「미래국방혁신구상」을 통해 비전을 구현하기 위한 핵심과업을 선정했다. 국내외의 시대적 상황에 따라 적절한 국방목표를 제시하고, 목표 달성을 위해 방법과 수단을 혁신적으로 구성하는 과정으로서, 미래 국방기획의 핵심적인 작업이다. 30년 이후의 미래를 위한 전략과 수행 방안이 마련된 것으로, 북한을 넘어서 주변국 및 비전통 위협에도 적극 대비할 것임을 공식화했고, 전략·교리와 군사기술의 융합을 추구하며, 유관 부처 및 기관과의 협력을 통해 국가 차원에서 국방 패러다임의 전환을 추진하고 있다. 미래 안보환경을 주도적으로 조성하려는 목적을 분명히 하고 있으나, 국내외 안보환경은 이를 실행하는 데 상당한 부담으로 작용한다. 미래 안보위협과 위험을 인식하고 어떻게 규정할 것인가, 인식된 위협에 대한 대응 주체는 누가 될 것인가, 국방의 전략적 불균형을 어떻게 해소할 것인가, 운영적 관점에서 각 군별 영역 구분 및 임무 분담은 어떻게 할 것인가의 문제를 해결해 나가야 한다. 이를 위해 국방전략-군사력 운용-군사력 건설-연구개발-방산 구조-인력 구조-국방운영의 연계를 고려하고, 전략환경, 방법과 수단, 가용 재원의 변화에 따라 시기별 전략을 단계화해야 한다. 또 국방조직을 간소화하고 효율화하기 위한 개편이 필요하다. 아울러 위협과 위험의 적실한 평가, 대응 작전개념, 작전 임무와 요구 능력의 분석, 전투·실험 검증 등을 통해 차근

차근 미래전략을 실행해 나가야 할 것이다.

이 책이 나오기까지 도움을 주신 많은 분들에 대한 감사의 말씀을 잊을 수 없다. 특히 이 책에 담긴 연구의 수행에 참여해 주신 아홉 분의 필자들께 감사의 마음을 전한다. 특히 2022년 한국국제정치학회 연구 이사로서 헌신해 주신 국방대학교 손한별 교수께 감사하다. 이 책의 기획과 연구의 수행을 물심양면으로 지원해 주신, 서욱 국방부 장관, 어창준 국방부 장관특보, 김상진 국방부 국제정책관, 정해일 국방대학교 총장께 고마움을 전한다(모두 연구 진행 당시 직함). 2022년 3월에 진행된 한국국제정치학회 춘계학술회의에서 사회자와 토론자로 참여해 주신 선생님들께 대한 감사의 말씀도 빼놓을 수 없다. 직함을 생략하고 가나다순으로 언급하면, 고봉준(충남대학교), 김소정(국가안보전략연구원), 김현욱(국립외교원), 박영준(국방대학교), 박용한(한국국방연구원), 손경호(국방대학교), 손병권(중앙대학교), 알리나 쉬만스카(서울대학교), 양욱(아산정책연구원), 이동률(동덕여자대학교), 이철재(중앙일보), 장원준(산업연구원), 전혜원(국립외교원), 정헌주(연세대학교), 조남석(국방대학교), 조남훈(한국국방연구원), 차두현(아산정책연구원), 홍규덕(숙명여자대학교), 황지환(서울시립대학교) 등 여러분께 감사드린다. 또한, 연구의 진행을 보조해 준 서울대학교 대학원의 최정훈, 신승휴 등에게 감사하다. 이 책을 출판하는 과정에서 교정 총괄을 맡아준 석사과정의 신은빈에 대한 감사의 말도 잊을 수 없다. 끝으로 출판을 맡아주신 한울엠플러스(주)의 관계자들께도 감사의 말을 전한다.

2023년 4월 14일

2022년도 한국국제정치학회장

서울대학교 미래전연구센터장

김상배

서론

미래국방의 국제정치학과 한국

연구 어젠다의 도출

김상배 | 서울대학교

1. 머리말

최근 4차 산업혁명 분야의 기술발달은 국방 분야에도 큰 영향을 미치고 있다. 가장 많이 거론되는 변화는 첨단기술이 무기체계의 발달에 미치는 영향이다. 또한 새로운 기술의 도입은 군사작전의 혁신을 넘어서 국방조직의 혁신도 촉발한다. 예를 들어, 인공지능AI을 장착한 자율무기체계autonomous weapon systems: AWS는 전투와 전쟁의 승패뿐만 아니라 미래국방 시스템 전반의 새로운 변화를 가져올 기술 변수로 거론된다. 기술 변수만이 미래국방의 새로운 변화를 일으키는 것은 아니다. 역으로 군사전략의 변화가 새로운 기술을 활용한 무기체계의 개발을 촉발하는 메커니즘도 간과할 수 없다. 요컨대 기술과 무기와 전략은 상호작용하며 미래국방의 지평을 열고 있다.

이러한 변환은 국제정치 전반에도 영향을 미치고 있다. 역사적으로 해당 시기의 첨단기술력의 우위는 경제·산업·정치·군사적 차원에서 국가의 명운을 가른 요소였다. 4차 산업혁명 시대에도 첨단기술은 국력의 우위를 보장하고 더 나아가 글로벌 패권에 다가가는 데 있어 결정적인 요소가 될 것이다. 이러한 디지털 국력 경쟁을 뒷받침하는 군사혁신을 성공적으로 추진하는 것은 미래 국가의 주요 업무가 아닐 수 없다. 게다가 최근 첨단기술 경쟁의 열기는 국제정치의 여타 영역으로도 급속히 확산되고 있다. 첨단기술의 이슈는 수출입 통제나 동맹외교와 만나고 미래국방 분야의 국제규범 형성의 쟁점으로도 통한다. 이 과정에서 국가의 역할과 성격이 변할 뿐만 아니라 국가 이외의 민간 행위자들의 역할과 위상이 증대되고 있다.

이러한 미래국방의 흐름에 어떻게 대응해야 할까? 세계 주요국들은 첨단기술을 미래국방의 핵심 요소로 인식하고 국가적 역량을 집중하고 있다. 글로벌 패권을 놓고 경쟁을 벌이는 미국과 중국 두 나라의 최대 관심사도 미래국방의 함의를 갖는 4차 산업혁명 분야의 주도권을 장악하는 데 있다. 최근 양국이 벌이는 경쟁의 양상은 기술과 산업뿐만 아니라 통상과 금융, 동맹과 외교 및 규범과 가치에 이르기까지 그 대립의 전선이 급속히 확대되고 있다. 강조컨대, 이들 분야를 모두 아우르는 지점에 양국의 '디지털 패권경쟁'이 있다. 이러한 상황에서 세계 주요국들도 디지털 패권경쟁에 편승하기 위해서 팔을 걷어붙이고 있다(김상배, 2022a).

이러한 인식을 바탕으로 이 글은 여태까지 서울대학교 미래전연구센터 총서 시리즈에서 수행한 연구를 되돌아보고 이를 토대로 향후 연구 어젠다를 도출해 보았다. 이 책에 담긴 각 장의 내용에 대한 소개도 겸한 이 글은 크게 세 가지 측면에서 미래국방 패러다임의 부상과 의미, 과제 등을 살펴보았다. 첫째, 미래국방 패러다임의 내용을 기술발달의 영향, 전쟁 수행 방식 및 주체의 변화, 신흥안보 패러다임의 부상이라는 차원에서 살펴보았다. 둘째, 미래국방 패러다임의 부상이 야기하는 국제정치의 변화를 군사혁신, 동맹외교, 국제규범을 통해서 살펴보았다. 끝으로, 미래국방 패러다임에 대응하는 주요국들의 국가전략에 대한 비교연구의 필요성을 제기했다.

2. 미래국방의 새로운 패러다임

1) 미래 과학기술과 미래국방

4차 산업혁명의 전개에 따른 기술발달은 첨단 군사기술 분야에도 큰 영향을 미치고 있다. 무엇보다도 무인로봇, 인공지능 및 머신러닝, 빅데이터, 사물인터넷IoT, 가상현실VR, 3D 프린팅 등과 같은 4차 산업혁명 분야의 신흥 및 기반 기술emerging and foundational technologies: EFT을 적용하여 새로운 무기체계의 개발이 이루어지고 있다. 그중에서도 인공지능과 자율로봇 기술을 적용한 자율무기체계AWS의 개발이 가장 대표적인 사례인데, 총, 폭탄, 전투차량, 전투함정, 전투비행기, 레이저, 레일건, 사이버 SW, 로봇, 드론 등의 분야에서 첨단화된 재래식 무기의 개발이 이루어지고 있다.

미국의 수출통제개혁법Export Control Reform Act: ECRA은 미래 무기체계의 개발에 중요한 의미를 갖는 신흥 및 기반 기술 14개 분야를 들고 있다. ① 바이오, ② 인공지능과 머신러닝, ③ PNTpositioning, navigation, timing, ④ 마이크로프로세서, ⑤ 첨단 컴퓨팅 기술, ⑥ 데이터 분석 기술, ⑦ 양자정보 및 센싱 기술, ⑧ 로지스틱스, ⑨ 3D 프린팅, ⑩ 로보틱스, ⑪ 두뇌-컴퓨터 인터페이스, ⑫ 극초음속, ⑬ 첨단소재, ⑭ 첨단 감시기술 등이 그 사례들이다. 이들 기술은 객관적으로 중요한 기술이기도 하지만 미국이 원하는 방향으로 기술개발을 끌어가는 과정에서 강조되는 기술이라는 점도 유념할 필요가 있다.

여기서 파생되는 과제는, 한국의 경우 이렇게 미국이 강조하는 기술의 추세를 모두 좇아가야 할 것인가의 문제이다. 아니면 한국의 관점에서 미래국방을 염두에 두면서 새로운 기술개발의 리스트를 만들어야 할 것인가? 미국처럼 모든 기술에 다 투자할 수 있다면 좋겠지만 그럴 수 없는 상황에서 어떤 기준을 가지고 어떤 기술에 초점을 두어야 할 것인가? 빠르게 전개되는 4차 산업혁명 시대에 한국만의 기술 리스트를 만들어 집중한다는 것이 과연 의미가 있을까라는 문제부터 만약에 선택과 집중을 한다면 그 구체적인 방법은 무엇일지에 이르기까지 다양한 고민이 진행되어야 할 것이다.

이러한 과정에서 반드시 고려해야 할 요소가 있다면 예산이나 인력 면에서 순수한 국방 분야는 그 비중이 줄어드는 추세에 있다는 사실이다. 이에 비해 국방 분야의 민간 영역에 대한 의존도는 점점 높아져 가고 있다. 예를 들어, 현재 우리가 논하는 첨단 군사기술의 대부분은 순수한 군사기술이 아니고, 민간 부문을 중심으로 발달하여 군사 분야에 적용되는 민군겸용dual-use 기술이다. 실제로 최근 상업용 AI 기술혁신이 대학과 기업에서 이루어져 군사 분야로 전용되는 일이 많아졌다. 민군겸용의 함의를 지닌 첨단기술인 AI 기술의 역량 격차에 대한 국가안보 차원의 우려가 발생하는 이유이다.

민군겸용 기술이 군사 분야에 적용되는 양상도 적시할 필요가 있다. 좀 더 구체적으로는 군사작전 수준에서 자율무기체계의 도입과 무인전장 개념 구현 및 이로 인한 병력 감축의 발생 등을 살펴봐야 할 것이다. 이제까지 인간 중심으로 이루어져 왔던 표적의 확인, 위협 대상 판단, 무기의 발사 결정 등 각각의 과업을 인공지능 장착 기계가 대신하는 과정에 대한 이해도 필요하다. 이른바 'OODAObservation-Orient-Decide-Act 루프loop'로 알려진 '관측-사고-판단-행동의 고리'에서 자율무기체계와 인간의 관계를 한반도의 맥락에서 어떻게 설정할 것인지에 대한 진지한 고민이 필요하다.

현재 미중 간에는 자율무기체계 개발 경쟁이 진행되고 있다. 미국의 척 헤이글 국방장관은 2014년 11월 게임체인저game changer로서 '제3차 상쇄전략'을 언급했다. 중국 시진핑 주석도 2017년 10월 제19차 당대회 보고문에서 현대화된 육군, 해군, 공군, 로켓군, 전략군 등의 건설을 주장했다. AI 기술의 군사적 활용을 놓고 벌이는 미중경쟁은 무기체계 관련 기술 이외에도 운영체계 플랫폼이나 전쟁 수행 방식에까지 확장되고 있다. 이러한 미중경쟁의 추세를 외면할 수 없는 것이 한국의 입장이다. 그렇다면 한국은 AI 무기의 기술혁신을 따라잡기 위한 전략을 어디까지 펼쳐야 할까? 강대국들이 경쟁하는 '하이엔드'보다는 '로엔드'에 집중해야 할까? 군사기술 혁신에도 이른바 '안행雁行 모델'이 가능할까?

새로운 기술 패러다임이 국방 시스템 전반에 미치는 영향에도 관심을 기울여야 한다. 무기체계뿐만 아니라 초연결된 환경을 배경으로 한 '시스템 전체'의 스마트화도 진행되는데, 국방 분야의 '사이버-물리 시스템CPS' 구축이 그 대표적인 사례이다. 좀 더 구체적으로 디지털 데이터 플랫폼의 구축이라는 차원에서, 전장 관련 각종 데이터를 수집하고 분석하여 이를 기반으로 지휘결심을 지원하는 '지능형 데이터 통합체계'의 마련이 필요하다. 이 밖에도 훈련 데이터 축적, 사이버 위협 탐지, 새로운 전투 플랫폼 구축 등에서도 '데이터 국방'을 실현해야 한다는 과제를 안고 있다. 이러한 디지털 국방 시스템의 구축에 있어서 한국은 어디까지 왔으며, 앞으로 어디로 가야 할까?

또한 디지털 플랫폼의 구축을 바탕으로 한 제품-서비스 융합 차원에서도 무기체계 제품 자체의 가치 창출 이외에도 유지·보수·관리 등과 같은 서비스가 새로운 가치를 창출하고 있음에 주목해야 한다. 예를 들어, 무기 및 지원체계의 고장 여부를 사전에 진단하거나 예방하는 서비스, 부품을 적기에 조달하는 '스마트 군수 서비스' 등도 쟁점이다. 이와 더불어 4차 산업혁명 시대를 맞는 첨단 방위산업 모델의 변환에도 주목해야 할 것이다. 후술하는 바와 같이, 현재 방위산업 분야에서는 과거와 같은 '수직적 통합'의 거대 산업 모델을 넘어서 '수평적 통합'을 기반으로 한 새로운 모델이 부상하고 있다. 이러한 맥락에서 한국의 '스마트 국방' 비전이 지향하는 바는 무엇인가를 구체적으로 고민해야 할 것이다.

2) 미래전 양상 전망: 수행 방식과 주체의 변화

첨단 군사기술의 도입은 전쟁 수행 방식의 변화에도 영향을 미친다. 네트워크 중심전Network-Centric Warfare: NCW은 정보 우위를 바탕으로 지리적으로 분산된 모든 전투력의 요소를 네트워크로 연결·활용하여 전장 인식을 확장할 뿐만 아니라 위협 대처도 통합적으로 진행한다는 개념이다. 최근에는 결심중심전Decision-Centric Warfare: DCW의 개념도 강조되고 있다. 스워밍swarming은 드론과 인공지능 알고리즘을 활용하여 전투 단위들이 하나의 대형을 이루기보다는 소규모로 분산되어 있다가 유사시에 이들을 통합해서 운용한다는 개념이다. 모자이크전Mosaic Warfare은 중앙의 지휘통제체계가 파괴되어도 지속적인 작전능력을 확보할 뿐만 아니라 새로이 전투조직을 구성한다는 군사작전 수행의 개념이다(김상배, 2020: 34).

전투공간의 변환도 중요한 논제이다. 다영역작전Multi-Domain Operation: MDO 또는 전영역작전All-Domain Operation: ADO의 논의를 통해서 육·해·공을 넘어서 우주·사이버 공간에서의 전쟁이 조명을 받고 있다. 특히 사이버 공격을 통한 물리적 파괴, 시스템 교란, 자원 획득, 심리전 등이 논란거리다. 최근에는 AI를 활용한 사이버 공격이 쟁점으로 떠올랐으며, 위협정보 분석, 이상 징후 감지, 알고리즘 기반 예측 등 사이버 방어에도 AI가 활용되고 있다. 이 밖에도 최근 소셜 미디어를 활용한 정보심리전도 사이버전의 한 양식으로 주목받고 있다. 가짜 뉴스, 사이버 루머 등의 확산이 활발히 이루어지고 있으며, 소셜 미디어의 전략적 효과를 노리고 언론매체에 빈번한 허위 정보를 유포하는 행위가 미래전에 주는 함의에 유의해야 한다.

이러한 연속선상에서 전자기파 공격과 지향성에너지 무기를 사용하는 전자전에도 주목해야 한다. 전자전은 단순히 전장운영 개념의 한 분야가 아니라 현대전 전체를 이끄는 핵심적인 요소로 부각되고 있다. 전자기 펄스Electromagnetic Pulse: EMP나 고출력 극초단파High Power Microwave: HPM 등과 같은 전자공격용 무기들이 속속 개발되고 있으며, 이미 GPS 재밍 공격과 '발사의 왼편Left of Launch'으로 알려진 전자전 공격 등이 출현했다. 우주 공간의 군사화와 무기화도 쟁점이다. 위성요격미사일 이외에도 인공위성 궤도를 수정해 의도적으로 서로 충돌하게 하거나 우주 파편과 부딪히게 함으로써 위성체계를 파괴하거나 위성의 작동 자체를 무력화시키는 공격이 논란거리다. 이러한 과정에서 우주전은 사이버·전자전과 결합된다.

하이브리드전Hybrid Warfare의 부상도 화두이다. 하이브리드전은 고도로 통합된 구상 속에서 노골적이고 은밀한 군사와 준군사, 민간 수단들이 광범위하게 운용되는 전쟁의 양상이다. 수단의 복합이라는 점에서 재래전, 핵전, 하이테크전, 사이버전의 복합이 발생하는 것을 의미한다. 전쟁 목적의 복합이라는 점에서 9·11 이후 전쟁 목적의 비대칭성에 주목하여 적대국으로부터 군사적 대응을 촉발하기 직전에 그 문턱에는 미치지 않는 선에서 교묘하고 신중하게 활동하는 전쟁이다. 주체의 복합이라는 점에서 전투원과 민간인의 구분이 어렵고 인간과 로봇 행위자가 점차적으로 복합되는 전쟁을 의미하기도 한다.

미래전 수행 주체의 변화라는 맥락에서 국가 행위자의 변환 및 새로운 행위자의 부상에도 주목할 필요가 있다. 예를 들어, 전쟁의 정교화 및 전문화로 인해 비국가 행위자들의 보조적 역할이 증대되고 있다. 민간 군사 기업Private Military Corporation: PMC이나 사이버안보 분야의 민간 정보 보안업체의 역할이 커지고 있다. 최근 드론을 활용한 테러가 논란거리인데, 이는 국가에 의한 폭력의 독점의 분산을 초래하여 기존 국가중심 질서의 균열 가능성마저도 점치게 한다. 자율무기체계의 발전은 전쟁의 인간중심성에도 영향을 미친다. 군 인력이 수행했던 기능이 로봇에 의해 대체되고, 군병력의 감소 가능성이 제기되고 있다. 미래전 분야에서도 인공지능의 역량이 인간의 능력을 능가하는 '특이점singularity'이 올 것인가의 문제가 쟁점이다.

이러한 맥락에서 4차 산업혁명으로 인한 기술발달이 근대 전쟁의 본질까지도 변화시키는가의 문제를 생각해 볼 필요가 있다. 특히 자율무기체계의 도입은 전쟁의 본질을 변화시켰는가? 본질이 변한 것이 아니라면 무엇이 변했는가? 특히 클라우제비츠가 말한 근대 전쟁의 본질, 즉 폭력성, 정치성, 우연성의 관점에서 무슨 변화가 발생했는가를 살펴볼 필요가 있다. 예를 들어, **표 1**에 요약한 바와 같이, 자율무기체계의 도입은 클라우제비츠의 삼면성에 비추어 볼

표 1 클라우제비츠로 보는 근대 전쟁의 질적 변화 논의

	전쟁의 본질	전쟁의 성격 변화, 그 양면성
폭력성	폭력의 논리	자동-반자율-자율무기의 부상, 폭력의 논리는 계속 커져갈 것. 그런데 죽이지 않아도 시스템이 다운되어 전쟁이 끝난다면?
정치성	수행 주체로서 국가	국가는 없어지지 않고 더 복합적인 형태로 변환. 그런데 인간이 아닌 기계가 판단하는 상황이 온다면?
우연성	이번에는 이길 것 같은 느낌	프로그램의 우월성이 승패를 미리 결정하는 상황 창출. 그런데 오작동과 사이버 공격 등으로 시스템 실패가 발생한다면?

자료: 저자 작성.

때, 일정한 정도의 양면성을 띤 변화가 근대 전쟁의 성격과 관련하여 발생하고 있음을 보여준다.

이렇듯 자율무기체계의 도입으로 인해 전쟁 수행의 폭력성과 정치성 및 우연성이 예전과는 다른 구도로 펼쳐지는 상황에서 미래전은 앞으로 어떠한 양상으로 진화해 갈 것인가? 그야말로 인간이 아닌 비인간non-human 행위자로서 로봇이 주체가 되어 벌어지는 '로봇전쟁'의 도래 가능성을 생각해 보게 만드는 대목이다. 사실 종전의 기술발달이 전쟁의 성격과 이를 수행하는 사회의 성격을 변화시키는 데 그쳤다면, 4차 산업혁명 시대의 자율무기체계는 전쟁의 가장 본질적인 문제, 즉 인간의 주체성 변화라는 문제를 건드리고 있기 때문이다. 그야말로 인간이 통제할 수 있는 범위를 벗어날지도 모르는, 이른바 '포스트 휴먼 전쟁'과 이를 가능케 하는 기술발달이라는 변수에 대한 철학적 성찰이 필요한 대목이다.

3) 신흥안보와 미래국방: 안보 패러다임의 변화

4차 산업혁명 분야의 기술발달이 국방 분야에 미치는 영향은 신흥안보emerging security 분야에까지 이른다. 이는 포괄적인 의미에서 새로운 안보 패러다임의 부상을 거론케 한다. 다시 말해, 기술발달이 창출한 복잡한 환경을 배경으로

하여, 원래 군사적 위협이 아닐지라도 그 위협 수준이 상승하면서 실제 군사적 위협, 또는 이에 준하는 위협으로 창발하는emerge 현상이 양적으로 늘어나고 있다. 이렇게 보면 기존의 안보론이 상정하고 있던 전통안보와 비전통안보의 이분법적 구분이 무색해지고, 오히려 다양한 위협이 양적으로 늘어나고 질적으로 연계되는 동태적 과정이 더 중요해지기도 한다.

신흥안보 이슈 중에서도 미래국방과 제일 많이 관련된 분야는 첨단 기술시스템을 배경으로 하여 발생하는 신흥기술 안보 또는 디지털 안보이다. 디지털 안보는 단순히 디지털 기술을 활용한 무기체계가 국가안보에 미치는 영향만을 의미하지 않는다. 군사적 속성을 갖는 디지털 기술과 관련된 안보위협이 아니더라도 실제로 국가안보의 시각에서 봐야 하는 기술시스템의 위협이 늘어나고 있다. 전통 군사안보를 넘어서는 신흥안보 패러다임의 창발이라는 시각에서 볼 때, 좁은 의미의 군사 분야를 넘어서 경제 안보, 공급망 안보, 데이터 안보, 플랫폼 안보 등이 쟁점이다. 또한 이러한 과정에서 수출입 통제나 산업경쟁, 외교와 동맹뿐만 아니라 규범과 가치의 문제도 디지털 안보와 연계되는 이슈들이다(그림 1 참조).

그림 1 신흥안보로서 디지털 안보의 창발

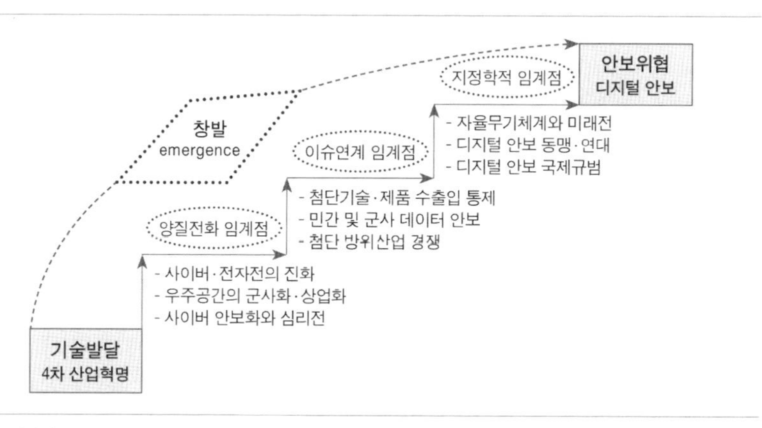

자료: 김상배(2021c: 23).

기술 변수 이외에도 미래국방의 관점에서 주의를 기울여야 할 신흥안보 이슈들이 최근 부쩍 많이 발생하고 있다. 아마도 가장 대표적인 사례는 보건·환경·생태 문제나 인구·난민과 같은 신흥안보의 문제들에서 찾을 수 있다. 특히 최근 코로나19 팬데믹의 발생으로 보건안보의 이슈가 미래국방과 안보 패러다임의 새로운 화두를 장식하고 있다. 환경 분야에서도 기후변화와 지구온난화에 대응하고 탄소중립의 책무를 다하는 문제는 미래국방의 관점에서도 고민해야 할 문제이며 미세먼지 문제도 국가적 사안인 동시에 군에서도 관심을 가져야 할 문제이다. 이 밖에도 에너지 안보가 쟁점화되는 추세에도 주목해야 하며, 인구안보, 난민안보 등과 같은 사회안보social security 문제에도 대비해야 한다.

신흥안보 패러다임의 부상이라는 시대적 변환에 직면하여 군도 대응 거버넌스 구축 과정에서 좀 더 적극적인 역할을 요구받고 있다. 미래국방의 관점에서 볼 때, 군은 전통적인 안보위협은 물론, 코로나19와 같은 감염병, 테러와 재해·재난 같은 비군사적 위협에도 좀 더 적극적으로 대응해야 할 것이다. 그러나 신흥안보 분야의 모든 업무를 군이 담당할 수도 없고, 그렇게 하는 것이 바람직하지도 않은 상황을 고려하여 신흥안보의 분야별로 군이 담당할 사안과 역할에 대한 구체적인 고민이 필요하다. 신흥안보 연구에서 거론하는 세 가지 핵심 개념인 적합성fitness, 복원력resilience, 메타거버넌스meta-governance에 비추어 군의 역할이 필요한 사안들을 살펴보면 다음과 같다(김상배, 2016).

먼저, 적합성의 개념에 비추어 볼 때, 해당 신흥안보 분야의 속성에 적합한 거버넌스가 제대로 작동하기 이전 단계에서 군이라는 행위자가 담당할 역할이 있다. 군은 이른바 골든타임 내에 '신속대응 거버넌스'의 역할을 담당할 수 있는 가장 잘 준비된 행위자이다. 흔히 논하듯이 '군은 제일 마지막에 투입된다는 전통안보 마인드'를 넘어서야 할 것이다. 오히려 신속히 대응하여 '양질전화'의 메커니즘을 신속히 차단하고 이후 단계에 투입될 다른 행위자에게 임무를 넘겨주는 초기의 역할을 담당할 수 있다. 특전사, 화생방 부대, 의무 부대,

재난대응 부대, 공병 부대 등과 같이 이미 군에 설치된 위험대응 부대의 역할이 기대되는 대목이다.

둘째, 복원력의 개념에 비추어 볼 때, 예방-치료-복원의 고리에서 국방이 담당할 역할을 고민해 볼 수 있다. 응급 처방-양의 처방-한의 처방의 세 단계 고리에서 처음부터 끝까지 적극적으로 참여할 수 있는 주체로서 군의 역할을 설정할 필요가 있다. 국방신속지원단의 활동과 같이, 지역 관계 기관과의 협력 하에 재난 및 테러에 대한 예방 차원의 역할을 수행하고, 피해 복구 및 재건 활동을 지원하는 역할을 기대해 볼 수 있다. 또한 코로나19 방역과정에서 활용했던 인력 지원과 같은 '틈새 거버넌스'의 역할도 의미가 있다. 다만 군사대비태세 유지를 소홀히 하지 않으면서도 군이 담당할 수 있는 분야 및 범위를 잘 살펴야 할 것이다.

끝으로, 메타 거버넌스의 개념에 비추어 볼 때, 해당 신흥안보의 위험이 담당 정부기관의 감당 범위를 초과하는 경우, 군은 기존 국가위기관리체계 간 상호 연계성 강화라는 맥락에서 재난 현장을 지휘하고, 협력체계, 테러대응체계, 통합방위체계 등을 가동할 수 있을 것이다. 사실 이러한 군의 메타거버넌스 역할을 필요로 하는 시점은 신흥안보의 위험이 '지정학적 임계점'에 다다른 시기일 수 있다. 그러나 그 이전 단계에서도 군은 일종의 '이슈연계'의 인계철선 끊기 역할을 담당할 수 있으며, 또는 일종의 '중층 거버넌스'를 제공하는 보완적 역할을 담당할 수도 있을 것이다.

이 밖에도 신흥안보 위험 대응 수단의 동원과 관련하여 군이 보유하고 있는 장비와 물자 등을 지원하는 문제도 중요한 고려 사항이다. 군 데이터, 인공지능 등의 활용, 군 통신 장비, 보호 장비, 탐지 및 식별 장비 등의 활용도 거론되며, 기타 군사시설의 다목적 활용(전염병 발생 시 격리 및 수용 장소로 활용) 등이 논의될 필요가 있다. 한편 대부분의 신흥안보 이슈에서는 일국 차원을 넘어서는 위험 대응을 위한 국제협력이 거론되는데, 군도 이러한 과정에서 참여할 수 있는 중요한 주체이다. 평화유지군PKO 등과 같은 해외파병과 연계, 신흥안보 위험 발생 시 양질전화와 이슈연계의 창발 과정이 국가 간 갈등이라는 지정학적 임계점을 넘지 않게 대비하는 역할, 신흥안보 위험 발생 시 군사대비태세의 유지 과제 등이 제기된다.

3. 미래국방의 국제정치적 동학

1) 첨단 방위산업과 군사혁신의 정치경제

미래국방의 핵심 이슈 중 하나는 디지털 국력 경쟁의 관점에서 본 첨단 방위산업 육성이다. 군사력의 기반으로서 연구개발, 국방획득, 방위산업 경쟁력이 중요해지고, 민군겸용의 성격을 띠는 첨단 군사기술은 디지털 부국강병의 핵심으로 인식된다. 국방 R&D 예산의 확보와 방위산업 경쟁력의 유지 등이 중시되고 있으며, 이를 위한 물적·제도적 기반 마련 차원에서 군사혁신을 추진하는 것은 국가전략의 핵심 목표가 아닐 수 없다. 이러한 맥락에서 한국의 미래 국가전략에서 첨단 방위산업과 군사혁신의 전략적 위상을 설정하는 문제에 대한 진지한 고민이 필요하다.

세계 주요국들은 첨단 방위산업 육성과 첨단무기 개발 경쟁에 나서고 있다. 첨단 방위산업 분야에 대한 투자를 늘리고 있으며, 민간 기술을 군사 분야에 도입하고, 군사기술을 상업화하는 등의 행보를 적극적으로 펼치고 있다. 특히 첨단화하는 군사기술 추세에 대응하기 위해서 민간 분야에 기원을 두는 첨단 기술혁신의 성과를 적극적으로 활용하고 있다. 사이버안보, 인공지능, 로보틱스, 양자컴퓨팅, 5G 네트웍스, 나노소재 등과 같은 기술이 대표적인 사례들이다. 이러한 기술에 대한 투자는 국방 분야를 4차 산업혁명 분야 기술의 테스트베드로 삼아 첨단 민간 기술의 혁신을 도모하는 또 다른 효과를 볼 수도 있다(김상배, 2021a).

군사혁신에도 주목해야 한다. 특히 군사혁신을 위한 민관협력 시스템이나 군사기술과 민간 기술의 관계를 설정하는 방식의 변천과 국가별 차이를 이해할 필요가 있다. 냉전기 군이 주도하는 스핀오프spin-off 모델에서 오늘날 민간이 주도하는 스핀온spin-on 모델로 이행하는 흐름 속에 새로운 군사혁신 모델이 탐색되고 있다. 이러한 과정에서 특히 주목을 받는 것은, 중국이 추구하고 있는 '군민융합' 모델, 즉 중국 버전의 스핀오프 모델이다. 그러나 여기서 유의할 점은 아무리 국가의 주도성을 강조하더라도 국가의 역할이 예전 같지 않다는 사실이다. 4차 산업혁명 시대 기술혁신의 주도권은 민간이 쥐고 있으며, 따라서 이를 바탕으로 한 첨단 방위산업도 국가 영향력 바깥에 있다. 이러한 상황에서 중국과 같은 국가 주도의 추격 모델이 얼마나 작동할지가 관건이다.

이러한 연장선에서 이른바 뉴스페이스New Space 또는 뉴디펜스New Defense 현상에도 주목해야 한다. 특히 지구화 시대 거대 방산 기업의 부상과 최근의 방위산업 지형 변화를 이해해야 한다. 4차 산업혁명 시대를 맞이하여 민간 분야의 테크기업들이 민군겸용의 기술혁신을 주도하고 있다. 그런데 이들 민간 기업이 예전과 같은 형태의 방산 기업이 될 가능성은 크지 않다. 이러한 상황에서 이들 기업과 군이 어떻게 협력할 것인가의 문제가 쟁점이다. 게다가 첨단기술 분야에서 민군의 역량 차이는 의외로 크다는 점도 인식해야 한다. 예를 들어, AI 기술의 경우 선도기업은 군 밖의 기업들인데, 역으로 군은 이들의 AI 기술을 수용하는 데 한계가 있다는 지적도 많다.

이러한 맥락에서 우주의 상업화에 주목할 필요가 있다. 최근 우주산업은 크게 성장하고 있는데, 이러한 성장을 추동하는 것은 정부 부문이 아니라 민간 부문이다. 이러한 변화는 과거 정부 주도의 '올드스페이스OldSpace 모델'로부터 민간업체들이 신규 시장을 개척하는 '뉴스페이스NewSpace 모델'로의 패러다임 전환을 보여준다. 뉴스페이스는 혁신적인 우주 상품이나 서비스를 통한 이익 추구를 목표로 하는 민간 우주산업의 부상을 의미한다. 뉴스페이스의 부상은 우주개발의 상업화 및 민간 참여의 확대와 함께 그 기저에서 작동하는 기술적 변화, 그리고 '정부-민간 관계'의 변화를 수반한 우주산업 생태계 전반의 변화를 뜻한다. 최근 뉴스페이스 모델은 우주 발사 서비스, 위성 제작, 통신·지구관측 이외에도 우주상황인식, 자원 채굴, 우주관광 등 다양한 활용 범위로 확장되고 있다(김상배, 2021b).

좀 더 넓은 의미에서의 군사혁신 네트워크의 대내외적 차원에도 주목해야 한다. 대내적 차원에서는 군사혁신 거버넌스의 추진체계, 군-산-학-연 네트워크, 밀리테인먼트, 디지털 군산복합체 등이 쟁점이다. 군의 조직문화, 무기 및 인재 획득 제도와 관행의 변화도 발생하고 있다. 군사혁신 네트워크와 메타거버넌스, 군사혁신을 위한 법·제도의 정비 여부 및 그 법제화의 형태도 주목거리이다. 대외적 차원에서도 첨단 방위산업과 무기이전 네트워크 등의 변화도 놓치지 말아야 할 것이다. 이러한 방위산업의 기술과 생산 네트워크가 생성 및 유지, 작동하는 과정에 최근 정치외교적 동맹 변수가 중요한 역할을 하고 있다. 한국의 경우에도 미국과의 동맹관계는 국내 방위산업의 행보를 좌우하는 중요한 변수이다.

이러한 연장선상에서 첨단 방위산업 분야의 미중경쟁 구도를 파악하는 것이 중요하다. 특히 자율무기체계 개발 경쟁은 미중이 벌이는 글로벌 패권경쟁과 연계되어 향후 지정학적 세력 구도의 변화를 야기할 가능성이 있다. 냉전기 미·소 핵군비 경쟁에서 보았듯이 자율무기체계 경쟁도 군비경쟁을 야기하고 국제정치의 불안정성을 낳을 가능성이 있다. 여태까지 재래식 역량은 핵 역량을 능가할 수 없는 하위 역량으로만 이해되었지만, 4차 산업혁명 시대를 맞이하여 다양한 스마트 기술을 적용한 재래식 무기의 정확도와 파괴력이 증대되면서, 이제 자율무기체계 역량은 핵 역량에 대한 억지를 논할 만큼 중요한 변수가 되었다.

2) 수출입 통제와 동맹외교의 국제정치

디지털 안보가 수출입 통제 이슈와 연계되는 현상에도 주목해야 한다. 그 사례로 2010년대 후반 사이버안보 문제가 중국의 기술굴기에 대한 미국의 견제와 만났다. 미국이 부과한 제재의 대상이 된 것은 중국의 5G 통신장비 업체인 화웨이였다. 화웨이가 제공하는 5G 장비에 심어진 백도어를 통해서 미국의 국가안보와 관련된 데이터가 유출될 우려가 있다는 것이 빌미가 되었다. 이러한 과정에서 중국산 기술과 제품에 대한 우려가 '안보화'되었으며, 이를 계기로 미중 간에는 첨단기술 제품의 공급망을 둘러싼 안정성 문제가 불거졌다.

미국 정부와 화웨이의 갈등은 이전부터도 있었지만 2018년에 들어서 재점화되었다. 2018년 12월, 멍완저우 화웨이 부회장의 체포로 갈등이 고조되었고, 2019~2020년 화웨이 공급망을 차단하려는 1-2-3차 제재가 가해졌다. 화웨이 장비 이외에도 중국산 첨단 제품의 안보화가 수입규제 조치와 연계되었다. 미국은 중국의 민간 드론 기업인 DJI에 대해서도 제재를 가했다. 이밖에도 미국 정부는 하이크비전, 다후아 등 중국의 CCTV 업체를 제재했는데, 이는 미군 기지에서 중국산 CCTV를 사용하는 데 우려가 제기되었기 때문이다. 2019년에는 안면인식 AI 기업인 센스타임, 메그비, 이투 등도 제재를 받았다(표 2 참조).

디지털 플랫폼 분야의 수입규제 논란도 가세했다. 2018년 미국외국인투자위원회CFIUS는 중국 기업 앤트파이낸셜의 머니그램 인수를 제지했다. 또한 반도체 기업인 푸젠진화의 아익스트론Aixtron 인수를 금지하고, 캐넌브리지의 래티스반도체 인수를 금지하기도 했다. 2019년 5월에는 성소수자들의 만남을 주선하는 애플리케이션인 '그라인더Grindr'를 소유한 중국 기업 쿤룬이 국가안보상의 이유로 미국의 제재를 받아 앱을 매각하라는 미국 정부의 명령이 내려지기도 했다. 중국 스타트업인 바이트댄스의 틱톡(15초짜리 동영상 서비스)도 사용 금지를 받았는데, 이때 바이트댄스의 뮤지컬.리Musical.ly 인수에 대한 조사도 병행되었고, 중국의 대표적 SNS인 위챗도 제재 대상의 물망에 올랐다(표 2

표 2 미국의 첨단기술 분야 수출입 통제

	수입규제	수출통제
물자 및 기술 통제	• 화웨이 5G 통신장비 규제: 국가안보상의 이유 • 드론, CCTV, 틱톡 등 사용 규제: 개인정보 유출 등의 이유	• 미국산 품목 및 기술의 수출 제한 • 수출통제개혁법(ECRA, 2018), 상무부. ERA의 법적 근거 마련. 14개 항목에 대한 통제 • 화웨이 등 수출통제명단(Entity List)에 등재
투자 규제	• 외국인투자위험심사현대화법(FIRRMA, 2018), 재무부. CFIUS 권한 강화, 투자심사 대상 확대 • 푸젠진화의 아익스트론(Aixtron) 인수 금지(2016.12) • 캐넌브리지의 래티스반도체 인수 차단 (2017.9) • 앤트파이낸셜의 머니그램 인수 좌절 (2018.1)	• 군사 개발 및 인권침해에 관련된 중국 군산복합체 기업(CMIC)에 투자 금지(2021.6.3), 방산 및 감시 기술 분야 59개 기업을 지정 • 디디추싱 상장 논란 이후 중국 기업에 대한 투자 자제 분위기

자료: 저자 작성.

참조).

전략물자와 첨단기술의 수출통제도 논란거리로 부상했다. 전통적으로 첨단 군사기술 분야는 냉전기부터 수출통제의 대상이었는데, 최근에는 중국의 민간 기업에 대한 제재에까지 확장되고 있다. 특히 이 과정에서 다자레짐이 활용되고 있다. 물자와 기술의 통제에서 시작했지만, 최근에는 민군겸용 기술 분야의 투자 규제로도 확장되었다. 2021년 6월, 중국의 핵, 항공, 석유, 반도체, 감시 기술 분야 59개 기업에 대한 미국의 투자를 금지하는 미 대통령 행정명령이 내려졌다. 오늘날 민군겸용 기술은 대부분이 민간에 기반을 두고 있다는 점에서 애매한 성격을 띠고 있다. 중국의 차량 공유 서비스 업체인 디디추싱의 뉴욕 증시 상장 논란 이후 중국 기업에 대한 투자도 자제되는 분위기가 조성되었다(표 2 참조).

화웨이 사태를 계기로 하여 미국 정부와 중국 기업 간에 불거졌던 사이버안보 논란은 사이버 동맹외교의 문제로 비화되었다. 결과는 화웨이 장비의 사용을 막으려는 미국의 행보에 미국의 전통적인 정보동맹인 파이브아이즈Five Eyes 국가들, 즉 영국, 캐나다, 호주, 뉴질랜드의 동조로 나타났다. 일본, 독일, 프랑스도 가담하면서 '파이브아이즈+3'이라는 말까지 나왔다. 그러나 2019년 2월 말을 넘어서면서 미국 주도 사이버 동맹전선에 균열 조짐이 발생했는데, 2019~2020년 홍콩 사태와 코로나19 사태를 겪으면서 이들 파이브아이즈 국가들이 재결속하는 경향을 보였다.

화웨이 사태로 촉발된 미국과 중국의 대립 구도는 좀 더 넓은 의미에서 파악된 양국 간의 동맹 및 연대 외교로 확장되었다. 미 트럼프 행정부는 인도-태평양 전략의 일환으로 중국에 대한 사이버안보 관련 전략을 연계했다. 2019년 4월 '인도-태평양 국가 사이버 리그CLIPS' 법안이 상원에서 발의되었다. 2019년 6월에는 「인도-태평양 전략보고서」가 발표되었는데, 이 보고서는 화웨이 사태를 중국이 수행하는 하이브리드전으로 규정했다. 이에 대해 중국도 '일대일로一帶一路' 이니셔티브와 데이터 안보의 문제 제기로 맞대응했다. 해외통신 인프라 확충을 가속화하고 21세기 '디지털 실크로드' 건설을 위한 연대외교의 행보를 보였다. 특히 중국은 일대일로 참여국들을 대상으로 5G 네트워크 장비를 수출하는 방식으로 미국의 공세에 대응했다.

미래국방 경쟁의 맥락에서 본 사이버 동맹외교의 전개는 2020년 하반기에 정점에 달했는데, 2020년 미국의 '클린 네트워크'와 중국의 '글로벌 데이터 안보 이니셔티브'의 대결이 그 사례이다. 2020년 8월 미 폼페이오 국무장관은 중국으로부터 중요한 데이터와 네트워크를 수호한다는 명분으로 '클린 네트워크' 구상을 발표했다. 이에 대해 2020년 9월 8일 중국의 왕이 외교부장은 각국의 국가안보, 경제, 사회 안정과 관련된 데이터 수호 책임과 권리 보유를 강조하면서 맞불을 놓았다. 바이든 행정부 출범 이후에도 쿼드Quad 신기술 협력, D10, T12 등의 외교적 노력이 다차원적으로 추구되었으며, 규범과 가치 이슈도 쟁점이 되었다.

3) 미래국방 분야 국제규범·윤리의 세계정치

미래국방 관련 국제규범 논의에도 주목해야 한다. 최근에는 세 분야로 논의의 프레임이 집중되고 있는데, 사이버안보, 우주개발, AI 무기 윤리와 관련된 국제규범 형성이 쟁점이다. 이들 분야별로 규범의 필요성과 시급성, 규범 형성의 용이성과 가능성 등에 있어서는 차이가 있다. 또한 분야별로 서방 진영 대 비서방 진영, 선진국 그룹 대 개도국 그룹, 그리고 국가 대 시민사회 등의 균열 구도가 각기 다르게 나타나고 있다.

최근 사이버안보 국제규범 논의는 유엔 정부자문가그룹GGE과 개방형워킹그룹OEWG의 두 트랙으로 진행되고 있다. 2018년 미국과 러시아 주도로 채택된 유엔총회 결의안을 통해 제6차 GGE와 OEWG가 신설되었고, 두 개의 협의체가 병행하여 유엔 차원의 사이버안보 논의를 진행해 왔다. 2020년 새로운 총회 결의안에 따라 5년(2021~2025) 회기의 신규 OEWG가 출범했다. 최근 제5차 GGE 보고서 채택 실패 및 진영 간 대립으로 인해 유엔 차원의 사이버안보 논의에 대한 회의감이 증대되었는데, 코로나19 상황에도 2021년 3월 OEWG 최종 보고서가 채택되어 기대를 높였다. OEWG 논의 전반에서 미국 등 서방 진영과 중국, 러시아, 개도국 등 비서방 진영의 대립이 드러났는데, 기존 국제법 적용, 구속력 있는 규범의 필요성, 정례협의체 등 주요 쟁점별로 GGE에서 드러난 진영 간의 근본적 시각차는 여전히 지속되었다.

우주의 군사화와 무기화, 우주 환경 문제 등을 둘러싼 우주 국제규범의 형성을 놓고도 논의가 진행되었다. 1950년대 이래 국제사회는 우주에서의 군비경쟁 방지와 지속 가능한 우주 환경 조성을 위하여 규범적 방안을 모색해 왔다. 우주 국제규범에 대한 논의는 주로 강대국들을 중심으로 유엔 차원에서 진행되었는데, '아래로부터의 국제규범 형성 작업'과 '위로부터의 국제조약 창설 모색'의 두 트랙이 경합하는 양상을 보여왔다. 이러한 국제규범 논의 과정에서 미국과 유럽연합, 그리고 중국과 러시아로 대변되는 서방 대 비서방 진영의 대립 구도가 견고하게 유지되고 있다. 한편 우주공간의 국제규범 창설 논의에는 우주개발 선진국과 개도국 간 이해관계도 첨예하게 대립하고 있다.

AI를 장착한 자율무기체계의 전략적 함의가 커지면서 이 분야를 장악하기 위한 경쟁이 치열해질 뿐만 아니라, 다른 한편으로는 자율살상무기LAWS에 대한 규범적·윤리적 통제도 관건이다. 이른바 '킬러로봇'에 대한 인간의 통제, 자율살상무기의 개발과 윤리적 기준 사이의 균형, 기존 인권법적 가치의 적용 여부, 테러 집단의 악용과 기술 유출을 방지하기 위한 수출통제 등의 문제들이 쟁점으로 제기되고 있다. 사실 자율살상무기에 대한 윤리적·법적 기준이 부재한 상태에서 자율살상무기의 확산은 인류의 생명뿐만 아니라 인간 전체의 정체성을 위험에 빠트릴 수도 있다는 문제 제기마저도 나오고 있다.

이러한 우려를 바탕으로 기존의 국제법을 원용하여 킬러로봇의 사용을 규제하는 문제가 논의되어 왔다. 킬러로봇이 군사적 공격을 감행할 경우, 유엔헌장 제51조에 명기된 '자기방어self-defense'의 논리가 성립하는지, 좀 더 넓게는 킬러로봇을 내세운 전쟁이 '정당한 전쟁'인지 등의 문제가 논의되었다. 좀 더 근본적으로 제기되는 쟁점은 전장에서 삶과 죽음에 관한 결정을 기계에 맡길 수 있느냐는 윤리적 문제였다.

이러한 문제의식을 바탕으로 킬러로봇의 금지를 촉구하는 글로벌 시민사회 운동이 진행되었다. 예를 들어, 2009년에 로봇군비통제국제위원회ICRAC가 출범했다. 2012년 말에는 국제인권단체 휴먼라이트워치HRW가 완전자율무기의 개발을 반대하는 보고서를 냈다. 2013년 4월에는 국제 NGO인 킬러로봇중단운동CSRK이 발족되어, 자율살상무기의 금지를 촉구하는 서명운동을 진행했는데, 2016년 12월까지 2000여 명이 참여했다. 이는 대인지뢰금지운동이나 집속탄금지운동에 비견되는 행보라고 할 수 있는데, 아직 완전자율무기가 도입되지 않은 상황임에도 운동이 진행되고 있음에 주목할 필요가 있다.

이러한 운동은 결실을 거두어 2013년에는 제23차 유엔총회 인권이사회에서 보고서를 발표했고, 유엔 차원에서 자율무기의 개발과 배치에 대한 토의가 시작되었다. 자율무기의 금지 문제를 심의한 유엔 내 기구는 특정재래식무기금지협약CCW이었다. 2013년 11월 완전자율살상무기에 대해 전문가 회합을 개최하기로 한 이후, 2014년 5월부터 2016년 12월까지 여러 차례 회합이 개최되었으며, 그 결과로 자율살상무기에 대한 유엔 GGE가 출범되었다. 한편, 2017년 8월에는 자율자동차로 유명한 테슬라의 수장인 일론 머스크와 알파고를 개발한 무스타파 슐레이만 등이 주도하여, 글로벌 ICT 분야 전문가 116명(26개국)이 유엔에 공개서한을 보내 킬러로봇을 금지할 것을 촉구하기도 했다.

유엔 자율살상무기 정부전문가그룹LAWS GGE에서 AI 무기체계에 대한 논의는 AI 기술의 적용·활용이 주는 혜택은 살리면서도 윤리적으로 부정적인 요소를 피해 가는 규범을 만들자는 방향으로 진행되었다. 특히 이러한 자율살상무기에 관한 논의에서 주목할 점은, 미국·서방 대 러시아·중국 간의 대립으로 진행된 사이버안보나 우주 군사화 논의와는 달리, 기술 선도국 대 개도국 또는 비동맹그룹들 간의 대립으로 나타난다는 점이다. 결과적으로 지난 5년여 동안 유엔 회원국들 사이에서 자율살상무기에 대한 논의가 큰 진전을 보지 못하고 있다.

4. 미래국방 국가전략의 분석틀

최근 세계 주요국들은 미래전의 도래에 대응하는 군사 분야의 다양한 혁신 전략을 모색하고 있다. 한반도 주변국뿐만 아니라 서구 선진국이나 비서구 지역의 중견국도 국가적 차원의 노력을 기울이고 있다. 한국도 미래전의 도래에 대응하는 전략을 적극적으로 추진하고 있음은 물론이다. 이러한 맥락에서 제기되는 대표적인 연구 어젠다는 각국이 추진하는 미래국방 및 군사혁신 전략에 대한 비교연구이다. 이들 국가의 사례에 대한 비교분석의 작업을 좀 더 체계적으로 수행하기 위해서 이 글은 미래국방 전략에 영향을 미치는 두 가지 요소에 주목했다(김상배, 2022b).

미래국방 전략의 배경을 이해하는 데 필요한 첫 번째 요소는, 각국이 처한 안보위협의 객관적 환경에 대한 분석과 이에 대한 주관적 인식이라는 변수이다. 국내외 안보위협의 객관적 환경이라는 점에서 저출생과 고령화에 따른 인적자원 부족 문제, 국가 간 국력 및 세력 균형의 변화 등의 변수를 이해할 필요가 있다. 미래 안보위협의 인식과 안보화라는 점에서도 미래 안보위협의 원인(예: 주적 개념)에 대한 인식과 그 실천 전략 및 대응 태세의 특징은 무엇인지를 파악하는 것도 중요하다. 특히 미래국방에 대한 정치 리더십의 인식을 살펴보아야 한다. 새로운 안보위협의 비가시성과 복합성에 대한 인식, 전통안보 및 신흥안보 분야의 안보화, 군사화, 정치화 등도 변수다.

이러한 대외적 변수를 체계적으로 이해하는 데 도움이 되는 것은, 복합지정학Complex Geopolitics에 대한 이론적 논의이다. 미래국방의 국가전략은 안보환경의 '구조적 상황'과 각국의 '구조적 위치'에 대한 인식을 배경으로 한다. 여기에는 고전적인 의미의 지정학 시각에서 본 전통안보 분야의 권력구조 변화에 대한 인식이 주를 이루지만, 안보개념의 확대라는 맥락에서 이해한 신흥안보위협에 대한 주관적 구성, 즉 구성주의적 '비판지정학'의 시각에서 본 안보화도 주요 변수이다. 한편, 군사혁신 전략은 행위자 차원에서 각국이 보유한 군사기술혁신의 역량에 의해서 좌우된다. 이는 4차 산업혁명 분야의 기술을 원용한 무기체계의 스마트화 이외에도 사이버·우주 공간에서의 미래전 수행을 포함한다는 의미에서 군사혁신의 탈脫지정학적 차원을 보여준다. 아울러 이러한 군사 기술역량이 글로벌 시장을 전제로 한 민간 방위산업의 경쟁력 확보와 연결된다는 점에서 비非지정학의 양상도 드러난다.

미래국방 분야 각국의 전략을 체계적으로 이해하는 데 필요한 다른 하나의 요소는 군사혁신의 거버넌스 변수, 즉 각국의 군사혁신 거버넌스의 추진체계 변수이다. 민군협력 모델과 군-산-학-연 네트워크, 군사혁신 거버넌스의 조직과 추진체계, 군사혁신의 법·제도 등이 여기에 포함된다. 또한 군사혁신의 국제협력 변수, 즉 각국 미래국방 전략의 대외적 지향성도 고려해야 할 것이다. 첨단 방위산업과 무기이전 네트워크 속의 위상, 군사혁신 국제협력의 양상, 우방국과의 동맹 구축 및 지역 차원의 국제협력에의 참여 등이 여기에 포함되는 변수이다.

이러한 대내적 요소를 체계적으로 이해하는 데 도움이 되는 것은, 네트워크 국가Network State에 대한 이론적 논의이다. 미래전에 대응하는 각국의 군사혁신 전략은 여러 층위에서 상이하게 나타난다. 첫째, 군사혁신 거버넌스의 추진 체계, 특히 그 구성 원리와 작동 방식을 엿볼 수 있는 변수로서 군 내 또는 범정부 차원의 군사혁신 주체, 관련 법의 제정 및 운용 방식 등에 주목할 필요가 있다. 둘째, 민군협력의 양상과 군-산-학-연 네트워크 등의 층위인데, 이는 민군겸용 기술혁신 모델과 관련하여 냉전기의 스핀오프로 대변되는 군 주도의 수직적 통합 모델이냐, 스핀온으로 대변되는 민간 주도 분산형 모델이냐가 쟁점이다. 끝으로, 군사혁신의 국제협력과 대외적 네트워크 변수이다. 미래전 분야에서 우방국과의 동맹 구축 및 지역 차원 국제협력에의 참여, 그리고 국제규범 형성에 대한 입장 등이 변수가 된다. 궁극적으로는 다양한 층위에서 전개되는 군사혁신을 조정하고 통합하는 국가의 네트워킹 역량, 즉 메타거버넌스가 중요한 변수가 된다.

이상의 논의를 종합하여 미래전에 대응하는 미래국방 전략과 군사혁신 모델의 분석틀을 정리해 보면 **그림** 2와 같다. 이러한 분석틀의 구성에 원용하는 요인들은 3개 범주의 7개 변수이다.

첫째, 미래전에 대응하는 군사혁신 전략의 배경으로서 각국이 처한 안보위협의 구조적 환경과 이에 대한 인식이다. 이는 국내외 안보위협의 객관적 환경에 대한 분석과 함께 새로운 안보위협의 비가시성과 복합성에 대한 주관적 인식을 포함한다. 좀 더 구체적으로는 전통안보 및 신흥안보 분야의 안보위협에 대한 인식과 이를 안보화하는 과정이 관련된다.

둘째, 미래전에 대응하는 군사혁신 전략을 추진하는 행위자 차원의 역량 변

그림 2 미래국방 전략과 군사혁신의 분석틀

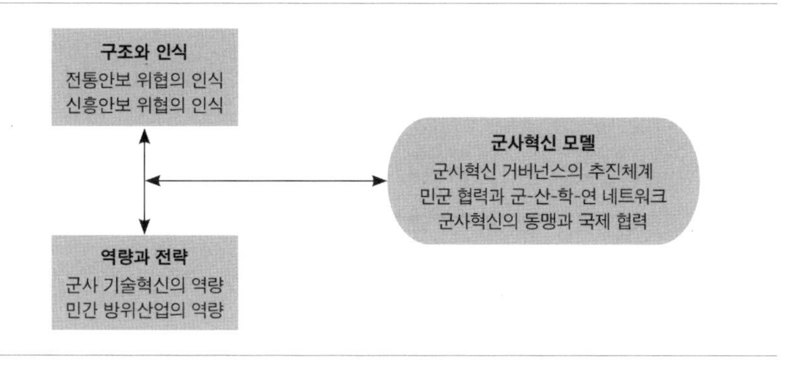

자료: 저자 작성.

수가 고려되어야 한다. 이러한 역량으로는 미래전의 실제 수행이라는 군사적 함의를 갖는 첨단 기술혁신의 역량과 함께, 민간 방위산업의 육성을 목표로 하는 민군겸용 기술의 혁신역량이 관련된다. 실제로 글로벌 시장을 대상으로 하는 방위산업의 경쟁력이 점점 더 중시되고 있다.

끝으로, 미래전에 대응하는 군사혁신 전략을 추진하는 각국의 네트워크 국가의 모델을 이해하는 차원에서 각국의 군사혁신 거버넌스의 추진체계와 법·제도, 민군협력 모델과 군-산-학-연 네트워크의 양상, 군사혁신 분야의 동맹 및 국제협력 등의 세 가지 변수에 주목할 필요가 있다. 이들 세 층위에서 나타나는 특징들은 각국 국방전략 모델의 내용을 구성한다.

이상의 분석틀에 대한 논의를 바탕으로 향후 한국의 미래국방 전략에 대한 연구가 비교의 관점에서 체계적으로 진행되기를 제언해 본다. 이를 위해서는 한국의 미래국방 전략이 형성되는 구조적 환경과 인식에 대한 논의가 필요하다. 국내외 안보위협의 객관적 환경과 미래 안보위협에 대한 인식과 안보화 등이 고려되어야 한다. 또한 중견국 전략의 마인드도 필요하다. 구조적 위치와 구조적 공백에 대한 파악뿐만 아니라 비교전략론의 시각에서 본 한국 모델과 그 좌표를 찾는 작업을 펼쳐야 한다.

이러한 연속선상에서 한국의 군사혁신 거버넌스 추진체계에 대한 고민이 필요하다. 민군협력 모델과 군-산-학-연 네트워크, 조직, 군사혁신의 법·제도 등을 보아야 할 것이다. 또한 군사혁신의 국제협력 변수로서 각국 미래국방전략의 대외적 지향성, 첨단 방위산업과 무기이전 네트워크 속의 위상, 군사혁신 국제협력의 양상, 우방국과의 동맹 구축 및 지역 차원의 국제협력에의 참여 등도 중요한 변수다. 이를 바탕으로 이른바 '한국 모델'을 개념화하는 작업을 진행할 필요가 있다.

5. 맺음말

4차 산업혁명 분야의 기술발달이 미치는 영향은 무기체계의 변환과 이에 대응하는 군사전략의 변환에서 나타나고 있다. 첨단 무기체계와 군사전략의 상호작용은 미래전의 진화에 대한 새로운 전망도 제시한다. 특히 전쟁 수행 방식의 질적 변환이 예견된다. 군사작전의 운용이라는 차원에서 네트워크 중심전의 변환과 스워밍 작전의 구체화 및 모자이크전의 출현, 전투공간의 변화라는 차원에서 이해하는 다영역작전과 사이버·우주전 및 하이브리드전의 부상, 그리고 근대전의 속성을 넘어서는 새로운 전쟁양식의 출현 가능성 등이 주목을 받고 있다.

최근 주요국들이 벌이고 있는 첨단무기 경쟁은 단순한 군사력 경쟁이라기보다는 미래전 수행의 기반이 되는 복합적인 국력 경쟁으로 해석된다. 군사력과 연계된 첨단기술 경쟁은 근대 국제정치에서 나타난 가장 큰 특징 중 하나였다. 근대 국민국가들이 벌이는 부국강병 게임의 핵심은 방위산업 분야에서 생산되는 기술력에 있었다고 해도 과언이 아니었다. 이런 점에서 보면, 4차 산업혁명 시대의 첨단 방위산업 분야에서 치열한 경쟁이 벌어지는 것은 새로운 일은 아니다. 특히 최근 미중이 벌이는 경쟁은 미래 세계질서의 전개에 큰 영향을 미칠 것으로 보인다. 지정학적 시각에서 첨단무기를 둘러싼 경쟁을 보아야 하는 이유이다.

그러나 기존의 재래식 무기나 핵무기와는 달리, AI 기반의 첨단무기 경쟁은 그 특성상 고전지정학의 시각을 넘어서 이해해야 한다. 오늘날 인공지능이나 로봇, 데이터 등의 기술혁신은 민간 영역이 주도하는 성격이 강할 뿐만 아니라 그 적용과 활용의 과정도 지리적 경계를 넘나들며 이루어지는 경우가 많다. 인공지능을 탑재한 로봇의 무기화를 경계하는 안보화 담론은 윤리적 규범의 형성을 위한 비판지정학적 문제로 연결된다. 게다가 자율무기체계의 작동 자체가 점점 더 탈지정학적 공간인 사이버·우주 공간을 배경으로 이루어지고 있다. 이 글이 미래국방의 과제를 복합지정학의 시각에서 봐야 한다는 문제를 제기하는 이유이다.

이렇듯 미래국방 경쟁이 치열해지면서 이를 뒷받침하는 국내적 역량의 결집을 위한 군사혁신의 경쟁도 전개되고 있다. 미래전 대응 차원에서 추진되는 군사혁신은 새로운 군사력의 수단을 제공하는 차원에서 수행되는 기술혁신이다. 기술혁신은 군사혁신의 수단이자, 군사혁신이 지향하는 중간 단계의 목표, 즉 '하드웨어 차원의 혁신'을 의미한다. 그러나 여기서 더 나아가면 군사혁신은 군사적 활동의 성격과 전쟁 수행 방식을 질적으로 변화시킴으로써 군사적 우위를 확보하는 작전혁신이고, 전력체계와 군사조직, 군사제도 등의 변화를 통해서 기술 및 작전의 혁신을 뒷받침하는 조직혁신이기도 하다. 미래국방의 시각에서 보는 군사혁신을 분석하기 위해서 좀 더 체계적이고 복합적인 분석틀이 필요한 이유이다.

미래국방에 대비하는 군사혁신 전략의 양상과 패턴은 국가마다 다르게 나타난다. 이 글은 주요국의 미래전 대비 국방전략과 군사혁신 모델을 비교연구의 관점에서 살펴보기 위한 분석틀을 제시했다. 이러한 분석틀에 기반을 두어 이 책의 제3부에서 사례로 다룬 국가들과 함께 한국의 미래국방 전략 사례에 대한 체계적인 연구가 앞으로 좀 더 활발하게 진행될 필요가 있다. 주요국의 미래국방 전략에 대한 기존 연구가 그리 많이 축적되지 못한 상황이어서 이 글에서 제기한 비교연구를 위한 플랫폼이 향후 연구를 촉구하는 효과를 기대해 본다. 요컨대, 최근 제기되고 있는 미래 국방개혁의 과제와 더불어 한국의 미래국방 전략에 대한 체계적 연구가 필요한 상황이다.

김상배 엮음. 2016. 『신흥안보의 미래전략: 비전통 안보론을 넘어서』. 사회평론아카데미.

_____. 2020. 『4차 산업혁명과 신흥 군사안보: 미래전의 진화와 국제정치의 변환』. 김상배·이중구·윤정현·송태은·설인효·차정미·이장욱·윤민우·최정훈·장기영·이원경·조은정 지음. 한울엠플러스.

_____. 2021a. 『4차 산업혁명과 첨단 방위산업: 신흥권력 경쟁의 세계정치』. 김상배·박종희·성기은·양종민·엄정식·이동민·이승주·이정환·전재성·조동준·조한승·최정훈·한상현 지음. 한울엠플러스.

_____. 2021b. 『우주경쟁의 세계정치: 복합지정학의 시각』. 김상배·최정훈·김지이·알리나 쉬만스카·한상현·이강규·이승주·안형준·유준구 지음. 한울엠플러스.

_____. 2021c. 『디지털 안보의 세계정치: 미중 패권경쟁 사이의 한국』. 김상배·이중구·신성호·송태은·이승주·손한별·노유경·고봉준·정성철·유준구 지음. 한울엠플러스.

김상배. 2022a. 『미중 디지털 패권경쟁: 기술·안보·권력의 복합지정학』. 한울엠플러스.

김상배 엮음. 2022b. 『미래전 전략과 군사혁신 모델: 주요국 사례의 비교연구』. 김상배·손한별·김상규·우평균·이기태·조은정·표광민·설인효·조한승 지음. 한울엠플러스.

제1부

미래국방의 새로운 패러다임

제1장 미래 과학기술과 미래국방
_ 허경무

제2장 미래전의 양상
수행 방식과 주체의 변화
_ 정구연

제3장 신흥안보와 미래국방
안보 패러다임 변화
_ 조한승

1 미래 과학기술과 미래국방

허경무 | 동아방송예술대학교

1. 서론

4차 산업혁명 내 표출되는 다양한 종류의 과학기술들은 인류와 사회문제를 해결하는 긍정적 효과를 나타냄과 더불어 거대한 파괴력과 위험성을 내포하는 대표적인 이중용도dual-use 기술[1]이다. 또한, 새롭고 다양한 혁신적인 과학기술의 융합 및 통합 현상은 한국을 포함하여 전 세계에서 진행되고 있다. 우리나라의 경우, 대중 기술동맹 확장의 연장선에서 2021년 5월 한미정상회담 및 2021년 6월 G7 회의에서 과학기술의 안보화를 지속적으로 논의했으며, 이러한 흐름에 힘입어 2020년 12월부터 청와대 경제수석 주제 지식안보전략 TF를 가동하여, 2021년 12월 과학기술관계장관회의에서 「기술패권 경쟁에 대응한 국가 필수전략기술 선정 및 육성·보호 전략」을 의결했다.

1 일반적으로 '범용기술(general purpose technology)'이라고도 불린다.

국가의 안보와 생존을 책임지는 국방 분야에서의 발전은 과학기술의 이러한 특징에 더욱 큰 영향을 받고 있다. 과학기술의 발전은 국가 간의 경쟁을 평등시대로 이끌 것이며, 전장의 판도를 일거에 바꿀 수 있는 게임체인저game changer로의 변화 또한 예상된다. 하지만, 군사 과학기술의 발달은 아군 능력 증대와 동시에 적군 치명성을 증대시키는 이중성을 포함하고 있고, 새로운 전투수행 개념과의 조합으로 비대칭적인 전투 방법을 창출할 것이다. 따라서 국방 내 과학기술 그 자체의 발전과 동시에 과학기술의 사용자인 인간, 사회 및 국가의 책임 있는 활용 또한 반드시 수반되어야 한다. 특히, 과거 군사 과학기술이 사회를 주도lead한 것과 다르게 현시대에서는 민간 분야에서 과학기술의 발달이 스핀온spin-on 방식으로 국방 분야에 유입되고 있다. 가까운 미래의 국방과학기술은 민간 분야와 군사 분야 활용 간의 경계가 불분명한 민군겸용 기술임과 동시에 신흥 및 기반 기술Emerging and Foundational Technology: EFT일 것이다.

이러한 전망에 기반하여 이 글은 미래국방의 모습과 관련 미래 국방과학기술 혹은 국방 R&D 분야가 어떠할 것인지를 확인하고자 한다. 민수부처 및 민간 분야(일반 시민 포함)에서 전망하는 미래 유망 과학기술과 이러한 과학기술의 국방 분야로의 접목 및 연결고리를 분석하여 미래국방의 모습을 살펴보며, 미래국방 과학기술 전망 및 우선순위화를 진행하려고 한다. 특히, 사회(국민)가 요구demands하는 과학기술(과학기술 혁신으로 인해 진행될 R&D)과 군사안보 소요needs에 기반한 과학기술의 융합을 시나리오 기법을 활용하여 단순 국방과학기술의 모습만이 아닌 사회(국민)가 원하는 과학기술을 기반으로 발전될 미래국방 및 과학기술을 살펴보고자 한다.

2. 미래 시나리오 프레임 도출

1) 시나리오 기법

시나리오 기법은 다양한 미래의 모습과 전망을 특정 핵심동인의 변화에 기반하여 보여줄 수 있다(Ringland and Schwartz, 1998). 시나리오 기법은 미래를 예측할 때 가장 널리 사용되고 있으며 많은 사람들이 공감하는 기법이다. 이는 미국 랜드연구소RAND Corporation에서 1950년 허먼 칸Herman Kahn을 중심으로 무기발전과 군사전략 간의 관계를 분석하기 위해서 개발했으며, 가장 성공적으로 활용된 사례는 다국적 석유기업인 로얄더치쉘Royal Dutch Shell이 1973년 제4차 중동전쟁으로 인한 유가 급등을 사전에 예측하는 데 성공한 일을 꼽을 수 있다. 시나리오 기법은 사회 변화 현상에 주목하여, 트렌드trend를 포착, 분석하여 미래의 모습을 예측한다는 특징이 있다. 시나리오 기법의 선구자인 피터 슈와츠Peter Schwartz는 시나리오 기법을 "무언가 미래에 결정을 하기 위해서 미래에 변화된 여러 가지 상황들이 어떻게 펼쳐질 것인가를 알게 해주는 도구"라고 정의했다. 즉, 그 본질은 미래를 예상할 때, 단순히 일어날 만한 미래만을 예측하는 것이 아니라, 대상을 둘러싼 정황상 일어날 만한 일련의 인과관계와 이미지 도출에 방점을 찍는다. 이러한 다양한 시나리오 기법 도출을 통해 불확실성이 존재하는 미래에 대한 대비 및 대응역량 향상이 가능하다.

이러한 장점으로 인해, 전 세계 많은 국가에서 시나리오를 사용하여 미래를 그리고 있다. 예를 들어, 미국 국가정보위원회National Intelligence Council: NIC는 미국 정보기관들의 정보에 근거하여, 중장기적 미래를 예측하는 기관으로, 1997년부터 4년마다 20년 후의 미국의 전략환경과 제반 요소들을 분석하여 「글로벌 트렌드global trends」 보고서를 발표하고 있다. 보고서의 목적은 새로운 정권 출범 초기에 국가안보전략을 수립하고 불확실한 미래에 대한 분석틀을 제공하기 위함이다. 보고서는 주로 20년 후 인구, 환경, 경제, 기술 분야의 변화 양상과 발생 가능한 5가지의 세계질서 시나리오를 전망한다.

2) 2x2 미래 이미지 및 시나리오 프레임 도출

호라이즌 스캐닝Horizon Scanning과 같은 환경스캐닝 기법을 직접적으로 할 수 있는 시간이 부족하기에, 이 글은 저자가 2021년 「대한민국 국방 미래비전 2050」 작성을 위해(집필진으로 참여) 국방부 내에서 수행했던 '2050년 국방의 모습에 대한 설문조사' 분석을 통해 군의 미래를 이끄는 가장 중요한 변수 및 요인을 도출했다.

'2050년 국방의 모습에 대한 설문조사'는 국방부 주관으로 케이스탯리서치가 수행한 조사로 2021년 2월 24일부터 3월 7일까지 총 3060명에 달하는 국방 구성원(간부, 병사, 군무원·공무원, 후보생·생도, 연구원)을 대상으로 진행했다. 이 설문조사에 기반하여, 시나리오의 주요 핵심동인, 사분면을 구분해 줄 X축과 Y축을 각각 ① 2050년 미래에 바라는 국방의 모습(내부 의지)인 '사회와 국민으로부터의 인정과 지지', ② 2050년 미래 국방환경에 영향을 미치는 요소(외부 영향)인 '과학기술의 변화'로 구분했다(그림 1-1 참고). 즉, Y축의 과학기술의 활용과 비활용의 구분은 군이 얼마만큼 과학기술을 국가안보와 국방력에 활용할 것인지를 의미한다. 예를 들어 우리 군이 과학기술 활용을 못 했을지라도, 민간 부문 혹은 적대세력은 활용할 수 있다는 의미이다. 또한, X축의 의미는 국방과학기술의 사회 내의 위협threat과 기회opportunity 측면을 나타낸다고 할 수 있다. 군의 미래에 영향을 미치는 사회 변화의 가장 중요한 측면은 사회가 군을 지지하거나 반대하는 정도일 것이라고 추론했으며, 군의 미래 경로가 어떻게 진화하는지는 일반 국민에 의해 평가될 것이고, 이러한 평가에 따라 군의 가용자원 및 군의 과학기술 활용 효과가 결정된다는 의미이다.

그림 1-1 2x2 미래 이미지 및 시나리오 프레임

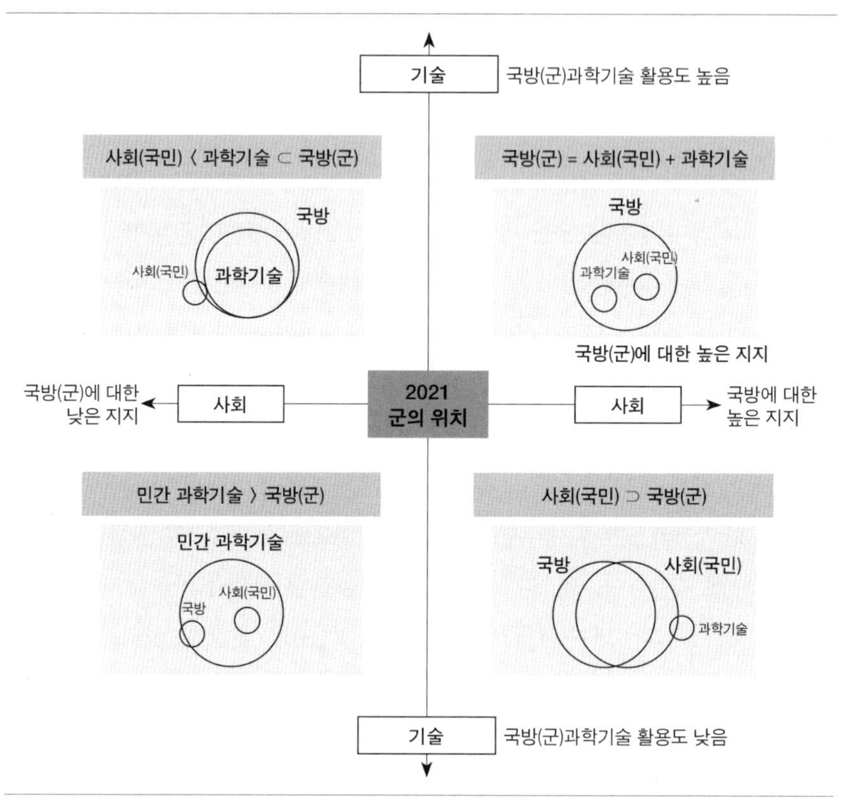

자료: 저자 작성.

본 프레임 내 각 사분면은 미래 이미지를 표현하며, 추후 시나리오를 나타내는 기본 가정들을 표시한다. 군의 현 위치, 현 추세가 군을 어디로 안내할지, 미래의 다른 위치에 대한 상대적인 만족도가 표현이 가능하며, 현재(혹은 가까운 미래) 군이 취하는 행동 혹은 전략이 다른 미래로 가는 길에 어떤 영향을 미칠지를 표시할 수도 있다. 즉, 이러한 과정을 통해 외부 환경을 고려하여 상기 시나리오 내 추구하고 싶은 긍정적인 부분을 획득하기 위한 관련 역량을 확보하고, 부정적인 부분을 제외하기 위한 대비 역량의 확보가 가능하다.

3) 2x2 프레임 기반 시나리오 도출(Three Horizons 기법의 결합)

앤드루 커리Andrew Curry와 앤서니 호지슨Anthony Hodgson에 의해서 고안된 '쓰리 호라이즌Three Horizons' 기법은 현재에서 미래까지의 시나리오와 경로 또는 궤적을 고안해 대안적인 미래 비전을 고려하고 비교하며 그 발생 요인을 분석하는 방법이다. 프로세스로 우선 ① 현재present와 가능한 미래 이미지들(10년 뒤의 모습을 상상)의 특성 정의, ② 현재부터 미래까지의 가능한 경로 탐색, ③ 평가 및 선호·대안 미래 세부 사항에 대한 결정으로 구분할 수 있다.

Three Horizons 모델에서 호라이즌horizon의 종류는 First, Second, Third로 구분할 수 있다. First Horizon은 현재 시간present time에 대한 특징을 의미하며, 추후 Third Horizon으로 귀결된다. 즉, 기술 발전과 사회 진화에 따라 환경이 변화함에 따라 First Horizon의 적합성이 감소되고(그림 1-2), 현재에서

그림 1-2 미래지향적 Three Horizons 모델 도식

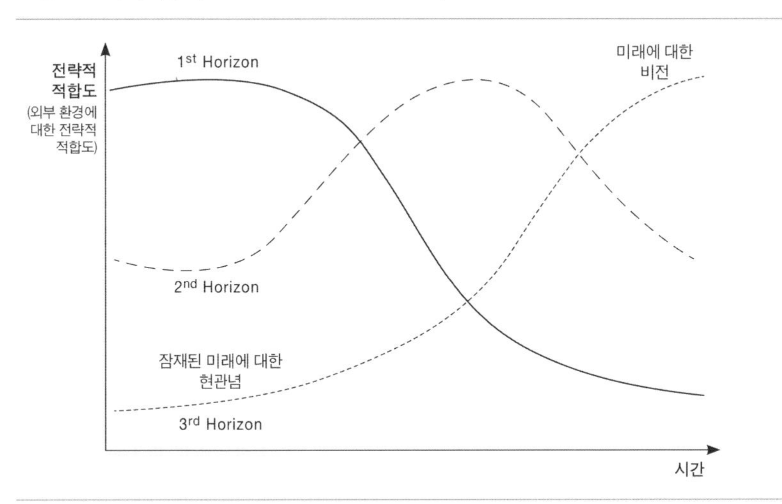

주: X축은 시간을 의미하며 오른쪽으로 갈수록 미래의 시간을 나타낸다. Y축은 외부 환경 대비 군 전략의 적합한 정도를 의미한다.
자료: Curry and Hodgson(2008).

10년 뒤 미래로의 진화 및 새로운 전략이 필요함을 의미한다. Third Horizon은 선호·대안 미래 세부 사항을 나타내며, Second Horizon은 중간 시점에 전략적 적합도가 상승하거나 하락하는 상기 2개의 horizon의 중간 시간, 즉 가교적인 역할을 의미한다.

2x2 프레임은 실질적으로 미래 이미지만을 보여주기 때문에, 이 글은 Three Horizons을 결합하여 다양한 시나리오를 도출하려고 한다. Three Horizons 기법을 통해 현재로부터 10년 뒤에 발생할 수 있는 다양한 미래로의 경로를 탐색 및 분석하는 데 그 목적이 있다. 우선적으로 시나리오의 도출 프로세스를 보자면, 총 4단계로 구분할 수 있다. 첫째, **그림 1-1**의 사분면에서 현재First Horizon 위치를 확인한다. 보통 이럴 경우 미래의 다양성을 고려해서 원점에 대상 조직의 위치를 표시한다. 둘째, 사분면 내 가능한possible 다수의 미래 지점을 도출한다. 이러한 지점을 선택하여, 현재와 각 미래 간의 유사성 및 차이점을 도출하며, 미래 지점별 발생 가능한 문제점 및 창출될 기회를 확인한다. 즉, 사분면 중 선호 미래 및 비선호 미래를 선택 및 분석을 진행하는 것이다. 프레임상에서 조직이 원하는 방향은 1사분면, 즉 군이 과학기술을 적극적으로 활용하고 사회와 국민의 전폭적인 지지를 획득하는 것이기에 원하는 미래의 모습은 1사분면이다. 하지만 2, 3, 4 사분면들은 원하지 않거나 혹은 피해야 할 미래의 모습을 보여준다. 셋째, 상기 미래들로 귀결될 다양한 시나리오 경로들을 도출한다. 가능한 미래 지점별 군의 임무를 달성하기 위해 과학기술이 수행해야 할 역할을 시나리오 경로상에서 탐구한다. 우선, 비선호 미래에 대해서, 기술이 어떻게 예방할 수 있는지 및 그 경로를 방지하거나 그 영향을 완화시킬 수 있는지 분석하며, 선호 미래에 대해서는, 기술을 어떻게 활성화할 수 있는지와 그 경로를 가능하게 할 수 있는지 분석한다. 마지막으로, 선호·대안 미래로 가기 위한 (혹은 비선호 미래를 방지하기 위한) 비전, 목표, 발전전략 및 분야별 추진전략을 도출한다. 이 글에서는 이 마지막 단계를 전략이 아닌 국방과학기술의 우선순위화로 대체하려고 한다.

3. 2x2 시나리오 프레임 기반 사분면별 미래 이미지

시나리오의 변수가 2개 이상이 되면 더 많은 시나리오를 도출할 수 있어 더욱 많고 다양한 미래 이미지를 제공할 수 있으나, 그 가독성이 떨어지면 시나리오 기반 함의성과 전략 도출에 어려움이 존재한다. 따라서, 현 역량에 기반하며 노력으로 성취할 수 있는 내부적 요소들만 고려하여 본 시나리오를 설계했으며, 정치·외교·국방과 같은 주변 국가와의 관계에 대한 외적 요소들은 본 시나리오를 작성하는 데 활용하지 않았다.

1) [1사분면] 국방은 과학기술을 효과적으로 활용하며, 사회(국민)로부터의 인정과 지지 습득

군은 국가안보와 안전을 위해 계속해서 과학기술을 효과적으로 숙달·숙련하여 사용하며, 이러한 과학기술을 기반으로 사회·국민과 함께하는 미래 선도 국방의 모습을 1사분면은 보여준다. 최신 과학기술은 국방의 군사적 역량을 증가시키며 또한 국민의 지지를 받고 소통하는 데 다방면으로 사용된다. 소통하는 국방을 통해 사회는 국방에 대한 지원을 지속적으로 유지하며, 국방이 활용하는 과학기술에 대한 신뢰 및 자부심을 함양할 수 있게 된다.

2) [2사분면] 군과 과학기술은 긴밀히 연결되나 사회(국민)는 과학기술의 혜택으로부터 소외

군은 발전된 과학기술을 기반으로 권력화 및 정치화된다. 사회 내 모든 정보를 군이 통제 및 감시하게 되며, 이에 따라, 사회와 국민은 군이 활용하는 과학기술을 신뢰하지 않으며, 사회 내 속해 있는 개개인의 정보 및 사생활을 감시하는 도구로 인식하게 된다. 또한, 군이 보유한 과학기술은 특정 권력집단의 전유물이 되며, 국민은 국방과 안보가 특정인(예: 대기업, 부유한 자)을 위해 만들어진 권리로 인식하기 시작한다. 사회 내 약자(예: 중소벤처기업 포함)들은 군이 보유하고 있는 과학기술에 충분한 접근이 불가하다.

3) [3사분면] 군은 민간 과학기술에 종속되며, 사회(국민)는 안보·국방을 민간기업에 의지

과학기술이 발전하고 있으나 군 조직은 이를 활용하지 못하고 있으며, 그 과정에서 사회 및 국민 내 약자는 소외되고 군의 기능인 안보와 국방을 민간기업에 의지하게 된다. 거대 민간 과학기술 아래에서 적대세력들(예: 해외 국가, 비국가 행위자)은 군을 능가하는 과학기술을 수용한다. 민간이 보유하고 있는 과학기술의 발전 속도는 매우 빨라서, 군이 추진하고 도입하려는 과학기술은 그 속도를 따라잡기가 어렵다. 군의 과학기술 역량에 대한 대중의 기대(예: 텔레비전과 영화에서 보여준 내용)와 현실 간의 괴리는 지속적으로 상승한다. 무능력한 군의 역할과 국방·안보 기능에 대한 사회(국민)의 반감은 쌓여가며, 안보 민영화 및 자경단 기반 도시 스스로의 국방·안보 기능이 활성화된다. 전통적인 군의 기능들이 민간기업에게 이전되고 있으며, 사회는 국가보다 민간 권력에 의해 좌우된다. 대부분의 국방·안보 기능은 민간으로 이전되며, 공공안보 개념이 희석된다.

4) [4사분면] 군은 첨단 과학기술을 직접적으로 보유하지는 못하나, 국가가 보유한 과학기술에 대한 간접적인 접근을 기반으로 사회(국민)가 원하는 변형된 공공행정의 역할을 수행

사회(국민) 수요에 기반한 안보·국방 기능(예: 치안, 재난·재해 대응 및 안전 분야)을 국방이 수행하고, 국가가 보유하고 있는 첨단 과학기술을 적용 및 운영하는 조직으로 변모된다. 이를 통해 사회(국민)와는 과학기술 없이 긴밀하게 연결되며, 사회(국민)는 군 조직에 대한 지속적인 지지를 표출한다. 국가 전역에 펼쳐져 있는 군 조직은 치안, 재난·재해 대응 및 안전 분야를 가까이에서 담당하며 사회복지 서비스 중심 군으로 변모한다. 군 내 과학기술 역량 부족으로 인해 국방 및 안보 기능은 민수부처에서 담당하게 되며, 민간과 민수부처에서 보유한 최첨단 국방과학기술 역량은 군 조직 없이 적대적 행위자들을 효과적으로 통제할 수 있게 해준다. 인공지능AI 기반 슈퍼컴퓨터가 드론 부대(예: 최첨단 지휘통제체계C4I를 기반으로 한 통합 병력)를 조정하며, 슈퍼솔져super soldier를 기반으로 한 소수의 병력만이 군에 남아 인간의 개입이 필요한 특수한 임무에만 집중한다.

4. 미래 이미지를 기반으로 한 시나리오 작성

상기 미래 이미지를 분석해 봤을 때, 1사분면은 국방 분야와 군이 원하는, 즉 선호 미래 이미지가 분명하며, 3사분면 같은 경우는 가장 원하지 않는, 즉 비선호 미래 이미지이다. 이 절에서는 이러한 두 가지 선호와 비선호 미래 이미지를 중심으로 군과 국방이 미래에 처할 수 있는 다양한 시나리오를 그려본다. 도출된 다양한 시나리오를 통해 추후 다음 절에서 과학기술 기반 미래국방을 위해 무엇이 필요한지(혹은 거부해야 하는지)를 확인하려고 한다.

사분면별 미래 이미지를 중심으로 군이 선호하는preffered 미래와 비선호avoidable 미래 시나리오를 정리하면 다음과 같이 선호 시나리오 2개 및 비선호 시나리오 3개를 도출할 수 있다. 즉, 2개의 변수인 ① 미래 국방환경에 영향을 미치는 요소(외부 영향)인 과학기술의 변화, ② 2050년 미래에 바라는 국방의 모습(내부 의지)인 사회와 국민으로부터의 인정과 지지의 변화(+, -)를 기반으로 5가지 시나리오를 도출하려고 한다. 추가적으로, 이 시나리오 작업은 기회와

표 1-1 5가지 시나리오

선호 미래 이미지 중심(1사분면) 두 가지 시나리오	• [#1: 현재 → 2사분면 → 1사분면] 과학기술 기반 군사·안보 역량 제고 후, 그 성과를 활용하여 국민의 지지를 회복·획득하는 군 • [#2: 현재 → 4사분면 → 1사분면] 사회와 국민의 군사·안보 수요를 우선적으로 확인한 후, 수요기반 과학기술을 개발·체화하는 군
비선호 미래 이미지 중심(3사분면) 세 가지 시나리오	• [#3: 현재 → 2사분면] 사회와 국민이 소외되고, 그 위에 군림하는 군 • [#4: 현재 → 3사분면] 민간 과학기술 및 국방안보 서비스에 의존하는 군 • [#5: 현재 → 4사분면] 군 본연의 기능을 상실한 지역 내 군 공무원

자료: 저자 작성.

그림 1-3 5가지 시나리오

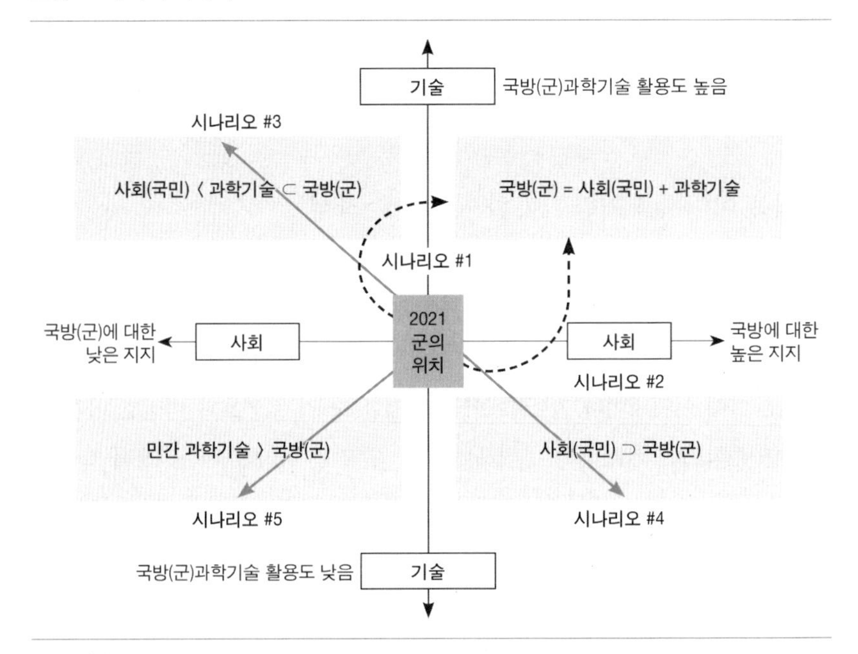

자료: 저자 작성.

위험을 도출하기 위해 사용되는 것이기에, 현재에서 1사분면으로 즉각적으로 이동하는 군이 궁극적으로 선호하는 미래 전망은 다음 절에서 설명하기로 한다.

1) 선호 미래 이미지 중심(1사분면) 두 가지 시나리오

[시나리오 #1: 과학기술을 활용한 국민지지 획득] 과학기술 기반 군사·안보 역량 제고 후, 그 성과를 활용하여 국민의 지지를 회복·획득하는 군

이 시나리오는 영화 〈터미네이터〉 주인공의 모습에서 착안했으며, 과학기술의 최정점에 이르는 군사·안보 능력을 발휘하는 군사용 무기를 보유하고 활용하고 있으며, 시간이 흐름에 따라 인간(사회)과의 교감이 부각되며, 사회 내 지지를 획득하는 군의 모습을 그렸다. 특히, 시나리오 #1의 가장 중요한 부분은 2사분면에서 1사분면으로의 전환을 의미한다. 적극적인 과학기술의 도입으로 군은 첨단무기를 보유하게 되었고, 이를 활용하여 사회와 국민을 위해 나아가는 모습을 그린다.

이 시나리오의 주요 특징으로는 현재 군이 가장 필요로 하는 과학기술을 먼저 개발한 후, 사회를 위해 활용한다는 점에 있다. '2050년 국방의 모습에 대한 설문조사' 결과에 따르면, 군 장병들은 전투영역의 변화 중 사이버 공간으로의 확장을 가장 중요한 변화로 뽑았으며, 전투 변화에서 사이버전이 가장 중요한 역할을 수행할 것으로 내다보았다. 즉, AI와 데이터로 움직이는 사이버안보 관련 과학기술의 습득이 가장 선제적으로 실행될 것으로 전망한다.

군은 다양한 첨단 과학기술, 특히 AI를 기반으로 한 빅데이터 분석을 활용하여, 적대적 비국가 행위자의 행동을 감시하며, 사이버안보를 더욱 굳건하게 한다. 여러 유형의 데이터(예: 비디오, 위치, 생체 측정)를 포함한 빅데이터 분석을 통해 안보 문제 예측, 군사도발 징후 감시, 그리고 선제적 타격을 진행할 수 있게 된다. 다양한 데이터 가용성이 높아짐에 따라 보다 효과적인 데이터 분석 활용 방법을 군은 지속적으로 고민하게 된다. 특히, 군 장병들의 핸드폰 사용에 대한 허가로 인해 군은 데이터 보안 및 분석에 더욱더 힘을 기울이게 될 것이다.

또한, 데이터 활용을 강점으로 둔 군은 소셜 미디어 활용을 통해 지역사회와 연계하고, 올바른 군사·외교 정보를 제공할 수 있는 통로를 구출하며, 소문과 잘못된 정보의 범람을 방지한다. 소셜 미디어는 군이 과학기술을 긍정적으로 활용하도록 하고 이를 가능하게 만들어주는 주요 동인이며 이러한 과학기술 기반 군의 발전 모습을 사회와 국민에게 이해시켜 줄 주요 매개체임이 분명하다. 특히, 소셜 미디어를 활용하여 과학기술 관련 테러 및 재난 대응 교육을 진행할 수 있으며, 이를 통해 국민 개개인이 국가안보에 관해 책임 의식을 함양할 수 있다.

군이 실질적으로 두각을 나타내는 3D 모의전쟁 및 AR/VR을 활용한 통합 버츄얼 기동훈련 역량은 메타버스metaverse 기술과 합쳐져서, 사회 내 디지털 더블, 디지털 트윈 기술로 발달될 것이다. 이를 통해 군이 보유한 과학기술은 사회와 국민을 위한 보편적 기술general technology로 변모하게 될 것이다.

군은 군사·안보 과학기술을 사회와 국민에 적용하기 위해 주도적이며 윤리적으로 법·제도를 수정 및 보완한다. 즉, 사회에서 일반적으로 바람직하다고 여겨지는 방법 및 규범을 개발하며, 빅데이터 분석 자체가 보유하고 있는 '과거' 데이터의 오류를 감안한 사회적·제도적 완충 지대 방비에도 힘쓰게 될 것이다.

이 시나리오에서 주의해야 할 점은 사회 내 수요와 같은 현안에 집중한 나머지 도전적이며 선도적인 과학기술 개발이 어려울 수도 있다는 점이다. 또한, 군이 추진하는 AI, 데이터 중심 사회와의 연결 방법은 사회에 대한 더 많은 감시를 가능하게 할 수도 있을 것이다. 해당 내용은 시나리오 #5에서 상세하게 설명하도록 한다.

[시나리오 #2: 국민의 지지 획득 후 과학기술 개발] 사회와 국민의 안보 수요를 우선적으로 확인한 후, 수요기반 과학기술을 개발·체화하는 군

이 시나리오는 서민들 편에 서서 정의로운 동지들과 함께 거대한 악에 다양하고 번뜩이는 기술 및 전술로 대항하는 영화 〈로빈후드〉에서 착안했다. 군은 기본적으로 사회와 국민의 국방·안보 수요와 요구를 이해하고 수용해, 관련된 과학기술을 선별적으로 개발하고 활용한다.

이 시나리오의 주요 특징으로는 단순 과학기술 활용이 아닌 과학기술-사회와의 연결고리 및 사회 영향 분석social impact assessment에 대한 부분이다. 즉, 무분별한 과학기술 습득이 아닌 수요기반의 과학기술을 수용하고 그 영향력까지 예측해 보는 부분을 포함한다.

우선 군은 내부 문화와 시스템을 협력적 거버넌스collaborative governance로 개선하여 사회 및 국민과 함께하는 '네트워크' 기반 군으로 도약할 것이다. 실질적으로 군은 국방 영역 내의 역량만으로 사회와 민간의 과학기술 수준을 전체적으로 주도하기 어렵다는 사실을 자각했기에, 국방 참여자, 민간기업, 국민 등과 같은 네트워크 구성원의 협조를 기반으로 사회 내 네트워크 구조, 참여자 정보 공유 및 목표 해결을 위한 협업 시스템을 강조하게 될 것이다. 상기 네트워크 기반·수요 기반 군사안보 서비스 중심의 군을 더 강화하기 위해 과학기술을 개발할 것으로 예측된다. 네트워크에서 가장 필수적으로 요구되는 과학기술은 센서, 6G와 같은 초연결 기술일 것으로 예측된다. 즉, 사물인터넷 기술을 활용하여, 네트워크상에서 존재하는 정보를 추출하고, 빠른 속도로 필터링하고 우선순위를 매기는 지능형 에이전트가 개발될 것이다. 즉, 사회와 국민의 수요를 가장 중요시하기에, 상기 우선순위화를 통해 '지금 가장 중요한 것'에 집중 및 투자가 가능하게 될 것이다.

이러한 사회(국민)의 영향은 외부 거버넌스뿐만이 아닌 국방 내부의 거버넌스의 변화가 가져올 가능성이 크다. 군은 네크워크 강화를 위해 다양한 전문분야 인력 영입을 통해 군 역량 및 역량의 다각화diversification를 진행할 것이며, 현재 징병제, 사관학교 및 임관 제도를 통한 부사관 및 장교 병력 운영 체계에도 큰 변화가 있을 것으로 예상된다. 예를 들어 다양한 개방적 직위 제도, 겸직 군인 제도, 임시 군인 제도 도입 또한 가능하며, 이를 통해 다양한 각도에서 사회와 국민의 문제를 바라보는 것이 가능해질 것이다.

군은 다양한 법 집행기관들, 외교·안보 및 재난·재해 대응 기관들을 연결하는 협조기관coordination agency으로 변모할 가능성이 크다. 보스가 아닌 협조기관으로서의 리더십이 필요하며(협조 프로세스 정립), 파편화된 외교, 안보, 통일, 치안, 안전, 재난·재해 대응 조직들 간의 긴밀한 협조가 추구될 것이다. 특히 위기 상황 시, 무질서에서 질서를 창조하는 협력적 조력자로서의 역할 또한 기대된다. 하지만, 이 시나리오는 정보 및 통신 과부하, 사이버 공격에 대한 더 큰 노출 및 극단적인 기술적 실패 가능성과 같은 위험 또한 존재한다. 네트워크의 중심인 군 내 공격 발생 시, 전체 시스템의 몰락으로 귀결될 수 있기 때문이다(보안 취약성 존재).

2) 비선호 미래 이미지 중심(3사분면) 세 가지 시나리오

[시나리오 #3: 과학기술 습득 후, 국민의 지지 획득 실패] 충분한 과학기술은 보유하고 있으나, 사회와 일반 국민을 위해 과학기술을 사용하지 못하는 군

이 시나리오는 영화 〈엘리시움〉에서 착안했으며, 최고 수준의 과학기술 역량을 군이 보유하고 있으나, 소수의 안전을 위해서만 과학기술을 활용하는 군의 모습을 그린다. 즉, 시나리오 #1의 부정적인 현상으로, 과학기술은 확보되었으나 군의 과학기술 오용으로 인해 실질적인 사회와 국민의 지지 획득에 실패한 시나리오다.

무분별한 첨단 과학기술 기반의 무기체계 도입(예: 장비, 전략, 전술)으로 인해 군의 중앙집권화, 권력화, 정치화 그리고 비대화 현상이 발생될 것으로 예상된다(군의 빅브라더Big Brother화). 전투를 수행하는 군병력과 사회질서를 유지하는 치안 기관이 사회 내 혼재되어 사회는 더욱더 비정상적으로 혼란스러우며, 자국 내 보호와 폭동 진압 임무 수요 증가로 인해 군은 더 이상 군사·안보에만 집중하는 것이 아닌 사회질서 유지를 위해 사용된다. 균등한 군사안보 과학기술로의 발전보다, 한쪽으로 치우진 과학기술이 등장하게 되며, 즉, 국민

보호보다 사회를 억압하는 용도로 과학기술이 인식되기 시작한다. 첫째, 혼돈의 사회 속에서 정부에 반하는 국민을 억압하기 위해 생명과학 기술이 군사안보와 결합될 것이다. 테러율을 낮추기 위해 진행되는 생명과학 기술(예: 뇌과학) 도입 및 테러 용의자 교정(예: 뇌·심리교정 치료, 화학적 거세)은 사회적 합의와 관계없이 이루어질 것이며, 그 과정에서 인권 문제가 부각될 것이다. 군에 대한 반감을 가진 사람 혹은 자주적 테러 용의자들 또한 군에 대항하기 위해 과학기술을 적극적으로 수용하며, 군비경쟁 및 과학기술 경쟁을 시작으로 인한 사망자가 지속적으로 증가할 것이다. 특히, 이러한 사람들의 과학기술 활용 역량이 군을 뛰어넘을 시, 사회 전복 및 무질서 상태가 초래될 가능성이 존재한다. 이러한 경쟁으로 인해 가장 큰 피해를 입는 것은 안전 양극화로 인해 보호의 공백을 겪는 일반 국민이 될 것이다. 둘째, 군은 거대 과학기술 기반 권력을 유지하기 위해, 우주 기반 정보통신 기술 및 GPS 기반 통신기술 R&D에 더욱더 많은 금액을 투자할 것이다. 셋째, AI에 기초한 로봇공학 자율 시스템은 수많은 군 장병 실직자를 발생시킬 것이며, 이러한 실직자가 군대, 준군사조직, 용병단체, 범죄집단에서 활용될 가능성 또한 존재한다.

지역사회의 소외현상은 계속되어 군이 성장하는 데 필요한 사회와 국민의 지지는 부족해질 것이다. 사회질서의 유지가 국민의 자발적인 준수가 아닌 무력으로 진압·통제되고 있다는 인식으로 군의 정통성이 훼손되는 등 여론의 반발이 지속적으로 발생할 것이고(국민의 지지를 잠식), 지나치게 간섭적인 기술을 포함하여 대중들의 공감을 받지 못하는 무분별한 국방과학기술이 도입 및 활용될 것이다.

하지만 이러한 이면에서는 국방물자 및 장비·도구 관련 과학기술 개발을 통한 군수산업의 활성화가 예상되며, 보호 관련 장비·도구 판매가 활발하게 이루어질 것이다. 안전 양극화로 인한 보호 공백을 국민 개개인이 무기 구매를 통해 해소할 것이다. 단, 무분별한 사업화로 인해 기술 도입에 대한 안정성 및 타당성이 결여될 것으로 예측된다.

[시나리오 #4: 과학기술 습득 시도 실패 및 국민의 지지 획득 실패] 과학기술을 포함하여, 사회와 국민의 지지 철회로 인해 군사·안보 기능조차 충분히 보유하지 못한 군과 국방

이 시나리오는 영화 〈블레이드 러너〉에서 착안했으며, 군의 부족한 군사·안보 능력으로 인해 국방 기능을 민간에게 이전하게 되는 시나리오이다. 이 시나리오의 특징은 과학기술의 늦은 발달, 사회(국민)의 신뢰 하락, 예산 부족, 개발 동력 상실이라는 일련의 악순환으로 인해 국방의 기능이 점차 상실되는 상황을 나타낸다.

군은 과학기술 역량 증대를 위해 많은 노력과 자원을 투입했으나, 특정 사건 혹은 극단적 사건으로 인해 중대한 실패를 경험하고, 과학기술 개발 및 활용에 대한 개발 동력을 상실하게 될 것으로 예상된다. 또한, 개발이 완료되지 않은 미흡한 과학기술을 사용하는 군으로 인해 사회 및 국민들은 더 이상 군을 과학기술 '선도 혹은 보유' 기관으로 인식하지 않으며, 군에 대한 신뢰도와 믿음이 저하될 것으로 보인다. 시민들은 과거부터 군은 특수한 조직으로 생각하고, 최첨단 과학기술을 보유하기를 원해왔다. 특히, 미국과 같은 국방과학기술 선도 국가의 우주 국방기술, 로봇 국방기술이 개발되는 것을 지속적으로 지켜본 결과, 그 기대와 한국 국방의 과학기술의 괴리를 너무 크게 인식하게 된 것이다. 군의 과학기술에 대한 실망으로 사회는 점점 더 국방과 거리를 두게 될 것이다.

사회와 국민의 지지가 저하됨으로 인한 자금 지원 부족 및 군 조직 내 부패가 만연할 것으로 예상된다. 빠른 과학기술의 발전 속도를 따라잡기에는 턱없이 부족한 자원이 지원되고, 부족한 자원으로 인해 군 내 부패 위험도가 지속적으로 상승할 것이다. 궁극적으로 '공공' 역역에 대한 사회 및 국민의 신뢰도 저하 및 국가의 국방 기능의 마비는 국가·도시의 몰락 가능성으로 점쳐진다.

장기적으로 지속되지 못하는 일시적 국방 분야 내 과학기술 도입(예: 해외 무기 계약)은 신종 악의적 세력의 출몰에 대한 대응을 불가능하게 할 것이다. 예를 들어, 민간 분야의 발전 속도는 굉장히 빠른 반면에 국방과학기술의 발전 속도는 다양한 이유(예: 관료화, 달성하기 어려운 무기체계 작전운용 성능)로 인해 더딘 실정이다. 또한 네트워크를 기반으로 분산되어 있는 다수의 테러 조직의 경우, 이들과 군이라는 단일 조직과의 대결은 애초부터 불가능한 문제였다. 또한, 상대적으로 긴 시간이 걸리는 군 내부의 과학기술 역량(전문 인력 양성)을 구축하는 데 어려움이 지속해서 존재한다.

[시나리오 #5: 과학기술 거부, 수요기반 공공안전 보호 서비스로 국민의 지지 획득] 과학기술 활용 실패 혹은 거부로 인한 기존 안보 기능에서 벗어난 생활 및 안전 서비스 중심 군

이 시나리오는 영웅 중심의 군대 관련 영화들(예: 〈태양의 눈물〉, 〈고지전〉)에서 착안했으며, 과학기술보다 전통적인 개개인 군병력의 역량으로 전투와 전쟁에 임하는 군의 모습을 표현한다. 이 시나리오의 특징은, 민간 과학기술의 발달로 군은 더 이상 과학기술의 빠른 속도를 따라잡지 못하는 것을 인정함과 동시에 대안적 군의 정체성과 역할을 찾는 부분이다.

전쟁의 감소로 인해, 국민의 많은 세금이 투입되는 국방 분야의 필요성이 점차적으로 감소하고 있다. 또한, 민간 과학기술의 발달로 군 내부에는 과학기술 도입에 대한 회의적 시각이 팽배하며, 군의 내부적인 문제(예: 자금 부족, 잘못된 관리, 연관성이 적은 기술 수용)들로 인해 군은 과학기술을 효과적으로 사용하지 못하며 수용을 포기할 것이다. 특히, 과학기술 기반 시대와 맞지 않는 비효율적인 채용, 전통적인 교육, 상명하복 기반 실행 프로세스는 이러한 흐름을 더욱 빠르게 만들 것이다. 사회 내 혹은 민간부처의 과학기술 역량 및 전문지식은 지속적으로(혹은 기하급수적으로) 성장하고 있으나 군의 역량만으로 추격하기에 부족하다. 따라서, 대안적 역할 확대에 따른 과거 군의 군사·안보 역할은 민간부처가 활용하는 AI 기반 컴퓨터로 이전될 것으로 예상된다. AI와 딥러닝 기술로 인해 AI가 인간 사고의 상당 부분을 대신하고, 생활의 많은 부분을 관리하고 최적화하는 추론 지능형 시스템이 개발될 것이다. 국방 분야 내 과학기술 역량 부족으로 과학기술을 효과적으로 활용하는 민간부처에게 통신과 보안을 포함한 안보 기능을 아웃소싱out-sourcing하게 된다. 특히 국방 인력의 훈련을 컴퓨터 프로그래밍을 통해 로봇에게 주입하여 로봇이 인간을 대신할 것이므로, 이를 위한 소형 배터리, 반도체 기술을 민간 분야에서 지속해서 개발할 것이다.

사회와 국민은 빠르고 파괴적으로 변화하는 과학기술의 발전을 인정하고, 군에게 다른 대안적 역할을 요구할 것이다. 즉, 사회와 국민은 단일 공공조직은 절대 민간 및 다수의 지능형 테러 행위자(혹은 안보 저해자)를 막을 수 없다고 인식하게 된 것이다. 이를 위해, 군은 사회 및 국민의 요구에 따라 유동적이며 신속하게 움직일 수 있는 지방자치군 제도를 도입할 것이다. 중앙에 위치한 국방부는 군 인력의 투입이 꼭 필요한 대외 특수임무를 수행하며, 지방에 퍼져 있는 군부대들은 지방 고유의 안전 서비스 중심 군으로 변모할 것이다.

군 자체의 협업 도구화를 통해, 군은 외교, 안보, 안전, 보호, 치안, 과학기술 및 사회(국민)를 연결하는 가교 역할을 수행하게 된다(사회적·기술적 요소 통합). 강한 공권력이 아닌 부드러운 대화와 소통에 기반하여 안보와 안전 요건을 확립할 것이고, 사회복지 서비스와 생활·안전·돌봄의 영역에까지 군의 역할이 확대될 가능성 또한 존재한다. 군은 대화를 통해 국민의 우려를 최대한 효과적으로 듣고 대응하는 진정한 시민의 종civil servant 역할에 충실하게 된다.

5. 시나리오 및 Three Horizon 기법 기반 국방과학기술 미래 전망(우선순위화)

1) 수요기반(사회) 과학기술과 소요기반(군) 과학기술의 융합

앞에서 소개한 시나리오들을 기반으로 우리는 '가야 할' 미래와 '가지 말아야 할' 미래를 탐색적explorative으로 도출했으며, 그 과정에서 겪을 수 있는 다양한 기회와 문제(위험)를 과학기술 중심(규범적 측면normative aspects of scenario)으로 확인할 수 있었다. 대한민국은 정부 차원에서 AI, 데이터, 로봇, 드론 등 4차 산업혁명 관련 기술을 국가의 미래 먹거리로 선정하고 국가 총역량을 투입하고 있으며, 국민들 또한 정보화 혁명 과정 가운데서 겪은 '성공의 신화'를 과학기술을 통해 계속적으로 유지하고 싶은 깊은 열망을 품고 있다. 따라서 이러한 대한민국의 시각에서 미래국방을 염두에 둔 수요기반 과학기술과 군 소요기반 과학기술의 효과적인 융합이 꼭 필요하다.

수요demands와 소요needs의 융합 및 일치화를 통해, 미래국방은 미래전에 대비한 국방기술 확보 및 기술 독립성 강화를 추진할 수 있고, 국방 전력의 질적 향상과 노후 장비로 인한 전력 공백 방지에 대한 지원이 가능할 것이다. 또한, 민수부처와 민간의 수요를 확인하여 방위산업 육성을 지원하며, 민관 역할 분담이 이루어질 것이다. 즉, 일반 무기체계 개발은 민간 주도를 확대하고, 정부는 첨단 국방기술 개발과 미래 무기체계 개발에 집중할 수 있는 인프라, 거버넌스 및 프로세스를 구축할 수 있을 것이다. 시나리오 작업을 통해, 미래국방의 과학기술 전략은 국방과 군이 필요로 하는(소요needs) 과학기술과 사회(국민)가 원하는(수요demands) 과학기술이 일치했을 때, 그 시너지를 발휘할 수 있으며 더 나아가 과학기술 기반 선도적 미래국방을 구축할 수 있다는 점을 확인했다. 또한, 군 소요와 사회 수요가 만나면 국방과학기술이 발전할 가능성은 매우 클 것이며, 두 요소가 일치되었을 때 국가 총과학기술 역량이 증가되어 국가경쟁력과 국방경쟁력이 강화될 것이다.

2) 대한민국 과학기술 역량에 기반한 미래 과학기술 우선순위화

해외의존도가 높은 국방과학기술 분야는 다양한 정치적·외교적 요소에 영향을 크게 받는다, 이와 더불어, 현재 진행 중인 저출생 및 국방예산 감소와 같은 대한민국의 사회적 이슈로 인해 복잡한 불확실성 또한 존재한다. 따라서,

이 항에서는 국내외 미래 국방과학기술(군 소요 측면) 및 수요기반 과학기술(사회 수요)의 매칭 작업, 즉 글로벌 국방과학기술 추세 및 대한민국 과학기술 역량과 같은 기확정된 미래 과학기술 추진전략의 매칭에 한정하여(외부적 불확실성 제외), 대한민국 미래 국방과학기술 도출 및 우선순위화를 진행하려고 한다.

[수요기반 과학기술]

우선순위화의 의미는 장기적인 안목을 기반으로 현재에 필요한 혹은 현 역량을 기준으로 추진 가능한 과학기술을 선정하는 것, 즉 선정된 과학기술들을 미래부터 현재로 순서화하는 것을 의미한다. 이러한 우선순위화에 대한 기준은 다음과 같다. 상기 시나리오 내 미래국방의 중요 요소인 수요기반 대한민국 과학기술 정책 및 전략, 즉 2021년 12월 과학기술관계장관회의(국방부장관 및 방위사업청장 참여)에서 도출된 「국가 필수전략기술 선정 및 육성·보호 전략」에 기반하여 선정하려고 한다(과학기술장관회의, 2021).

국가 필수전략기술이란 글로벌 불확실성(미·중 기술패권경쟁, 기술블록화)에 대응하기 위해, 그동안 기술과 산업, 공급망·통상, 국방 등을 따로 발전시켜온 관성에서 벗어나 국익 관점(수요기반)의 통합적 기술 육성·보호 전략을 도출하기 위해 제시된 기술들을 의미한다. 국가 필수전략기술은 전략적 중요성(공급망·통상, 국가안보, 신산업 육성 관점)과 가능성·시급성[국가역량 집중 시 기술주도권 확보 가능성 및 현(現) 글로벌 동향을 고려할 때 정부 지원의 시급성 기준]을 기준으로 하여 AI, 5G·6G, 첨단바이오, 반도체·디스플레이, 이차전지, 수소, 첨단로봇·제조, 양자, 우주, 사이버 보안 등 총 10개 기술이 선정되었다.

[소요기반 국방과학기술]

국내외 미래국방 과학기술 분류(군 소요기반) 및 도출된 시나리오에 기반하여 상기 국가 R&D 및 10대 국가 필수전략기술에 연결될 수 있는 국방과학기술을 다음과 같이 요약 및 선정했다(표 1-2 참고).

표 1-2 국내외 미래국방 과학기술

구분	내용
국방전략기술 8대 분야	• 자율·AI 기반 감시정찰 분야, 초연결지능형 지휘통제 분야, 초고속·고위력정밀타격 분야, 미래형 추진 및 스텔스 기반 플랫폼 분야, 유·무인 복합 전투수행 분야, 첨단기술 기반 개인전투체계 분야, 사이버 능동 대응 및 미래형 방호 분야, 미래형 첨단 신기술 분야
국방부 전력체계혁신 8대 핵심기술 및 10대 군사능력	• 8대 핵심기술: 첨단센서, AI/빅데이터, 무인체계, 신추진, 신소재, 가상현실, 고출력/신재생 에너지, 사이버 • 10대 군사능력: 고위력, 초정밀, 무인/유무인복합, 소형·경량화, (극)초음속, 스텔스, 비살상·전자전체계, 초연결·네트워크, M&S·사이버, 신추진
≪매일경제≫·서울대학교 공과대학 선정 밀리테크 4.0 10대 기술	• 전략적 육성형: AI(자율비행, 스마트팩토리, 차세대 IoT), 메타소재(스텔스), 수소연료(에너지혁명) • 추격형: 퀀텀컴퓨팅(사이버 공격, 스마트시티, 지휘통제장비), 레이저(레이저무기, 첨단의료기기), 바이오(스텔스, 생화학무기, 헬스케어, 스마트시티) • 상용화 목표형: 5G(자율주행, MoT), 센서(자율주행, IoT, 무인로봇), 나노소재(스텔스, 첨단의료기기), 사이버 보안(스마트시티, 지휘통제장비, 무인로봇)
미국 국방부 제3차 상쇄전략	• 핵심기술: 딥 러닝 시스템(Deep learning systems), 인간-머신 협조(human machine coordination), 유인/무인 시스템 운영(manned-unmanned systems operation), 보조 인간 작전(assisted human operations), 네트워크 중심(network-enabled) 등 • 5대 핵심군사 역량(주요 무기체계): 무인(공중급유 무인기), 장거리공중(차세대 장거리 폭격기), 저피탐 공중(B2 스텔스 폭격기, 6세대 전투기), 수중작전(무인잠수함, 항공모함), 복합체계통합(GSS 네트워크)
2018년 미국 산업안보국 수출관리 규정(EAR)	• 미국 안보에 중요한 14개 신흥 기술 분야: 바이오기술, AI와 머신러닝 기술, PNT 기술, 마이크로프로세서 기술, 첨단 컴퓨팅 기술, 데이터 분석 기술, 양자 정보 및 센싱 기술, 로지스틱스 기술, 적층 제조(Additive Manufacturing, 3D 프린팅), 로보틱스, 뇌-컴퓨터 인터페이스(Brain-Computer Interfaces), 극초음속(Hypersonic), 첨단소재(Advanced Material), 첨단 보안·감시(Advance surveillance)
미국 국방부 Community of Interests	• 기술 중심(Technology Focus): 첨단 전자(Advanced Electronics), 재료 및 제조 프로세스(Materials and Manufacturing Processes), 에너지 및 전력 기술(Energy and Power Technology) • 시스템/능력 중심(System/Capability Focus): 항공 플랫폼(Air Platforms), 우주(Space), 사이버(Cyber), 센서 및 처리(Sensors and Processing), 지상 및 해상 플랫폼(Ground and Sea Platforms: G&SP), 전자전(Electronic Warfare), 자율주행[파일럿 자율주행 연구 이니셔티브, Autonomy(Autonomy Pilot Research Initiative)], 지휘(Command), 제어(Control), 통신 및 첩보(Communications, and Intelligence: C4I), 인간시스템(Human Systems), 무기 기술(Weapons Technologies) • 임무 중심(Mission Focus): 군사용 생물의학 연구(Armed Services Biomedical Research), 평가 및 관리[Evaluation, and Management(ASBREM)] • 네트워크 ESR(Engineered Resilient Systems): 대량살상무기 대응(Counter-WMD), 급조폭발물 대응(Counter-IED)

자료: 저자 작성.

1. AI 기반 지휘통제시스템(빅데이터 및 클라우딩 기반 정보 분석 및 자율의사 결정)
2. 무인시스템(범위, 기능 및 속도가 향상된 통신 기반 드론·로봇 운용, 소형화·지능형 미사일을 포함한 무인 발사체)
3. 에너지 및 신추진체계(소형원자로, 고출력 전기동력, 수소에너지, 우주발사체, 레일건)
4. 강화인간(바이오 변형 슈퍼휴먼, 신재료 기반 소형화, 3D 프린팅 기반 맞춤형·경량화 장비)
5.사이버 전자전(사이버 공격·방호, 비살상공격 포함)
6. VR/AR기반 합성훈련환경(Synthetic Training Environment: STE)

[미래 국방과학기술 우선순위화]

이 파트에서는 각 국방과학기술별로 어떻게 일반 과학기술과 연결되는지를 확인하며, 대한민국의 시각에서 미래국방을 염두에 두면서 각 국방과학기술에 대한 미래를 전망해 볼 것이다.

우선순위화를 위해 먼저 **그림 1-4**에서 제시된 바와 같이 국가안보의 중요성이 가장 큰 10대 국가 필수전략기술인 '사이버 보안'과 '우주'를 중심으로 ① 사

그림 1-4 10대 국가 필수전략기술

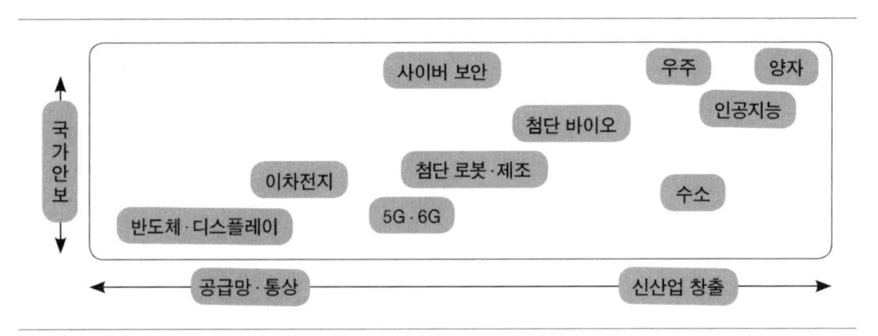

자료: 과학기술장관회의(2021)에서 재인용.

그림 1-5 수요 및 군 소요 기반 대한민국 과학기술 미래국방

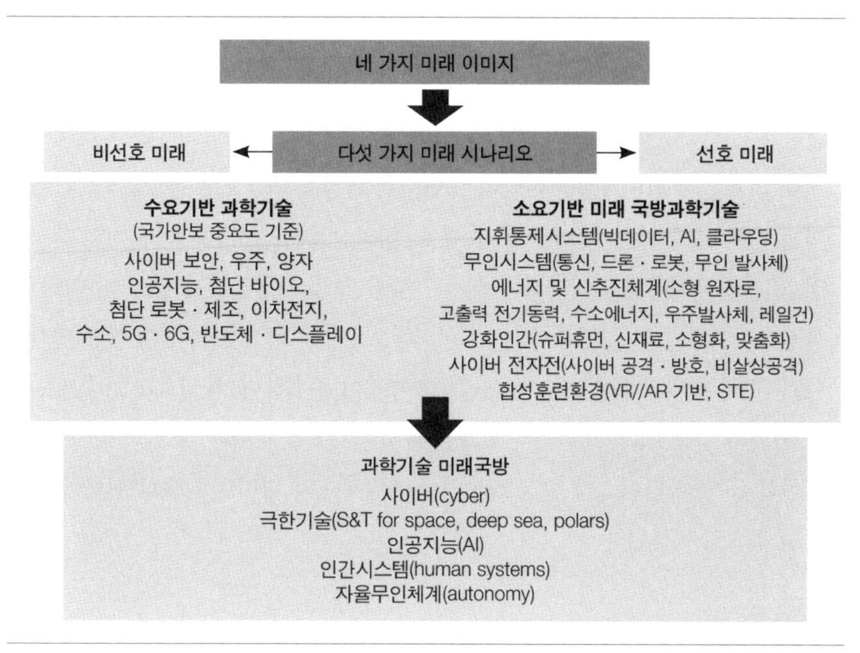

자료: 저자 작성.

이버cyber, ② 극한기술을 선정했다. 그 다음으로 범용기술인 '인공지능', '첨단 바이오' 그리고 '첨단 로봇·제조'를 기준으로 국가안보에 영향을 끼치는 ③ AI 기술, ④ 인간시스템human systems, ⑤ 자율무인체계autonomy를 차례대로 선택했다. 특히, 위험과 기회 부분을 표현하여, 국가안보를 포함한 사회 내에서의 국방과학기술의 미래의 역할 및 민간 혹은 타 정부부처와 함께 추진할 수 있는 R&D가 무엇인지 분석하고자 한다. 여기서 확인할 수 있는 점은 4차 산업혁명 과학기술의 범용적인 특성상, 국방과학기술이 신산업을 창출하는 데 그 원동력이 될 수 있다는 것이며, 이는 현재 진행 중인 R&D 민관협력, 군수산업 촉진 등과 같은 일련의 국방개혁 분야와 많은 유사성이 있다는 것을 의미한다.

6. 미래 국방과학기술

1) 사이버(Cyber)

이 파트는 무기체계뿐만 아니라 초연결된 환경을 배경으로 한 '시스템 전체'의 사이버-물리 연결, 사이버 공격·방호, 비살상공격을 포함하는 사이버 전자전 및 전술데이터를 시각화하는 실시간 통합 모의 가상공간 훈련을 의미하는 합성훈련환경STE을 설명한다. 우선 사회적으로 사이버 공간의 확장 혹은 인간사회 내 사이버 지배화cyber dominance 가능성이 존재하며, 특히 IoT 기술은 인간 사회의 아날로그, 즉 물리적 요소들을 사이버화할 것이다. 또한 가상VR-증강현실AR 및 메타버스의 등장으로 인한 아날로그의 디지털 가속화 현상이 진행될 것으로 예상된다.

[초연결 기반 국방 분야의 사이버-물리 시스템]

사이버-물리 시스템Cyber-Physical Systems은 소프트웨어를 의미하는 사이버 시스템이 통신망을 통해 물리 세계의 다양한 시스템을 원하는 방식으로 제어하는 통합 시스템을 의미한다. 이는 새로운 시스템을 칭한다기보다는 소프트웨어, 물리 시스템, 통신망 3요소를 갖추고 있는 인공시스템Engineering System을 바라보는 새로운 패러다임으로서, 기존 임베디드 시스템Embeded System의 발전된 형태라고 할 수 있다(DGIST, 2021). 사이버-물리 시스템은 모든 사물이 서로 연결되어 정보를 교환하는 IoT를 기반으로 컴퓨팅을 이용한 사이버 세계와 물리 세계가 발전된 정보통신 기술을 통해 유기적으로 연결된다.

미래 전장은 정보지식 기반의 첨단 혁신 전력체계를 확충하기 위해 향후 전력구조를 통합하여 전투력 발휘가 가능한 C4I 체계를 구축하고, 생존성과 통합성이 향상된 전장 네트워크를 형성하여 네트워크 중심전 수행 능력이 향상될 것으로 예상된다(계중읍 외, 2015). 따라서, 사이버-물리 시스템은 감시정찰

체계(영상정보 처리, 표적 탐지 등), C4I 체계(상호운용성, 데이터링크, 지능형 통신체계), 그리고 타격체계를 연결시켜 주는 필수불가결한 요소가 될 것이다.

더 나아가, 무기체계 자체의 가치 창출 이외에도 IoT 기반 센서는 다양한 무기체계 및 각종 부품에 삽입install되어, 무기/지원체계 고장 여부 사전 진단·예방 및 유지·보수·관리를 효과적이며 신속하게 추진할 수 있게 해줄 것이다. 또한, 이러한 사전 진단·예방 기능은 '스마트 군수 서비스'와 통합되어, 부품 적기 조달 혹은 선제적 군수조달 체계를 구축할 수 있게 해줄 것이다. 이 과정에서 디지털트윈digital twin 기술은 물리적 세계를 사이버 세계 내에 또 다른 형태로 구현시킬 것이며, 이를 통해 국방과 사회 내 새로운 서비스와 가치를 창출할 것이다.

[사이버 공격·방호, 비살상공격을 포함한 사이버 전자전]

이러한 흐름에 비추어 봤을 때, 국방과학기술 분야에서는 시작 비용은 상대적으로 낮으면서 잠재적으로 커다란 이익을 올릴 수 있는 사이버 공격에 대한 방어를 포함한 사이버·정보 공간의 전장화에 대응할 것으로 예상된다. 사이버 전자전은 공격 주체와 실시간 피해 규모 및 범위 파악 곤란, 적절한 대응 등이 제한되는 비대칭전력으로, 불시에 적대세력을 재앙적 수준으로 마비시킬 수 있다. 따라서, 동적 정보환경에서 사소한 움직임을 포착하기 위해 방어적·대응적 자세에서 네트워크 이동을 분석하고, 지속적인 업데이트를 포함한 공세적이고 적극적인 조치 또한 지속적으로 국방과학기술에 등장할 것이다. 또한, 군사와 국방 분야에서는 사이버 보안 및 대응기술이 적극적으로 활용될 것이며, 사이버 공간의 통제역량을 증강하거나 통제되지 않는 가상공간의 감소에 대한 유도가 적극적으로 진행될 것이다.

[실시간 통합 모의 가상공간 훈련을 포함한 합성훈련환경(STE)]

VR/AR 및 메타버스의 등장은 경제문화를 넘어서 인간 삶의 확장으로 해석

되기에 국방 분야, 특히 군사훈련, 병력 운용으로의 실질적인 유입이 예상된다. 우선, 도시화로 인한 훈련장 부족, 잦은 민원, 안전사고 우려, 장병 복무기간 단축으로 실제 기동 및 실사격훈련에 어려움을 겪는 문제가 VR/AR 및 메타버스 기반 저비용·고효율의 합성훈련환경 기술로 해결될 수 있을 것이다. 즉, VR/AR 및 메타버스 기술을 통해 컴퓨터 워게임war game만이 아닌 병력들이 가상전투를 체험할 수 있는 환경이 조성 가능해질 것이며, 이러한 실감형 과학화 훈련체계를 구축해 '상시 실전형 훈련'이 가능해질 것이다. 군 장병들이 실제 투입 이전 여러 차례의 실전적 가상전투를 체험함으로써 생존율과 전투기술이 향상될 것이다.

합성훈련환경 도입은 과거보다 좀 더 나은 과학적 훈련 방법을 찾는 정도에 그치지 않고 4차 산업혁명 시대의 특징적인 범용기술general purpose technology의 등장에 따른 첨단 과학기술을 적용하여 근본적으로 새로운 교육훈련을 혁신하게 될 것이다. 훈련을 통해 도출되는 교육훈련 데이터가 클라우드 서버에 통합되어 축적되고, 이러한 데이터를 기반으로 가상환경에서의 훈련 패턴과 행동의 학습을 통한 높은 수준(예: AI 기반)의 지능형 에이전트를 확보하게 될 것이다. 실기동 훈련체계를 가상환경(혹은 메타버스)과 통합하여 실제 훈련의 행동과 패턴을 비교 분석하면 지능형 에이전트의 행동은 보다 현실화될 것이며 이를 통해 가상 대항군들을 지능화하여 보다 효과적인 훈련이 가능할 것이다. 또한 이렇게 지능화된 지능형 에이전트 혹은 가상인간virtual human이 현실화되면 교육훈련 종료 시 맞춤화된 피드백을 제공하는 지능형 교관intelligent tutor의 구현 또한 가능해질 것이다. 즉, 다양한 전장 상황하에서의 가상훈련을 통해 교육훈련의 효과를 향상시킴과 동시에 방대한 데이터를 지속적으로 축적하여 AI와 지능형 학습체계를 고도화시켜 궁극적으로 교육훈련을 자동화·지능화하는 효과를 거둘 수 있게 될 것이다.

추가적으로, 워게임 기반 모의훈련와 같은 군의 특화된 가상훈련 분야를 사회 내 위기 대응 훈련 및 위기 대응 필요 R&D 내에 활용할 수 있을 것이다. 예를 들어, 메가시티에서의 감염병 등 재해와 사회적 재난, 테러 등 비군사적 위협에 대비하여 메가시티에 대한 디지털 트윈 기반의 가상 메가시티 대상 재난 대응 훈련 또한 가능하다.

한편 온라인 가상현실의 영향력 확대로 개인의 정체성이 새롭게 정립될 것으로 예상된다. 특히, 군 장병들의 스마트폰 사용 확대와 코로나19로 인한 온라인 활동의 증가는 이러한 경향을 더욱 촉진시킬 것으로 예상된다. 사이버 분야 R&D를 통해 병력의 정체성과 인센티브incentive를 유도할 수 있는 사이버 공간 내 증강·가상현실에 대한 연구 또한 함께 수행되어야 한다.

2) 극한기술(우주, 심해 및 극한지에서 활용 가능한 과학기술)

이 파트는 우주, 심해, 극한지와 같은 극한환경에서 활용 및 응용될 수 있는 국방과학기술의 미래를 그려보려고 한다. 극한기술이란 극한적인 환경을 발생시키고 응용하는 기술을 의미하며, 극저온·초고온·초고압·고진공·초청정 등 5대 분야가 있다. 이들 극한기술은 반도체·핵융합 등 여러 가지 첨단기술의 개발 시 필수적으로 선행되어야 하는 경우가 많다. 따라서 이 파트는 비닉형 미사일 및 지능형 발사체와 같은 추친체계 및 관련 추진동력(모듈형 소형원자로, 고출력 전기동력, 수소에너지) 그리고 지휘통제시스템C4I과 무인시스템의 가장 중요한 요소인 GPS, 우주상황인식, PNT(위치, 항법, 시간), 위성통신, 미사일 경보·방어 등 우주통제 시스템을 중심으로 서술할 것이다.

[우주통제 시스템]

군은 내비게이션, 조기 경보 시스템, 감시, 정보 수집, 군사 통신 등 다양한 목적을 위해 우주기반 자산을 사용할 것이다. 우주기반 자산들은 무인 항공 센서, 장거리 통신 드론, 전통적 극초단파microwave를 사용하는 지상 시설들과 융합될 것이다. 특히, 우주자산들은 전자기 펄스무기, 위성항법장치Global Navigation

Satellite System에 대한 공격, GPS 방해 장치를 포함한 악의적 통신 교란과 정보 가로채기spoofing, 위성 공격 무기와 같은 신종 비전통적 무기의 등장을 촉진시킬 것이다. 또한, 극한환경에서 필요한 간편 식량 (우주식량) 및 장구류(우주의복) 개발, 제한된 공간 운영 시스템(잠수함)의 발전은 국방 우주기술의 활용도를 더욱 높일 것으로 예상된다.

[발사체 추진동력]

우주, 심해, 극지방과 같은 극한지 내 중요 분야는 에너지와 관련 추진체계이다. 또한, 이렇게 발전되는 에너지 추진체계는 자율무기체계 및 인간강화 기술의 발전을 위해 반드시 필요한 과학기술이 될 것이다. 실질적으로 화석연료를 지속적으로 공급받기 어렵기 때문에 우주, 심해, 극지방과 같은 극한지 내 에너지 공급 및 활용기술은 계속적으로 연구될 것이고, 국방 분야 또한 이에 영향을 받아 다양한 옵션을 보유할 수 있다.

소형원자로는 발전량 300MW 이하 원자로를 의미한다. 이는 공장에서 제작·조립이 가능하여, 이른바 공장식 생산이 가능하기 때문에 원전 설치 기간을 줄일 수 있으며, 모듈형의 경우 비교적 소형화되어서 다양한 장비와 기계에 설치가 용이하다. 미국은 국방부 전략능력국 주도로 2020년부터 민군협력을 통해 군사용 모듈형 소형원자로 개발(배치 후 3일 이내 작동 및 일주일 안에 철거 가능, 출력용량 1~5MW)에 나서고 있으며, 우리나라의 경우 2021년 7월에 착공된 한국원자력연구원의 문무대왕과학연구소가 소형원자로를 개발할 것이다(2025년까지 6500억 원 투입). 이러한 모듈형 소형원자로는 항공모함, 순양함, 잠수함을 문론이고 지금까지 원자로 설치로 운영되는 것을 꺼려왔던(추락 가능성 및 무게로 인해) 항공기에도 설치가 가능하다. 또한, 극한환경에서 운용되는 주둔지 베이스캠프의 발전기로도 활용이 가능하다.

에너지 저장 기술은 비약적으로 발전하며, 그 출력 또한 상당해서 고高에너지를 사용하는 무기체계 전력이 도입될 전망이다. 미래 국방장비 및 무기체계의 Low-High Mix로 일부 재래 무기체계들은 석유 등을 사용할 것이나, 미래주 무기체계 전력으로 사용될 레이저, 레일건, 슈퍼휴먼, 로봇 등은 고에너지를 사용하는 전력으로서 화석연료 활용이 제한될 것으로 예상된다. 추가적으로 높은 토크와 신속기동을 가능하게 하는 하이브리드 엔진이 우선적으로 개발(예: 재래식 추진체계 내 하이브리드 동력)되며, 추후에 소형원자로 및 수소에너지 등을 활용한 신규 추진체계가 등장할 것으로 예상된다.

또한, 새로운 에너지원에 대한 수급로 확보 혹은 대체에너지 개발과 더불어, 실질적으로 개발 및 적용할 수 있는 에너지 효율성 향상에 집중이 필요하다. 전투함, 군용차량, 전투·수송기 설계에 대한 개선은 항력抗力을 더욱 감소시켜 에너지 소비율까지 개선되는 효과를 낳을 수 있다.

3) 인공지능(Artificial Intelligence: AI)

AI 기술은 감시·정찰, 군수, 사이버 작전, 정보 작전, 지휘통제, 자율살상무기체계로 계속 확대될 전망이며, 미래 국방시스템과 자율무기체계Autonomous Weapon System: AWS의 기반기술로 성장할 것이다. 또한, AI 기술을 기반으로 사물인터넷, 빅데이터, 모바일 등이 결합된 초연결 기반의 지능화 혁명 및 스마트 국방은 국방 지휘통제 분야에서 가장 중요하게 여겨지는 '상황 판단-결심-대응'을 획기적으로 개선시킬 것으로 예상된다.

[자율무기체계(Autonomous Weapon System: AWS)][2]

AWS란 인간 운용자가 무기체계 운용을 우선할 수 있도록 설계되었지만, 작동이 된 후, 인간(혹은 인력)의 추가 개입 없이 대상을 선택하고 교전할 수 있는

2 드론, 무인기동체계, 미사일, 로봇 내 적용되는 자율무기체계와 자율무기체계 내 필수 요소인 에너지 및 소재 적용 부분은 다른 파트에서 설명하며, 이 파트는 AWS의 의미와 본질에 대해서 분석한다.

무기체계를 의미한다(U.S. DoD, 2020). 따라서, 완전한 자율성의 핵심은 휴먼 인터페이스human interface 없이 사람이나 사물을 식별하여 대상화 및 공격할 수 있는 능력이다. 인간 조작자는 시스템을 통제할 수 있는 능력 및 의사 결정 권한을 보유할 수 있지만, 무기 스스로 자율적으로 작동할 수도 있다. 물론 완전히 자율적인 시스템이라도 결코 사람이 없는 것은 아니며, 시스템 설계자 혹은 운영자는 적어도 특정 매개변수에 따라 기능하도록 프로그래밍할 수 있다(Schmitt and Thurnher, 2012).

자율무기체계는 군이 유인무기체계와 관련된 많은 운용 도전을 극복하는 데 도움을 줄 것이다. 자율성의 가장 중요한 장점 중 하나는 첫째, 속도이다. 자율성은 무기시스템이 인간이 할 수 있는 것보다 훨씬 더 빠른, 관측Observation-사고Orient-판단Decide-행동Act으로 이어지는 이른바 OODA 고리loop를 실행하도록 만들 수 있을 것이다. 또한 자율성은 무기체계가 인간이 (복잡성, 규모 또는 속도 측면에서) 할 수 없는 방식으로 데이터를 수집 및 분석할 수 있도록 하기 때문에 더 높은 지휘통제 수준에서 기회를 제공할 수 있다. 이를 통해 의사결정 주기의 질과 속도가 획기적으로 개선된다. 두 번째 장점은 민첩성이다. 자율성은 인간과 계속적으로 접촉할 필요성을 줄이기 때문에 지휘통제 관점에서 무기체계를 훨씬 더 민첩하게 규정할 것이다. 세 번째 장점은 자율성이 무기체계의 정확도를 향상시키며, 더 효과적이고 차별적인 방법으로 군사력을 가할 수 있는 기회를 제공할 것이다. 정확도가 향상되면 파괴 반경이 큰 무기탑재체를 사용할 필요성이 줄어들고 부수적 피해의 위험을 줄일 수 있다. 네 번째 장점은 자율성이 무기체계의 지속성을 향상시킨다는 것이다. 적지에서 방공, 장기 감시 임무, 대어뢰 작전 또는 군수작전과 같은 소위 따분하고 더럽거나 위험한 임무를 수행하는 무기체계의 성능 수준은 시간이 지남에 따라 인간의 인지적 및 물리적 한계(예: 피로, 지루함, 배고픔 또는 두려움)로 인해 악화될 수 있으나, 자율성은 이러한 한계를 없앨 것이다. 자율성의 다섯 번째 장점은 사정거리이다. 원격제어 무인체계가 신호상의 문제로 도달할 수 없는 지역(예:

극한지, 심해, 우주 등) 혹은 유인체계가 들어가기에 위험하고 혹독한 작전지역에 접근할 수 있을 것이다. 마지막으로 자율성은 무인체계가 인간 운영자에 의해 개별적으로 통제되는 경우보다 훨씬 더 협력적이고 구조화된 전략적 방식으로 대규모 군집 운용(예: Swarming)이 될 수 있도록 허용하기 때문에 협력 작전에 새로운 기회를 제공할 수 있을 것이다.

미국은 제3차 상쇄전략 내 게임체인저로 AI를 선정했으며, 2018년에 국방부 내 합동인공지능센터Joint Artificial Intelligence Center: JAIC를 설치했다. 중국 시진핑 주석은 제19차 당대회 보고문(2017.10.18)에서 AI 군사화'를 언급한 후, 중국군의 AI 무기 수준을 빠르게 진화시키고 있다. 예를 들어, 중국 정부는 청소년 영재를 선발해 AI 무기 개발에 투입하고 있고, 베이징공대는 지능형 무기시스템 개발에 투입할 31명의 인재를 5000여 명의 지원자 중에서 선발했다. 중국군은 2035년까지 완전한 현대화를 의무 추진하고 있으며, 2050년까지 미군과 동일한 수준의 AI 군사력을 보유하기 위해 노력 중이다.

[AI 기술 기반 의사 결정 관련 C4I]

AI, 클라우드, 사물인터넷, 빅데이터 분석 등 정보통신 기술의 발전은 미래 전장에서 인간의 인지·확정 능력을 초월한 의사 결정 속도를 제공해 줄 것이다. 즉, 각종 데이터 수집·분석을 기반으로 C4I를 지원하는 '지능형 데이터 통합체계' 혹은 인간의 인지 능력을 보강해 줄 수 있는 '빅데이터 기반 실시간 AI 의사 결정 시스템'이 구성되어, 우주, 사이버, 바이오, 전자기 등 확장된 전장 영역에 대한 상황인식과 다양한 정보 융합을 가능케 할 것이다. 이러한 합동체계는 군별로 분리되어 있는 데이터와 C4I 체계를 통합시킬 것이며, 핵을 포함한 전 전장 영역에서의 위협을 조기에 탐지하고 다양한 대응 수단 및 전력을 제공하여 국가 및 군 지도부의 최적화된 의사 결정을 지원할 것으로 전망한다. 미래의 합동작전 개념은 전 영역 정보자산surveillance & sensor과 타격자산shooter의 유기적인 연결과 정확한 정보에 기반한 신속한 지휘결심을 AI 기술 기반으

표 1-3 미국 국방부 실시간 의사 결정 지원 과학기술 목록

미국 국방부의 합동 전영역 지휘통제((Joint All-domain Command and Control) 내에 명시된 실시간 의사 결정을 수립할 수 있는 기반 과학기술
• 초연결 격자망: 사물인터넷화된 모든 전투원, 정보자산, 무기체계와 의사결정 노드를 단일 네트워크에 상시 연결하고, 정보-상황인식-지휘결심을 실시간으로 공유하여 전투의 속도를 비약적으로 증대시킨다. • 첨단 전투관리체계: 각종 센서로 수집된 정보를 AI 및 기계학습을 통해 처리 융합하여 전 영역 작전 상황도를 제공하고, 최적의 대응 방안을 제시하여 '의사결정 우세'와 '비대칭적 이점'을 확보한다. • 첨단 네트워킹: 높은 복원성을 갖춘 클라우드 기반의 네트워킹 환경을 통해, 말단(edge) 실행 노드로부터 최상위 의사 결정 노드에 이르기까지 실시간 데이터 게시·처리·공유 환경을 제공한다. • 효과의 융합: 전 영역의 물리적·비물리적, 살상·비살상 효과를 신속히 융합하여, 적의 대응 속도와 대응 능력을 초월하여 표적을 타격 제압할 수 있는 능력을 발휘한다.

자료: 한국군사문제연구원(2020).

로 제공해 주는 것이 될 것이다. 이러한 방향은 초연결성과 고도의 신뢰성을 갖춘 차세대 합동 C4I를 기반으로 추진될 것이다.

AI 기술은 다양한 기회를 제공해 주지만, 적대국에게 공격 옵션을 활용할 수 있게 하는 측면도 있다. 따라서 AI 기반 공격에 대비한 방어체계 구축 또한 필요하다. 즉, 과학기술에 기반한 정보화 무기 통제·감지 체계 확보를 통한 비전통적 공격 사전 무력화가 필요한 것이다. 또한, AI 기술은 기본적으로 빅데이터, 클라우드 저장 시스템을 근간으로 활용된다. 특히, AI 기술을 기반으로 하는 스마트도시는 이러한 과학기술의 결정체이다. 인구, 공업, 자본, 병원, 대학 등이 집중되어 있고 그물망처럼 얽혀 있는 도시의 네트워크는 외부 충격에 약하기에, AI 기반시설을 대상으로 한 공격에 취약할 것이다. 따라서, 군은 사이버 및 네트워크 보안기술, 데이터센터 방호 보호 기술 개발에 국방 R&D 역량을 투입할 것으로 예상된다.

[AI 기술 중심 STE]

AI 기술은 또한 합성훈련환경 구축에도 사용될 것으로 예측된다. 네트워크를 통한 원격지에서의 동시 가상훈련, 가상 대항군 묘사를 위한 반자동군Semi automated forces의 구현, 지형 표준화 등의 핵심 요소들은 AI를 기반으로 가상 자율군Computer Generated Forces과 행동모델링Behavior Representation modelling 등의 다양한 분야의 기술 연구가 진행될 것이다.

향후, 1과 0 사이의 값을 가질 수 있는 '퀀텀 비트(퀴트)'에 의존하는 양자컴퓨터의 개발이 도래한다면, AI의 힘과 활용 응용성은 기존의 상상적 개념을 초월할 것으로 예상된다. 따라서, 전통적인 작업 관념에 도전할 수도 있고 어쩌면 인간의 목적에도 도전할 수 있기에, AI 채택률은 문화의 영향을 받고, 정책의 지배를 받으며, 상업적 발전에 영향을 받을 것이다. AI는 인간을 대신하여 점점 더 많은 기능과 결정을 맡게 될 것이기에, AI R&D를 추진할 시 인간 가치에 대한 윤리적 프레임워크에 대한 고려와 사전적 대응전략 또한 필요하다.

4) 인간시스템(Human Systems)

이 파트에서는 바이오 변형 슈퍼솔저super soldiers, 신재료 기반 소형 및 경량화 장비 개발(예: 3D 바이오 프린팅 기술, 즉각적이며 맞춤화된 3D 제조 기술)로 인한 강화인간 관련 과학기술에 대해서 서술하려고 한다. 이러한 인간강화human/augmentation/enhancement 기술은 전투원 능력 향상(예: 작전지역의 확대, 생존성 및 치명성 향상)으로 귀결될 수 있으며, 병력자원의 감소에 대한 대체효과 발휘가 가능하다. 추후, 저출생 및 고령화로 인한 생산인구 부족 현상과 정년 연장에 따른 고령인구 일자리 내 사회문제 해결에까지 적용될 수 있다.

미국 등 선진국의 국방 분야에서 등장하는 슈퍼솔저 개념은 인간강화를 통해 진행되는 전투발전의 의미이며, 이는 전투원 능력 강화 기술 발전 및 적용의 결과로 현재의 전투 능력을 초월한 미래 전투원 개념을 의미한다. 2019년 10월에 발표된 「미 육군 현대화 전략Army Modernization Strategy」은 2035년을 목표로 다영역작전 수행 능력을 확보하기 위한 환경 분석과 전략 설정, 중점사업 영역 등을 선정하여 제시했으며, 그중 중장기적으로 인간 능력강화 기술의 적용이 가장 활발히 진행될 것으로 추정되는 중점사업 영역은 '병사 치명성 Soldier Lethality' 분야로 선정되었다(국방기술품질원, 2020). 병사의 생존과 첨단전 수행 능력 강화를 위한 수요가 증가함에 따라, 유전자 편집, 물리 및 인지 보형물, 제약 증진을 포함한 인간강화 기술의 발전은 인간의 작전 및 전투 수행의 한계를 크게 넓혀줄 것으로 예상한다.

[바이오 변형 슈퍼솔저]

전투원 성능 향상peak soldier performance 기술은 신체적·인지적으로 강화된 전투원을 양성하고 적합한 장비를 제공하여 전장에서의 생존성을 향상시킬 수 있다. 유전공학 및 생물공학과 같은 의학기술 발달에 따른 신생물학적 무기가 지속적으로 출몰할 것으로 예상된다. 유전자 편집(예: 전장에서 식량 자급이 가능한 인간의 세포 조작, 외상 후 스트레스 장애 예방을 위한 일부 공감 능력의 제한, 인간과 기계의 원활한 결합을 위한 유전자 편집 기술 등), 물리 및 인지 보형물, 제약기술 기반으로 슈퍼솔저를 창조해 낼 수 있는 인간강화 기술은 병사의 생존과 첨단전 수행능력 강화를 가능하게 할 것이다.

5) 자율무인체계(Autonomy)

이 파트는 범위, 기능 및 속도가 향상된 통신 기반 드론·로봇 및 소형화·지능형 미사일을 포함한 무인 발사체 운영을 위해 필요한 과학기술(예: 나노페인팅, 스텔스기술 등)의 미래에 관해서 서술할 것이다.

[무인시스템]

인간에 의해 수행되었던 많은 전투 기능이 기계와 무인시스템[예: 무인기(Unmanned Aerial Vehicle 등), 드론, 무인잠수함, 무인육상로봇 등]에 의해 대체될 것으로 예상된다. 이에 따라, 군병력의 육체적인 역량을 비롯하여 조종사와 같은 오랜 기간의 훈련과 숙달을 요하는 능력이 첨단 과학기술로 대체되고, 병력 전투력과 기계 내 과학기술을 조정·운영하는 조정·지휘 체계의 기술 중심의 군 운영이 부각될 것으로 예상된다. 군은 정밀타격능력을 보유한 무인시스템으로 직접적인 공격을 하거나 유인 플랫폼과의 원격교전을 위한 레이저 지시 또는 생화학 무기와 방사성 물질 투발 수단이라는 선택지를 제공받을 수 있게 될 것이다. 특히, 정찰용 무인수상정, 드론봇 전투체계와 워리어 플랫폼 등 4차 산업혁명 기술이 적용된 첨단 미래 기술로 다양한 사회 내 과학기술과의 융합이 진행되며, 국방이 보유하고 있는 R&D의 특성(예: 수요 보장, 장기간 연구개발 가능)은 민간 분야의 관련 기술 R&D에 지속적으로 도움을 줄 것으로 예상된다.

[자동화 드론: 대규모 및 저렴한 가격]

과학기술의 보편화로 대규모 자동화 드론과 같은 지능적이고 저렴한 수단을 이용하여 군집 파괴 능력이 증대되고, 첨단기술과 인공지능을 가진 저가(대량생산 가능)의 무인시스템이 고가의 체계를 능가하는 효과를 발휘할 것으로 예상된다. 또한, AI 기술은 자율무인체계의 핵심적인 요소이다. 예를 들어, 드론을 사용한 스워밍swarming 드론 무기체계에서 실질적으로 가장 중요한 과학기술은 정해진 알고리즘에 의해 학습하고 움직임을 조정하는 AI 기술이다.

국가 및 비국가 행위자들은 군사시설 및 부대, 중요 인프라를 포함한 다양한 표적을 공격하는 데 국가 및 상업용 무인시스템을 적극 활용하는 추세이다. 무인시스템은 특히 민간 및 국가 차원에서 성능이 진일보하고 신뢰성·생존성이 높아졌으며, 특히 드론은 저비용·고효율이라는 특징으로 전 세계적으로 신속하게 확산되는 추세이다. 따라서, 이러한 드론을 중심으로 하는 무인시스템은 기존 플랫폼과 다른 새로운 방식의 공격 및 방어 작전을 가능하게 할 것이며, 인식 및 센싱 알고리즘과 통신 능력이 향상되어 AI와 자율비행을 통해 전쟁의 성격을 극적으로 변화시킬 것으로 예상된다. 적대적 행위자들은 센서와 통신 범위 확장으로 단일 영역뿐만 아니라 지상 및 해상 등 다양한 영역에서 공격할 수 있으므로, 이에 대비하여, 무인시스템의 비정상적인 운용에 대해 경고하고 잠재적인 위협으로 식별된 무인시스템의 이상 여부를 감지할 수 있는 종합적이고 통합적인 감시·정보·관리 시스템이 개발 및 적용될 것이다. 또한, 해킹 프로그램이나 전자전 장비를 사용하여 드론 운용을 방해하거나, 무력화하는 방식(예: jamming, spoofing 등) 및 가용한 무기를 이용하여 요격하는 등 물리적 대응 방식(예: 레이저 무기체계, 고출력 전자기파 체계, 요격드론 등)이 개발 및 적용될 것으로 예상된다.

[소형화 무기체계를 위한 효율성 제고]

또한, 자율무인기술에 기반한 소형화된 무인시스템의 운용을 위해서 에너지 효율화에 더 많은 과학기술 역량을 쏟아부을 것으로 예상된다. 예를 들어, 다이아몬드 유사 탄소 물질, 나노복합물질 등 기술적으로 진보된 소재를 사용하면 마찰을 10~50% 줄여 효율성을 더 향상시킬 수 있다. 새로운 공기역학과 추진 시스템을 적용한 항공기(극초음속)는 마하 5에서 마하 9로 비행할 수 있으며, 우주 기술을 상용화된 목적으로 사용하면 훨씬 더 놀라운 속도를 낼 수 있을 것으로 전망된다.

자율무기체계를 구성하는 극단적으로 논리적이고 냉정한 기계의 계산은 전쟁에서 열정, 용맹, 용기 같은 감정적 요소 및 자아, 자만심, 민족주의 정서의 제거가 가능하며, 국가가 경솔한 결정을 내리지 못하게 막을 수도 있다. 하지만, 이러한 감정과 정서의 제어는 군사적 행위로 인한 치명적 결과에 대한 둔감성을 증가시킬 수 있다. 따라서, 국방 관계자는 새로운 기술 분야에 대한 사회의 공감대와 신뢰를 쌓기 위해 국민적 공감대를 형성하도록 노력이 필요하며, AI 지원 기술을 채택하기 위해 파트너 및 제휴사와 함께 기술 개발과 관련 법률 제정 및 윤리적 프레임워크 개발이 필수적이다.

한편 유전공학 및 생물공학과 같은 의학기술은 적대적 행위자들에게도 쉽게 사용될 수 있다. 코로나19와 같은 전파력이 큰 감염병을 비닉용 그리고 전략적인 무기로 활용할 가능성이 크다. 특히, 유전자 편집 기술의 경우, 국방 생태계를 급격히 변화시키거나, 대량의 혹은 무분별한 인명 살상을 유발하는 등 전통적인 생화학무기를 뛰어넘는 위험성이 있다(Frost and Sullivan, 2019). 특히, 민간 분야에서 주도하는 기술의 진보에 따라 유전자 편집의 진입장벽과 생산활용 비용이 낮아지고 사전 감지 및 차단이 어려워질 뿐 아니라, 은밀한 연구 및 비닉적 사용이 가능하다는 점을 이용하여 악성국가 및 테러집단과 같은 비국방 행위자가 악용할 경우, 안보적 문제를 유발할 수 있다(U.S. DoHS, 2020). 이에 대응하기 위해 국방과 군은 슈퍼솔져를 위한 의학기술뿐만이 아닌 응급의료 역량 및 범용 백신, 해독제, 치료제 개발 역량을 확보할 것이며, 바이오 무기 대비 간이 휴대용 개인 보호 장비에 대한 개발을 지속적으로 추진할 것으로 예상된다.

[3D 프린팅]

3D 프린팅은 제조업에 큰 혁신적 변혁을 가져오고 있다. 2011년 한 기사에서 영국의 경제 잡지 ≪이코노미스트The Economist≫는 3D 프린터가 내연기관과 컴퓨터를 뒤이어, 미래 제조산업을 이끌 주요한 혁신기술이 될 것이라고 소개한 바 있다(Filton, 2011). 선진국들은 국방 및 군수산업에서 3D 프린팅을 발전시켜 오고 있으며, 우리나라 또한 2020년 2월 부처 간 협력을 통해 3D 프린팅으로 제작하는 국방용 부품의 규격을 국내 최초로 마련했다. 3D 프린팅 기술의 특징은 가볍고 유연성이 강한 재료를 활용해, 빠른 시간 내에 섬세하고 소형화된 맞춤형 장비를 만드는 데 있다. 따라서 그동안 해외 수입에 의존하던 국방 부품들을 국내에서 3D 프린팅 기술로 제작해 공급할 수 있을 것이며, 국내 3D 프린팅 강소기업과 방산 기업의 신규사업 참여를 촉진해 민군협력을 촉진하고 그동안 생산 중단으로 확보하기 어려웠던 해외 국방 부품들을 조달하는 데에도 크게 도움이 될 것이다. 즉, 컴퓨터 지원 설계와 3D 프린팅을 활용하면 개발 및 생산 시간을 빠르게 단축하여 군사 장비 제작 시간과 비용을 절감할 수 있다.

표 1-4 바이오의 정의 및 주요 분야 정리

구분	내용
정의	• 바이오 기술: 특정 제품의 생산을 위해 유기체 및 생물체계를 사용하는 기술 • 바이오 산업: 고령화, 감염병, 식량 문제 등을 해결하고, 다양한 신사업을 창출하는 미래 선도 산업
주요 분야	• 합성생물학: 유전자분석+공학의 융합, 기존생명체를 모방하거나, 자연에 존재하지 않은 인공생명체를 제작 및 합성하는 기술 • 바이오에너지: 바이오기술+에너지 소재의 융합, 동식물과 이로 파생된 모든 물질을 원료로 생성하는 에너지 • 뇌-기계 인터페이스: 뇌과학+기계공학의 융합, 인간의 생각만으로 외부 기기 및 환경을 제어할 수 있는 기술 • 디지털헬스케어: 의료+ICT의 융합, 빅데이터 및 AI 기반의 의료정보 분석을 통해 정밀의료 서비스를 제공하는 기술 • 나노바이오 공학: 바이오기술+나노기술의 융합, 나노생체분석, 나노 생체소재, 나노바이오센서, 나노로봇 등 다양한 분야에 적용하는 기술

자료: 임이슬(2017).

지금까지 부품의 조달에 주안점을 주었던 3D 프린팅 기술은 인간강화 측면에서 더욱더 다양하게 사용될 수 있을 것이다. 특히, 3D 바이오 프린팅 기술은 전장에서 부상을 입은 군장병에게 즉각적으로 각막·간·피부·혈관·심장 등을 만들어 이식할 수 있게 해주어, 생존율을 향상시킬 것이다. 또한, 3D 프린팅은 전투병력에게 경량화되고 맞춤화된 장비를 즉각적으로 제공해 줄 수 있을 것이다. 국방 분야 내 인간강화의 가장 큰 이슈는 편이성을 동반한 기동성의 확보이다. 인간강화에 사용될 경량화되고 맞춤화된 장비들은 이러한 부분을 많은 부분에서 해소시킬 수 있을 것이다. 무인화·자동화를 통한 생산성의 향상, 인력의 감축이 크게 환영받는 우리 국방의 특수성을 인간강화 기술 성장의 밑거름으로 활용한다면 바이오, 로봇, 의학, 센서 등이 융합된 인간강화 기술은 국방과학기술 분야의 새로운 블루오션으로 자리매김하여 민·군의 협력적 육성이 가능할 것으로 기대된다.

하지만, 3D 프린팅 및 인간강화 기술의 잠재적 응용과 위험을 이해하는 것 또한 필요하다. 우선, 3D 프린팅 제조 기술은 적대적 세력의 위협 또한 키울 수 있다. 예를 들어, 테러리스트가 무기를 밀수하거나 폭발물을 가지고 국경을 넘나드는 대신 현지에서 3D 프린터로 다기능 무기와 사제폭탄 제작을 할 수도 있다. 3D 프린팅과 분산 제조를 기반으로 무기 제조 및 생산 장소가 분산되고, 현지화(소비자 근처에 위치)될 수 있다. 정부는 초국가적 범죄조직과 폭력적 극단주의 조직에 기동의 자유를 제공할 수 있는 물리적 공간의 감소, 그리고 통제되지 않는 가상공간을 감소시키도록 유도해야 할 것이다. 또한, 사회와 국방전력 내에서 인간강화 기술의 발전을 지속가능하게 하기 위해서 도덕적·윤리적·법적 기준이 정의되어야 하기에 글로벌 국방 거버넌스 프레임워크 설정에 대한 선제적 대응이 필요하다.

7. 결론

이 글은 다양한 미래연구 기법을 연결 및 활용하여, 총 다섯 가지의 시나리오 기반 다양한 미래국방의 모습과 관련 미래 국방과학기술 혹은 국방 R&D 분야 도출 및 우선순위화를 실시했다. 수요demand 측면, 즉 민수부처와 민간 분야(사회 및 일반 시민 포함)에서 전망하는 미래 유망 과학기술과 군사·안보 소요needs에서 필요로 하는 국방과학기술을 접목하여, 총 5개의 미래 국방과학기술, 즉, 사이버cyber 관련 기술, 우주·심해·극한지 극한기술, AI 기술, 인간시스템human systems, 그리고 자율무인체계autonomy를 도출하여 본 순서대로 우선순위화했다. 추가로 상기 도출된 5가지 시나리오를 기반으로 대한민국 국방과 대한민국 국민이 선호하는 미래와 연구 한계를 작성하여 이 글을 마무리하고자 한다.

1) 대한민국 국방이 원하는 미래(Preferred Futures)

군은 최첨단 과학기술 활용을 통해 사회(국민)를 내외부의 적(정부 혹은 비정부조직)으로부터 지키며, 국민의 신뢰와 사회의 지지를 받는 조직으로 변모해야만 한다. 이를 위해 군은 군 내부의 조직과 체계에서 대대적인 혁신을 이루어(예: 육군, 해군, 공군과 같이 특정 지형에 기반한 조직이 아닌 과학기술 기반 조직 및 인력 구성) 상기 언급된 핵심 과학기술을 습득 및 운용하고, 그 과학기술을 윤리적으로 그리고 효과적으로 사회와 국민을 위해 사용해야 할 것이다. 즉, 현재 진행되고 있는 국방과학기술 혁신은 단순 군 소요에 의해서만이 아닌, 미래지향적이며 혁신적이고 선도적인 과학기술 연구개발을 통해 진행해야 한다. 군은 자체적으로 혁신적인 과학기술을 개발하고, 주도적으로 민간과 국방의 R&D 분야를 선도하며, 더욱 수용적으로 최신 민간 기술을 국방과 사회를 위해 활용할 것으로 예상된다. 예를 들어, 군은 제한된 공간과 열악한 상황에서 혁신 과학기술(예: 로봇 및 컴퓨터)을 효과적으로 활용하고, 물리적 공격·방어와 함께 사이버 전력을 더 강화하며, 컴퓨터가 자동으로 사이버 공간 내 위험요소 및 요인을 처리할 것이다. 즉, 인간(예: 군병력)과 조화롭게 운영되는 과학기술이 국방의 주요 기능을 담당해야 할 필요가 있다. 또한, 국방을 중심으로 과학기술 R&D를 집결하여, 과거 미국 첨단연구계획국Advanced Research Projects Agency: ARPA[3]과 유사한 형태로 과학기술정보통신부와 국방 간의 부처 간 융합 R&D 협력기관cross-R&D agency을 설립하고 관련 R&D 업무를 독립적으로 진행해야 한다.

또한, 발달된 과학기술을 기반으로 군은 지속적인 사회 노출 및 지역사회 지원community outreach을 진행해야 한다. 예를 들어, 보유한 과학기술을 국민들에게 적극적으로 홍보하며, 사회와 국민 내 군 팬덤fan-dome 구축을 통해 시민의 자발적인 군 홍보로 선순환적인 구조를 만들어야 할 것이다. 이러한 적용 방법은 국민의 피드백을 기반으로 사회와 국민의 필요와 요구에 맞춰 추진하

3 미국 국방고등연구계획국(The Defense Advanced Research Projects Agency: DARPA)의 전신이다.

고, 군은 사회 및 국민과의 관계를 통해 친밀감을 형성하고, 혁신적인 과학기술 실현 및 구현을 통해 군에 대한 경외심과 존경심 구축을 유도해야 한다. 또한 과학기술의 발전의 선도자로서 군은 주도적으로 과학기술 R&D 및 산업과의 제휴를 확대하며, 최신 상태의 과학기술 역량 유지를 통해 지속적으로 군 내부의 군사·안보 역량 입증 및 유지가 필요하다. 즉, 군 주도로 민간과의 역할 분담을 통해 군사·안보 사업의 확장 및 개발된 첨단 R&D 기술을 사회와 국민 실생활에 적용해야 한다는 의미이다.

하지만, 과학기술은 양날의 검이며, 빠르게 변화하는 사회에 적응하고 여론의 신뢰를 유지하는 것은 쉬운 일이 아니다. 또한, 과학기술, 사회 및 국내 헤게모니hegemony 주도 군으로 인한 사회 내 반발감 고조 및 적대적 경쟁자의 발생 가능성이 존재한다. 군 중심으로 발전되는 과학기술 역량 및 사회와 국민 내 군의 영향력으로 인해 군의 위치는 과도하게 상승할 수도 있다. 국민은 군에 역량이 과도하게 집중됨으로써 도출되는 관련 부작용에 염려를 표할 수 있으며, 타 정부 부처들의 경쟁심리로 인해 패권 다툼이 진행될 수도 있다. 따라서, 국방과 국방과학기술의 미래를 구축하려면 한쪽으로 지나치게 치우치지 않는 중립적이며 균형적인 전략이 필요하며, 치우치게 되었을 시 다시 원점으로 되돌아오게 만드는 자가 진단 및 회복 기제 구축 또한 필요하다.

2) 연구 한계

연구예산 및 기간의 한계로 인해, 설문조사 및 인터뷰와 같은 1차 자료를 활용하지 못했으며(2차 자료 중심), 외부 불확실성(정치 및 외교) 및 예측할 수 없는 극단적 사건extreme event보다는 내부 역량과 의지를 중심으로 시나리오 작성 및 미래국방 과학기술을 도출했다. 추후, 다양한 1차 자료를 활용하여 본 시나리오 내 영향을 끼칠 수 있는 다양한 요소들을 고려할 필요가 있으며, 다양한 신흥안보 요소들(예: 환경, 외교, 인구 등)을 고려하여 미래국방 과학기술의 범위와 그 유용성을 타 분야로 확대할 수 있을 것이다.

계중읍·박판준·김원태·임채덕. 2015.「사이버물리시스템(CPS)과 사물인터넷(IoT) 기술의 군사적 활용방안 및 추진전략」. ≪ETRI 전자통신동향분석≫, 제30권 4호, 92~101쪽.

과학기술장관회의. 2021.「국가 필수전략기술 선정 및 육성·보호 전략」.

국방기술품질원. 2020.「Super Soldiers? 인간능력강화 기술 개발동향」. ≪국방과학기술정보≫, 제84호.

국방부. 2019.「2019~2033 국방과학기술진흥정책서」.

김종열. 2016.「미국의 제3차 국방과학기술 상쇄전략에 대한 분석」. ≪융합보안 논문지≫, 제16권 3호, 27~35쪽.

≪매일경제≫. 2019.3.27. "기술패권 시대 新성장 전략 "밀리테크4.0으로 소득 5만 불 시대를". https://www.mk.co.kr/news/culture/view/2019/03/185028/

이광제. 2021.「스마트 국방혁신 추진현황 및 발전방안 고찰」. 한국 IT 서비스학회 학술대회.

임이슬. 2017.「바이오 산업 1편: 바이오 헬스케어 산업의 최근 동향」. 스페셜현장리포트.

한국군사문제연구원. 2020.「미 국방성『Joint All Domain C2』개념 구축」. 한국군사문제연구원 뉴스레터, 제834호.

한국무역협회. 2020.「미국 수출관리규정(EAR) 매뉴얼」. 통상지원센터 통상보고서.

CRS. 2022. "Joint All-Domain Command and Control(JADC2)." Congressional Research Service, In Focus, https://www.defense.gov/News/News-Stories/Article/Article/2948282/dod-officials-discuss-advancements-in-joint-all-domain-command-control

Curry, Andrew and Anthony Hodgson. 2008. "Seeing in multiple horizons: connecting futures to strategy." *Journal of Futures Studies*, Vol.13, No.1, pp.1~20.

DGIST. 2021. "Cyber-Physical Systems Integration Lab." https://csi.dgist.ac.kr/index.php?n=Main.KoreanIntro

Filton. 2011. "3D Printing: The Printed World." *The Economist*.

Frost & Sullivan. 2019. "Global Genome Editing Technologies Industry Outlook."

Ringland, Gill and Peter Schwartz. 1998. *Scenario planning: managing for the future*. John Wiley & Sons.

Schmitt, Michael N. and Jeffrey S. Thurnher. 2012. "Out of the loop: autonomous weapon systems and the law of armed conflict." Harv. Nat'l Sec. J., 4, 231.

U.S. DoD. 2018. "Reliance 21 - DoD Communities of Interest, Defense Innovation Marketplace." https://defenseinnovationmarketplace.dtic.mil/communities-of-interest/
U.S. DoD. 2020. "Defense Primer: U.S. Policy on Lethal Autonomous Weapon Systems." Congressional Research Service. https://crsreports.congress.gov/product/pdf/IF/IF11150
U.S. DoHS(Department of Homeland Security). 2020. "Homeland Security Advisory Council Final Report of the Emerging Technologies Subcommitee Biotechnology."

2 미래전의 양상*

수행 방식과 주체의 변화

정구연 | 강원대학교

1. 서론

본 연구는 4차 산업혁명의 기술혁신이 가져온 전쟁양상의 변화 추이를 살펴보고, 이에 대응하기 위한 미국의 미래전 대비전략을 분석한다. 특히 인공지능, 로보틱스 등 4차 산업혁명의 신기술이 군사적으로 적용되어 자율무기체계가 확산되고 결심중심전decision-centric warfare으로의 군사작전 변화가 현실화될 때, 이러한 변화가 억제와 위기고조 개념에 어떠한 영향을 미칠 수 있는지 논의한다.

미래전에 관한 기존 연구들은 4차 산업혁명과 함께 빠른 속도로 발전하는 신기술의 중요성을 강조해 왔다. 역사적으로 기술혁신은 해당 국가의 군사력 제고에 기여해 왔고, 전투공간을 확장시켰을 뿐 아니라 국가 간 힘의 균형도

* 이 글은 ≪국제관계연구≫ 제27권 1호(2022)에 게재된 논문 「4차 산업혁명과 미국의 미래전 구상: 인공지능과 자율무기체계를 중심으로」를 재구성한 것임을 밝힌다.

변화시켰다. 이러한 변화는 미국의 상쇄전략 변화와도 맞물려 살펴볼 수 있다. 핵 및 중거리 미사일 개발, 미사일 방어체계 구축을 통해 미국은 유럽 전구에서 소련의 재래식 군사력 우위를 상쇄할 수 있었고, 스텔스기술, 장거리 센서, 정밀유도무기의 개발은 미국과 여타 강대국 간 국방기술력의 간극을 확대시키면서 냉전 종식 이후 미국 중심의 단극적 구조를 형성하는 데 기여했다. 또한 네트워크를 통한 데이터 공유, 그에 따른 정보 우위를 전투력으로 전환시키는 기술의 발전은 미국의 네트워크 중심전network-centric warfare을 가능케 했으며, 2001년 아프가니스탄, 2003년 이라크 전쟁을 통해 그 효과를 확인할 수 있었다. 4차 산업혁명으로부터의 기술혁신은 결심중심전의 맥락에서 그 유용성을 확인할 수 있는데, 그중에서도 자율무기체계와 인공지능 기술의 중요성이 강조된다. 아직 강인공지능strong AI을 탑재한 자율살상무기체계는 공개되지 않았으나, 미국 국방부는 이미 2만 여 종류의 자율무기체제를 보유하고 있으며 이라크, 아프가니스탄, 시리아 등 중동 지역을 중심으로 이를 운용해 왔다(Hall, 2017).

그렇다면 이와 같은 기술혁신은 전쟁의 양상을 어떻게 변화시키는가? 우선, 기술혁신은 전장에서의 우위를 가져다줄 수는 있으나, 전쟁에서의 승리를 필연적으로 보장하는 것은 아니었다(Horowitz and Mahoney, 2018; Hickman, 2020). 기술결정론의 관점은 기술혁신을 통해 전쟁의 승패가 결정될 수 있다고 주장하지만, 기술혁신만으로 전쟁의 승리가 담보되지는 않는다. 예컨대 18세기 산업혁명 이후 살상력을 높인 무기체계가 도입되어 전쟁 수행 방식에 변화가 있었으나, 병력을 분산시키고 살상무기에 대한 노출을 최소화시켜 이러한 변화를 극복한 사례에서 알 수 있듯, 기술혁신이 반드시 전쟁에서의 승리를 보장하지 않는다(Biddle, 2006). 다만 기술의 발전은 전쟁을 수행하는 방식과 행위자를 변화시키며 군사전략의 변화를 가져온다. 본 연구는 이러한 변화가 특히 억제와 위기고조의 맥락에서 군사전략에 어떠한 변화를 주고 있는지 논의한다. 역량-취약성 역설capability-vulnerability paradox의 개념이 보여주듯, 네트워크화된 전장에서 작전 수행을 위해 디지털 네트워트에 많이 의존할수록 적대국에 대한 억제력과 강압수단을 갖게 되기도 하지만, 동시에 적대국의 선제공격 유인도 높아지며, 결과적으로 위기안정성은 더욱 낮아진다(Schneider, 2016). 요컨대 억제가 어려운 방향으로 전장이 변화하면, 네트워크화된 전장에서의 전략적 안정성은 취약해질 가능성이 높아진다.

이러한 맥락에서 본 논문은 4차 산업혁명의 주요 신기술들을 살펴보고 이들이 전쟁양상을 어떻게 변화시킬 수 있는지, 수행 주체와 전투공간의 변화 관점에서 전쟁양상의 변화를 살펴본다. 또한 최근 미국이 제시한 결심중심전의 개념을 논의하며, 그러한 변화를 현재의 지정학적 맥락에 접목시켜 강대국 간 전략적 안정성에 어떠한 변화를 가져올 수 있는지 살펴본다.

2. 4차 산업혁명의 기술혁신과 군사적 적용

1) 4차 산업혁명 주요 신기술과 쟁점

기술혁신으로 진일보한 무기체계는 군사력 제고에 기여하지만, 전쟁에서의 승패는 이러한 무기체계를 전장에 어떻게 적용하는가에 달려 있다. 기술혁신에 기반한 새로운 무기체계란 결국 전장에서 직면한 문제를 해결하기 위해 개발되며, 이는 결국 전쟁의 양상을 변화시킬 수 있기 때문이다. 4차 산업혁명의 신기술을 소개한 최근의 연구들은 네트워크 중심전에서 결심중심전으로의 군사작전 변화를 가능케 할 주요 기술들을 소개한다. 대표적으로 마이클 오핸론 Michael O'Hanron은 **표 2-1**에서와 같이 데이터 수집을 위한 센서, 데이터 전달 및 공유를 위한 컴퓨팅 및 커뮤니케이션 시스템, 그리고 발사 수단 등으로 기술 유형을 나누어 기술 발전 속도를 예측하고 있는데, 향후 20년간 전력화할 수 있는 주요 기술 가운데 로보틱스와 인공지능의 발전 속도가 특히 빠를 것이라

표 2-1 전력화 가능 주요 기술의 발전 속도 예측(2020~2040년 기준)

기술 발전 속도 예측 / 기술 유형	중간	높음	매우 높음
Sensors	• Optical, infrared, and UV sensors • Sound, sonar, and motion sensor • Magnetic detection • Particle beam	• Chemical sensors • Biological sensors	
Computers and Communications	• Radio Communication	• Laser communication • Quantum computing	• Computer hardware/software • **Offensive cyber operations** • **Systems of systems/ Internet of things** • **Artificial Intelligence, big data**
Projectiles, Propulsion, and Platforms	• Missiles • Fuels • Jet engines • Internal-combustion engines • Ships	• Explosives • Battery-powered engines • Rockets • Armor • Stealth • Satellites	• **Robotics and Autonomous system**

주: 표 2-1에서 기술 발전 속도 예측 가운데 '중간' 카테고리는 향후 20년간 속도, 사용 범위, 살상력 등의 측면에서 약 10% 전후의 발전이 예측된다는 것이며, '높음'의 경우 50~100%, '매우 높음'의 경우 현재의 전장에서 시도하지 못했던 작업까지 가능할 수도 있는, 즉 예측 불가능할 정도의 발전이 있으리라 판단함을 나타낸다. 각각의 기술별 구체적인 예측은 O'Hanron(2018)에서 확인할 수 있다.
자료: O'Hanron(2018).

주장한다. 이러한 기술혁신 속도는 결국 전쟁양상의 변화 속도 역시 빨라질 것임을 예측할 수 있게 한다.

우선 인공지능이란 인간이 보유한 지적 능력을 컴퓨터에서 구현하는 기술, 소프트웨어, 시스템 등을 포괄적으로 일컫는다. 인공지능의 차원과 범위에 따라 강인공지능과 약인공지능weak AI으로 나눌 수 있다. 약인공지능의 경우 인간의 인지능력 전반을 수행하는 것이 아니라 구체적인 문제 해결이나 추론 기능을 수행하는 소프트웨어인 반면, 강인공지능은 기계의 인지능력과 육체능력을 높여 인간이 수행할 수 있는 지적 업무를 수행하고 이성적으로 사고하고 행동할 수 있는 시스템을 구축하는 기술을 의미한다(김상배, 2018). 예컨대 미국 국방부의 메이븐 프로젝트Project Maven는 이슬람국가ISIS 격퇴를 위해 글로벌 호크Global Hawk, 혹은 그레이 이글Gray Eagle, General Atomics MQ-1C 등의 드론을 운용하며 테러리스트 및 관련 시설에 대한 영상 및 이미지를 수집했고, 이러한 자료를 빠르게 분석하기 위해 인공지능을 사용했다. 그러나 메이븐 프로젝트의 경우, 전송된 데이터에 기록된 위협적인 행위자 및 관련 군사시설을 식별하는 데 인공지능을 사용했을 뿐 이들에 대한 공격 결정의 임무까지 인공지능에게 맡기진 않았다(Atherton, 2018; Shanahan, 2017). 즉, 관측observe-방향 설정orient-결심decide-행동act의 'OODA 루프loop' 의사 결정 과정 프레임을 통해 메이븐 프로젝트를 평가해 본다면, 미국은 현재의 인공지능의 자율성 확대 수준을 유보한 상황이라고 볼 수 있으며 교전의 결정은 인간의 선택 영역에 남겨둔 셈이다. 그러나 메이븐 프로젝트로 인해 미국 정부 내 다른 부처들 역시 유사한 인공지능 프로그램을 계획 중에 있다. 이는 러시아 및 중국 등 주요 경쟁국의 인공지능 개발 속도를 고려해 볼 때, 이들과의 경쟁에서 미국이 경제적·군사적 우위를 유지하기 위해 행정부 내 전방위적인 인공지능 알고리즘 개발이 필요하다고 판단했기 때문이다. 이에 따라 미국 국방부는 2017년 합동인공지능센터Joint AI Center를 신설했을 뿐만 아니라 2018년 「인공지능전략보고서AI Strategy」를 발간했다. 향후 인공지능은 정보·감시·정찰, 정보전, 지휘·통제, 반자율·자율주행, 자율살상무기체계 등 다양한 영역에서 그 활용도가 높아질 것으로 예측된다. 메이븐 프로젝트의 사례에서와 같이 인공지능을 활용하여 수집된 정보의 분석 및 처리, 공유의 속도를 높일 수 있다면, 최근 논의되고 있는 전영역전all-domain warfare 혹은 하이브리드전hybrid warfare 수행에 기여할 뿐 아니라 결심중심전을 가능하게 할 수 있을 것으로 예측되고 있다.

로보틱스의 경우, 이미 실생활에서 접할 수 있는 자율주행차의 사례에서 알 수 있듯 전장에서의 활용도가 매우 높다. 예컨대 미 육군의 윙맨Wingman 사업은 자율주행기술을 전술 차량에 탑재하여 전장에 투입한다(Udvare, 2018). 자율주행이 가능한 탱크인 립소Ripsaw의 경우, 미 육군 주도하에 장갑차와의 기동훈련을 이미 진행했다고 알려졌다(Osborn, 2020). 미 육군뿐만 아니라 해군 역시 다양한 무인함정 개발에 집중하고 있다. 지난 2018년 미국 방위고등연구계획국Defense Advanced Research Projects Agency: DARPA으로부터 해군에게 인도된 무인수상함 '시헌터Sea Hunter'는 대잠전에 특화된 무인함정으로서 3개월간 자율적으로 작전을 수행할 수 있다. 또한 미 해군은 연안전투함과 함께 해양에서 정보 수집, 기뢰 제거 및 스워밍swarming 등 작전을 수행할 다수의 무인수상함 개발도 고려하고 있으며(Osborn, 2018), 이러한 개발과 발맞춰 '유령함대Ghost fleet' 작전개념을 발전시켜 항모타격단을 지원하기 위한 무인수상함을 추가 배치할 뿐만 아니라 제3함대를 중심으로 「무인 시스템의 해상전투 통합 계획 21 unmanned systems integrated battle problem 21, UXS IBP 21」을 서태평양에 적용할 계획임을 밝혔다(U.S. Navy, 2021).

마지막으로 연결성connectivity의 속도 역시 중요하다. 앞서 언급한 인공지능과 자율무기체계 등을 어떻게, 얼마나 빨리 연결할 것인가의 문제로서, 데이터 전송 및 행위자 간, 사물 간, 시스템 간 커뮤니케이션 모두를 포함한다. 전장에서 전투원 간 커뮤니케이션 및 상황인지 속도를 높이는 것뿐만 아니라, 전력자산 상태의 실시간 확인을 통해 작전 효율성이 배가될 것이다. 예컨대 F-35 전투기의 빠른 연결성과 정보처리 능력은 지상 전투원들로 하여금 적대행위자보다 먼저 교전의 결정을 내릴 수 있게 지원하고 있다(Osborn, 2021). 또한 연결성에 기반한 자율무기체계는 결국 원거리 적대행위자와의 간접적 교전indirect confrontation을 가능케 한다. 이는 전장에서의 인명 피해를 최소화할 수 있어 정치지도자의 국내 정치적 비용을 줄이는 데 기여할 것이나, 그러한 이유로 오히려 간접적 교전의 빈도가 높아질 수 있을 것으로 예측되고 있다.

이러한 변화를 배경으로, 4차 산업혁명의 기술혁신은 논쟁도 불러일으키고 있다. 첫째, 인공지능에 기반한 자율무기체계가 과연 인간과 같이 문제를 인식하고 정보를 처리할 수 있는가의 문제이다. 이제까지 인간에 의해 인식되어 왔던 전장 환경, 표적 확인, 위협 여부의 판단, 무기 발사 결정 등의 작업을 인공지능을 탑재한 자율무기체계가 수행하게 되었기 때문이다. 둘째, 같은 맥락에서 제기되는 문제는, 인공지능이 머신러닝machine learning을 넘어서 데이터를 스스로 찾고 행동을 계획할 수 있을 것인가의 문제이다. 세 번째 문제는 바로 인간-기계 협업human-machine teaming 범위에 관한 것이다. 인간-기계 협업의 경우, 미국의 제3차 상쇄전략으로부터 도출된 개념으로 중국의 서태평양 역내 반접근/지역거부에 대한 기술적 극복을 목적으로 수행되었으며, 미국 국방부는 현재 인간-기계 협업을 위해 인간과 자율무기체계 간의 신뢰trust 구축을 위한 알고리즘 개발을 시도하고 있다(Konaev and Chahal, 2021). 앞에 제기된 문제점들은 공통적으로 현재의 인공지능이 약인공지능narrow AI에서 강인공지능general AI으로 진화함에 따라 자율무기체계의 자율성을 얼마나 허용할 것인가에 대한 논쟁과 맞물려 있다. 그러나 2014년 특정재래식무기금지협약Convention on Certain Conventional Weapons 당사국 전체가 참여하는 자율살상무기 정부전문가그룹Group of Governmental Experts on Lethal Autonomous Weapons의 논의가 수년째 자율살상무기의 규제의 범위와 적법성에 대해 합의에 이르지 못하는 상황을 고려해 볼 때, 국가 간의 상이한 입장 차는 당분간 좁혀지기 어려울 전망이며, 이에 따라 국제규범 확립의 속도는 기술혁신의 속도를 따라잡기 어려울 것으로 보인다.

실제로 4차 산업혁명의 기술경쟁은 강대국 경쟁을 배경으로 더욱 격화되고 있다. 특히 중국은 2017년 국무원의 「차세대 인공지능 개발 계획」 발표 이후 미국과의 기술격차를 좁히며 동시에 전장에서의 정보수집 및 의사 결정 시간 단축을 위한 결심중심전의 관점에서 인공지능과 자율무기체계 개발에 집중하고 있다(Sayler, 2020; Kania, 2017). 이는 중국이 미국에 대한 재래식 군사력 열세를 극복하기 위한 목적에서 추진되고 있으며, 특히 '군민융합발전위원회' 설치를 통해 대학, 연구소, 기업, 군과 중앙정부 사이의 경계를 없애며 국가 주도의 인공지능 생태계를 구축하고 있다. 한편 러시아의 경우 미국·중국과의 기술격차는 매우 크지만, 2025년까지 모든 군사 장비의 30%를 로봇화하겠다는 국방현대화 전략에 따라 미국 방위고등연구계획국과 유사한 목적의 고등연구재단Foundation for Advanced Studies을 2018년에 설립하며 신기술 연구에 집중하고 있다. 러시아의 인공지능 기반 자율무기체계의 경우 특히 스워밍 전술 수행을 목적으로 개발되고 있으며, 또한 미국과 미국의 동맹국들에 대한 정보전, 프로파간다 확산 차원에서 인공지능 기술을 활용할 것이라고 알려졌다(Polyakova, 2018).

결과적으로 강대국 경쟁을 배경으로 더욱 빠르게 진행되는 기술혁신은 전쟁양상의 변화로 이어질 것이다. 2014년 공개된 미국의 제3차 상쇄전략third offset strategy은 이러한 신기술의 중요성을 강조하며 미국의 기술적 우위에 기반한 강대국 경쟁, 특히 중국과의 경쟁에서의 우위를 형성하려 하며, 방어 위주의 전략에서 벗어나 공격적 전략 구사를 통해 경쟁국이 방어에 좀 더 비용을 지불하는 구도를 형성해야 한다는 주장으로도 이어지기도 했다(설인효·박원곤, 2017). 다음 항에서는 이러한 맥락에서 기술혁신이 가져올 수 있는 전쟁양상의 변화에 대해 논의한다.

2) 전쟁양상의 변화와 억제·위기고조 개념에 대한 함의

4차 산업혁명 신기술의 군사적 적용은 일차적으로 교리, 조직 등에 있어 변화를 가져올 수 있다. 인공지능 기반 자율무기체계의 확대는 우선 병력 밀도 감소에 기여할 것이며, 부대 단위와 편제의 형성에도 영향을 미칠 것이다. 자율무기체계를 운용하는 병사들이 필요할 것이며, 이러한 임무를 지원하는 교리와 교범, 훈련 인프라 구축도 필요하게 될 것이다(조현석, 2018).

이와 같은 외형적 변화뿐만 아니라, 기술혁신은 전쟁양상의 변화를 가져올 것이다. 첫째, 자율무기체계와 인공지능의 도입으로 인해 개전 결정의 비용이 낮아질 것이라는 예측이 우세하다. 물론 이러한 점이 전쟁의 빈도를 높인다는 결론으로 이어지지는 않을 것이지만, 예컨대 높은 수준의 공군력을 보유한 적대적 행위자를 강압하기 위한 수단으로서 공격용 드론은 상당히 유용할 것이며, 특히 공격 정확도가 높아질수록 상대적으로 낮은 비용으로 교전을 시도할 수 있기에 드론 보유국은 위험 감수risk-taking의 태도를 보일 가능성이 높다(Horowitz, 2020; Horowitz et al, 2016; Zegart, 2018). 같은 맥락에서 드론전drone warfare이 개시될 경우 쉽게 위기고조로 이어질 것이라는 전망도 존재한다(Boyle, 2013). 전장에서 발생하는 인명 피해 및 이와 관련한 여론 악화를 고려하지 않아도 된다는 점에서도 그러하다. 반대로 일회용 첨단장비 및 드론의 대량생산이 가능해짐에 따라 행위자들 간의 전력 차를 가늠할 수 없기 때문에, 오히려 공세적 전략보다는 방어에 치중할 것이라는 예측도 존재한다(Barno and Bensahel, 2018). 또한 드론과 같은 무인기 공격은 유인기의 경우보다 위험도가 낮아 값비싼 신호costly signal가 아니기 때문에 오히려 위기가 고조되지 않을 것이라는 주장도 개진되었다(Schaus and Johnson, 2018).

둘째, 전쟁의 목표와 전쟁 승리의 의미가 변화한다. 근대전이 영토 점령과 정권 교체 등 물리적 공간에서 상정할 수 있는 전쟁 목표를 달성하려 했다면, 인공지능과 자율무기체계의 등장 이후 전쟁에서의 승리란 사이버 및 우주 공간을 '선점' 또는 '지배'하는 형태일 것으로 예측된다. 그러나 사이버 및 우주 공간에서의 전투는 물리적 공간에서의 전투에도 영향을 미칠 것이다. 특히 미국의 경우 육·해·공군 모두 네트워크에 의존한 지원, 통신체계, 및 발사수단을 운용하고 있어 더욱 그러하다. 이러한 맥락에서 사이버-키네틱 공격도 빈번해질 것으로 예측된다.

셋째, 인공지능 기반 자율무기체계가 보여줄 빠른 속도의 정보처리 능력은 인간으로 하여금 전쟁 결심 및 전쟁 수행 속도를 높이게 될 것이며, 동시에 선제공격 유인을 높일 수 있다. 먼저 자율무인체계와 인공지능의 활용으로 인해 전장 상황의 실시간 정보·감시·정찰이 가능해지고 특히 원거리 전장 상황에 대한 파악도 쉬워짐에 따라 적대국보다 좀 더 빨리 결심하고 행동할 수 있는 환경을 형성할 수 있게 되었다. 빠른 정보처리 속도는 행위자로 하여금 위험을 감수하며 공세적 전략을 택할 가능성을 더욱 높인다. 즉 적대국의 기술혁신 속도를 압도하기 어렵다면, 공격우위의 군사전략 및 무기체계 구축을 선호하게 될 가능성이 큰 것이다.

요컨대 기술혁신은 정보 전달, 교전 결심의 속도와 자율무기체계의 자율성 확대, 인명 피해를 줄일 수 있는 자율무기체계의 운용 확대 등으로부터 전쟁양상의 변화를 가져올 수 있다. 그리고 이러한 변화는 국가 간의 억제와 위기고조crisis escalation 작동 방식도 변화시킬 수 있을 것이다.

일반적으로 억제의 신뢰도가 높아지기 위해서는 ① 억제 행위자가 공언한 처벌의 위협을 실제로 수행할 만한 역량capability과 의지resolve를 갖고 있는가, ② 억제 행위자가 공언한 처벌의 위협이 적대행위자에게 정확히 전달되었는가communicated가 역시 중요하다. 더욱이 확장억제의 경우, 이러한 역량과 의지가 동맹국에도 전달되어 안심assure시킬 수 있는지도 중요하다. 최근 랜드연구소가 진행한 인공지능 기반 자율무인체계의 작동과 이에 대한 역내 국가들의 인식을 다룬 워게임 결과는 향후 미래전에서 억제가 어떻게 작동될 수 있는지 그 단초를 보여준다(Wong et al., 2020). 본 워게임의 결과에 따르면, 인공지능 기반 자율무기체제는 유인 주둔 병력과 마찬가지로 억제의 신호를 적대국에게 전달했다. 또한 보장assurance 차원에서도, 미국의 동맹국인 일본과 한국에 주둔하는 병력을 자율무기체제로 대체한다 하더라도 미국의 동맹국 보호 및 지역 안정 유지를 위한 공약과 억제력 유지라는 신호는 동맹국에게 전달되었다. 다만 이러한 보장에 대한 만족도는 ① 자율무기체계의 기술력 수준과, ② 미국이 실제로 이 자율무기체계를 신속히 작동시킬 것인가의 여부에 따라 달라졌다. 자율무기체계 확대 배치는 미군 병력의 희생을 줄일 수 있기 때문에, 미국의 역내 공약은 유지될지라도 보장에 대한 동맹국들의 만족 수준은 위 두 변수에 따라 달라질 수 있음을 보여준다.

한편 위기고조란, 행위자들이 처한 갈등이 질적 변화를 일으키며 더욱 심화되고 있다고 인식하는 상황을 의미한다(Morgan et al., 2008). 위기고조 가운데 더욱 우려되는 상황은 우발적 상황악화inadvertent escalation이다. 기존의 억제 관련 연구들은 기술의 복잡성이 기술적 오류를 가져오며 위기고조가 일어날 수 있는 가능성에 대해 지적한다(Wong et al., 2020). 또한 위기고조를 목표로 하지 않은 행위라 할지라도 이것이 상대편에게 위기고조의 행위로 인식될 가능성이 있다. 이러한 경우 상대편이 선제공격을 대안으로 고려할 수 있으므로 위험은 더욱 고조될 수 있다. 앞서 언급한 워게임에서도 자율무기체계의 작동으로 인해 위기고조가 발생했는데, 예컨대 워게임에서 시험한 시나리오 가운데 북한의 미사일 도발에 대해 자율무기체계는 이를 격추시켰을 뿐 아니라 대포병 반격counterbattery fire을 함으로써 역내 위기를 고조시켰다(Wong et al., 2020). 이러한 결정은 실제 미국과 일본 등 역내 국가들이 고려하지 않았던 선택지였다는 점에서 인공지능과 인간의 의사 결정 방향 사이에 간극이 존재함을 보여준다. 또한 자율무기체계의 발달로 인해 전략적 안정성 역시 약화될 수 있는 것으로 관찰되었는데, 예컨대 해저 드론, 혹은 장거리 비행 가능 드론이 2차 공격능력을 보유한 적대국의 핵잠수함을 무력화할 수 있다면, 보복공격에 대한 우려 없이 선제공격을 감행할 수 있기 때문이다(Kaspersen et al., 2016).

마지막으로, 이와 같은 억제 및 위기고조 동학의 변화는 자율무기체계의 자율성을 얼마나 용인할 것인가, 또한 인간-기계의 협업이 어떻게 진행될 것인가에 따라 또한 그 추이가 달라졌다.

표 2-2는 인간-기계 협업과 역할 분담에 따라 위기고조의 양상이 달라질 수 있음을 보여준다. 예컨대 인간이 의사 결정 과정을 주도한다면 비록 의사 결정 과정에 시간이 많이 소요될지라도 위기를 고조시킬 가능성은 낮다. 또한 인간이 적대국의 신호를 좀 더 정확히 이해할 가능성 또한 위기고조의 가능성을 낮

표 2-2 인간-기계 협업과 위기고조 양상의 변화

		의사 결정	
		인간	자율무기체계
전장 배치	인간 병력	낮은 위기고조, 오인의 높은 비용	높은 위기고조, 오인의 높은 비용
	무인 병력	낮은 위기고조, 오인의 낮은 비용	높은 위기고조, 오인의 낮은 비용

자료: Wong et al.(2020: 64).

출 것으로 보인다. 한편 자율무기체계의 전장 배치는 오인으로 인한 위기고조 시 피해 규모를 줄일 수 있다. 인명 피해의 위험 수준이 낮아지기 때문이다. 이러한 시뮬레이션 결과는 OODA 루프에서 인간이 '결심' 영역을 당분간 주도할 가능성이 있음을 보였지만, 현재의 기술혁신 속도와 자율무기체계의 자율성 용인 수준에 대한 국가 간 합의가 부재한 상황에서 이러한 상황이 얼마나 유지될 것인지는 불투명하다. 또한 자율무기체계를 운용하는 국가들의 서로 다른 전략문화와 가치규범이 인공지능 알고리즘에도 투영될 경우, 위험 감수의 수준은 달라질 수 있다.

요컨대 기술혁신으로 인한 전쟁양상의 변화는 외형적인 측면, 즉 군사조직과 교리의 변화뿐만 아니라 전쟁에 참여하는 국가들 사이의 동학 역시 변화시킬 수 있다. 특히 인공지능과 자율무기체계의 등장은 전쟁의 비용과 속도, 전장의 확대에 영향을 미칠 뿐만 아니라 기존에 이해되어 왔던 억제와 위기고조의 개념도 변화할 수 있음을 보여준다. 신기술에 내재한 전쟁 수행 및 결심의 속도는 사실상 클라우제비츠가 제시한 '전쟁의 안개fog of war'로서 우발적 상황 악화의 원인이자 안보딜레마를 심화시킬 수 있는 원인으로 이해할 수도 있을 것이다(Posen, 1991). 2000년대 미국의 군사혁신RMA을 통해 전쟁의 안개를 거둘 수 있었다는 주장은 이미 그 적실성을 상실한 것으로 보인다. 당시 미국의 네트워크전에 활용된 정보통신 및 지휘통제체제는 적대국의 그것과 비교해 비

대칭적이었기 때문에 전장에서의 불확실성을 제거할 수 있었으나, 지금의 네트워크 환경은 대칭성을 넘어 초연결의 상태로 진화하고 있기에, 오히려 초연결된 인공지능 기반 자율무기체계가 가져올 변화는 새로운 '전쟁의 안개'가 될 수 있다.

3. 전장 확대와 군사전략의 변화

1) 전장의 확대: 우주와 사이버 공간

앞서 언급한 4차 산업혁명 기반 기술혁신은 군사전략의 변화로 이어지고 있다. 이러한 군사전략 변화의 지정학적 배경에는 미국의 군사적 우위에 대항하는 지역패권 경쟁이 존재한다. 특히 중국과 러시아의 현상변경 시도와 보복주의revanchism 목표가 병존하는 가운데 이들과 미국과의 기술격차 축소, 또한 이슬람국가와 같은 비국가 행위자의 4차 산업혁명 신기술에 대한 접근성 제고는 미국의 군사적 우위가 질적·양적으로 후퇴할 가능성을 높이고 있다. 이러한 상황은 미국이 지배할 수 있는 전투공간이 불가피하게 확대되고 있는 반면, 이러한 공간 수호에 있어 도전도 커짐을 보여준다. 지리적 의미로서의 영토뿐만 아니라 새로운 영역, 예컨대 사이버 및 우주 공간에 대한 수호가 도전받고 있다.

특히 우주와 사이버 공간을 활용하는 기술의 발전은 5차원 공간으로 확장되는 전장 환경을 형성하고 있으며, 미국이 양 공간에서 보유하고 있는 비대칭적 우위로 인해 잠재적인 적대행위자의 공격을 억제하기 위한 교차영역 처벌 억제cross-domain deterrence by punishment, 이를 위한 다영역 우위 확보, 그리고 궁극적으로 통합억제integrated deterrence의 중요성이 강조되고 있다.

먼저 확대된 전장으로서의 사이버 공간은 전자기 기술을 바탕으로 발전한 컴퓨터 기술로 인해 만들어진 공간이며, 군사적 차원에서 제5의 전장으로 재조명되는 '발견된 공간'이다(이민우 외, 2021). 전 세계가 이미 편입되어 있는 네트워크를 통해 가해지는 비동적non-kinetic 공격의 유형은 다양하다. 예컨대 사이버 침해, 첩보, 사이버 심리전뿐만 아니라 전자폭탄, 전자기펄스EMP 등 전자기장 발생을 통한 사이버 공격 등 다양한 형태의 공격을 통해 국가의 통신 인프라, 금융 시스템 등을 무력화시키려 한다. 또한 사이버 공간에서의 적대행위는 대부분 전통적 군사력과 병행하여 사용되기도 하는데, 그 사례로 2010년 이스라엘의 이란 나탄즈 핵시설에 대한 스턱스넷 공격 사례 및 2020년 동 시설의 원심분리기 화재 사건 등을 들 수 있다. 향후 이와 같은 사이버-키네틱 공격도 빈번해질 것으로 예측되는데, 이러한 키네틱 무기체계와의 연계야말로 추후 논의될 전영역작전의 필요성을 보여주는 지점이라고도 볼 수 있다.

한편 사이버 공격의 경우 귀속attribution 문제, 즉 사이버 공격 행위자를 신속하게 식별할 수 없기 때문에 억제가 쉽지 않다. 특히 사이버 공격의 경우 행위자가 국가라는 집단일 수도 있지만 개인 혹은 소규모 집단일 가능성도 존재하며, 인터넷 프로토콜을 우회하는 공격 방식이 일반적이기 때문이 공격의 원천을 단정하기 어렵다. 설령 공격 행위자를 식별할 수 있다 하더라도 그에 대한 반격을 시도할 때 자국의 사이버 정보력이 노출될 가능성이 크기에, 반격은 쉽지 않다.

결과적으로 사이버 공간은 공격우위의 구도가 형성되기 쉽다. 앞서 언급한 귀속 문제와 맞물려 생각해 볼 수 있는데, 공격자는 적은 비용과 자원으로 방어자에 대한 사이버 공격을 시도할 수 있다(김종호, 2016). 즉 공격자가 방어자의 수많은 프로그램 중에서 하나 이상의 취약점을 찾아낼 수 있다면 공격에 성공할 수 있으나, 방어자는 모든 취약점을 검증하고 지속적인 보완책을 마련해야 한다. 그러한 차원에서 공격자의 선제공격 유인은 상당히 높을 수밖에 없으며, 방어 위주의 군사전략은 사이버 전장에서 그 설득력이 약화될 수밖에 없다. 또한 이러한 공격우위의 전장에서 '억제'를 시도하기란 어려워질 것이다. 다만 사이버를 포함한 교차영역 처벌억제 전략에 대한 심층적인 연구가 진행

그림 2-1 사이버 억제전략의 유형화

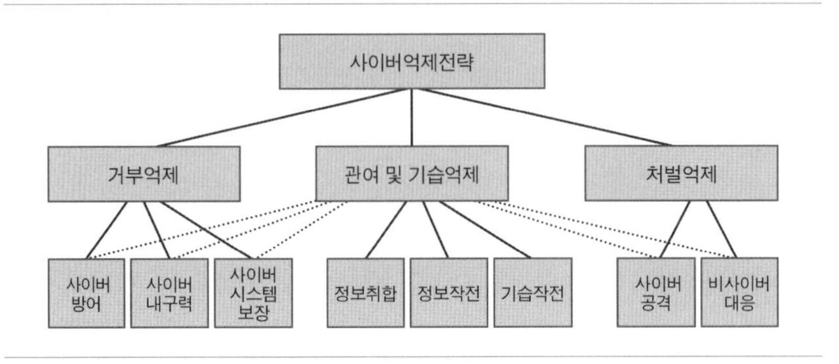

자료: Chen(2017).

되고 있다(Gartzke and Lindsay, 2019). 또한 사이버 공간에서의 '거부억제'란 궁극적으로 인공지능 기반 체제를 구축하여 시스템에 접근하는 행위자를 식별하고 이들의 공격 행위를 예방하는 방어 중심의 방안을 의미하는데, 최근에는 이러한 거부억제와 처벌억제를 절충한 '관여 및 기습 억제deterrence by engagement and surprise'가 제시되었다. 궁극적으로 이는 인공지능을 활용해 사이버 공격 직후 공격자를 식별하여 단시간 내에 처벌한다는 개념이다. 거부억제와 처벌억제로 양극화된 사이버 억제전략을 절충한다는 의미가 있으나, 본 대안은 결국 강인공지능으로의 진화를 전제로 한다(Chen, 2017).

미국은 사이버안보와 관련해 2008년 '포괄적 국가 사이버안보 이니셔티브Comprehensive National Cybersecurity Initiative'를 수립한 이래 2010년부터 사이버사령부를 운용하고 있으며, 물리적 공간과 접점을 이루는 사이버 공간의 특징을 활용하며 군사적 기동 개념을 확장시키고 있다(이민우 외, 2021). 특히 사이버 공간 내부에서, 사이버 공간으로, 사이버 공간으로부터의 다영역 기동을 통해 육·해·공 물리적 공간과 사이버·우주 공간 사이의 동시화를 시도하려 한다.

한편, 우주안보의 개념은 **표 2-3**에서와 같이 국방과 안전의 개념이 중첩되어 존재하며, 국가별로 우주안보의 어떤 영역에 좀 더 우선순위를 두는지, 그리고

표 2-3 우주안보의 영역

우주안보의 분야	공공(민간) 영역	공공(민간) 및 국방 공통 영역	국방 영역
안보를 위한 우주 (outer space for security)	• 궤도 및 주파수 선점 • 우주교통관제	• 위성 활용 • 발사체 사용 • 우주상황인식 • 사이버 보안	• 우주 지향성 무기
우주에서의 안보 (Security in outer space)	• 비의도적 위성 충돌 • 우주교통관제	• 우주기상 • 우주쓰레기 • 우주상황인식 • 전파교란 • 사이버 보안	• 의도적 위성 충돌 • 우주 간 무기
우주로부터의 안보 (Security from outer space)	• 소행성 충돌 • 우주물체 추락 • 우주교통관제	• 우주기상 • 우주상황인식	• 지구 지향성 무기

자료: 임종빈(2021).

우주 역량의 수준 차이에 따라 각각 다르게 개념화되고 있다.

미국의 경우, 상업적 우주산업이 활발할 뿐만 아니라 통신, 지휘·감시·정찰 등 국방 차원의 우주 의존도도 매우 높다. 그 어떤 국가보다 미국의 비대칭적 전력 우위가 유지되는 공간이기에 미국은 우주를 고도의 작전영역이자 통제의 대상으로 인식하고 있다. 그러나 2020년 발간된 「국방우주전략Defense Space Strategy」 보고서에 언급되어 있듯, 중국과 러시아는 위성공격무기 시험발사 등을 통해 미국의 우주 접근성을 제한하는 등, 우주 역시 강대국 경쟁의 전장이 되어가고 있다(U.S. Department of Defense, 2020). 트럼프 대통령은 취임 직후 국가우주위원회National Space Council를 부활시켰고, 뒤이어 우주군 창설, 「국가우주전략 보고서」 및 국방우주전략 마련, 우주상황인식Space Situational Awareness 시스템 구축, 우주교통관리Space Traffic Management 체계 마련 등 미국의 군사자산 보호를 위한 수단들을 마련함과 동시에 우주안보 레짐 및 국제규범 마련을 위해 유엔체제 및 다자협의체를 중심으로 논의를 개진했다(유준구, 2021).

이러한 미국의 전방위적 노력에는 미국의 우주자산이 그 어떤 경쟁국보다도 압도적이며, 이러한 비대칭성으로 인해 기존의 전략적 안정성 개념을 우주 공간에 적용하기 어려운 배경이 존재한다. 즉, 미국의 우주자산이 선제공격을 받아 그에 대한 보복공격을 실시한다 하더라도 이미 미국이 받은 피해가 훨씬 크다. 미국의 보복공격 대상이 선제공격 국가의 우주자산에만 국한된다고 가정할 시 더욱 그러하다. 미국은 우주 공간 내 배치된 미국의 군사자산의 생존성을 제고할 수 있는 전략을 모색해야 하는데, 이는 우주·군사 자산들은 지상의 다양한 영역에서 미국의 승리를 보장하고 적의 능력을 저지할 수 있는 수단이기 때문이다(조홍제, 2019). 이러한 점에 있어 미국의 2020년 「국가우주정책」 보고서는 미국 혹은 미국 동맹국의 우주자산에 대한 공격 혹은 의도적인 방해가 있을 시 "미국이 선택하는 시간, 장소, 방식, 영역에 대한 대응이 있을 것"이라 언급하고 있다(The White House, 2020). 즉, 다영역 관점에서 '교차영역cross-domain' 처벌억제 전략을 공식화한 것이다. 이러한 교차영역 처벌억제 전략은 잠재적 공격 국가가 우주 공간 내 미국의 자산을 공격할 유인을 낮출 것으로 보이나, 궁극적으로 이러한 처벌의 위협이 얼마나 신뢰도가 있을 것인가, 그리고 우주 공간 내 선제공격에 대한 귀속의 문제를 얼마나 신속하게 해결할 수 있는가에 달려 있다. 사이버 공간에서와 마찬가지로 우주 공간에서 귀속 문제를 해결하기는 쉽지 않으며, 특히 레이저와 같은 비동적non-kinetic 공격의 경우 귀속 문제를 단시간에 해결하기 어렵다(Langeland and Grossman, 2021). 또한 처벌억제뿐만 아니라 거부억제를 실행하기 위해서는 우주 공간에서의 '적법한 행위'가 무엇인가에 대한 국제적 규범 및 행동 지침 마련이 우선되어야 한다. 특히 우주 공간에 배치된 군사자산은 공격우위 혹은 방어우위 여부 구분이 매우 어려운 상황이기 때문에, 실제 행위의 적법성마저 판단하기 어렵다면 거부억제 전략을 마련하기 어려울 것이기 때문이다. 이와 같이 우주안보 제고를 위한 다차원적인 도전은 궁극적으로 미국으로 하여금 동맹국들의 협력을 요청하게 만들고 있다. 특히 미 우주사령부가 전략사령부로부터 넘겨받은 '올림픽 방어작전

Operation Olympic Defender' 즉, 미국과 동맹국들 간의 우주협력 이니셔티브뿐만 아니라, 2022년 3월 미국과 파이브아이즈Five Eyes 국가들이 제시한 「연합우주작전비전 2031Combined Space Operation Vision 2031」은 미국의 통합억제 달성을 위한 노력을 보여준다.

요컨대 미국은 육·해·공의 전통적 전장에서뿐만 아니라 우주 및 사이버 공간을 포함한 5차원적 전 영역에서 미국에 대한 위협이 있을 것으로 예상하며, 이에 대한 대응으로 물리적 공간과 사이버 공간을 통합하고, 기존의 무기체계와 인공지능 자율무기체계를 통합시켜 전 영역 위협으로부터의 승리를 담보하기 위한 전영역작전all-domain operation을 합동전투 개념으로 제시했다. 다음 항에서는 전영역작전과 함께 네트워크전이 진화한 결심중심전에 대해 살펴본다.

2) 전영역작전과 결심중심전의 등장

미국의 전영역작전 개념은 애초 공해전air-sea battle 및 다영역전투 개념으로부터 시작된 합동전투 개념이다. 과거 공해전의 개념은 분쟁 초기 군사적 위기 고조 속도를 급속도로 높여 강대국, 특히 중국과의 핵전쟁 가능성을 높일 수 있다는 비판하에 '지구적 공유재에 대한 접근과 기동 개념Joint Concept for Access and Maneuver in Global Commons: Jam-GC'으로 대체되었다. 2016년 제시된 다영역전투 개념의 경우 이후 2018년 다영역작전 개념으로 진화했는데, **표 2-4**에서 언급되어 있듯 다영역작전은 중국과 러시아의 반접근/지역거부 역량이 미국의 동아시아 및 서태평양 지역에 대한 군사력 전개 및 투사 능력에 대한 위협으로 인식되어 수립되었으며, 2018년 「미 육군 다영역작전 2018The US Army in Multi-domain Operation 2018」이 발간되며 공식화되었다.

다영역작전은 '경쟁-무력분쟁-경쟁으로의 복귀'라는 순환 메커니즘 속에 존재하는 국제분쟁에서 미국이 가상의 적국을 상대로 다영역 전장에서 어떻게 승리할 것인지를 서술한 작전개념으로서, 궁극적으로 전쟁을 단기간에 종결하

표 2-4 미국의 전영역작전 개념 정의와 관련 개념 비교

명칭	정의
다영역 전투 (Multi-domain Battle)	미 육군이 2025~2040년의 시점을 기준으로 모든 영역(우주, 사이버, 공중, 지상, 해양)에서 경쟁국에 대항한 전투 개념
다영역작전 (Multi-domain operation: MDO)	미 육군의 개념으로서, 미래전은 모든 영역에서 발발할 것이라는 가정하에 합동성을 강조. 주요 목적은 미국이 반접근/지역거부 혹은 반개입(counter-intervention) 역량을 보유한 경쟁국에 대한 미래 합동작전 구상으로서, 다영역 전투의 전술적 수준을 넘어 작전적·전략적 목표까지 포함. 그레이존에 대한 접근 방식도 포함.
다영역 지휘통제 (Multi-domain command and control: MDC2)	미 육군의 다영역작전에 준하는 미 공군의 개념. 영역 중심 정보를 단일 지휘통제체제하에서 분석·공유하며 모든 영역 및 수준에서의 전쟁을 지원
합동 전영역 지휘통제 (Joint All-domain Command and Control: JADC2)	육·해·공군, 해병대, 우주군 등 전군의 모든 센서를 연결하여 단일 네트워크화 시도, 목표 달성을 위해 필요한 정보를 공유·분석하며 결정권자를 지원
합동 전영역작전 (Joint All-domain operation: JADO)	지상·해양·공중·사이버·우주 5개 영역과 전자기 스펙트럼(electromagnetic spectrum)을 포함한 전 영역에서 전략적 우위와 목표를 달성하기 위한 속도와 규모를 구축하며, 합동군에 의한 계획·수행의 통합을 목표로 함

자료: Black et al.(2022).

고, 거부 공간을 대결 공간으로 변화시켜 적의 전역을 격퇴하고, 유리한 여건에서의 경쟁으로 회귀한다는 것을 목표로 한다.

2021년 6월 미국의 로이드 오스틴 국방장관이 서명한 미국의 합동전투 개념은 전영역작전의 유형에 해당되는 것으로 알려졌으며, 본 합동전투 개념이 승인되자 이를 구체적으로 발전시키기 위한 전략지침strategic directive이 하달되었다(정한범 외, 2021). 그중 하나가 바로 「합동 전영역 지휘통제 전략」이며, 이는 전 영역에서 형성되는 데이터를 통합 네트워크를 통해 공유한다는 것이 목표이며, 이를 구현하는 핵심 기술은 인공지능 기술, 클라우드 환경, 그리고 5G를 포함한 네트워크 기술이다(윤웅직·심승배, 2022). 이러한 「합동 전영역 지휘통제 전략」을 구현하기 위한 핵심 사업으로서 미 방위고등연구계획국의 '모자이크전', 미 공군의 '차세대 전장관리 시스템Advanced Battle Management System: ABMS', 미 육군의 '프로젝트 컨버전스Project Convergence', 미 해군의 '프로젝트 오버매치Project Overmatch' 등이 존재한다. 특히 모자이크전의 경우 인간 지휘-기계 통제human command and machine control를 통해 분산된 미군 전력의 신속한 구성과 재구성을 수행하여 미군에게는 전투의 융통성을, 적에게는 복잡성과 불확실성을 부과한다. 즉 인공지능을 활용한 기계의 통제 역할의 핵심은 전장 상황을 빠르게 판단하고 이에 대응할 수 있는 유·무인 복합 전력의 수많은 대안을 비교하여 최적의 대안을 인간에게 제시하는 데 있다. 이를 위해 가장 필요한 것은 실시간으로 데이터를 수집하고 공유할 수 있는 역량이며, 실제 미국 국방부는 전군이 사용할 수 있는 전사 클라우드 사업으로서 합동방어인프라사업Joint Enterprise Defender Infrastructure: JEDI을 전장 클라우드 중심의 합동전투클라우드사업Joint Warfighter Cloud Capabilities: JWCC으로 전환하며 '합동 전영역 지휘통제'와의 연계성을 강화, 데이터 중심 지휘통제를 확립하고자 했다. 요컨대 JWCC 사업에서 알 수 있듯 '합동 전영역 지휘통제'와 '전영역작전'의 경우, 데이터 중심 지휘통제를 위한 전장 분야 인공지능 기술 적용, 그리고 데이터를 빠르게 전달할 수 있는 연결성, 예컨대 5G 네트워크가 필요하게 될 것이다.

모자이크전은 결심중심전의 사례가 될 수 있는데, 앞서 논의했듯 모자이크전은 인공지능, 5G 등을 활용하여 군사작전을 소모중심에서 결심중심으로 전환하고, 네트워크화된 다양한 전력을 분산하여 전장 상황에 맞게 조합, 신속하게 대응하는 전쟁 수행 방식을 의미한다(남두현 외, 2020). 또한 모자이크전은 적의 공격으로 피해를 입더라도 빠르게 복원하는 것을 목표로 한다. 특히 ISR, C4I, 그리고 타격체계 간의 분산을 통해 중앙의 지휘통제체제가 파괴된다 하더라도 지속적인 작전능력을 확보하고자 하는데, 이는 중국의 체제파괴전, 그리고 러시아의 신세대전new generation warfare 시도에서와 같이 단 한 번의 공격으로 시스템 전체가 파괴되는 상황을 방지하기 위함이다. 또한 같은 맥락에서 미국은 기존의 대규모 플랫폼을 소형화하고 자율무기체계를 더욱 많이 활용함으로써 분산된 작전을 수행하고자 한다. 이러한 전력의 분산 운용과 적응력을 극대화한 탄력적 전력 재조합은 적에게 새로운 딜레마를 줄 수 있다.

바로 이러한 점에 있어 모자이크전은 기존의 네트워크 중심전과의 차이점이 있다. 네트워크 중심전의 경우 적이 '집중화된' 네트워크에 전자전 공격을 감행한다면 지휘관의 상황인식과 통제능력에 제한이 생길 수밖에 없다. 모자이크전은 이러한 연결성 단절이 가져올 수 있는 혼란과 전력 손실을 방지하기 위한 대안이라고 볼 수 있다. 즉, 네트워크 중심전이 의사 결정의 효율성에 방점을 둔 접근법이라면, 결심중심전은 인공지능과 자율무기체계를 통해 의사 결정의 분권화를 추진하여 아군의 의사 결정 시간을 줄이고, 적의 결심의 질과 속도를 저하시키는 방안인 것이다.

미국의 이러한 노력은 결국 중국을 포함한 강대국 경쟁에 대응하기 위해서이다. 특히 중국의 경우 미국의 아프가니스탄 및 이라크 전쟁에서의 네트워크 중심전을 목격한 이후 C4ISR 체제의 개발에 집중해 왔으며, 이러한 역량이 미래전에서 모든 군사 영역에서의 전투 효용성을 높일 것이라는 점을 이해하고 있었다(Johnson, 2018). 특히 중국은 통합네트워크 전자기전Integrated Network Electronic Warfare 작전개념 수립을 통해 전장에서의 비대칭적 정보 우위를 달성하는 것이 중요하다는 것을 강조하고 있으며, 뒤이은 2015년『국방백서』에서 다영역 전쟁 수행 능력 확보의 필요성도 강조한 바 있다.

중국의 C4ISR 의존도 증가뿐만 아니라 양자컴퓨팅, 레일건, 스텔스기술, 로보틱스 등 자율무기체제에 대한 군사기술 개발 노력과 경쟁은 강대국 경쟁, 특히 미중 관계의 안정성을 오히려 악화시킬 가능성이 높다. 더욱이 중국은 위기고조로부터의 위험, 피해, 의도하지 않은 위험 등에 대해 과소평가하는 경향이 있기에 더욱 우려되고 있다(Tellis and Tanner, 2012). 특히 사이버전에 대해 중국인들은 상대국의 C4ISR을 공격하는 것이 저비용, 비대칭적이며 저위험의 수단이라고 인식하는 경향이 크며, 안보를 달성하기 위해 군사기술혁신에 과도하게 의존하는 경향이 있다고 분석되며, 궁극적으로 이로 인해 우발적으로 상황이 악화할 수 있는 가능성이 존재한다. 요컨대 기술혁신 과정 속 강대국 간 기술경쟁은 기존의 억제와 위기고조의 작동 방식에도 영향을 미치고 있고, 특히 국가별로 이러한 기술에 대한 서로 다른 접근법과 위협인식의 수준으로 인해 국가 간 안정성은 더욱 악화될 수 있을 것이다.

4. 결론

본 논문은 4차 산업혁명의 기술혁신에 기반한 신기술, 특히 인공지능과 자율무기체계의 도입으로 인해 전쟁양상이 어떻게 변화할 수 있을 것인지를 억제와 위기고조의 개념을 중심으로 살펴보았다. 미국을 비롯한 강대국들은 이러한 기술혁신의 추이와 맞물려 합동전투 개념을 쇄신하고 있으며, 이를 전장에서 수행하기 위한 동맹국들과의 훈련도 개시하고 있다.

중요한 것은 기술결정론의 관점에서와 같이 이러한 기술혁신이 전장에서의 우위를 달성하여, 궁극적으로 전쟁에서의 승리를 담보할 수 있는가의 여부일 것이다. 그러나 본 연구에서 살펴본 바와 같이 지금의 기술혁신은 미국과 미국의 경쟁국 모두가 공히 달성하고 있으며, 결과적으로 미국의 아프가니스탄, 이라크 네트워크 중심전에서와 같이 비대칭적 정보 우위 확보를 통한 효과적인 전투 수행은 불가능하다. 오히려 지금은 미국과 중국 모두 기술혁신을 빠르게 달성하는 가운데 상호 취약성이 높아지는 상황이라고 볼 수 있다. 취약성이 높아지는 상황에서는 오히려 선제공격의 유인이 높아진다는 '역량-취약성 역설'의 상황에 좀 더 가까워지고 있으며, 이로 인한 강대국 간 안정성은 점차 약화될 공산이 높다. 이러한 불안정성의 확대는 결국 미중경쟁의 무게중심인 인도-태평양 지역의 동맹국들에게도 공유될 가능성이 높다. 물론 미국은 위기고조에 대한 국제적 이해와 규범 확립을 시도하며 강대국 간 군사기술혁신이 전장에서의 불확실성을 상쇄하려는 노력도 병행하고 있다. 그러나 국가 간 차별적

기술혁신 속도와 안보딜레마로 인해 규범 제정 및 공유의 속도는 기술혁신의 속도보다는 당분간 느릴 것으로 예상되는 바, 전장의 불안정성과 불확실성은 당분간 유지될 것으로 예측된다.

김상배. 2018. 「인공지능, 권력변환, 세계정치: 새로운 거버넌스의 모색」. 조현석·김상배 외. 『인공지능, 권력변환과 세계정치』. 삼인.

김종호. 2016. 「사이버 공간에서의 안보의 현황과 전쟁억지력」. ≪법학연구≫, 제16권 2호, 121~158쪽.

남두현·임태호·이대중·조상근. 2020. 「4차 산업혁명 시대의 모자이크 전쟁: 미군의 군사혁신 방향과 한국군에 주는 함의」. ≪국방연구≫, 제63권 3호, 141~170쪽.

설인효·박원곤. 2017. 「미 신행정부 국방전략 전망과 한미동맹에 대한 함의: '제3차 상쇄전략'의 수용 및 변용 가능성을 중심으로」. ≪국방정책연구≫, 제33권 1호, 9~36쪽.

유준구. 2021. 「우주경쟁과 우주안보」. ≪지식과 비평≫, 제8호. 서울대학교 통일평화연구원.

윤웅직·심승배. 2022. 「미국의 합동전영역지휘통제(JADC2) 전략의 주요 내용과 시사점」. ≪국방논단≫, 제1881호.

이민우·이종관·임남규·김종화·권구형·오행록. 2021. 「사이버작전 상황도 구현을 위한 사이버 전장정보 분석과 다영역 기동에 관한 연구」. ≪한국군사학논집≫, 제77권 2호, 434~463쪽.

임종빈. 2021. 「우주안보 개념의 확장과 국방우주 중요성 증대 시대의 우리의 대응자세」. ≪SPREC Insight≫, 제2호. 과학기술정책연구원.

정한범 외. 2021. 『2021 동아시아전략평가』. 동아시아안보전략연구회.

조현석. 2018. 「인공지능, 자율무기체계와 미래 전쟁의 변환」. ≪21세기 정치학회보≫, 제28권 1호, 115~139쪽.

조홍제. 2019. 「미국의 우주전략과 정책: 우주의 군사적 이용에 관한 이론을 중심으로」. ≪항공우주정책·법학회지≫, 제34권 2호, 307~328쪽.

주정률. 2020. 「미 육군의 다영역작전(Multi-Domain Operations)에 관한 연구: 작전수행과정과 군사적 능력, 동맹과의 협력을 중심으로」. ≪국방정책연구≫, 제36권 1호, 9~41쪽.

황태성·이만석. 2020. 「인공지능의 군사적 활용 가능성과 과제」. ≪한국군사학논집≫, 제76호 3권, 1~30쪽.

Atherton, Kelsey D. 2018. "Targeting the future of the DOD's Controversial Project Maven Initiative." C4ISRNET(July 28).

Barno, David and Nora Bensahel. 2018. "War in the Fourth Industrial Revolution." War on the Rocks(June 19).

Biddle, Stephen. 2006. *Military Power: Explaining Victory and Defeat in Modern Battle.* Princeton: Princeton University Press.

Biddle, Stephen and Ivan Oelrich. 2016. "Future Warfare in the Western Pacific: Chinese Anti-access/Area-Denial, US Air-Sea Battle, and Command of the Commons in East Asia." *International Security*, Vol.41, No.1, pp.7~48.

Black, James, et al. 2022. *Multi-Domain Integration in Defense.* Santa Monica: The Rand Corporation.

Boyle, Michael, 2013. "The costs and consequences of drone warfare." *International Affairs*, Vol.89, No.1, pp.1~29.

Chen, Jim. 2017. "Cyber Deterrence by Engagement and Surprise." *PRISM*, Vol.7, No.2, pp.100~107.

Gartzke, Eric and Jon R. Lindsay. 2019. *Cross-Domain Deterrence: Strategy in an Era of Complexity.* New York: Oxford University Press.

Hall, Brian K. 2017. "Autonomous Weapons System Safety." *Joint Forces Quarterly*, Vol.86, pp.86~93.

Hickman, Peter. 2020. "The Future of Warfare will continue to be human." War on the Rocks(May 12).

Horowitz, Michael C. 2020. "Do Emerging Military Technologies Matter for International Politics?" *Annual Review of Political Science*, Vol.23, pp.385~400.

Horowitz, Michael and Casey Mahoney. 2018. "Artificial Intelligence and the Military: Technology is only half the battle." War on the Rocks(December 25).

Horowitz, Michael C., Sarah E. Kreps and Matthew Fuhrmann. 2016. "Separating Fact from Fiction in the Debate over Drone Proliferation." *International Security*, Vol.41, No.2, pp.7~42.

Johnson, James. 2018. "China's vision of the future network-centric battlefield: Cyber, space and electromagnetic asymmetric challenges to the United States." *Comparative Strategy*, Vol.37, No.5, pp.373~390.

Kania, Elsa B. 2017. *Battlefield Singularity: Artificial Intelligence, Military Revolution, and China's Future Military Power.* Washington D.C.: Center for a New American Security.

Kaspersen, Anja, Espen Barth Eide, and Philip Shelter-Jones, 2016. "10 Trends for the Future of Warfare." World Economic Forum(November 3).

Konaev, Margarita and Husanjot Chahal. 2021. "Building Trust in Human-Machine Teams." The Brookings Tech Stream(February 18).

Langeland, Kristina and Derek Grossman. 2021. *Tailoring Deterrence for China in Space.* Santa Monica: The Rand Corporation.

Morgan, Forrest E., Karl P. Mueller, Evan S. Medeiros, Kevin L. Pollpeter, and Roger Cliff. 2008.

Dangerous Threshold: Managing Escalation in the 21st Century. California: The Rand Corpration.

O'Hanron, Michael. 2018. "Forecasting Change in Military Technology, 2020-2040." Washington D.C.: The Brookings.

Osborn, Kris. 2018. "Navy Littoral Combat Ship to Operate Swarms of Attack Drone Ships." Warrior Maven(March 28).

_____. 2020. "Why the Army is Doubling Down on Drones to Win the Future Wars." The National Interests(October 9).

_____. 2021. "The F-35s Data Collection Capabilities: The Army Wants In ON the Action." The National Interests(October 10).

Polyakova, Alina. 2018. "Weapons of the Weak: Russia and AI-driven Asymmetric Warfare." Brookings Institution(November 15).

Posen, Barry. 1991. *Inadvertent Escalation: Conventional War and Nuclear Risks*. Ithaca: Cornell University Press.

Sayler, Kelley M. 2020. "Artificial Intelligence and National Security." Congressional Research Service Report(November 10).

Schaus, John and Kaitlyn Johnson. 2018. "Unmanned Aerial Systems' Influences on Conflict Escalation Dynamics." CSIS Brief(August 2018).

Schneider, Jacquelyn. 2016. "Digitally-enabled Warfare: The Capability-Vulnerability Paradox." Center for New American Security.

Shanahan, Jack. 2017. "Project Maven Brings AI to the Fight Against ISIS." Bulletin of the Atomic Scientists(December 21).

Tellis, Ashely and Travis Tanner. 2012. *Strategic Asia 2012-13: China's Military Challenge*. Washington D.C.: The National Bureau of Asian Research.

The White House. 2020. *National Space Policy of the United States of America*.

U.S. Department of Defense. 2020. *Defense Space Strategy Summary*.

U.S. Navy. 2021. "Unmanned Battle Problem Missile Launch Integrates Manned and Unmanned Systems." Press Office News-Stories(April 27, 2021).

Udvare, Thomas B. 2018. "Wingman is the First Step Toward Weaponized Robotics." *Army ALT Magazine* (January 16).

Wong, Yuna Huh et al. 2020. *Deterrence in the Age of Thinking Machines*. California: The Rand Corporation.

Zegart, Amy. 2018. "Cheap fights, credible threats: The future of armed drones and coercion." *Journal of Strategic Studies*, Vol.43, No.1, pp.6~46.

3 신흥안보와 미래국방*

안보 패러다임 변화

조한승 | 단국대학교

1. 머리말

2020년부터 2년 이상 지속된 코로나 팬데믹은 많은 인명을 앗아갔고, 엄청난 경제적 피해를 초래했을 뿐만 아니라, 비대면 활동, 거리두기, 온라인 거래와 같은 이른바 뉴노멀 현상을 가속화했다. 이런 변화는 일상생활에서만 나타나는 것이 아니라 글로벌 외교·안보 환경에 있어서도 감염병 확산, 인터넷 해킹, 환경 재난, 인구변화와 같은 이른바 신흥안보 이슈에 대한 관심을 고조시켰다. 오랫동안 이러한 이슈는 이른바 하위정치low politics로 구분되어 국가의 핵심 외교·안보 정책의 관심 범주 바깥에 있었다. 하지만 코로나19 팬데믹을 통해 이러한 문제가 일견 비군사적인 것으로 보이더라도 어떻게 관리하고 대응하느냐에 따라 공동체의 질서와 안정적 기능을 위태롭게 만드는 심각한 안

* 이 글의 초고는 ≪세계지역연구논총≫ 제40권 2호(2022)에 「신흥안보위협과 군의 과제: 주요 이슈와 대응 전략」이라는 제목으로 게재되었다.

보위협이 될 수 있음을 확인했다.

대부분의 신흥안보 위협요인은 처음에는 개인 혹은 소규모 집단의 안전에 영향을 미치는 작은 문제로부터 시작된다. 하지만 작은 문제라 할지라도 복잡하고 중층적인 이슈·행위자 네트워크를 거치면서 증폭되고 변이되어 국가안보에까지 영향을 미칠 수 있는 위협이 될 수 있다. 이러한 현상은 지진처럼 갑작스러운 자연 재난으로 나타날 수도 있으며, 사이버 해킹 집단의 에너지 공급 시스템 공격처럼 특정 세력의 의도적 목적에 의해 발생할 수도 있다. 때로는 지구온난화에 의한 해수면 상승처럼 오랜 기간 위험이 누적되다가 어느 순간 거대한 위협으로 다가오는 경우도 있고, 실험실의 생화학 물질 유출과 같이 불의의 실수와 사고에 의해 발생할 수도 있다. 또는 식량위기로 인해 야기된 북아프리카 내전처럼 자연재해와 정책실패가 결합하여 국가안보 차원의 위기가 초래될 수도 있다.

군은 전통적인 군사안보 행위자로서 외부의 적대행위자로부터 국가를 수호하고 국민의 생명과 재산을 보호하는 임무를 담당한다. 오늘날 팬데믹이나 사이버 공격과 같은 신흥안보 위협이 초래하는 위기는 전통적인 군사안보에까지 영향을 미치는 경우가 빈번하며, 이 경우 초기 위험요인 발생 단계에서의 수단만으로는 다루기 어려워진다. 따라서 신흥안보 위협요인에 대한 선제적이고 효과적인 대응을 모색할 필요가 있으며, 사태의 심각성에 따라 군의 역할과 기능이 요구되기도 한다. 예를 들어 2021년 9월, 영국은 코로나19의 장기화와 브렉시트로 인해 운송 서비스 인력 수급에 차질을 빚었고, 탱크로리 운전사의 부족으로 일부 지역에 석유 공급이 제한되었다. 영국 정부는 이 문제를 단순히 운전사 인력 수급의 문제로만 보지 않고 영국의 기간산업 체계의 마비를 초래할 수 있을 안보 차원의 위기로 간주하여 군병력을 투입하는 결정을 내려 세계적인 주목을 받았다(*Reuters*, 2021.9.28).

우리 군도 재해·재난이 발생하거나 대규모 파업 사태가 이루어지는 경우 대민 지원을 위한 작전을 전개하는 경우가 종종 있다. 물론 우리 군의 주된 역할은 북한 등 적대세력의 무력도발을 억제하고, 적이 침공할 경우 즉각 대응하여 전투 혹은 전쟁을 승리로 이끄는 것이기 때문에 비군사적 성격의 신흥안보 위협요인에 대한 대비와 대응은 제한적·일시적인 성격을 띤다. 하지만 코로나19와 같이 규모가 크고 장기간 전개되는 신흥안보 위협이 앞으로 더욱 빈번하게 발생할 가능성이 커지고, 이러한 위협요인을 효과적으로 관리하거나 대응하지 못할 경우 그 파급 효과는 국가안보 차원으로 커질 수 있다는 점에서 신흥안보 위협에 대해 군이 무엇을 어떻게 대비하고 대응해야 할 것인가에 대한 체계적인 방안이 마련될 필요가 있다.

이러한 문제의식 아래에서 본 연구는 우리 군이 국가방위라는 본연의 임무에 더하여 새로운 안보 패러다임으로서의 신흥안보에 어떻게 대응해야 할 것인지를 논의하는 것을 목적으로 한다. 이를 위해 먼저 신흥안보 개념의 이론적 논의를 통해 안보개념이 어떻게 발전해 왔는지 살펴보고, 신흥안보의 특징을 설명한다. 이어서 보건, 사이버, 환경, 난민 등 주요 신흥안보 이슈 영역에서의 쟁점과 주요 국가들의 대응전략을 살펴본다. 이를 바탕으로 우리의 미래국방에 신흥안보 개념을 어떻게 접목할 수 있는지, 그리고 신흥안보 위협에 대한 우리 군의 대응역량을 증진할 방안이 무엇인지를 논의한다.

2. 안보 패러다임의 이론적 논의와 신흥안보

1) 안보 패러다임의 진화적 발전

전통적으로 안보는 영토와 주권으로 상징되는 국가를 지키는 것, 즉 **국가안보**national security를 의미했다. 국가안보를 위해서는 병력과 무기와 같은 군사력의 배비配備·전개·사용이 필수적이며, 우수한 군사력을 보유하고 유사시 군사력을 효과적으로 사용함으로써 국가의 생존과 발전을 도모해야 한다. 이러한 인식은 국가가 영토 내의 개인과 집단의 보호자이며, 국가의 생존이 보장되어야만 개인과 집단의 발전과 번영이 가능하다는 사고에 바탕을 둔다. 따라서 국가안보 개념은 국제관계의 무정부적anarchy 속성하에서 국가가 가장 핵심 행위자이며, 국가는 생존을 최우선 과제로 간주한다는 현실주의의 시각과 관련되어 있다.

하지만 교통 및 정보통신 기술의 발전에 따라 글로벌 네트워크의 연결망이 복잡해졌을 뿐만 아니라 국경선을 초월하는 이슈들이 증가하면서 이른바 글로벌 정치의 영역에서 국가뿐 아니라 국가가 아닌 행위자들의 비중도 커졌다. 이는 안보개념에 있어서도 변화를 의미했다. 특히 1980년대 말 냉전 종식이 이루어지면서 전통적인 국가중심의 안보에서 벗어나 초국가 행위자로부터 국가하위sub-national 행위자에 이르기까지 새로운 행위자를 포괄하는 안보의 개념을 모색하려는 시도가 본격적으로 이루어졌다.

그러한 시도의 대표적인 사례가 **사회안보**societal security 패러다임이다. 배리 부잔Barry Buzan, 올 위버Ole Weaver 등 코펜하겐 학파의 연구자들은 안보개념을 고정된 것으로 인식하지 않고, 국가를 포함한 행위자가 인식하는 위협에 대한 사회적 해석에 따른 정치적 담론으로 안보를 해석해야 한다는 이른바 안보화securitization 논리를 제시했다(Buzan, Waever and Wilde, 1998). 다시 말해 안보의 대상은 영토 수호, 적 무력화 등 군사적 측면뿐만 아니라 사회 공동체의 안정적 기능과 질서에 영향을 미치는 사회, 환경, 경제, 정치 등 비非군사적 측면까지 포함한다는 것이다. 이처럼 안보개념이 행위자의 인식과 관념에 의해 영향을 받는다는 점에서 이들의 안보화 논리는 국제관계의 구성주의 시각과 밀접하게 연결된다.

물론 사회안보 패러다임에서도 안보는 '생존'의 문제이다. 하지만 국가안보와 달리 사회안보는 생존의 대상에 영토와 주권을 가진 국가뿐만 아니라 다수 시민이 살아가는 사회 공동체를 포함한다. 따라서 코펜하겐 학파에게 안보는 국가 수호의 의미인 동시에 공동체로서 사회적 정체성을 보호하는 의미를 내

포한다. 즉, 국가뿐만 아니라 사회를 구성하는 시민을 안보의 주체로 인식함에 따라 비군사적 이슈도 안보 논의의 대상이 될 수 있다. 이들은 더 나아가 사회 안보 해결을 위해서는 국가뿐만 아니라 이해관계를 공유하는 다른 나라 행위자도 포함될 수 있다고 설명한다. 그 결과 안보 논의에서 국가 단위를 넘어서 유럽과 같은 지역region 차원에서의 군사적 혹은 비군사적 공동 대응을 모색하려는 시도가 빈번해졌다(Buzan and Waever, 2003).

국가안보의 틀을 넘어서서 안보개념을 확장하려는 또 다른 시도로서 **비판안보**critical security가 있다. 이는 켄 부스Ken Booth, 윈 존스Wyn Jones 등 웨일스 학파가 주로 제시하는 안보개념으로서, 이들은 인간의 사회적 해방을 표방한 프랑크푸르트 학파의 영향을 받아 안보에 대한 접근을 개별 인간으로부터 시작해야 한다고 했다(Booth, 1991; Jones, 1999). 즉, 안보는 경제적 빈곤, 정치적 억압, 차별적 사회환경 등으로부터 인간을 해방하는 것이라는 주장이다. 이들에 의해 안보 논의는 객관적 위협에 대한 정책 대응 차원에서 벗어나서 인류 보편적 가치에 대한 당위론 차원으로까지 확대될 수 있게 되었다. 또한 안보 논의를 현재의 당면 문제를 해결하는 데에서만 그치는 것이 아니라 빈곤 극복, 인권, 환경 개선 등 장기적 관점에서 미래지향적 실천 과제에 대한 논의로 발전시키는 데 이들의 역할이 컸다.

1990년대 냉전 종식 이후 권위주의와 공산주의의 지배에서 벗어난 여러 지역과 국가에서 민족분쟁, 종교분쟁이 발생하고, 소수집단이 핍박받고 집단학살까지 당하는 사건이 빈번하게 발생했다. 구유고슬라비아와 르완다에서는 인종청소까지 발생하는 참혹한 일이 벌어졌음에도 불구하고 영토주권을 중시하는 국가안보의 관점에서는 이런 문제에 국제사회가 개입하는 데 제한이 있었다. 그러자 안보의 대상은 국가가 아니라 인간 개개인이며, 국가는 지켜져야 하는 대상이 아니라 인간을 지켜주는 수단으로 간주되어야 한다는 주장이 제기되었다. 이를 반영하여 1994년 UNDP는 「인간 개발 보고서Human Development Report」에 7가지 **인간안보**Human Security 범주를 제시했다.[1]

인간안보 개념은 학문적 이론이라기보다는 정책적 의미로 주로 사용되었기 때문에 연구자마다 인간안보 논의의 관점이 조금씩 다르다(Tadjbakhsh, 2013). 크게 세 가지 관점으로 구분되는데, 첫째는 '공포로부터의 자유freedom from fear'의 관점이다. 즉, 국내외 다른 행위자의 폭력행사로부터 벗어나는 것을 강조하며, 폭력 갈등을 최소화하고 평화를 유지하기 위한 사회적 메커니즘을 형성할 것을 주장한다. 둘째는 '궁핍으로부터의 자유freedom from want'이다. 기아, 질병, 경제적 억압에서 벗어나 안정적인 일상생활을 누리는 것을 인간안보의 핵심 요소로 간주하고, 경제개발을 통해 풍요롭고 안정적인 사회를 지향하는 것을 추구한다. 셋째는 '존엄성 침해로부터의 자유freedom from indignity'이다. 개인과 집단의 삶의 방식과 가치관이 존중받고 개인의 인권이 법적으로 보호받는 상태를 지향한다.

1990년대 말 동아시아 금융위기를 계기로 주목받기 시작한 **포괄안보**comprehensive security 패러다임은 군사안보뿐만 아니라 특정 국가 혹은 지역의 정치적·경제적·사회적·문화적·환경적 맥락 속에서 각각의 위험요인들이 상호작용하여 안보적 위기를 초래할 수 있다고 설명한다. 일찍이 이 개념은 대규모 자연재해가 빈번하고 무역의 대외의존도가 높으며 정치적·사회적 격변을 경험한 일본, 동남아시아 등에서 발전되어 왔다(Akaha, 1991). 이들 지역은 지진, 해일, 식량 및 석유 부족, 시민사회 동요 등 다차원적 위험요인들이 공동체의 고유한 정치·경제·사회·자연 환경 맥락 속에서 상호작용하여 심각한 안보위기가 초래되는 것을 우려해 왔다(Rardtke, 2000). 따라서 포괄안보가 주목하는 것은 물리적 승리가 아니라 위기 상황에 신속히 대처하고 다시 사회를 원상태로 돌려놓을 수 있는 복원력이다(Caballero-Anthony, 2017). 포괄안보가 관심을 가지는 위험요인들은 인간안보의 그것과 매우 유사하다. 하지만 인간안보 개념은 비판

1 7가지 인간안보 범주에는 경제, 식량, 보건, 환경, 개인, 공동체, 정치 등이 포함된다(UNDP, 1994).

안보와 같은 서구의 인간중심 사고방식을 많이 반영하기 때문에 국가보다는 인간이 주요 관심 대상인 반면, 포괄안보 개념은 궁극적으로 국가 사회가 안정적으로 기능할 수 있도록 만드는 데 있다는 점에서 국가의 비중이 상대적으로 크다.

2) 신흥안보의 개념적 이해

최근 안보 패러다임의 진화적 발전 과정에서 **신흥안보**emerging security 개념이 등장했다. 신흥안보는 기존의 미시적 안전safety 문제가 복잡하고 중층적인 행위자·이슈 네트워크 구조를 거치면서 위험이 증폭되고 다른 이슈와 연계되어 최초의 위험요인과는 질적으로 다른 차원으로 전화轉化하여 국가 및 사회적 차원의 거시적 안보security 위협으로 창발創發, emergence하는 현상을 주목하는 개념이다(김상배, 2017). 신흥안보에서 다루는 이슈들은 대부분 글로벌 네트워크 시대의 도래와 밀접하게 관련되어 있다. 교통, 정보통신 기술의 발전으로 다양한 행위자와 이슈가 상호연계되는 네트워크가 점점 더 많아지고 복잡해졌다. 복잡한 네트워크 속에서 위험요인의 연계와 파급 효과는 복합적으로 나타날 수 있다(민병원, 2012). 즉, 한 가지 영역의 위험요인이 해당 영역에서만 영향을 미치는 것이 아니라 복잡한 네트워크 연계망을 거치면서 다른 영역의 위험요인의 원인으로 작용할 수 있는 것이다.

신흥안보 위험요인은 발생 원인에 따라 다양하게 유형을 구분할 수 있다. 첫째는 기술시스템에서 발생하는 위험요인이다. 즉, 인터넷 해킹과 같이 과거에는 존재하지 않았던 문제가 기술의 발전에 의해 새롭게 등장하는 경우이다. 오늘날 교통, 통신, 에너지, 급수, 유통, 금융 등 여러 가지 사회기반 시스템이 인터넷 정보통신, 인공지능 등 첨단기술에 의존하고 있는 상황에서 기술시스템의 마비 혹은 오작동은 예상하지 못한 사회적 대혼란을 초래하는 신흥안보 위험요인이 될 수 있다. 둘째는 자연시스템으로부터 시작되는 위험요인이다.

즉, 치명적 감염병의 확산이나 더욱 빈번하고 강력하게 발생하는 가뭄, 폭풍우, 이상기온과 같이 자연적 원인에 의해 신흥안보 위험요인이 만들어지는 경우이다. 코로나19 사태에서 확인된 것처럼 이러한 유형의 문제는 단순히 개인의 건강 혹은 환경악화에만 그치는 것이 아니라 생존의 위협에 대한 공포를 불러일으키거나 식량위기를 초래하는 등 다른 차원의 신흥안보 위기의 원인이 될 수 있다. 셋째는 사회시스템으로부터 비롯되는 위험요인이다. 즉, 난민 및 불법이민의 대량 발생이나 대규모 불법 마약 거래와 같은 문제가 대규모 실업, 양극화, 문화갈등, 인권유린, 생산성 저하 등과 같이 공동체의 안정적 질서를 깨뜨리는 위기를 초래할 수 있다.

이러한 신흥안보 위험요인은 대부분 처음에는 사소한 문제에서 비롯되지만 행위자·이슈 네트워크를 거치면서 임계점을 넘어서고 심각한 신흥안보 위협으로 창발한다. 예를 들어 안전의 문제가 양적인 증가를 거듭하다가 어느 순간 질적인 변화를 맞이하는 양질전화를 거쳐 신흥안보 위협이 될 수 있다(양질전화 임계점). 사소한 사회적 일탈 현상일지라도 빈도가 폭발적으로 증가하면 사회 혹은 국가가 감당하거나 통제할 수 없는 수준이 되어 국가의 질서와 생존에까지 영향을 미칠 수 있다. 또는 특정 이슈가 다른 이슈 영역에 영향을 미쳐서 예상치 못한 신흥안보 위기 상황이 초래될 수도 있다(이슈연계 임계점). 특히 새로운 기술이 개발되고 새로운 행위자가 참여하면서 이러한 이슈연계가 더 복잡해지고 빨라질 수 있다. 이 경우 최초의 이슈와는 다른 성격의 문제로 바뀌어 최초 이슈에 대한 문제 해결 방법을 적용하기 어려워진다. 끝으로 국내 수준에서의 이슈가 다른 나라의 이해관계에 영향을 미쳐서 국제적인 갈등 쟁점이 될 수 있다(지정학적 임계점). 신흥안보 위험요인에 대해 특정 국가가 취한 대응이 다른 나라의 관점에서 해당 국가의 국익을 심각하게 해치는 것이라고 여겨지면 국제적 갈등의 원인이 되어버린다(김상배, 2017).

적과 동지를 구분하여 접근하는 군사안보와 달리 신흥안보에서는 질병, 환경, 신기술과 같이 적과 동지를 구분할 수 없는 비인간 행위자도 중요한 변수가 된다. 예를 들어 기후변화와 같은 자연현상도 몇 가지 창발의 임계점을 거치면서 심각한 신흥안보 위협이 될 수 있다. 그 사례로 지구온난화로 인해 2008년 동유럽에 극심한 가뭄이 발생한 일을 들 수 있다. 이는 러시아 곡창지대의 흉작을 불러일으켰고, 러시아 곡물을 많이 수입하는 북아프리카 국가들이 식량 수급에 어려움을 겪게 되었다. 그러자 튀니지 등 북아프리카 국가들에서 경제위기가 발생했고, 이는 심각한 사회적 불안요인으로 작용했다. 2010년 말부터 북아프리카 곳곳에서 주민 시위가 발생하기 시작했고, 이듬해에는 민주화를 요구하는 아랍의 봄 사태로 확대되었다. 소요는 아랍 세계로 확대되었고, 리비아 등에서 내전이 발생하여 나토의 군사개입까지 이루어졌다. 한편 시리아로 확대된 시위는 ISIS의 준동을 일으켰고, 분리독립을 요구하는 쿠르드족이 혼란에 가세하여 시리아 내전이 발생했다. 미국, 러시아, 터키 등이 군사적으로 개입하여 국제전 양상으로 전환된 한편, 수많은 난민이 유럽으로 건너가 유럽의 난민위기를 불러일으켰고, 이는 영국이 브렉시트를 선택하는 원인으로 작용했다.

문제는 네트워크 연결고리가 복잡해지면서 위험요인이 서로 연결되고 전파되는 방향, 규모, 속도를 파악하기 어려워진다는 점이다. 하나의 위험이 다른 이슈 영역 혹은 다른 행위자에게 어떤 형태로 혹은 얼마나 크게 영향을 미칠지 정확히 예상하기 어렵다. 유사한 이슈라고 할지라도 소규모의 대상에게만 사소한 영향을 미치는 작은 해프닝으로 그칠 수도 있지만, 국가와 글로벌 사회에 복합적인 파급 효과를 초래하는 심각한 위기가 될 수도 있다. 따라서 신흥안보 위협에 대응하기 위해서는 다양한 개별 이슈 영역에서 해당 이슈 영역을 관리하는 제도나 기관을 통해 미시적으로 대응하는 것뿐만 아니라 네트워크 연계를 고려하면서 거시적으로 조망할 수 있는 이른바 메타거버넌스 접근이 동시에 이루어져야 한다. 메타거버넌스란 각각의 정책 영역에서 형성되어 작동하는 거버넌스를 네트워크로 조합하여 더 나은 결과를 도출하기 위해 균형을 모색하고 우선순위를 조정하는 일종의 '거버넌스의 거버넌스'를 의미한다. 이를 통해 각각의 영역의 이해관계자들이 거시적 맥락에서 문제에 접근할 수 있고, 시너지 효과를 통한 성과를 기대할 수 있다.

신흥안보로의 메타거버넌스적 접근은 크게 두 가지 차원에서 그 위협에 효과적으로 대응할 수 있다. 첫째는 적합성fitness의 차원이다. 이는 신흥안보 위험요인이 발생할 경우 기존의 제도와 메커니즘으로 대응이 가능한지의 여부를 파악하고, 만약 그렇지 못할 경우 신속하게 새로운 제도와 메커니즘을 창출할 수 있는 역량을 의미한다. 새로운 문제 해결의 제도와 메커니즘의 창출을 위해서는 물리적 역량뿐만 아니라, 기존 메커니즘 행위자의 동의를 구하거나 새로운 행위자와의 협력적 연대를 모색해야 하는 등의 정치적 역량이 필요하다. 둘째는 복원력resilience의 차원이다. 신흥안보 위협의 특성상 사전적 대응이 어렵기 때문에 신흥안보의 메타거버넌스는 위기 극복 이후 원상태로 회복할 수 있는 능력을 갖추어야 한다. 이는 단순히 위기 이전의 조건을 다시 형성하는 것에만 그치는 것이 아니라, 미래 위기를 예방하고 유사한 다른 위험요인에 대해서 보다 신속하고 효과적으로 대응할 수 있는 새로운 시스템을 구축할 수 있는 역량까지 포함하는 개념이다(김상배, 2016).

한편, 신흥안보 개념에서 종종 언급되는 이슈인 감염병, 환경오염, 사이버 해킹, 난민 문제, 글로벌 범죄 등은 흔히 '**비전통 안보위협**non-traditional security threats'으로 표현되기도 한다. 비전통 안보란 글자 그대로 "국가중심적이고 군사적 관점에 초점을 둔 전통안보의 대칭 개념"으로서, 기존의 전통안보 위협에 해당하지 않는 위험요소가 새로운 위협으로 전환되고 있음을 의미하는 포괄적 개념이다(Caballero-Anthony, 2016: 5). 하지만 비전통 안보는 국가안보를 해칠 수 있는 '비군사적 위험요인'을 단순히 '새로운 것'으로 묘사하는 소극적 개념이기 때문에 학문적으로 다음과 같은 문제를 낳을 수 있다. 첫째, 안보를 국가안보 중심으로 바라보고, 다른 분야의 문제는 군 영역 바깥의 부수적인 것, 혹은 군에 직접적인 영향을 주지 않는 것으로 폄하할 수 있다. 둘째, 비전통 안보위협 상당수는 이미 사회안보, 비판안보, 인간안보 등에서 다루어지는 주요 위험요소들인데, 마치 기존에는 존재하지 않았던 것처럼 묘사함으로써 문제에 대한 접근과 해결 방안이 비군사적이어야 하고 새로운 것이어야만 한다는 오해를 불러일으킬 수 있다. 셋째, 다양한 유형의 비군사적 위협을 모두 비전통 위협으로 통칭함으로써 개별 이슈 영역에 대한 체계적이고 전문적인 연구와 분석이 제한될 수 있다. 그러므로 국가의 국방정책을 수립하고 시행하는 데 있어 그동안 '편의상' 신흥안보 위협과 비전통 안보위협을 구분하지 않았다고 할지라도, 앞으로는 이 두 가지 개념을 구분하여 이해하는 것이 바람직하다.

다가오는 미래에 이러한 신흥안보 위협은 규모가 더 커지고 빈번하게 발생할 것으로 예상된다. 잘 발달된 교통과 물류의 글로벌 네트워크를 따라 감염병과 같은 위험요인이 확산할 가능성이 커지고, 지구온난화가 계속되어 인간의 거주환경에 심각한 위험이 초래되고 있다. 또한 도시화에 따른 메가시티의 등장은 재난과 사고가 발생할 경우 수많은 사람을 동시에 위험에 노출되게 만들고, 첨단 정보통신 기술에 바탕을 둔 온라인 연결망에 대한 높은 의존은 어느 한 영역의 문제가 순식간에 전체의 위기로 확대되도록 만든다. 이러한 신흥안보 위협은 군사안보 위협 못지않게 심각한 파급 효과를 초래할 수 있으며, 혹시라도 신흥안보 위기가 군사안보 위기와 결부되는 상황이 초래된다면 국가의 생존은 심각하게 위협받게 될 것이다. 따라서 군은 군사적 위협뿐만 아니라 신흥안보 위협에도 관심을 가지고 대응 방안을 마련해야 한다.

3. 신흥안보의 주요 이슈와 주요국 군의 대응

1) 신종 감염병과 바이오 안보

코로나19 팬데믹에 직면하여 미국 등 주요 국가는 방역, 백신 수급 및 개발 등을 최우선 정책과제로 설정하여 보건위기를 극복했다. 미국은 코로나 위기 이후에도 신종 감염병을 정부의 핵심 정책으로 다루고 있다. 2021년 3월 미국의 토니 블링컨 국무장관은 바이든 정부의 외교안보 정책기조를 발표하면서 첫 번째 과제로 보건안보를 언급했다(Blinken, 2021). 그동안 미국은 글로벌 보건안보 거버넌스의 주도국이었으나 코로나19에 대한 트럼프 행정부의 정책실패로 그 지위가 흔들렸다. 이 때문에 바이든 대통령은 취임 직후 WHO에 복귀하는 한편, '글로벌보건안보구상Global Health Security Agenda: GHSA'에 대한 지원을 약속하고, 2022년 예산안에 글로벌 보건안보 지원을 위한 10억 달러를 편성했다. 이를 통해 새로운 감염병 위기에 선제적으로 대응할 수 있는 역량을 강화할 것으로 기대된다.

제약업계의 반발에도 불구하고 바이든 행정부가 코로나 백신 특허권 면제를 지지하고, 백신 원료에 대한 국방물자생산법 적용을 해제한 데에는 미국과 중국 사이의 전략적 경쟁이 치열해지고 있는 상황에서 보건안보 분야의 주도권을 회복하려는 미국의 의도가 내포되어 있다. 트럼프 행정부는 중국과 코로나 바이러스 발원지에 대한 정치적 공방을 벌이면서 중국을 압박하려 했으나, 오히려 미국 내 감염 사례 증가를 막지 못했고, 백신외교에서도 초반에 중국에 밀렸다. 이를 만회하기 위해 미국은 저개발국에 대한 백신 공여를 확대하는 한편, 그동안 친중국적이라는 평가를 받았던 WHO와의 관계 개선을 통해 코로나 바이러스 발원지 규명을 위한 과학적 검증의 필요성을 중국에 요구하도록 만들었다.

미국의 군도 보건안보에 있어서 적지 않은 역할을 맡고 있다. 특히 바이오테러, 화생방 공격, 유해물질 유출 사고 등은 군사안보와 직접 연관되는 것이다. 하지만 중동에서의 전쟁이 장기화되면서 미국 국방부의 바이오 안보 전략 허브인 화생방프로그램Chemical and Biological Defense Program: CBDP의 예산은 2006년 22억 달러에서 꾸준히 감소하여 2021년에는 14억 달러에 불과했다. 아프가니스탄 철군이 본격화되면서 미국의 외교안보 싱크탱크를 중심으로 미군의 바이오 안보 역량을 다시 강화해야 한다는 주장이 제기되고 있다. 전략위기연구소CSR는 2022년도 국방부 CBDP 예산을 20억 달러로 증액하고, 앞으로 국방예산의 1%에 해당하는 70억 달러까지 계속 증액해야 한다는 보고서를 발표했다(Beaver et al., 2021). 또 다른 싱크탱크인 전략국제문제연구소CSIS는 기술의 이중용도 개발 차원에서 바이오 안보 연구개발은 국가안보 증진의 효과뿐만 아니라 보건위기 대응역량을 강화하며 신규 일자리 창출에도 기여할 것이라고 주장했다(Hunter, Sanders and Araz, 2021). 이러한 배경에 따라 미군의 바이오 안보 및 보건안보 대응 강화를 위한 새로운 연구가 본격적으로 진행될 것으로 예상된다.

유럽은 코로나19 초기 대응 실패를 교훈 삼아 변이 바이러스 연구, 국가 간 의료용품 비축 조율 등의 기능을 수행하는 EU 보건비상대응국Health Emergency Preparedness and Response Authority: HERA을 설립하기로 했다. 또한 유럽질병예방통제센터ECDC의 문제점으로 지적된 인력 및 자원 부족, 입법의 제한 등을 해소할 수 있도록 각국이 더 많은 자금과 인력을 유럽질병예방통제센터ECDC에 지원하여 보건 감시 역량을 강화하기로 했다. 더 나아가 유럽연합EU은 감염병 위기에 대해 국제사회의 공동 대응을 법적으로 제도화하기 위한 '팬데믹 조약Pandemic Treaty'을 제안했다. 2021년 12월 WHO 총회는 유럽연합의 주장을 받아들여 팬데믹 조약 논의를 시작하기로 결정했다. 한편, 영국은 브렉시트 이후 독자적인 보건안보 대응체계 구축의 필요성을 인식하고, 기존의 잉글랜드 공중보건국Public Health England, 국민보건서비스 질병 검사·추적 기구NHS Test and Trace, 합동바이오안보센터Joint Biosecurity Centre를 보건안보청UK Health Security Agency으로 통합했다.

나토와 EU 사이에서 보건 관련 문제에 대한 조율을 담당하는 기관은 나토 통합조정본부NATO Multinational Coordination Centre: MNCC/유럽연합의료사령부European Union Medical Command: EMC이다. 코로나19 위기 초기에 나토는 각국의 백신 접종 의무 기준과 의료용품 비축에 대한 기준이 서로 달라 합동훈련과 작전에 큰 어려움을 겪었다. 이러한 문제점을 해결하기 위해 MNCC/EMC를 중심으로 유럽 국가들이 의료용품을 공동으로 비축하는 내용의 군사모듈식 다목적 감염병 비축Military Modular Multipurpose Epidemic/Pandemic Stockpiling: M3EPS 개념을 개발하는 한편, 이를 유럽의 군과 민간이 함께 사용할 수 있는 체계로 발전시켰다(Bricknell, 2022). 또한 원격 화상회의 시스템을 보강하여 여러 나라의 군 수뇌부들의 군사작전에 대한 실시간 논의가 가능하도록 했다. 그리고 나토의 여러 회원국에 분산된 27개의 전문교육훈련센터Centers of Excellence: COE 가운데 일부 COE는 코로나19 대응의 선봉대 역할을 했다. 예를 들어 라트비아에 위치한 전략커뮤니케이션 센터Strategic Communication COE는 감염병에 관한 허위 정보를 차단하는 기능을 전담했다. 헝가리의 군사의학센터Military Medicine COE, 체코의 합동 화생방방어센터Joint Chemical, Biological, Radiological and Nuclear Defense COE, 불가리아의 위기관리 및 재난대응센터Crisis Management and Disaster Response COE 등도 코로나19 대응을 위한 각각의 기능을 수행했다(Lundquist, 2021).

2) 사이버 공격

지상, 바다, 하늘, 우주에 이은 다섯 번째 공간인 사이버 공간에서의 영향력을 확대하기 위한 행위자들의 각축이 치열하다. 사이버 공간은 가상의 공간이기 때문에 기존의 물리적 공간 및 영토에 적용되는 국제적 규칙이 적용되는 데 제약이 있다. 따라서 사이버 공간에서 이루어지는 적대적 공격 행위에 대한 우려와 대비는 단순히 신흥안보 이슈 차원을 넘어 바이든 대통령이 언급한 것처럼 "가장 핵심적인 국가안보 도전"이 되었다(*Wall Street Journal,* 2021.8.25). 2021년 6월 팬데믹 상황에서 개최된 미국-러시아 정상회담의 핵심 의제가 사이버안보에 관련된 내용이었다는 점에서 오늘날 사이버안보는 과거 냉전 시대 초강대국 간의 핵무기 협상에 비견될 정도로 중요한 이슈가 되었고, 이는 곧 국가들 사이의 협력을 통해 해결을 모색해야 함을 의미한다.

그림 3-1 Microsoft Networks 발표 사이버 공격 원점국가 및 타깃국가(2019.7~2020.6)

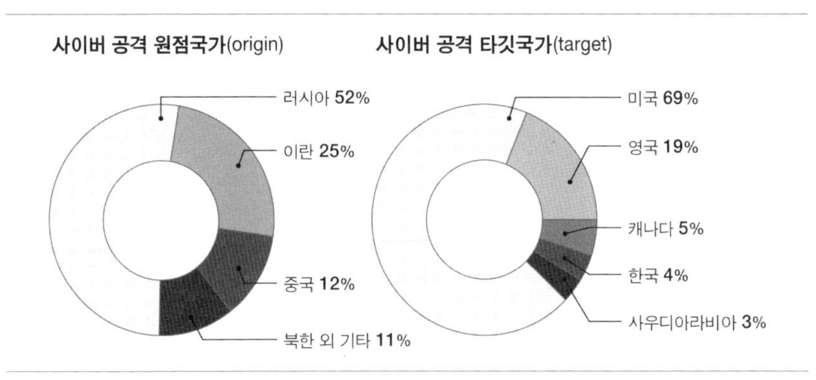

자료: Microsoft(2020: 42).

팬데믹이 장기화되었음에도 불구하고 사회시스템이 정상적으로 작동할 수 있는 것은 대부분의 사회시스템이 온라인화되었기 때문이다. 하지만 이는 온라인시스템의 마비나 오작동에 의한 사회적 혼란의 가능성도 커질 수 있음을 의미한다. 만약 보건위기와 온라인 마비가 동시에 발생한다면 이는 코로나 팬데믹 상황보다 더 심각한 위기가 될 것이다. 실제로 보건위기를 관리하는 WHO나 대형병원에 대한 사이버 공격이 최근 급증하여 우려가 커지고 있다. 또한 전력, 석유 등 에너지 공급 역시 사이버 네트워크에 의존함에 따라 이에 대한 사이버 공격이 초래할 수 있는 사회적 위기에 대한 우려도 크다. 2021년 5월 러시아 배후의 사이버 범죄 조직 다크사이드DarkSide에 의해 미국 동북부 석유 공급을 담당하는 콜로니얼 송유관이 랜섬웨어 공격을 받았다. 데이터 시스템 마비로 일주일 이상 석유 공급이 중단되어 미국 여러 지역에서 석유 공급에 차질이 빚어져 큰 피해가 발생했다.

사이버안보의 특징 가운데 하나는 전통적인 군사안보에서 형성되는 국가들 사이의 관계가 사이버안보에 거의 그대로 투영된다는 점이다. 즉, 사이버 공격의 배후에 있는 나라들은 러시아, 이란, 중국, 북한 등이고 주요 타깃이 되는 나라들은 미국, 영국, 캐나다, 한국, 사우디아라비아 등이다(Microsoft, 2020). 물리

표 3-1 주요 국가의 사이버전 종합 능력 구분

그룹	Tier I	Tier II	Tier III
국가	미국	중국, 러시아, 영국, 프랑스, 호주, 캐나다, 이스라엘	북한, 일본, 이란, 인도, 베트남, 인도네시아, 말레이시아

주: 한국은 조사 대상에 포함되지 않았음.
자료: IISS(2021).

적 영토와 국경선으로 구분되는 전통적인 국제체제에서 다른 주권국가에 대한 물리적 공격 행위는 국제법적으로 제한된다. 하지만 사이버 공간은 물리적 영토 공간이 아니기 때문에 사이버 공격이나 해킹을 제한하거나 억제하기 위한 국제법적 규칙과 조약을 적용하는 데 한계가 있다. 비록 2007년 에스토니아에 대한 러시아의 사이버 공격 이후, 2013년 나토가 「탈린 매뉴얼」을 발표하여 사이버 공격을 안보위협으로 간주하고 공동으로 대응하기로 했으나, 아직은 구속력 있는 국제법이 아니라 지침서 수준에 머물러 있다. 이 때문에 캐나다 등 일부 국가는 '사이버 주권cyber sovereignty' 개념을 도입하여 사이버 공격에 대한 대응조치의 법적 정당성을 구축하려는 시도를 벌이고 있다(Baezner and Robin, 2018). 하지만 아직까지는 사이버 주권 개념에 대한 국제법적 혹은 학술적 정의가 명확하게 이루어지지는 않았다.

러시아, 중국 등이 사이버 공격을 빈번하게 벌이는 것으로 알려져 있으나 사이버안보 역량은 미국이 가장 강한 것으로 평가된다(IISS, 2021). 그 이유는 미국이 사이버 기술력뿐만 아니라 동맹과 파트너를 통한 사이버 첩보·감시·분석 네트워크를 구축했기 때문이다. 미국과 그 우방국이 구축하고 있는 파이브 아이즈Five Eyes와 같은 사이버 첩보 동맹체계를 러시아, 중국, 북한 등은 가지고 있지 않다. 따라서 러시아, 중국, 북한 등은 해킹 등 일회성 공격력은 강하지만 사이버 공간에서의 체계적 방어 및 분석 능력은 상대적으로 취약하다.

그동안 사이버안보 분야에서 협력은 신뢰할 만한 우방국 정부 사이에 주로 이루어져 왔다. 하지만 최근에는 일부 분야에서 정부와 민간의 협력관계도 형성되고 있다. 2020년 미국에서 네트워크 솔루션 기업 솔라윈즈SolarWinds에 대한 해킹 공격으로 마이크로소프트 등 글로벌 기업뿐만 아니라 국무부, 재무부, 국토안보부, 보건원, 통신정보관리청, 핵안보국 등 주요 기관의 정보가 노출되는 사건이 발생했다. 해킹이 1년 가까이 지속되었으나 정부기관이 이를 파악하지 못했고, 최초 확인도 정부가 아닌 민간기업에 의해 이루어졌다. 이에 미국은 미래에 사이버안보 위협이 더욱 빈번해질 것으로 예상하고 사이버 공격 탐지에 대한 민간의 참여를 확대하기 위해 사이버범죄 관련 정보를 제공할 경우 최고 1천 만 달러의 보상금을 제공하기로 했다. 마치 서부 개척 시대 범죄자 현상금 수배를 연상시키는 이러한 정책은 향후 사이버안보에 대한 민간의 참여가 더 확대될 것을 시사한다.

나토의 「탈린 매뉴얼」 발표에서 확인된 것처럼 유럽 역시 사이버안보에 적극적이다. 2020년 12월 유럽연합은 새로운 「사이버안보 전략EU Cybersecurity Strategy」을 발표하고 사이버 위협으로부터 유럽의 국민과 기업의 사이버 네트워크를 보호하겠다는 의지를 재확인했다. 주목할 만한 점은 유럽은 사이버안보를 위한 국제규범 및 규칙을 모색하면서 인권, 자유, 민주주의 등 보편적 기본가치의 보장을 강조한다는 것이다. 이는 사회적 효율성을 명목으로 디지털 기술을 개인의 자유와 사생활 침해, 국가의 권력 확대 도구로 악용하는 중국의 '디지털 권위주의'에 반대한다는 원칙을 사이버안보에 관련된 규범에 포함시키겠다는 의지를 보여주는 것이다.

3) 탄소중립과 신재생 에너지

2015년 파리기후협약에서 그동안 극심한 견해차를 보이던 미국과 중국이 극적인 타협을 이루면서 온실가스 감축을 위한 글로벌 협력이 본격화되었다. 하지만 2017년 트럼프 대통령이 미국 제조업 위축을 이유로 협정에서 탈퇴하면서 기후변화협약은 마비 상태가 되었다. 이 사이 중국은 2060년까지 탄소중

그림 3-2 각국의 신재생 에너지 투자(2011~2020)

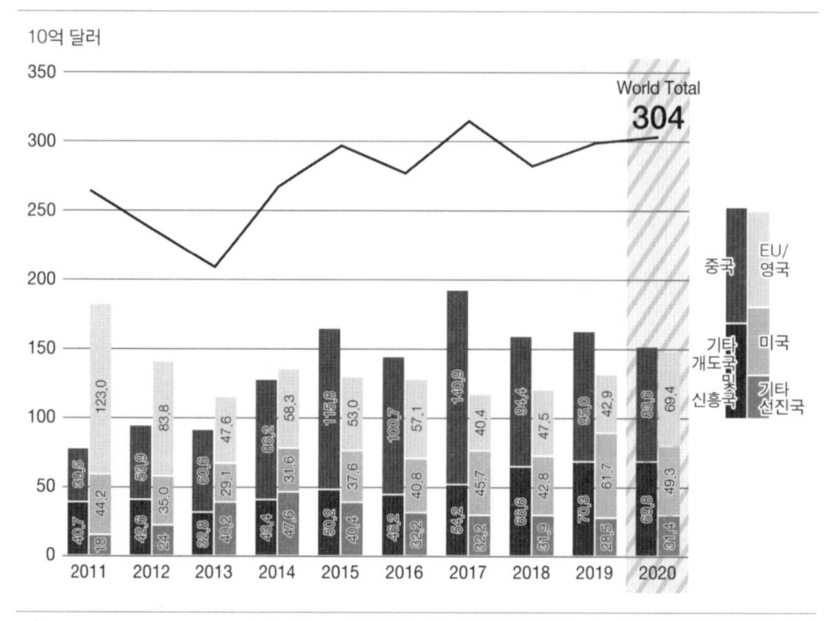

자료: REN21(2021: 184).

립Net-zero을 이루겠다는 공약을 발표하는 등 글로벌 환경 영역에서 위상을 크게 키웠다. 이는 중국의 대기질 개선이라는 현실적 필요성뿐만 아니라 신재생 에너지 분야 기술을 발전시켜 중국의 미래산업을 추동하려는 전략적인 고려에 따른 것이다. 미중 전략적 경쟁에서 중국을 견제해야 하는 미국은 바이든 정부 수립 직후 파리협정 복귀를 선언하면서 환경 영역에서 미국의 주도권을 회복하려는 의지를 보였다. 바이든 대통령은 취임 직후 기후정상회의를 개최하고 2050년까지 미국의 탄소중립을 이룰 것을 약속했다.

이처럼 환경 분야에서도 미국과 중국 사이의 경쟁이 치열한 와중에 유럽은 탄소국경세를 도입하겠다고 발표했다. 이 제도가 도입되면 EU와 거래하는 국가는 상품 생산 과정에서 배출되는 탄소량을 공개해야 하고, 유럽보다 많은 탄소량이 배출되는 상품을 유럽에 수출할 경우 고율의 관세를 내야 한다. 이 제도가 본격적으로 시행될 경우 글로벌 무역에 심각한 영향을 미칠 것으로 예상된다. 많은 기술 선진국들은 탄소저감 기술혁신을 통해 탄소량을 획기적으로 감축하는 데 투자를 확대하고 있다. 화석연료 중심의 에너지 시스템과 산업구조를 새롭게 변경함에 있어 어떤 기술이 세계 표준이 되느냐가 향후 글로벌 산업구조의 주도권을 결정하게 될 것이기 때문에 팬데믹 상황에서도 신재생 에너지 기술 개발 투자는 꾸준히 이어졌다(REN21, 2021).

온실가스 저감이 글로벌 트렌드가 되고 있으며, 앞으로 탄소배출이 많은 산업 분야 혹은 기업은 경쟁에서 도태될 가능성이 높아지고 있는 가운데, 군에 대해서도 탄소배출을 낮춰야 한다는 요구가 커지고 있다. 군은 대부분 화석연료에 의존하고 있으며, 정부기관들 가운데 가장 많은 온실가스를 배출한다. 따라서 주요국 정부는 군의 탄소배출 저감을 위한 방법을 모색하고 있다. 나토는 2050년을 목표로 군사작전에서의 탄소중립을 달성하겠다는 계획을 추진하고 있다. 미국의 바이든 행정부는 오염물질을 덜 배출하는 무기 개발을 위한 2억 달러와 군 차량의 에너지 효율성 개선을 위한 비용 1억 5300만 달러의 예산을 의회에 요청했으며, 이상기후로부터 군부대를 보호하기 위한 추가 예산도 모색하고 있다.

하지만 군의 온실가스 저감 목표는 민간의 산업 분야와 같을 수 없다는 지적도 제기되고 있다. 특히 이동·수송 수단과 관련하여 민간에서 본격화되고 있는 내연기관 퇴출과 전기구동 도입에 어려움이 있다. 군에서 사용하는 화석연료의 대부분이 항공기와 선박 연료로 사용되고 있는데, 항공기와 선박 추진 방식의 획기적 변화가 없이는 군의 탄소중립은 다른 민간 분야보다 훨씬 어렵다. 물론 영국 공군과 같이 대체 연료 도입에 선제적으로 나서서 탄소중립 시기를 2040년으로 앞당길 수 있다는 야심 찬 포부를 밝힌 경우도 있지만[*Defense News*(UK), 2021.3.4], 이를 위해서는 더 많은 예산이 군의 탄소 저감을 위해 투입되어야 하는데, 팬데믹 충격에서 이제 막 벗어난 경제 상황이 이를 뒷받침하기 어려울 것이라는 전망도 있다(Barry, 2021).

그림 3-3 세계 전기차 배터리 및 태양광 패널 생산 비율(2017)

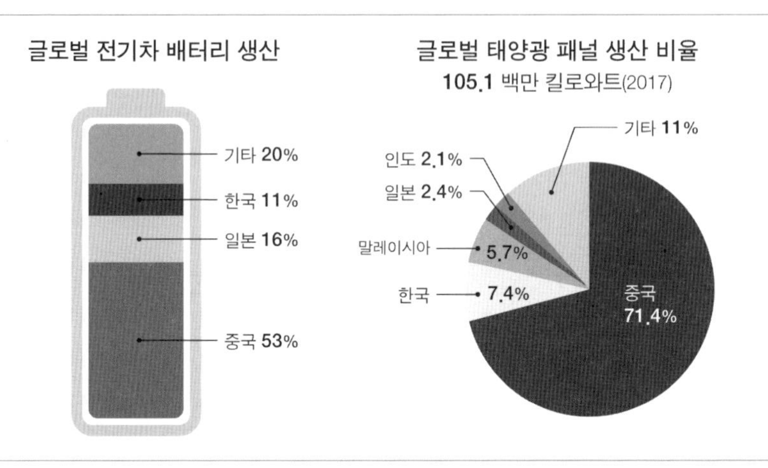

자료: Holzmann(2018); *Nikkei Asia*(2019.7.31).

더 큰 문제는 이러한 군의 친환경 노력이 지구의 환경을 보호하는 데에는 바람직하겠지만, 국가의 안전을 보장하는 데에는 역효과를 초래할 수 있다는 점이다. 예를 들어 각국에서 석유를 사용하는 군사용 차량과 장비를 전기구동체계로 대체하려는 연구와 사업이 진행되고 있으나 유사시 전력과 배터리 공급이 어려우면 무용지물이 될 수 있다. 전력공급이 어려운 야전에서 태양광을 이용하여 충전하는 기술이 개발되고 있지만, 현재 중국이 세계 전기차 배터리 및 태양광 패널 생산을 장악하고 있고, 각종 전자제품 제조에 필요한 희토류 생산도 중국이 압도적이기 때문에 미국 등은 중국에 대한 의존도가 높아지는 것을 우려한다. 게다가 전기구동 차량이나 전자식 무기는 적의 전자기파 공격에 매우 취약하다는 점도 지적된다(Howard and Shaffer, 2021). 비록 2021년 6월 14일 나토 정상회의에서 2050년 탄소중립 달성을 슬로건으로 내걸었으나, 이러한 이유들 때문에 각국이 어떻게 군의 탄소배출을 감축할 것인지에 대한 구체적인 방법을 제시하지는 못했다(*Conflict and Environment Observatory*, 2021.6.15).

4) 대규모 불법이주, 난민, 글로벌 범죄

코로나19 위기에 따른 이동의 제한으로 인해 불법이주, 난민, 불법 마약 거래 등의 이슈는 상대적으로 감소했다. 하지만 강력한 반이민정책을 펴던 트럼프 대통령이 낙선하고 코로나 위기가 완화되면서 다시 이들 문제가 불거질 가능성이 높아졌다(Office of the Director of National Intelligence, 2021: 21~22). 아울러 아프가니스탄의 탈레반 정권 재수립으로 많은 주민들이 탈출하고 있어 새로운 난민위기가 우려되는 상황이다. 유럽의 경우 무슬림 이민과 난민이 증가하면서 일자리, 빈부격차 등 사회적·경제적 문제뿐만 아니라 종교적·문화적 갈등이 증가하고 있어 범죄와 테러의 가능성이 함께 커지고 있다. 실제로 최근 프랑스에서는 이슬람교를 모욕했다는 이유로 교사가 참수되는 테러가 발생했고, 오스트리아에서는 유대인 예배당에서의 무차별 총기 난사 사건이 발생했다.

불법 마약 거래는 단순히 시민의 건강에만 영향을 미치는 것이 아니라 국제범죄집단의 자금세탁 수단으로 이용되거나, 불법무기 거래, 인신매매 등 다른 범죄행위와 관련되는 경우가 많기 때문에 각국은 마약 문제에 매우 엄격하게 대응하고 있다. 불법 마약 거래는 그동안 주로 미국과 중남미를 중심으로 이루어져 왔으나 최근에는 중국, 인도, 동남아시아 등 아시아에서의 마약물질 생산 및 거래가 급속하게 증가하여 대륙 간 거래 네트워크가 형성되고 있다. 따라서 국가들 사이의 정보 수집과 수사 및 소탕을 위한 공조와 협력이 활발하게 모색되고 있다. 미국의 바이든 정부는 중국과 인도를 마약 원료 공급지로 지목하고 이들 국가와의 협력을 통해 글로벌 마약 거래 감시를 강화할 것을 지시했다(Executive Office of the President, 2021).

대규모 불법이주, 난민 문제, 마약 거래 등에 대한 군의 역할은 다차원적이다. 불법이민과 난민 문제는 국내의 사회혼란을 초래하기도 하고 때로는 심각한 군사적 갈등, 테러, 전쟁의 원인이 되기도 한다(Stedman and Tenner, 2003). 따라서 군은 유럽에서와 같이 불법이주와 난민의 유입을 막기 위해 국경 경계를 강화하고 경찰 혹은 출입국 당국과의 공조 체계를 구축하여 검문과 검색에 참여한다. 때로는 콜롬비아에 파견된 미군처럼 해외의 마약 카르텔 소탕작전에 직접 참여하여 범죄자를 체포하는 임무를 수행하기도 한다. 다른 한편으로 군은 해외 분쟁지역에서 평화 유지 혹은 인도적 지원 임무를 수행하면서 난민과 피해 주민을 안전한 곳으로 대피시키거나 생필품을 제공하고, 난민캠프를 보호하며, 정착을 지원한다. 대표적인 사례로서 2021년 한국군은 미라클 작전을 수행하여 탈레반이 재집권한 아프가니스탄에서 그동안 한국 대사관 업무를 도왔던 아프간 주민과 그 가족을 안전하게 한국으로 이주시키는 데 성공한 바 있다.

4. 신흥안보와 한국의 미래국방

1) 신흥안보에 대한 우리 군의 대응 실태

복잡하고 중층적인 행위자·이슈 네트워크의 구조 안에서는 개인의 사소한 안전 문제로 보이는 문제라 하더라도 순식간에 사회의 필수 시스템의 기능을 마비시키고 질서를 교란할 수 있는 안보위협으로 창발할 수 있기 때문에 신속하고 효과적인 대응을 위해서 군의 역할이 필요하다는 점에는 이견이 없다. 하지만 신흥안보의 여러 이슈 영역에서 발생하는 위협에 대한 군의 역할은 이슈의 성격에 따라 다차원적이며, 때로는 매우 가변적이다. 어떤 경우에는 신흥안보 위협의 창발 과정의 초기 단계에서부터 군이 선제적으로 관여하여 양질전화 혹은 이슈연계의 연결고리를 끊는 역할을 맡을 수 있지만, 다른 경우에는 위기 수준으로 확대된 신흥안보 위협에 대한 사후적 조치를 군이 담당하는 경우도 있다. 또는 군의 선제적 조치가 법적으로 제한되거나 혹은 사회적 통념상 받아들여지기 어려운 이슈 영역이 존재하기 때문에 안보위기의 창발로 이어지는 연결고리의 어느 수준에서 군이 참여하여 기능을 수행해야 하는지에 대한 논란이 발생할 수 있다. 따라서 신흥안보 위협에 대한 군의 참여와 역할을 획일적으로 명시하기는 곤란하다.

신흥안보 위협에 대비하기 위한 군의 역할에 대한 필요성이 인정됨에도 불구하고 여러 가지 이유로 그동안 한국에서 군이 신흥안보 위협에 전면에 주도적으로 나서는 경우는 많지 않았다. 대부분의 신흥안보 이슈는 비군사적인 성격의 이슈로부터 시작하기 때문에 각각의 이슈 영역에 관련된 주관 기관이 일차적인 대응을 담당하고 군은 필요한 경우 주관 기관의 요청에 의해 지원하는 등 피동적이고 소극적인 방식으로 접근할 수밖에 없다. 하지만 미국 콜로니얼 송유관 사이버 공격이나 일본 도쿄 지하철 사린가스 테러와 같이 순식간에 국가와 사회의 기능이 마비되거나 수많은 인명이 살상될 수 있는 신흥안보 위협이 발생하는 상황에서는 더욱 적극적이고 선제적인 군의 역할이 필요하다. 그러므로 군 스스로도 신흥안보 위협의 원인, 성격, 규모, 확대 과정, 파급 효과 등을 지속적으로 학습하고 분석하여, 유사시 신속하고 효과적으로 지원할 수 있는 역량과 대비태세를 상시 유지해야 한다.

최근 발생한 신흥안보 이슈에 한국군이 관련된 사례들 가운데 대표적인 것이 감염병 방역이다. 2020년 3월 대구에서 코로나19 감염 사례가 갑작스럽게 증가하자 인력이 제한된 대구·경북 지역의 의료체계만으로는 보건위기를 감당하기 어렵다는 우려가 커졌다. 이에 군은 선제적으로 임관 예정 군의관과 신임 간호장교 등을 국군의료지원단으로 편성하고 대구 지역에 파견하여 의료공백이 발생하지 않도록 했다. 그밖에도 군은 역학조사, 선별조사, 지역방역 등에 필요한 인력을 지원하고, 군병원을 코로나19 전담병원으로 전환하는 등의 역할을 담당함으로써 한국의 코로나19 초기 방역 성공에 크게 기여했다. 또한 백신의 도입과 수송 과정에서도 혹시 있을지 모르는 백신 탈취 등에 대비하기 위해 군병력이 백신 수송에 투입되어 안전하게 백신이 현장에 전달될 수 있도록 했다.

군의 코로나19 대응 성과는 앞으로 감염병 위기뿐만 아니라 다른 유형의 재난이 발생하더라도 군이 신속하고 효과적으로 대응할 수 있는 제도적 장치를 만들려는 노력으로 이어졌다. '국방 재난관리 훈령 전부 개정안'이 2021년 3월부터 시행됨에 따라 대규모 재난 상황에서 신속한 지원이 가능하도록 국방부가 국방신속지원단을 운영하고, 각 군이 별도로 운영하던 재난대응부대의 지휘통제를 합참이 통괄할 수 있게 되었다. 또한 지리적 범위를 7개 권역으로 구분하여 책임부대를 지정함으로써 재난지원의 접근성을 높였다. 이러한 법적 제도화를 통해 군이 지원할 수 있는 사회적 재난의 범위를 에너지·정보통신·교통수송·보건의료 등 신흥안보 이슈 영역에 해당하는 국가핵심기반에 대한 위협으로 구체화했다는 점은 주목할 만하다.

하지만 보건안보 위험에 대한 군의 대응이 모두 성공적인 결과를 가져온 것은 아니다. 코로나19 방역을 위한 군의 신속한 대민 지원과 제도 개선 노력은 높게 평가되지만, 아프리카 해역에 파병된 청해부대 승조원 집단 감염 사례에서 드러난 현장에서의 초동 대처는 너무나 미흡했다. 비좁은 선내 환경은 감염병 확산에 매우 취약한데도 300여 명의 승조원 가운데 단 한 명도 백신을 접종하지 않았고, 코로나19 감염 여부를 신속하게 확인할 수 있는 신속항원진단키트가 아닌 엉뚱한 진단키트를 잘못 가져간 것으로 알려졌다(≪동아일보≫, 2021.7.24). 감염병 위기 시에는 백신의 신속한 보급과 접종이 매우 중요한데도 군이 해외파병 병사들에게 백신을 접종하지 않았다는 사실은 감염병을 포함한 신흥안보 위협에 대한 군의 전반적인 인식이 대단히 취약함을 드러낸 것이다. 보건안보 위협에 대처하기 위해 국방부 등 지휘부 수준에서는 군의 역할 확대에 대한 정책을 속속 만들어 발표하고 있지만, 실제 하급부대 수준에서는 이를 단순히 대민 방역 지원으로만 이해하는 경우가 있기 때문에 체계적인 관리와 교육이 시급히 이루어져야 한다.

사이버안보는 그 특성상 군사안보와 밀접하게 관련되어 있고, 한국은 북한으로부터 여러 차례 사이버 공격을 받아왔다. 따라서 한국의 사이버안보 대응은 다른 분야에 비해 비교적 일찍부터 군과 정부의 관심을 받아왔다. 사이버안보 분야는 정보 수집과 분석 능력이 매우 중요하기 때문에 우방국과의 협력 네트워크를 구축하는 것이 매우 중요하다. 한미 군사동맹 차원에서는 미국과 사이버 정보 교환을 위한 대화와 협력의 메커니즘이 마련되어 있지만, 사이버안보는 군사안보 차원에만 국한된 것이 아니기 때문에 다른 우방국들과의 협력 체제를 확대해 나갈 필요가 있다. 2021년 9월 미국 의회에서 미국의 정보동맹인 파이브 아이즈에 한국을 동맹국으로 추가하자는 논의가 있었다는 것은 설령 그러한 제안이 현실로 이어지기 쉽지 않다고 하더라도 글로벌 사이버안보에서 한국의 역할이 작지 않음을 의미하는 것이다.

사이버안보를 위한 협력적 거버넌스는 국가 차원에서만 이루어지는 것이 아니라 국가와 민간 사이에도 구축되어야 한다. 우리의 민간기업, 연구소, 금융기관 등에 대한 적대세력의 사이버 공격이 점점 더 조직화·고도화하고 있기 때문에 이에 효과적으로 대처하기 위해서는 군과 정보기관뿐만 아니라 민간의 사이버 보안 시스템과의 연계가 필요하다. 하지만 정부와 민간을 통합적으로 관리 및 대응할 수 있는 사이버안보 통제체계가 아직 마련되어 있지 않다. 2019년 「국가사이버안보전략」을 발표했으나 아직은 대통령령 수준에 머물러 있기 때문에 사이버안보에 대한 체계적 대응을 이루기 위해 '사이버안보 기본법'을 제정해야 한다는 주장이 많다. 하지만 정보기관의 민간 사찰과 감시에 악용될 수 있음을 우려하는 반대의 목소리도 적지 않다. 한국보다 민간의 프라이버시를 강조하는 미국에서도 사이버 공격에 효과적으로 대처하기 위해 2015년 '사이버안보정보공유법Cybersecurity Information Sharing Act'을 제정하여 국가와 민간 사이의 사이버안보에 관한 정보를 공유할 수 있도록 만들었다. 이러한 사례를 참고하여 반대 목소리를 설득하고 문제의 소지가 없도록 관련법을 제정해야 한다. 최근 국가정보원이 민간의 피해를 줄이기 위해 사이버 해킹 등의 정보를 민간기업에 제공하기 시작한 것은 바람직한 시도로 평가된다.

환경안보는 군과 직접적인 관련이 비교적 낮아 보이지만 장기적으로 자연

환경의 변화와 이 파급 효과는 국가안보에도 심각하게 영향을 미친다. 역사적으로 환경 생태계의 급속한 변화는 농·축산업과 수산업 등 식량과 거주환경에 심각한 영향을 미치고, 이는 대규모 기근에 의한 이주와 전쟁을 초래해 왔다. 앞서 언급한 북아프리카의 아랍의 봄 시위가 기상이변에 의한 러시아의 가뭄으로부터 촉발되었다는 사실은 잘 알려져 있다. 한국에서도 온난화로 인해 말라리아가 빈번하게 발생하여 접경지역 병사의 건강에 영향을 미치고 있으며, 해수온난화로 인한 어족 생태계 변화는 각국 어업 종사자들 사이에 갈등을 불러일으키기도 하며, 때로는 국가 간 군사적 충돌의 가능성도 높일 수 있다. 그 밖에도 기후변화는 각종 재해를 불러일으키고, 해수면 상승으로 인한 군사시설 및 기지의 안정적 유지에도 영향을 초래한다. 이에 2021년 일본 방위성은 『국방백서』에서 기후변화를 별도의 국가안보 도전의 하나로 다루었다(防衛省·自衛隊, 2021: 161~163). 한국군도 안보환경 변화를 설명하면서 기후변화를 언급하고는 있으나, 아직까지 별도의 안보위협 리스트에 포함하고 있지는 않다.

한편, 지구온난화를 막기 위한 탄소중립 노력이 전 세계적으로 진행되고 있으며, 앞서 살펴본 것처럼 미국과 유럽은 2050년까지 나토군의 탄소중립을 목표로 에너지 효율을 높이고 신재생 에너지로의 전환을 추진하고 있다. 하지만 한국을 포함한 대부분의 국가에서 군의 탄소중립을 위한 구체적인 계획을 수립한 경우는 드물다. 한국군의 온실가스 배출 저감의 필요성에 대한 논의가 시작된 지는 이미 10년이 훨씬 지났다. 2009년 국방부와 환경부는 사단급 부대의 온실가스 배출량을 산정하기 위해 육군 55사단을 대상으로 '육군 탄소 관리 시스템'을 시범적으로 개발·적용한 바 있다(≪투데이에너지≫, 2009.4.27). 하지만 그 이후 후속적인 정책이 뒷받침되지 못해 탄소 관리시스템이 본 궤도에 오르지 못하고 흐지부지되었다. 그동안 정부의 공공부문 온실가스·에너지 목표관리 운영 지침에 국방·군사 목적의 시설은 제외되어 있었기 때문에 현재까지도 군의 탄소배출량에 대한 정확한 수치 확인과 통계가 작성되지 않아 실태 파악조차 어렵다.

국방·군사 부문의 특성상 군의 탄소중립 달성은 다른 부문보다 훨씬 늦을 것으로 예상된다. 민간에서 전개되고 있는 내연기관 차량 퇴출과 같은 가시적인 조치들이 군에서 이루어지기에는 많은 시간이 걸릴 것이다. 하지만 미국, 스웨덴, 영국 등 기술 선진국들은 신소재를 이용한 군 장비의 경량화, 항공기용 바이오 혼합연료 개발, 군사용 하이브리드 차량 개발 등 탄소배출을 낮추기 위한 기술개발에 나서고 있다. 한국군에서도 군 건축물과 창호窓戶의 열효율성 증대와 같은 그린 리모델링을 통한 탄소배출 저감 방법이 고안되고 있다(강소영·심송보, 2021). 비록 탄소중립을 군에서 달성하는 데 오랜 시간이 걸린다고 하더라도 이에 대한 정책연구과 기술개발에 대해서는 군도 지금부터 관심을 가지고 예산을 투자해야 한다. 특히 이러한 기술은 군사용도뿐만 아니라 민간에서의 활용도가 높아 부가가치 창출에 크게 기여할 수 있다는 점에서, 군-산-학-연軍-産-學-硏 연계를 통한 이중용도dual use 기술 개발을 통해 장기적으로 군의 에너지 비용 절감과 민간산업 발전이라는 시너지 효과를 기대할 수 있다.

끝으로 난민 이슈와 관련하여 2021년 8월 한국군이 전개한 아프가니스탄 주민 후송을 위한 미라클 작전의 성공은 높게 평가받을 만하다. 우리 군은 정부 부처 및 미국 당국과 공조하여 우리 군용기로 한국 공관과 KOICA 시설에서 오랫동안 근무해 온 아프간 주민과 그들의 가족 391명 전원을 안전하게 구출하는 데 성공했다. 특히 유사한 작전을 전개했던 일본 등 다른 나라가 난민 구출에 실패한 것과 비교한다면 한국군의 미라클 작전은 모범적인 난민 구출 활동으로 기록될 것이다. 아울러 이러한 경험은 다른 분쟁지역에서의 교민 혹은 난민의 구출 및 구호를 위한 매뉴얼이나 지침으로 활용될 수 있을 것이며, 앞으로 남북한 관계가 변화할 경우 우리 국민 혹은 주요 인사를 안전하게 구출하기 위한 작전에도 참고가 될 수 있을 것이다.

2) 신흥안보 위협 대응역량 강화

보건안보, 환경안보, 에너지안보, 사이버안보, 난민안보 등 각각의 영역은 이슈의 성격에 따라 행위자와 구조가 서로 상이하며, 복잡하고 중층적인 네트워크 속에서 복합적으로 상호작용한다. 따라서 신흥안보 위협요인들에 대해 특정한 획일적인 방식만을 적용하여 대응하기는 곤란하다. 그렇다고 해서 끊임없이 형성되는 신흥안보 이슈 하나하나에 대응하는 접근을 매번 새롭게 만들 수도 없다. 기존의 유사한 문제에 대응하는 방식이 있다면 먼저 그것이 새로운 문제에도 적용될 수 있는지 살펴보고, 만약 새로운 접근이 필요하다면 다른 변수들을 고려하여 새로운 대응 방법을 고안해야 한다. 이렇게 만들어진 방법은 신속하게 피해 복구를 이루는 동시에 미래의 잠재적 위험요인에도 대비할 수 있도록 설계되어야 한다. 이처럼 네트워크 연계 속에서 위험요인에 대한 기존의 대응 방식의 적합성을 평가하고 위기 상황에서 신속하게 회복할 수 있는 복원력을 갖추기 위해서는 거시적 맥락에서 이슈의 체계적 결합도 및 인과적 복잡성을 종합적으로 고려하여 각각의 이슈 영역에 적합한 최적의 접근을 모색하여 대응하는 메타거버넌스가 필요하다(김상배, 2016).

(1) 적합성

적합성fitness의 측면에서 신흥안보에 대한 군의 대응역량 강화는 기존의 재난·재해에 대한 군의 지원역량과 제도를 종합적으로 재평가하고, 새롭게 등장하는 위험요인과 사회적 변수들을 고려한 정책을 만드는 것을 의미한다. 이와 관련하여 다음과 같은 측면에서 신흥안보 위협에 대한 군의 적합성을 높이려는 노력이 필요하다.

첫째, 신흥안보 위협에 대응하기 위한 군의 역할에 대한 개념이 확고하게 정립되어야 한다. 비록 신흥안보 위험요인이 국가와 사회의 기본 시스템에 심대한 영향을 미쳐 국가안보를 침해할 수 있는 잠재성을 가지고 있다 하더라도 군이 민간의 영역에 함부로 개입하거나 무조건 민간에 우선할 수는 없다. 하지만 이슈 고유의 성격이나 위협 발생의 속도에 따라 군이 선제적으로 투입되어 위험요인이 실제 안보위협으로 커지지 않도록 창발의 연결고리를 끊거나 그 범위와 충격을 완화할 수 있다면, 이에 대한 국민적 동의를 바탕으로 군이 선제적인 역할을 할 수 있도록 해야 한다. 따라서 신흥안보 위협에 군이 투입되고 민간과 협력할 수 있는 상황, 시기, 규모, 수준 등에 관한 내용을 군과 민간이 함께 논의·연구하고 법률로 구체화할 필요가 있다. 이러한 요구에 부응하여 2020년 국방부는 '비전통 위협 국방 대응체제 발전 추진 계획'을 수립한 바 있다. 그러나 신흥안보의 특성상 예측하지 못한 위험요인이 새롭게 등장하고, 새로운 대응 수단과 기술 또한 개발되고 있기 때문에 이러한 변화를 반영할 수 있도록 계획 수립에 그치지 않고 지속적인 진단과 평가, 보완이 뒤따라야 한다.

둘째, 신흥안보 위험요인에 대한 군의 역할 형태와 방식이 체계화되어야 한다. 위험요인의 성격에 따라 군의 역할과 기능이 필요하다고 인정된다고 하더라도 무작정 군이 지원작전을 전개할 수는 없다. 신흥안보 위협에 대한 대응은 군 본연의 임무인 군사안보에 부담이 되지 않는 범위에서 이루어져야 하고, 실제로 신흥안보 위험요인을 관리할 수 있는 장비, 훈련 등의 역량을 갖춘 부대가 해당 임무를 맡아야 한다. 코로나19 팬데믹을 계기로 군이 국방신속지원단을 편성하고 유사시 신흥안보 위험요인에 대응하는 군의 활동의 대상과 범위를 정한 이유가 여기에 있다. 이를 통해 지휘계통을 명확화하고 활동의 지리적 범위를 구분하여 보다 신속하게 대응할 수 있도록 했다. 하지만 제도적 형식을 갖추는 것뿐만 아니라, 실질적으로 신속한 대응을 이루는 데 필요한 병력, 장비, 예산을 포함한 인적·물적 자원을 확보하고, 충분한 훈련과 교육을 수행하는 등 임무와 과업의 수행체계를 발전시키기 위한 후속 조치도 이루어져야 한다.

셋째, 글로벌 신흥안보 위협에 대한 군의 대응은 국내 차원에만 머무는 것이 아니라 국제 차원에서도 전개될 수 있어야 한다. 한국은 경제성장과 민주화의 모범국가로서 국제사회에 대한 공헌을 확대하고 있다. 그동안 우리 군은 세계 여러 지역에 파병되어 분쟁의 예방과 확산 방지를 위한 평화유지활동PKO을 벌이고, 국가 재건을 지원하며, 위험 해역에서의 호송 임무를 수행해 왔다. 한국의 국제적 위상이 높아짐에 따라 국제분쟁과 재난 상황에 한국의 참여를 요청하는 수요가 증가하면서 앞으로 우리 군의 국제적 활동은 더욱 빈번해질 전망이다. 향후 해외파병 한국군은 군사 문제에 관한 역할뿐만 아니라, 감염병, 거주환경 오염, 난민 급증 등의 문제가 신흥안보 위협으로 창발하는 것을 억제하고, 이러한 문제가 군사안보 차원에서의 새로운 국제전 혹은 내전의 원인이 되지 않도록 관리하는 임무를 수행하게 될 것이다. 이를 위해서는 해외에서의 신흥안보 위협에 대한 우리 군의 역량과 태세를 정확하게 파악하는 한편, 현지 상황에 적합한 작전이 수행될 수 있도록 하는 제도와 자원을 갖추어야 한다. 그리고 현지의 정치·문화·사회에 대한 이해를 높이기 위한 지속적인 학습과 분석이 필요하다. 아울러 사이버, 환경, 보건 등 신흥안보 이슈가 지정학적 안보위협으로 창발하는 것을 예방하고 관리하기 위해 주변국 및 우방국 군과의 협력적 공조체계를 평상시에 잘 구축하는 군사외교도 매우 중요하다. 아프가니스탄에서 이루어진 미라클 작전이 성공한 데에는 그동안 현지에서 구축해 온 미국 등 우방국 군대 및 외교단과의 신뢰적 협력관계가 큰 도움이 되었다. 보건, 환경, 사이버 분야에서도 이러한 군사외교가 보다 적극적으로 진행되어야 한다.

(2) **복원력**

복원력resilience 측면에서 신흥안보에 대한 군의 대응역량 강화는 피해를 최소화하고 사회적 기능을 다시 정상화하는 데에만 그치는 것이 아니라, 미래의 'X' 이벤트 위협에도 대비할 수 있는 전방위적 체계를 구축하는 것을 의미한다. 이와 관련하여 다음과 같은 측면에서의 검토가 필요하다.

첫째, 신흥안보 위협에 의한 피해 복구에 군이 신속하게 대응하는 체계를 갖추어야 한다. 사이버 공격에 의한 전기, 석유, 물 공급의 중단이나 화학시설 파괴에 의한 유독물질 유출과 같은 신흥안보 위기가 발생하여 군의 지원이 요청되는 경우, 투입되는 병력과 장비 등이 얼마나 신속하게 준비될 수 있느냐가 매우 중요하다. 그런 점에서 코로나19를 계기로 국방부가 국방신속지원단을 운영하기로 한 것은 의미 있는 결정으로 평가된다. 이러한 새로운 제도를 올바르게 정착시키고 실질적인 성과를 거두기 위해서는 관련된 법령의 보완, 피해 복구에 즉시 투입 가능한 각종 장비의 도입 및 운용에 필요한 예산편성, 병력의 효율적 배치 등과 같은 후속 조치들까지도 세심하게 마련되어야 한다.

둘째, 신속 지원을 통한 피해 복구와 미래 위협에 대한 대비가 효과적으로 이루어지기 위해서는 병력과 장비와 같은 하드웨어 차원의 대비뿐만 아니라 신속 지원 매뉴얼, 전문적 교육·훈련 프로그램, 유관 기관과의 소통체계 구축 등 소프트웨어 차원의 준비도 함께 이루어져야 한다. 특히 다양한 신흥안보 위험요인에 대한 연구와 학습 및 사례 분석을 통해 신속하고 효과적으로 피해를 복구하고 미래 위험요인 확산을 차단할 수 있는 방법을 강구하여 이를 학습하고 훈련하는 프로그램이 갖추어져야 한다. 예를 들어 신종 감염병과 같은 보건안보 위협은 그 피해가 순식간에 넓은 지역으로 확산될 수 있기 때문에 초기에 신속한 방역이 이루어질 수 있도록 장비와 훈련이 사전에 준비되어야 한다. 또한 사이버안보에 관한 기술은 시시각각 새롭게 발전하기 때문에 꾸준히 기술 트렌드를 살펴보고 새로운 기술을 학습해야 한다. 아울러 난민안보 이슈에 대응하기 위해서는 해외의 정치적·군사적 동향에 대한 지속적인 분석이 이루어져야 한다.

셋째, 다양한 위기관리체계를 상호연계하고 각종 행위 주체들의 일관적인 대응이 이루어질 수 있도록 만드는 통합대응체계가 구축되어야 한다. 기존의 위기관리체계는 재난이나 테러와 같이 위험요인에 따라 별도의 대응체계, 조직, 법령 등으로 구성되어 있다. 하지만 복잡하고 중층적인 네트워크 연계 속에서 창발되는 신흥안보 위협에 대응하기 위해서는 위기관리체계 역시 네트워크 연계를 고려한 접근으로 구축되어야 한다. 따라서 분절적인 위기관리체계를 통합하여 총괄적이고 지속적인 대응이 가능하도록 만드는 것이 바람직하다. 특히 신흥안보 위협은 군과 민간, 중앙과 지방, 공公과 사私와 같은 영역을 엄격히 구분하여 대응하기가 매우 어렵다. 따라서 특정 영역 위협에 대한 피해 복구가 이루어졌다고 하더라도 위험요인이 다른 영역으로 전이되는 것에 소홀할 경우 또 다른 미래 위협의 원인이 될 수 있다. 그러므로 통합대응체계 구축을 위해서는 이러한 회색지대에서의 대응이 원활이 이루어질 수 있도록 관련 주체들 사이의 유기적인 네트워크가 함께 수반되어야 한다.

(3) 신흥안보 대응을 위한 민군 종합적 접근

앞서 언급한 것처럼 신흥안보 위협의 상당수는 비군사적 성격의 요인으로부터 비롯되기 때문에 이미 민간 영역에서 이를 다루기 위한 기본적인 제도와 방법이 구비되어 있는 경우가 많다. 예를 들어 생화학 물질 유출과 같은 보건안보 위험요인이 등장할 경우 일차적인 대응은 당연히 질병관리청과 해당 지역 보건기관이 담당하게 된다. 하지만 그러한 위험요인에 신속하고 효과적으로 대응할 수 있는 장비, 수단, 인력 가운데에는 민간이 보유하고 있지 않거나 민간에는 부족한 경우가 있다. 가령 제독 키트, 방독면 같은 장비와 이를 다룰 수 있는 전문 인력이 민간에는 크게 부족하다. 따라서 이 경우, 군의 화생방 대응부대가 신속히 투입될 필요가 있다. 또는 아프가니스탄 미라클 작전과 같이 해외 교민·난민 구출이 필요한 경우 군용기의 투입은 절대적으로 필요하다. 그밖에도 민간의 접근이 어려운 지역이나 환경에서 군이 보유한 드론이나 야간투시경과 같은 군용 장비가 필요한 경우도 있다.

신흥안보 대응을 위한 민간의 대응체계와 군의 대응체계가 서로 별도로 조직되어 있기 때문에 상황인식을 공유하고, 장비와 인력 투입의 방식과 규모를 조율하며, 지휘계통과 책임의 범위를 명료하게 만들 필요가 있다. 이를 위해서는 군의 내부 조직들 사이의 연계 시스템뿐만 아니라 군과 정부 부처, 지방자치단체, 국가 기간시설, 주요 언론사 등을 연결하여 신속한 의사소통이 가능한 메커니즘이 구축되어야 한다. 또한 군이 가진 인력과 장비, 그리고 축적된 노하우가 민간을 위해 사용되는 경우 국방태세와 군사보안을 해치지 않는 한도 내에서 이러한 지원과 투입이 이루어져야 하기 때문에 수시로 이를 검토하고 평가할 수 있는 시스템과 제도가 수반되어야 한다. 특히 신흥안보에 대한 군의 역할은 단순 재해·재난에 대한 군의 대민 지원 차원을 넘어서는 것이기 때문에 보안이 필요한 군사적 장비, 시설, 인력의 활용이 필요할 경우 민간과의 협력 수준이나 언론 공개 범위를 어떻게 규정할 것인지에 대한 충분한 사전 논의가 필요하다. 이러한 이유에서 신흥안보 대응은 메타거버넌스의 관점에서 군의 영역과 민간 영역을 종합적으로 조망하면서 전개되어야 한다.

신흥안보에 대한 민군 협력체계는 군이 제도를 정비하고 역량을 키우는 것만으로 완성되는 것이 아니다. 군뿐만 아니라 민간도 현행 제도와 대응태세의 전반적인 역량을 진단하고 개선점을 파악하는 한편, 신흥안보 위협에 대응하기 위해 군과 협력하는 경우, 군과의 관계를 어떻게 설정할 것인지에 대한 사전 준비를 벌여야 한다. 예를 들어 중앙정부와 지방정부, 그리고 각급 방재당국, 보건당국, 사고대책본부 등 다양한 민간 영역의 기관들도 유사시 어떻게 군과 연락을 취해야 하고 군의 어떤 부대 혹은 부서와 의사소통을 해야 하는지에 대해 충분히 인지하고 사전 학습과 훈련을 벌여야 한다. 이를 위해 정기적인 민군 합동훈련이나 시뮬레이션을 통해 신속한 대응태세를 갖추고 문제점을 파악하여 개선할 수 있는 민군 연계 메커니즘을 구축하여 발전시켜야 한다. 여기에는 통신망 구축, 교육훈련체계 마련, 각종 관련 법령 정비, 체계적 분석 및 연구 인력 보강, 예산 소요 평가 등의 활동도 포함된다.

5. 맺음말

2000년 1월 미국의 고어 부통령은 유엔 안전보장이사회 기조연설을 통해 에이즈HIV/AIDS와 같은 신종 감염병을 시급히 국제적인 안보 의제로 다루어야 한다고 주장했다(The White House, Office of the Vice President, 2000). 그로부터 20년이 지나 인류는 코로나19 팬데믹을 경험하면서 그의 주장이 틀리지 않았음을 확인했다. 감염병뿐만 아니라 바이오 테러, 환경오염, 에너지 위기, 사이버 공격, 난민 문제 등 신흥안보 이슈는 복잡한 행위자·이슈 네트워크를 거치면서 거시적 안보위협으로 창발할 수 있다. 이러한 이슈들은 대부분 비군사적 성격으로 시작되기 때문에 먼저 민간 영역에서 다루어진다. 하지만 창발의 규모와 속도가 민간 영역에서 감당할 수 있는 수준을 넘어서면 국가와 사회 전체의 위기를 초래할 수 있기 때문에 국가방위를 책임지는 군도 신흥안보 위협에 대응하는 역량을 갖추어야 한다.

미국, 유럽 등 주요국에서 군은 이러한 신흥안보 위협에 신속하고 효과적으로 대응하기 위한 여러 가지 방안을 강구하고 있다. 이슈의 성격에 따라 정도의 차이는 있지만, 주요국들은 신흥안보 위협을 군사안보 못지않은 중요한 사안으로 간주하여 효과적인 대응을 위해 법과 제도를 개선하고, 관련 기술을 개발하며, 동맹 및 파트너 국가와의 협력을 강화하고 있다. 특히 사이버안보 분야에서 군의 역할과 군사협력은 주목할 만하다. 보건안보 분야에서도 코로나19 팬데믹 대응에서 나타난 문제점을 개선하기 위한 작업이 주요국의 군에서 진행 중이며, 난민·이민 문제를 비롯해 불법 마약 문제에서도 주요국 군의 적극적인 참여와 활동이 전개되고 있다. 환경안보 분야에서 군의 역할은 군사안보의 특성상 사이버안보나 보건안보에 비해 제한적이지만 군사 장비 및 시설의 에너지 효율성 증대와 탄소배출 저감 목표를 설정하는 한편, 민간과의 공동 기술개발을 통해 국방력 증대 및 국가의 기술경쟁력 증진이라는 시너지 효과를 거두기 위한 노력을 벌이고 있다.

우리 군도 코로나19 팬데믹 상황에서 군 보건인력의 신속한 투입이나, 북한의 사이버 공격에 대한 우방국과의 유기적 대응, 아프간 난민 구출을 위한 군사작전 등 여러 가지 신흥안보 위험요인에 신속하게 대응하고 적지 않은 성과를 거두었다. 또한 최근 신흥안보 위협에 군이 더욱 효과적으로 대응하기 위해 국가위기 관리시스템을 개선하여 군의 역할에 대한 법적·제도적 근거를 확고하게 수립하고, 국방신속대응단을 구성하여 더욱 신속하고 효과적인 군의 투입이 가능하게끔 역량을 제고하는 노력을 벌이고 있다. 이러한 노력으로 미래국방에서 신흥안보 위협에 대한 군의 대응역량은 더욱 강화될 것이다. 그럼에도 불구하고 신흥안보 개념에 대한 인식이 낮아서 현장에서는 신흥안보 대응을 단순히 기존의 대민 지원 작전의 연장선에서 이해하고 형식적인 조치만 취하는 경우가 있다.

신흥안보 이슈는 민과 군의 구분이 모호하고, 안보적 창발의 방향과 속도를 예측하기 어렵기 때문에 획일적인 대응이 곤란하다. 이러한 특징을 고려하여 우리 군의 신흥안보 대응역량을 보다 강화하기 위해서는 각각의 이슈 영역에서의 민간 및 군의 대응 방식과 체계를 종합적인 관점에서 바라볼 수 있는 메타거버넌스 차원의 접근이 요구된다. 우선 적합성 차원에서 신흥안보 대응을 위한 군의 역할과 위상이 보다 명확하게 설정되고, 민간과의 협력의 범위와 수준, 군 투입의 시간과 장소 등에 대한 제도적 장치가 보다 발전되어야 하며, 신흥안보 위협 대응을 위한 우방국과의 협력과 공조 체계를 강화해야 한다. 이어 복원력 차원에서 신흥안보 위협에 대한 신속한 대응뿐만 아니라 미래에 발생 가능한 위험요인에 대한 대응도 함께 마련할 필요가 있다.

마지막으로 반드시 언급해야 할 점은 미래국방에 관한 논의에서 신흥안보 패러다임의 등장이 군의 본질적 역할과 기능을 부정하거나 대체하는 것은 아니라는 사실이다. 국가의 영토와 이익을 수호하고, 국민의 생명과 재산을 지키는 군 본연의 임무는 앞으로도 변함이 없을 것이다. 다만 사회의 다양한 행위자와 이슈가 복잡하게 연결된 네트워크 시대에 신흥안보 이슈가 군사안보에 점점 더 많은 영향을 미치고, 그 경계도 점점 더 흐려지고 있음도 사실이다. 실제로 2022년 우크라이나 전쟁에서는 군사력의 사용뿐만 아니라 소셜 미디어 정보 교류와 국제 해킹 집단의 사이버 공격이 우크라이나와 러시아 주민들에 대한 심리전 효과를 낳았으며, 대규모 난민이 발생하고 이들이 어렵게 탈출하는 모습은 많은 사람의 동정을 불러일으켜 우크라이나에 우호적인 국제적 여론 형성에 영향을 미쳤다. 이러한 현상은 비록 비군사적인 성격을 가지지만 교전 당사국뿐만 아니라 다른 나라의 국방정책과 행동에 적지 않은 영향을 미쳤다. 이런 맥락에서 미래국방에 대비하는 군은 전통적인 군사안보 역량을 굳건히 하는 동시에 신흥안보 위협에 대해서도 효과적으로 대응할 수 있는 역량을 배양해야 한다.

강소영·심송보. 2021. 「탄소중립사회로 전환 대비, 우리 군은 무엇을 준비해야 하나」. ≪국방논단≫, 제1868호(21-36).

김상배. 2016. 「신흥안보와 메타거버넌스: 새로운 안보 패러다임의 이론적 이해」. ≪한국정치학회보≫, 제50권 1호, 75~104쪽.

_____. 2017. 「신흥안보의 복합지정학과 한반도: 이론적 논의」. 김상배·신범식 공편. 『한반도 신흥안보의 세계정치: 복합지정학의 시각』. 사회평론아카데미.

≪동아일보≫. 2021.7.24. "청해부대에 항원키트 대신 항체키트만 1900개 챙겨준 해군."

민병원. 2012. 「21세기의 복합안보: 개념과 이론에 대한 성찰」. 하영선·김상배 공편. 『복합세계정치론: 전략과 원리, 그리고 새로운 질서』. 한울엠플러스.

≪투데이에너지≫. 2009.4.27. "군부대 탄소관리시스템 개발 – 국방부·환경부 육군55사단 시범적용."

防衛省·自衛隊. 2021. 『防衛白書: 日本の防衛』.

Akaha, Tsuneo. 1991. "Japan's Comprehensive Security Policy: A New East Asian Environment." *Asian Survey*, Vol.31, No.4, pp.324~340.

Baezner, Marie and Patrice Robin. 2018. *Cyber Sovereignty and Data Sovereignty*. Version 2. Center for Strategic Studies(CSS) Report(Zurich).

Barry, Ben. 2021. “UK to Adapt Military to Changing Climate, But Does It Have the Funds and Backing of Troops?” *Defense News*(August 9, 2021).

Beaver, Bill, Yong-Bee Lim, Christine Parthemore, and Andy Weber. 2021. “Key U.S. Initiatvives for Addressing Biological Threats Part 1: Bolstering the Chemical and Biological Defense Program.” *Briefer*(Council on Strategic Risks), No.16(April 6, 2021).

Blinken, Antony J. 2021. “A Foreign Policy for the American People.” U.S. Department of State (March 3, 2021).

Booth, Ken. 1991. “Security and Emancipation.” *Review of International Studies*, Vol.17. No.4, pp.313~326.

Bricknell, Martin. 2022. “The NATO response to the COVID-19 pandemic – Interview with Brigadier Stefan Kowitz.” *Military Medicine*(January 18, 2022).

Buzan, Barry, and Ole Waever. 2003. *Regions and Powers: The Structure of International Security*. Cambridge: Cambridge University Press.

Buzan, Barry, Ole Waever and Jaap de Wilde. 1998. *Security: A New Framework for Analysis*. Boulder: Lynne Rienner.

Caballero-Anthony, Mely. 2016. “Understanding Non-traditional Security.” in Mely Caballero-Anthony(ed.). *An Introduction to Non-traditional Security Studies: A Transnational Approach*. London: Sage.

_____. 2017. “From Comprehensive Security to Regional Resilience: Coping with Nontraditional Security Challenges.” ASEAN@50. Vol.4. https://www.eria.org/ASEAN_at_50_4A.7_Caballero-Anthony_final.pdf

Conflict and Environment Observatory. 2021.6.15. “Did NATO Members Just Pledge to Reduce Their Military GHG Emissions?”

Defense News(UK). 2021.3.4. “British Military Aircraft Must Hit Net-zero Carbon Target by 2040, Says Air Force Chief.”

Executive Office of the President. 2021. “The Biden-Harris Administration's Statement of Drug Policy Priorities for Year One.”(April 1, 2021).

Holzmann, Anna. 2018. “China's battery industry is powering up for global competition.” MERICS(October 24, 2018). https://merics.org/en/analysis/chinas-battery-industry-powering-global-competition

Howard, Alan, and Brenda Shaffer. 2021. “The Hidden Dangers of a Carbon-Neutral Military.” *Foreign Policy*(August 12, 2021).

Hunter, Andrew, P. Gregory Sanders and Sevan Araz. 2021. “When Biosecurity is the Mission, the Bioeconomy Must Become Government's Strategic Partner.” *CSIS Briefs*(July 2021).

International Institute for Strategic Studies(IISS). 2021. *Cyber Capabilities and National Power: A Net Assessment*. London: IISS.

Jones, Wyn. 1999. *Security, Strategy and Critical Theory*. Boulder, CO: Lynne Rienner.

Lundquist, Edward. 2021. "NATO Learns Lessons from COVID-19 Crisis." *National Defense* (August 30, 2021).

Microsoft. 2020. *Microsoft Digital Defense Report*(September 2020).

Nikkei Asia. 2019.7.31. "China's solar panel makers top global field but challenges loom."

Office of the Director of National Intelligence. 2021. *Annual Threat Assessment of the US Intelligence Community*(April 9, 2021).

Rardtke, Kurt W. 2000. "Issues Affecting the Stability of the Region, in Particular That of Japan, East and Southeast Asia Viewed at the Regional Level." in Kurt W. Rardtke and Raymond Feddema(eds.). *Comprehensive Security in Asia*. Leiden, the Netherlands: Brill, pp.1~18.

REN21. 2021. *Renewables 2021 Global Status Report*. Paris: REN21 Statistics.

Reuters. 2021.9.28. "'Crazy': Britain puts army on standby as panic buying leaves petrol pumps dry."

Stedman, Stephen John and Fred Tenner. 2003. "Refugees as Resources in War." in Stephen John Stedman and Fred Tenner(eds.). *Refugee Manipulation: War, Politics, and the Abuse of Human Suffering*. Washington DC: Brookings Institution Press, pp.1~16.

Tadjbakhsh, Shahrbanou. 2013. "In Defense of the Broad View of Human Security." in Mary Martin and Taylor Owen(eds.). *Routledge Handbook of Human Security*. London: Routledge.

The White House, Office of the Vice President. 2000. "Remarks prepared for delivery by Vice President Al Gore, United Nations Security Council Opening Session."(10 January 2000).

UNDP. 1994. *Human Development Report 1994*. New York: UNDP,

Wall Street Journal. 2021.8.25. "Biden Says Cybersecurity Is the 'Core National Security Challenge' at CEO Summit."

제2부

미래국방의 국제정치적 동학

제4장 첨단 방위산업과 군사혁신의 정치경제
한국과 일본의 국가안보혁신기반 개혁과 동맹협력
_ 윤대엽

제5장 미래국방과 동맹외교의 국제정치
_ 정성철

제6장 '치명적 자율무기'를 둘러싼 국제협력과 국제규범화 전망
인공지능 군사무기는 국제정치 안보환경에 어떤 영향을 미칠 것인가?
_ 장기영

4 첨단 방위산업과 군사혁신의 정치경제

한국과 일본의 국가안보혁신기반 개혁과 동맹협력

윤대엽 | 대전대학교

1. 문제 제기

트럼프-시진핑 시기 미중경쟁이 본격화된 가운데 국가안보혁신기반National Security Innovation Base: NSIB 개혁이 통합적 안보전략으로 추진되고 있다. '국가안보혁신기반' 개념은 2018년 미국의 '국가안보전략NSS'에 처음 등장했다. 중국, 러시아 등 전략적 경쟁국에 대한 우위를 위해 미 국방부는 기존 군사기술과 방위산업기반defense industrial base 개념을 확장, 통합하여 '학계, 국립연구소, 민간부문 등 지식, 능력, 인적 네트워크 통해 아이디어를 혁신으로 바꾸고, 발견을 상업적인 제품과 기업으로 전환하여 미국인의 생활 방식과 이익을 보호하고 증진'하는 혁신목표를 제시했다(DoD, 2018). 민-관-산-학의 네트워크를 동원하여 '상업적인 제품'으로 전환하는 국가안보전략이 제시된 것은 민간부문이 주도하는 기술혁신이 군사경쟁에서 차지하는 중요성 때문이다(Lewis, 2021). 군가안보혁신기반 개념은 군사력 건설과 그 물적 기반이 방위산업에 국한되었던 인식에서 탈피하여 군사기술, 방위산업, 군사혁신에 관여하는 사회 전반의 혁신과 협력의 필요성을 강조한 것이다.

군사기술(T), 방위산업(I), 군사혁신(R)을 통합하여 추진하고 있는 국가안보혁신기반 개혁은 ① 경쟁, ② 협력, ③ 보호 등의 세 가지 전략으로 요약할 수 있다. 첫째, 기술혁신이 산업, 경제, 사회는 물론 안보에 미치는 파괴적·전환적 영향력이 확대됨에 따라 군사기술의 경쟁우위가 핵심과제로 부상했다. 신흥기술의 무기화weaponization of emerging technology를 위한 미국의 군사혁신 전략은 2015년 전후 세 번째로 추진되는 '제3차 상쇄전략'을 통해 구체화되었다(O'Hanlon, 2018; Chin, 2019). 제3차 상쇄전략은 인공지능을 활용한 학습기계learning machine, 인간-기계의 협동과 보조, 전투조합, 자율무기autonomous weapon 등을 핵심으로 한 기술주도의 군사혁신 전략이다. 트럼프 행정부에 이어 바이든 행정부 역시 초당적인 합의로 '미국혁신경쟁법'을 제정하고, 첨단기술의 연구개발 및 외교, 군사, 경제 등에서의 경쟁우위를 위해 향후 5년간 2000억 달러를 투자하는 경쟁전략을 가결했다. 둘째, 국가안보를 위해 필수적인 기술혁신이 민간부문과 글로벌 공급망에 의존하고 있다는 점에서 다층적인 협력도 중요해졌다. 미 국방부는 민군협력을 위해 2016년 10월 MD5를 처음 설립했고, 2019년에는 이를 국가안보혁신네트워크NSIN로 개편하여 17개 지역에 지역사무소를 설치하여 71개 대학과 협력하고 있다(NSIN, 2021). 군사기술의 연구개발 및 방산 공급망의 안보와 지속 가능성을 위해 동맹과의 협력도 중요한 과제로 추진되고 있다. 셋째, 기술과 산업의 보호를 위한 전략경쟁도 본격화되고 있다. 트럼프 정부 시기 쟁점화 된 비전통 산업스파이non-traditional espionage와 방위산업 공급망 문제는 군사기술을 보호하고 방위산업의 상호의존을 관리함으로써 전략적 취약성을 관리하기 위한 것이다.

미중과 세계 각국의 기술주도 군사혁신 경쟁이 본격화된 가운데 한국과 일본 역시 군사기술, 방위산업, 군사혁신을 포괄하는 개혁을 추진하고 있다. 한국은 2006년 국방개혁 및 연구개발, 국방획득 관련 법제를 개정하고 포괄적인 국가안보혁신기반 개혁을 추진하고 있다. 아베 내각 이후 일본 역시 '동적 방위력'(2013), '다차원 통합방위력'(2018) 등 전후 일본의 방위전략을 전면 개정하는 한편, '무기수출3원칙'을 폐지하고 군사기술 연구와 방위산업 육성을 총괄하는 방위장비청을 신설하는 등 포괄적인 국가안보혁신기반의 개혁을 추진하고 있다.

기술주도 군사혁신의 쟁점은 미래 전장을 획기적으로 전환시키는 군사기술이 무엇인가 하는 점이며(O'Hanlon, 2018) 그리고 군사기술 혁신에서 국가의 역할이 핵심 쟁점이 되어왔다(Chin, 2019). 또, 민간부문이 주도하는 군사기술 혁신에서 다국적인 협력(Horowitz, 2020; 김상배, 2019)이나 민군civil-military협력 체계 변화(Brooks, 2021) 역시 4차 산업혁명 기술의 무기화에서 핵심 쟁점이다. 군사기술, 국가역할, 다자협력 등 전통적 기술주도 군사혁신이 주목했던 쟁점에 더해 한·일의 국가안보혁신기반 개혁의 핵심 쟁점은 동맹협력이다. 2절에서 세부적으로 검토하는 바와 같이 전후 한국과 일본의 안보전략에서 미국은 지배적인 위치에 있었다. 군사기술과 방위산업도 예외가 아니다. 미국과의 중심-바큇살 동맹체제Hub and Spoke Alliance system에서 한일의 전후 군사기술과 방위산업은 동맹협력에 의존했다. 비대칭 동맹체제에서 한국과 일본의 군사전략과 국가안보혁신기반은 전략적·운용적·작전적 상호운용성interoperability에 구속되어 있었다. 그런데 한일이 미중경쟁, 중국문제, 그리고 핵무장한 북핵위협 등에 대응하여 추진하는 국가안보혁신기반 개혁이 동맹협력에서 변화를 초래하면서 비교적인 쟁점이 제기되고 있다.

한국과 일본이 군사기술 혁신, 방위산업 육성과 군사부문혁신을 연계하여 추진하는 국가안보혁신기반 개혁은 동맹협력에 어떤 변화를 초래하고 있는가? 한일의 국가안보혁신기반 개혁은 미국에 대한 동맹의존을 탈중심화decentering 하고 있는가? 한일의 국가안보혁신기반 개혁과 동맹협력이 신흥기술의 무기화를 위한 군사혁신에 어떤 비교적인 함의를 제공하는가?

본 연구는 한국과 일본의 국가안보혁신기반 개혁과 동맹협력의 관계를 역사적·비교적 시각에서 분석하고 정책적인 함의를 도출한다. 본 연구에서 검토하는 핵심 쟁점은 크게 세 가지다. 첫째, 군사기술, 방위산업, 군사혁신을 포괄하여 추진되는 한일의 국가안보혁신기반 개혁은 공통적으로 동맹협력의 탈중심화를 수반하고 있다. 둘째, 국가안보혁신기반 개혁과 동맹협력의 탈중심화하는 성격에는 차이가 있다. 한국의 국가안보혁신기반 개혁은 동맹의존을 축소하고 군사기술과 방위산업의 자주적인 역량을 강화하는 방향에서 추진되고 있다. 반면 일본의 경우 동맹협력의 확대와 함께 미국 동맹국US Allies과의 다자협력을 통해 집단적 결속collective binding을 강화하고 있다. 이와 같은 논의에 기반하여 5절에서는 국가안보혁신기반 개혁과 동맹협력의 정책적 함의를 기술적·군사적·전략적 측면에서 검토한다.

2. 국가안보혁신기반과 동맹협력: 접근시각

국가안보혁신기반 전략은 전통적 군사기술혁신MTR, 방위산업혁신DIR을 군사부문혁신RMA과 연계하여 포괄적·통합적 혁신목표로 확장한 것이다. 2018년 미국의 「국방전략서NDS」에는 군사적인 우위에 필수적인 국가안보혁신기반의 혁신과 보호를 위해 군사기술 연구개발과 방위산업의 보호·육성을 위한 장기 전략과 동맹협력을 강화하는 목표가 명시되었다(DoD, 2018). 백악관 역시 2020년 미국의 안보우위를 위한 20개 핵심 유망 기술을 선정하고, 국가안보혁신기반 구축을 위해 정부를 비롯해 동맹국과의 협력과제를 제시했다(The White House, 2020). 트럼프 행정부 이후 미국이 군사기술의 변화를 수용하여 지휘, 전력, 부대 및 병력 구조를 혁신하는 전통적 군사혁신에서 탈피하여, 기술-산업-혁신을 포괄하는 국가안보혁신기반 전략을 추진하고 있는 것은 첨단기술의 연구개발과 방위산업 육성이 군사적인 우위에 있어서 무엇보다 중요한 과제로 부상했기 때문이다.

역사적으로 군사기술, 방위산업과 군사혁신에 있어 국가역할이 정립된 것은 핵 혁명nuclear revolution에 수반된 탈근대 전쟁 이후다(Gray, 1997; Chin, 2019). 핵 혁명이 초래한 공포와 억지균형의 과제는 기술, 산업, 전략을 통합하는 국가의 역할을 본질적으로 변화시켰다. 공멸이라는 실존적 위협에 대응하여 공격과 방어의 균형을 대체하여 상시화된 억지균형 전략이 필요하게 되었다(Jervis, 1989). 이를 위해서는 핵무기의 균형과 함께 적대국의 의도와 능력을 파악하기 위한 정보기술의 혁신이 무엇보다 우선되었다. 적대국의 기술적·전략적 우위를 압도하는 군사기술혁신이 무엇보다 중요해졌다. 이 때문에 미·소의 핵 경쟁은 상호확증파괴MAD라는 양적 균형에서 2차 공격능력, 탄도미사일방어BMD에서 우주공간의 군사화(예: 전략방어구상)를 거쳐 탄도미사일방어BMD 등의 경쟁으로 이어졌다.

핵 혁명 이후 기술, 산업, 전략 등의 군사혁신을 주도한 것은 미국이다. 전후 미국의 군사혁신 전략에는 네 차례의 전환점이 있었다. 1950년대 추진된 제1차 상쇄전략은 한국전쟁 이후 재래식 전쟁에 수반되는 물적 손실과 정치적 부담을 줄이고 소련의 핵 위협에 대응하는 핵 우위를 목표로 추진되었다. 소위 '아이젠하워 모델Eisenhower Model'은 U-2, 인공위성 등의 감시·정찰 자산과 핵 기술 등 국가주도의 군사기술-방위산업 혁신spin-away을 의미한다. 1970년대 제2차 상쇄전략이 추진된 것은 약소국과의 작은 전쟁small war에서의 실패 때문이었다. 베트남 전쟁에서 미국은 압도적 군사우위에도 불구하고 신속하게 전쟁을 종결시키지 못하는 경우, 정치적 지지와 경제적 자원을 동원하는 데 실패할 수 있음을 경험했다(Mack, 1975; Arreguin-Toft, 2001). 제2차 상쇄전략의 핵심 목표는 정밀타격무기와 합동지휘체계C4I의 혁신에 있었고, 이는 1980년대 공지전투 및 합동성 교리를 발전시키는 출발점이 되었다. 9·11테러 이후 럼스펠트 국방장관이 주도한 개혁Rumsfeld Reform은 사실상 2.5차 상쇄전략으로 간주할 수 있다. 기술적 대칭에 수반되는 비대칭 위협에 대응하는 정보혁신Revolution in Intelligence Affairs과 군사력의 전략적 유연성이 핵심 목표였다. 그리고 전략적 경쟁자인 중국과 러시아의 군사적 위협에 대응하기 위해 2015년부터 시작된

표 4-1 미국의 방위예산-무기이전-방위산업-연구개발 비중

구분	방위예산(1)		무기이전(2)		방위산업(3)		연구개발(4)	
	총액 (십 억$)	GDP 비중(%)	수출 (십 억$)	수입 (십 억$)	100대 (개)	매출액 (십 억$)	R&D 총액 (십 억$)	국방 R&D (십 억$)
전 세계	1,981	2.2%	195.4	195.4	100	442.4	-	68.3
미국	778	3.4%	153.3	5.0	48	266.0	657.5	55.4
비중(%)	39.2	-	78.4	3.1	48	60.1	29.9	81.2

자료: (1) SIPRI(2021) 참조, 2020년 현재, (2) Department of State(2019) 참조, 2017년 현재, (3) SIPRI(2019), 2018년 현재, (4) 연구개발: 전체 R&D, Sargent and Gallo(2021), 2019년 구매력(PPP)기준, 국방 R&D, Sargent(2020), 2017년 현재, 총액은 OECD R&D 총액.

제3차 상쇄전략은 ① 핵전력의 개선, ② 인공지능, 자율무기 등 첨단무기체계에 기반한 인간-기계의 협업을 목표로 군사전략-군사기술-방위산업을 연계한 군사혁신이 추진되고 있다. **표 4-1**에서 보는 바와 같이 미국은 군사기술 연구개발 및 방위산업에서 압도적인 비중을 차지하고 있다. 2020년 기준 국방 부문 연구개발비는 550억 달러로 81.2%를 차지하고, 세계 100대 방위산업 가운데 48개, 매출액의 60%, 그리고 세계 무기 수출 시장에서 78.4%를 점유하고 있다.

미국과의 동맹에 구속된 한국과 일본의 전후 국방정책과 군사혁신 역시 미국이 주도하는 군사혁신을 수용하고 학습한 결과다(Dibb, 1997; Tan, 2011). 태평양 전쟁을 치른 일본의 경우 한국과는 달리 방위산업 기반을 가지고 있었지만 헌법9조의 구속에 따라 자주적인 방위정책이 제약되었다. 비대칭 동맹에 수반되는 상호운용성의 구속은 다음과 같은 측면에서 한국과 일본의 작전적·운용적·기술적 군사전략을 포괄적으로 구속했다. 첫째, 전략적 상호운용성 측면에서 한국과 일본의 군사전략은 목표, 방법, 수단에서 미국과의 협력에 의존했다. 둘째, 이에 따라 한국과 일본은 군사작전 수행을 위한 제도, 교범, 훈련은 물론 정보 공유 등 작전적 상호운용성이 발전되었다. 셋째, 기술적 상호운

용성은 전략적·작전적 상호운용성의 목표이자 결과이다. 한국과 일본의 육해공군의 핵심 전력체계는 동맹의존 또는 협력을 통해 구축되어 왔다. 더구나 C4ISR에 기반하는 통합적 지휘통제체제가 발전하면서 정보자산-전투전력-지휘통제에 있어 동맹체제의 기술적 상호운용성이 심화되어 왔다. 상호운용성의 구속에서 미국의 군사혁신은 필연적으로 한국과 일본이 지휘체계system, 부대구조units 및 전력체계force 등 군사혁신을 수동적으로 수용하고 학습한 요인이 되었다.

1972년 미중 데탕트 이후 미국의 동아시아 병력이 감축되면서 한국의 자주국방, 일본의 자립방위 전략이 추진되었지만 동맹협력과 의존은 지속되었다. 미군 감축이 한국과 일본의 자립적인 방위전략을 촉발시킨 가운데, 미국은 대외군사판매FMS를 확대함으로써 동맹공약을 보완했다. 1970년 15억 달러에 불과했던 대외군사판매액은 1975년 120억 달러로 큰 폭으로 증가했다(Watts, 2008: 23). 탈냉전 이후 군사기술 혁신과 방위산업의 시장화가 결부되면서 '미국 주도 군사혁신'이 심화되었다. 1991년 걸프전에서 C4I에 기반한 합동전이 현실화되면서 동맹국은 물론 세계 각국의 군사혁신 경쟁을 촉발시켰다. 탈냉전 이후 방위산업의 구조조정과 시장화가 촉진되면서 세계 무기이전 규모는 냉전시기보다 큰 폭으로 확대되었다(Bitzinger, 1994; Mandel, 1998). 한편 한국과 일본이 세계경제에서 차지하는 위상과는 달리 방위산업 부문에서의 비중은 상대적으로 낮다. 한국과 일본의 무기 수입 비중은 월등이 높지만 비슷한 규모의 방위비를 지출하는 국가들에 비해 무기 수출이 차지하는 비중이 낮은 것은 한일의 동맹의존 구조를 대변한다. 한국의 경우 1970년부터 2000년까지 무기 수입의 98%가 미국에서 구매한 것이다(장은석, 2005: 12).

그런데, 2000년대 이후 한국과 일본은 공통적으로 국가안보혁신기반의 개혁을 추진하고 있다. 한국은 2006년 국방개혁의 목표와 정책수단, 정책기구를 명시한 국방개혁법을 제정하고 군사기술, 방위산업, 국방개혁을 포괄하는 개혁을 추진하고 있다. 이에 따라 국방 연구개발 예산이 큰 폭으로 증액되었고,

2006년에는 연구개발, 방위산업, 국방획득을 총괄하는 방위사업청을 신설하는 등 국방획득체계를 개편했다. 일본의 국가안보혁신기반 개혁이 본격화된 것은 2012년 아베 내각 출범 이후다. 방위전략 개념, 헌법 해석 개헌 등 전후 구속을 변경한 아베 내각은 2014년 군사기술 연구과 방위산업 정책을 제한했던 '무기수출3원칙'을 폐지하고 2015년에는 방위장비청을 개청했다. 한일의 국가안보혁신기반 개혁은 ① 군사기술의 혁신, ② 방위산업의 육성과 함께, ③ 신흥기술의 무기화에 필수적인 민군협력을 강화하는 것을 목표로 하고 있다. 이를 위해 방위사업청, 방위장비청 등 연구개발, 방위산업 등 국방획득을 총괄하는 정책기구를 신설하는 한편, 군사기술의 민-관-산-학 협력, 방산 수출 등 방위산업의 시장화marketization of defense industry를 추진하고 있다(Sasaki and Aslow, 2020).

군사전략, 군사기술, 군사혁신 등 포괄적인 국가안보혁신기반 개혁에 따라 동맹협력의 탈중심화가 진행되고 있는 것도 공통적이다. 동맹협력의 탈중심화decentering란 자립적 능력을 강화하거나 다른 파트너와의 협력을 구축함으로써 중심국에 대한 의존을 축소하는 과정을 의미한다(Midford, 2018: 409). 그러나 탈중심화가 동맹협력의 약화 또는 축소를 의미하지는 않는다. 탈중심화는 한편으로 동맹협력의 약화를 수반할 수 있지만, 반대로 동맹협력을 강화 또는 다각화diversifying하는 의미도 있다. 한일이 추진하고 있는 동맹협력의 탈중심화는 전략적·군사적·기술적 측면에서 설명할 수 있다. 전략적 측면에서 탈냉전 이후 한일 양국은 미국 이외 국가와의 안보 대화, 군사 교류, 공동 훈련을 통해 자주적인 역할을 확대했다. 한국이 전작권 전환을 추진하고 있는 것은 비대칭적 동맹의존을 개선하려는 것이다. 아베 내각 이후 방위규범의 변화는 더욱더 명시적이다. 아베 내각은 전후 일본열도에 국한되었던 '전수방위專守防衛' 규범을 동적방위력(2013), 통합적 기동방위력(2018)으로 변경하고 집단적 자위권의 해석 변경을 통해 주변국과 국제분쟁에 대한 군사적 관여와 역할을 확대했다. 그리고 기술적 측면에서 한국과 일본은 미국과의 동맹협력에 의존했던

그림 4-1 동맹협력과 한일의 국가안보혁신기반

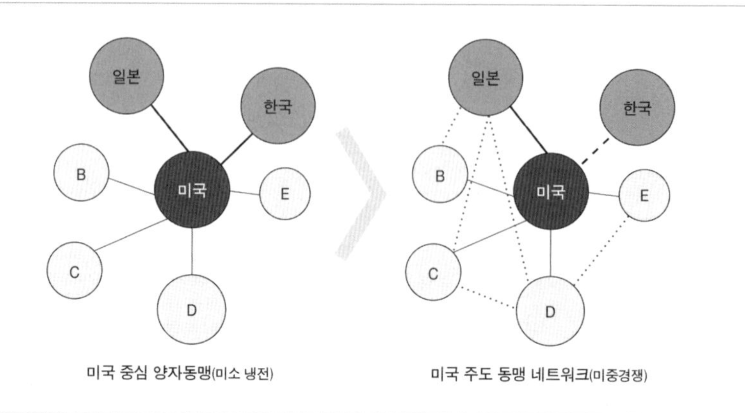

자료: 저자 작성.

첨단 군사기술의 연구개발과 방위산업의 자주적인 혁신역량을 강화하고 있다. 그러나 한국과 일본이 추진하는 국가안보혁신기반 개혁에서 동맹협력의 탈중심화의 성격은 **그림 4-1**에서 보는 바와 같이 상이하다.

그림 4-1의 좌측은 미소 냉전 시기 미국 중심 양자동맹 모델이다. 전후 한일 양국의 군사기술, 방위산업은 물론 군사전략은 미국과의 동맹협력에 의존했다. **그림 4-1**의 우측은 미국이 주도하는 동맹 네트워크 모델이다. 미국이 주도하는 동맹 네트워크는 지속되고 있지만 미국 중심성이 축소되는 탈중심화를 특징으로 한다. 일본은 미국과의 동맹협력 이외에 영국, 이탈리아, 호주 등 미국 동맹국과의 군사기술, 방위산업은 물론 군사협력 등 다각적인 안보 파트너십을 통해 자국의 안보전략에서 미국 중심성의 변화를 추진하고 있다. 반면 한국은 미국에 대한 일방적인 의존을 축소하는 방향에서 동맹협력의 탈중심화가 추진되고 있다. 한국과 일본의 안보전략에서 미국 중심성이 축소되고 있다는 점에서는 공통적이지만, 일본의 탈중심화가 집단적 결속collective binding을 통해 동맹협력을 다각화하는 것이라면, 한국의 탈중심화는 군사기술과 방위산업의 자주적인 역량을 강화하는 방향에서 추진되고 있다는 점에 차이가 있다. 3절

에서는 한국과 일본의 국가안보혁신기반 개혁에서 동맹협력의 변화를 각각 비교하여 세부적으로 검토한다.

3. 일본의 국가안보혁신기반 개혁과 동맹협력

헌법9조, 미일동맹, 반군사주의에 구속되었던 전후 일본의 안보전략은 탈냉전 이후 자주적인 안보규범과 역할을 모색해 왔다(Green and Cronin, 1999; Samuels, 2019). 탈냉전 이후 평화국가, 국제주의, 보통국가 등 국제질서 변화에 따른 국가정체성의 문제가 정치화되었다. 국가정체성 논의의 본질은 헌법9조와 안보위협에 대한 인식이었다(박철희, 2004; 이정환, 2014). 1990년대 시작된 북핵 문제와 9·11테러를 계기로 고이즈미 내각은 전후 안보전략의 전면적인 재검토를 시작했다(윤대엽, 2021). 보통국가로서의 주권 문제와 포괄적인 국가안보의 문제가 안보 문제로 인식되는 가운데, 1993년 선거법이 개정되면서 안보 문제의 정치화가 촉진되었다(Catalinac, 2016). 고이즈미 내각 출범 이후 구조화된 일본 정치의 보수우경화는 영토분쟁, 테러 위협 그리고 북핵과 같은 대량살상무기 위협 등의 안보환경 변화에 대응하는 전후 안보개혁의 정치적 배경이 되었다.

전후 일본의 국가안보혁신기반 개혁에는 두 번의 역사적 전환점이 있었다. 1976년 등장한 '기반적 방위력'이라는 방위규범은 미국의 동아태 전략의 변화에 대응하는 방위전략이었다. 1969년 닉슨독트린 및 1972년 미중 데탕트에 이어진 주일미군 및 동아시아 주둔 미군의 감축[1]으로 방위전략의 '76년 체제'가 구축되었다. '기반적 방위력'의 핵심 목표는 전수방위에 필요한 최소방위력을

1 1970년대 초반 8만 2264명이었던 주일 미군은 1972년 5만 6000명, 1980년 4만 6000명으로 감축되었다.

구축해 일본이 동아시아의 전략적 공백이 되지 않는 것이다(中島, 2005). 전수방위 목표에 따라 실시된 제4차 방위력 정비계획(1972~1976)은 방위장비의 국산화 목표가 이전 50%에서 80%로 높아졌고, 군사기술 연구개발비도 이전의 480억 엔(전체 예산의 1.8%)에서 1750억 엔(전체 예산의 3.5%)로 대폭 증가되었다(김진기, 2008: 131~133). 그러나 기반적 방위전략은 미국의 증원군이 도착할 때까지 침공을 방어하는 것으로, 미국에 대한 일본의 의존을 성문화한 것이다(Sebata, 2010: 107). 1970년대 후반 소련이 태평양 함대 전력을 증강하면서 안보위협이 고조되었다(Lind, 2016; Smith, 1999). 소련의 전력 증강에 일본은 전력증강과 미일동맹 협력으로 대응했다. 방위력을 증강하기 위해 일본은 1978년부터 F-15 전투기, E-2C 등의 항공기, 100대의 P-3C 해상초계기, 요시오급 디젤잠수함 획득 사업을 추진했다. 그리고 1978년 미일안보지침을 개정해 서류상의 동맹에서 작전적·전술적 협력을 강화했다. 미일방위지침에 따라 전후 일본 본토에 국한되었던 미일동맹의 대상 영역을 '동아시아의 평화와 안정' 영역으로 확대했다.

1970년대 미국의 동아시아 전략 변화가 촉발시킨 일본의 전력 증강은 평화헌법의 구속에도 불구하고 군사력을 증강해야 하는 전후 모순을 심화시켰다. 1967년 사토 에이사쿠 총리가 처음 발표하고 1976년 재확인된 무기수출3원칙[2]과 비핵화 3원칙, 미키 내각의 방위비 1%원칙(1976), 그리고 경제협력을 통한 동아시아 국가와의 화해를 추진한 '후쿠다 독트린'은 모두 평화헌법을 준수해야 하는 모순에서 비롯된 정치적 결정이었다. 집단적 자위권에 대한 전후 논란 역시 '72견해'로 일단락되었다. '72견해'는 기시 내각의 한정적 용인론을 변경하여 타국에 대한 무력 공격을 대상으로 하는 무력 사용이 헌법상 용인되지

2 무기수출3원칙은 ① 공산국가, ② 유엔 결의로 무기 수출이 금지되어 있는 국가, ③ 국제분쟁 당사국 및 우려가 있는 국가에 무기 수출을 금지한다는 원칙으로 사실상 일본의 방위산업이 해외 무기이전을 금지하는 규정으로 작동해 왔다.

않는다는 전면 금지론으로, 방위력 증강에 대한 주변국의 우려를 해소했다(윤석정·김성조, 2019). 평화헌법의 구속과 군비 증강의 모순에 따라 일본은 미일 동맹에 의존하는 내생적 협력 모델indigenous cooperative model을 구축했다. 군사기술과 방위산업의 내생적 협력 모델은 두 가지 측면에서 일본의 전후 안보 전략에 부합했다. 우선 부국과 강군이라는 기본 원칙에 따라 경제력에 부합하는 방위산업 기반을 구축하는 것이다. 그리고 동맹협력이 헌법9조의 원칙을 훼손하거나 미국의 분쟁에 연루되지 않도록 전략적 헤징strategic hedging하는 것이다(Hughes, 2017: 4).

전후 체제에서 형성된 일본의 국가안보혁신기반은 세 가지 특징이 있다. 첫째, 방위산업의 방산전업도[3]가 타국에 비해 낮다. 2018년 기준 세계 100대 방산 기업에 포함된 6개 일본 방위산업의 평균 방산전업도는 7.1%로 한국 72.6%는 물론 영국 48.2%, 프랑스 57.1%, 독일 61.5%, 그리고 미국 51.3%에 비해 훨씬 낮다(SIPRI, 2020). 둘째, 그럼에도 불구하고 일본은 육해공군 무기체계의 대부분을 국내에서 조달하고 있다. 육상 장비는 물론 P-1, US-2, SH-60K, HQs-103, F-15J, F-2A, T-4, C-2 등의 항공전력, X-Band, C-Band, FPS 레이더와 PAC-3, SM-3 및 주요 공대공, 공대지 미사일을 국내에서 조달하고 있다. 셋째, 내생적 협력 모델에도 불구하고 군사기술 변화에서 고립되지 않고 첨단무기의 국내 생산 기반을 구축할 수 있었던 것은 미국의 군사기술을 도입licensed production하거나 공동 연구·개발했기 때문이다(Hughes, 2017: 4~5). 1979년 일미방위협력지침 개정 이후 본격화된 일미 간의 군사기술 협력은 1998년 북한의 대포동 미사일 발사 이후 BMD 기술협력으로 확대되었다(김진기, 2010).

아베 내각(2012~2020)의 안보개혁은 일본의 전후 국가안보혁신기반을 본질적으로 전환시켰다. 아베 내각이 추진한 안보개혁의 특성은 다섯 가지로 요약

3 방산전업도란 전체 매출에서 방위산업 부문의 매출액이 차지하는 비중을 의미한다.

표 4-2 아베 내각의 안보개혁

구분	개혁 내용	비고
방위규범	• 집단적 자위권 • 다차원통합방위력(2018)	• 포괄적인 안보위협 대응 • 억지력을 위한 방위능력 보유
안보정책 거버넌스	• 국가안전보장회의 • 정보개혁(내각정보조사실)	• 총리 주관 정보공동체의 기능 강화 • 해외정보 기능 및 인적정보 능력 강화
평화안전법제	• 평화안전법제 개정 • 미일방위협력지침 개정	• 침략사태, 주변사태, 중요영향사태 등 안보위협에 대응하는 방위전략의 법제화
미일동맹	• 미일방위협력지침 개정	• 미일동맹 기반 방위전략 강화
군사기술과 방위산업	• 방위장비이전 3원칙 • 방위장비청 개청	• 군사기술 협력 및 무기이전 규제 철폐 • 군사기술 연구 및 국방획득 주관 기관

자료: 저자 작성.

할 수 있다. 첫째, 집단적 자위권의 해석 변경을 통해 전후 방위전략을 구속했던 헌법9조의 구속을 해소했다. 아베 내각은 ① 기술 진보에 따른 안보위협의 본질적인 변화, ② 국제질서의 파워 밸런스 변화에 대응하여 ③ 미일관계를 심화·발전시키며, ④ 역내 다자안보협력을 강화하고 ⑤ 국제사회에서 자위대의 역할을 변경했다(윤석정·김성조, 2019: 10~23). 둘째, 국가안전보장회의를 개편하여 9대신회의 외에 4대신회의와 긴급사태대신회의를 신설하여 총리 주관의 안보정책 기능을 강화하고, 국가안전보장회의를 지원하는 국가안전보장국NSS을 신설했다. 셋째, 방위전략을 법제화했다. 침략사태, 주변사태 이외 일본의 안보에 영향을 미치는 중요영향사태 등 일본 영토 밖에서 자위대의 무력 사용에 대한 법적 근거가 제도화되었다. 넷째, 1979년, 1997년에 이어 2015년 세 번째로 미일방위협력지침이 개정되었다. 이와 같은 아베 내각의 안보개혁은 본질적으로 미국과의 동맹협력을 강화하는 방향에서 추진되었다. 전략적 측면에서 2018년 방위규범으로 제시된 다차원통합방위력은 미국이 추진하는 '다영역작전MDO'과 포괄적으로 연계되어 있다. 동맹메커니즘을 체계화하여 전략적·작전적·운용적 상호운용성을 강화하는 한편으로 경계 감시, 우주전략, 사이버전략 등의 협력을 강화했다.

아베 내각의 방위개혁에 따라 국가안보혁신기반의 혁신과 개혁도 적극 추진되었다. 2014년 내생적 협력 모델의 제도적 조건이었던 무기수출3원칙을 폐지하고 2015년에는 군사기술의 연구 및 방위산업 육성을 총괄하는 방위장비청을 개청했다. 내생적 협력 모델의 개혁 필요성은 탈냉전 이후 제기된 현안이었다. 방위산업의 구조조정 및 경쟁력의 문제가 제기된 한편, 미국은 군사기술 부문에서 일본의 역할 분담과 협력을 요구했다. 이에 따라 고이즈미 내각은 미일 미사일방어체계 공동연구를 무기수출3원칙의 예외로 인정했고, 노다 내각 역시 일본의 안보를 위한 국제협력을 예외로 규정했다(김진기, 2017). 아베 내각은 사실상 사문화된 무기수출3원칙을 방위장비이전3원칙[4]으로 대체함으로써 국가안보혁신기반의 혁신을 제약했던 전후 구속에서 완전히 탈피했다. 그리고 ① 소요 기획-개발 획득-성능 개량 등 방위장비 획득 업무를 총괄하고, ② 방위력의 유지에 필요한 장비를 신속하게 공급하며, ③ 방위장비품의 개발, 국제화, 선진기술 연구개발의 효율화 및 ④ 방위생산 기술 기반의 유지 및 육성을 목적으로 방위장비청이 신설되었다(防衛省, 2015).

아베 내각이 추진한 국가안보혁신기반 개혁에 따라 군사기술, 방위산업 및 무기획득이 변화되었다. 첫째, 미국으로부터의 방위장비 수입이 증가했다. **그림 4-2**에서 보는 바와 같이 일본의 연구개발비 비중에는 큰 변화가 없는 반면 방위력 개선비(물건비)가 증가했다. 특히 10% 이하였던 방위장비 해외 구매 비중은 아베 내각 이후 큰 폭으로 증가하여 2019년에는 25%를 넘었다. 수륙기동단MV-22, 항공자위대의 전력 증강[F-35 A/B(STOVL)], 탄도미사일방어체계 구축을 위한 무기 구매가 증가했기 때문이다.

둘째, 군사기술 연구개발의 민군협력이 확대되었다. 헌법9조와 무기수출3

4 방위장비이전3원칙은 ① 방위장비 이전 금지 조건(국제적 협력 및 안보리 결의, 분쟁국 등), ② 엄격한 심사 및 정보 공개, ③ 목적 외 사용 및 제3국 이전 시 무기이전을 금지하는 것이다.

그림 4-2 방위력 개선 및 연구개발비(위) 및 해외 구매비 비중(아래)

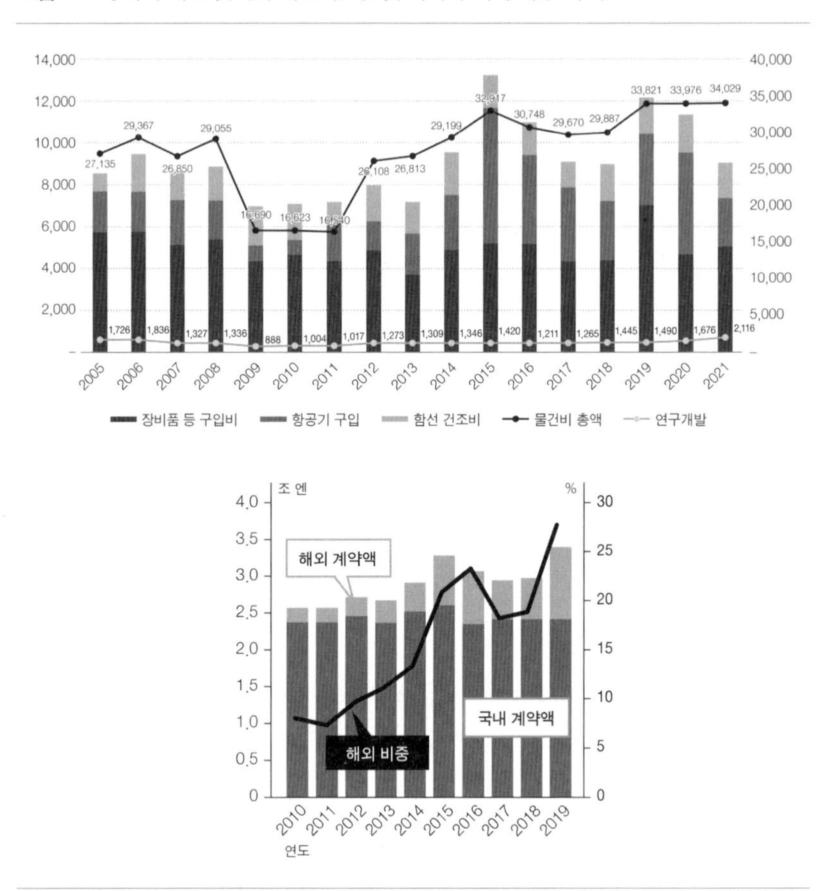

자료: 防衛省, 「我が国の防衛と予算」 각 년 호, 계약액 기준.

원칙은 민간기업과 대학이 군사기술 연구개발에 참여하는 것을 제약했다. 아베 내각의 안보개혁에 따라 제도적·규범적 제약이 해소되면서 방위장비청이 주관하는 민-군-관-학 간의 협력 사업이 확대되었다. 민군 군사기술 협력은 참여 확대와, 연구개발 두 가지 측면에서 정책 변화를 관찰할 수 있다. 방위성은 대학 및 민간기관의 군사기술 협력을 확대하기 위해 '안전보장기술연구추

표 4-3 민간 참여 연구개발사업(2015~2021, 단위: 건)

구분	응모 기관			합계
	대학	공적 연구기관	기업	
2015	58	22	29	109
2016	23	11	10	44
2017	22	27	55	104
2018	12	12	49	73
2019	8	15	34	57
2020	9	40	71	120
2021	12	30	49	91
합계	144(24%)	157(26.2%)	297(49.6%)	598

자료: 防衛裝備庁, "安全保障技術研究推進制度公募概要" 각 년 호.

진제도'(이하 안기연구제도)를 제정했다. 안기연구제도는 대학 및 연구기관과의 연대 및 제휴를 통해 방위에도 응용 가능한 기술개발을 지원하는 제도다(김진기, 2017). 2013년 시행된 특정기밀보호법 역시 국가가 지정한 비밀에 대해 정보를 공개하지 않도록 함으로써 민간부문이 군사기술 연구에 참여할 수 있는 규범적 제약을 해소했다. 2015년부터 2021년까지 지원된 안기연구 사업은 총 598건이다(표 4-3 참조). 이 중 대학이 144건으로 24%, 공적 연구기관이 157건으로 26.2%를 점유했으며 민간기업은 약 50%인 297건에 참여했다. 민군 군사기술 협력은 이전과 비교하며 대폭 증가했으며, 연구개발 분야에 있어서도 자위대의 방위력 증강 목표 사업이 포함되어 있다.[5]

셋째, 미국 및 미국 동맹국과의 다각적인 군사기술 협력이 추진되고 있다. 무기수출3원칙 폐지 이후 일본 방위성은 영국(2013), 호주(2014), 프랑스(2015),

5 연도별 안전보장기술연구제도 사업 목록은 "安全保障技術研究推進制度公募概要" https://www.mod.go.jp/atla/funding/kadai.html 참조.

표 4-4 방위장비 해외이전 현황(단위: 건)

구분		'18.04~'19.03	'19.04~'20.03	'20.04~'21.03	비고
평화공헌		39	28	9	
안전보장	공동연구	46(36)	45(35)	62(48)	
	방위협력 강화	23	22	17	
	자위대 지원	1,335	1,016	891	
기타(반송, 재수출 등)		55	68	29	
합계		1498	1179	1008	

주: 괄호 안의 숫자는 미국과의 공동 연구개발 건수임.
자료: 経済産業省, "防衛装備の海外移転の許可の状況に関する年次報告書" 2019년 호, 2020년 호, 2021년 호 참조.

인도(2015), 이탈리아(2017) 등과 방위장비 및 기술 이전 협약을 체결했다. 이를 기반으로 군사기술 및 방위장비에 대한 공동 연구개발이 추진되고 있다. **표 4-4**는 2018년부터 2020년까지 이전된 방위장비 및 기술의 현황을 보여준다. 2018~2019년 이전된 방위장비 및 기술은 총 1498건이고, 2019~2020년은 총 1179건이다. 공동연구 사업의 경우 2018~2019 기간 중 46건, 2019~2020 기간 중 45건으로 대부분은 미국과의 사업이다.[6] 민군관학의 협력은 물론, 미국 동맹국과의 다자적인 연구개발 및 군사협력은 내생적 국가안보혁신기반을 시장화하는 수단이다. 특히, 군사기술, 방위산업에서 미국과의 동맹협력과 함께 미국 동맹국과의 다각적인 군사협력을 추진하면서 동맹협력의 네트워크 또는 집합적 결속을 추진하고 있다.

6 2018년과 2019년 방위장비 이전 허가 건수는 각각 1,498건과 1,179건으로 2018년 공동개발 46건 중 미국 36건, 영국 7건, 인도 2건, 호주 1건이며, 2019년 공동개발 45건 중 미국 35건, 영국 5건, 인도 2건, 호주 1건, 이탈리아 1건 등임(経済産業省, 2021).

4. 한국의 국가안보혁신기반 개혁과 동맹협력

일본과 마찬가지로 한국의 국가안보혁신기반 개혁에도 두 번의 전환점이 있었다. 1972년 미중 데탕트와 미국의 동아시아 전략 변화는 박정희 정부가 자주국방에 따라 방위산업과 군사기술을 육성하는 계기가 되었다. 그리고 국방개혁 관련 법제가 제도화되고 국방획득 체계가 개편된 2006년 이후 국가안보혁신기반의 개혁이 본격화되었다.

한국전쟁 이후 한미동맹에 의존했던 한국이 자주국방과 군사기술 및 방위산업 육성을 추진한 것은 미국의 동아시아 전략과 주한미군 감축에 근본적인 원인이 있다(이필중·김용휘, 2007; 주정률, 2016). 1966년부터 1970년까지 한국의 국방예산은 3415억 원으로, 3602억 원에 달하는 미국의 군사원조 금액보다 적었다. 동맹협력에 의존하던 한국의 방위정책은 1960년대 후반 닉슨 독트린이 발표되고 미중 데탕트 이후 미군 감축이 추진되면서 동맹협력에 대한 한미간의 이견이 심화되었다(마상윤·박원권, 2010; 신욱희, 2005). 박정희 정부는 데탕트에 수반된 안보위기를 명분으로 유신체제를 수립하고 중화학공업화를 통해 군사기술과 방위산업 육성정책을 추진했다(주정률, 2016). 탈냉전 이후 본격화된 '국방개혁의 정치화politicization of Defense Reform'의 쟁점 역시 미국의 동아태 전략 변화에 따라 자주적인 방위능력을 구축하는 것이 핵심 목적이었다. 탈냉전 이후 미국이 해외 주둔 미군 및 국방비 감축을 추진하면서 동맹의존으로부터 탈피 및 전시·평시 작전권의 환수를 위한 방위력 증강 목표가 수립되었다.

주한미군 감축[7]에 대응하여 1990년대 말까지 추진된 방위력 개선 사업의 특징은 세 가지로 요약할 수 있다. 첫째, 군사기술 혁신 및 방위산업 정책이 본격

7 4차에 걸친 미군 감축에 따라 1969년 6만 6531명이었던 주한미군은 1972년 4만 1600명, 1993년 3만 4830명으로 축소되었다(The Heritage Foundation, 2004).

표 4-5 방위력 개선 사업 추이(1974~2002)

구분	방위력 개선 내용	주요 획득 장비	전력 투자 금액(비중)
제1차 율곡사업 (1974~1981)	기본 병기 국산화	최소 방위전력 확보(M-16, 박격포), 항공기(F-4) 구매, 고속정 건조	3조 1,402억 원(31.2%)
제2차 율곡사업 (1982~1986)	한국형 무기체계	자주포, 한국형 전차, 장갑차, 개발, F-5 기술 도입	5조 3,279억 원(30.5%)
제3차 율곡사업 (1987~1992)	첨단전력 확보	K-1 전차, K-200 장갑차, K-55 자주포, 209급 잠수함, F-16	13조 7,872억 원(35.8%)
김대중 정부 (1997~2002)	방위력 개선	현존 미래위협 대비 첨단 핵심전력 확보(K-9)	21조 2,167억 원

자료: 한국방위산업학회(2015: 151).

추진되었다. 1968년 시작된 '한국군 현대화 5개년 계획'은 베트남전 참전의 대가로 미국이 제공한 군사원조를 재원으로 한 것이다. 5개년 계획에 대한 미국의 지원액은 총 15억 1620억 달러로 부대 운영비 및 훈련비를 제외한 11억 4100만 달러가 전력 증강에 투자되었다(이필중·김용휘, 2007: 287). 그러나 자립적인 전력 증강 사업이 본격화된 것은 1972년 미중 데탕트 이후다. **표 4-5**에 요약되어 있는 것과 같이 1974년부터 전력체계의 고도화를 목표로 하는 연구개발 및 획득사업이 추진되었다. 박정희 정부는 제1차 율곡사업을 추진하여 노후화된 기초 장비를 대체하고 자주적인 방위에 필수적인 소총, 항공기, 고속정을 도입했다. 1970년에는 국방과학연구소ADD를 설립했고 율곡사업을 통해 1977년 세계 7번째로 유도탄 개발에 성공할 수 있었다.

둘째, 그러나 군사기술 및 방위산업 등 국가안보혁신기반의 발전에 미친 영향은 제한적이다. 한국전쟁 이후 국방예산의 제약과 비대칭적 동맹의존으로 인해 방위예산에서 전력 증강 부분 예산의 비중은 10%를 넘지 못했다.[8] 1970

8 1966년부터 1970년까지의 방위예산 중 전력 증강(군사 현대화)에 지출된 비중은 9.7%였다(이필중·김용휘, 2007: 282).

년대 자주국방이 추진되면서 제1차 율곡사업 기간(1974~1981) 방위비에서 전력증강사업 예산이 차지하는 비중은 31.2%로 증가했고, 이후에도 30% 내외의 예산이 전력증강사업에 지출되었다. 그러나 전력 증강 투자는 대부분 무기도입에 지출되었을 뿐 국방 연구개발비의 비중은 매우 제한적이었다. 1976년 연구개발 투자 비중은 3.8%였지만, 제2차 율곡사업이 시작된 1981년 2.5%, 1987년에는 0.7%로 축소되었다. 1980년대 연구개발 투자가 감소된 것은 아시안게임과 올림픽 개최를 앞두고 미국으로부터의 무기 구매가 큰 폭으로 증가했기 때문이다. 1990년대 말까지 전력 증강 예산은 방위예산 증가율보다 높은 폭에서 증가했지만 국방 연구개발비의 비중은 3% 내외에 불과했다(이필중·김용휘, 2007: 295).

셋째, 자주국방이라는 정책목표에도 불구하고 국가안보혁신기반은 전적으로 미국에 의존했다. 한미동맹에 의존하는 경제적·군사적·기술적 여건을 고려할 때 박정희 대통령이 언급한 자주국방은 '우리의 국토는 우리의 힘으로 지키는 것' 즉, 한국군의 군사력을 강화하는 것으로서 전략, 기술, 무기에 있어 동맹의존으로부터의 탈피를 의미하는 것은 아니었다(주정율, 2016). 실제 전력증강사업이 본격 추진된 1970년대부터 2000년까지 한국의 무기 수입의 98%는 동맹국인 미국에 의존했다(장은석, 2005: 12). 육상·해상·공중 무기체계의 직접 도입뿐만 아니라 제한적으로 한국에서 생산한 무기의 대부분은 미국에서 기술을 도입하여 생산한 것이었다.

국방개혁 관련 법률이 제도화된 2006년 이후 군사기술, 방위산업 등 국가안보혁신기반 개혁이 본격 추진되었다. 2006년 이후 동맹체제, 북핵 위협, 안보환경, 군사기술, 방위산업 등 복합적인 정책목표가 상호작용하면서 국가안보혁신기반 개혁이 추진되었다. 첫째, 전작권 전환과 한미동맹의 문제다. 9·11 테러 이후 전략적 유연성을 중심으로 한 주한미군의 재편이 추진되는 가운데 노무현 정부는 전작권을 전환하고 한국군의 역할을 강화하는 국방개혁을 추진했다. '협력적 자주국방' 목표에 따라 정보감시, 지휘통제, 기동전력, 정밀타격 등 주요 전력 증강 목표를 법제화하고 연구개발 투자를 확대했다. 둘째, 북핵 위협에 대응하는 기술-산업-전략을 연계한 국방개혁이 추진되었다. 특히, 2011년 김정은 체제 이후 북한의 핵·탄도미사일 개발로 비대칭 위협이 고도화되고 무력도발이 반복되면서 이에 대응하는 방위력 개선 사업비가 지속적으로 증액되었다. 셋째, 4차 산업혁명 기술의 군사화를 위한 군비경쟁 역시 국가안보혁신기반의 개혁이 추진되는 중요한 요인이다(김상배, 2020). 2020년 제정된 '국방과학기술혁신촉진법'은 무기체계 획득을 위한 수단에 초점이 맞추어져 있는 '방위사업법'을 대체하여 도전적이고 혁신적인 국방과학기술의 진흥과 발전을 위한 연구개발 체계를 구축하는 것을 제정목표로 명시했다(국회사무처, 2020). 넷째, 안보적 목적 이외 경제적·산업적 목적의 육성 목적도 투영되었다(지일용·이상현, 2015). 전략적·경제적·기술적 이해가 결부되어 있는 국가안보혁신기반의 개혁은 쌍방독점이라는 시장 특성으로 인해 정치경제적 손익 관계가 존재한다. 미중경쟁으로 첨단기술의 독점과 기술안보가 중요해지면서 군사기술과 방위산업을 수출산업으로 육성하기 위한 국가주도 방위산업정책이 주목받게 되었다(김광열, 2014).

국방개혁의 법제화 이후 군사기술-방위산업-군사전략과 연계된 국가안보혁신기반 개혁의 특징은 세 가지로 요약할 수 있다. 첫째, 국방개혁, 군사기술, 방위산업 육성 관련 법제가 제도화되었다. 이와 같은 국방개혁 관련 법제의 제도화는 세 가지 측면에서 국가안보혁신기반 개혁에 영향을 미쳤다. 우선 5년 주기로 국방개혁 관련 기본계획을 수립하도록 함으로써 국방개혁을 정치적 의제로 고정했다. 국방개혁의 목표, 수단, 내용을 법제화함으로써 조직, 인력, 전력 등의 국방개혁의 지속성을 강화하도록 했다. 국방개혁 법제는 국방개혁의 거버넌스 및 정책기구를 명시하고 세부적인 사항은 대통령령으로 위임함으로써 국방개혁의 재원, 정책 등을 정치적 재량권으로 제도화했다. 2007년 법제화된 국방개혁법은 5년 단위로 국방개혁의 목적, 병력 규모, 부대구조 등의 군구조 및 국방운영체제 혁신을 추진하도록 규정했다. 또, 2006년 방위사업법을

표 4-6 국가안보혁신기반 관련 법제

구분	중점 추진 내용	
국방개혁에 관한 법률(2007)	목적	북핵 등 안보환경 및 과학기술 변화에 따른 전쟁양상에 능동적으로 대처할 수 있도록 국방운영체제, 군 구조 개편 및 병영 문화 발전 등에 관한 기본 사항
	계획	5년 단위의 국방개혁기본계획 수립
	체제	문민기반 조성(제10조), 민간 인력 활용 확대(제13조), 우수한 군 인력 확보 및 전문성(제15조), 여군 인력 확대(제16조),
	구조	군 구조 개선(제23조), 상비병력 조정(제25조), 합동참모본부의 균형 편성(제29조)
방위사업법(2006)	목적	자주국방의 기반을 마련하기 위한 방위력 개선, 방위산업 육성 및 군수품 조달의 사업 수행에 관한 사항 규정
	사업	자주국방 달성을 위한 무기체계의 연구개발 및 국산화 추진, 무기체계의 적기 획득, 종합 군수지원 및 방위사업의 투명성, 전문성(제11조)
방위산업 발전 및 지원에 관한 법률(2020)	목적	방위산업의 발전 기반을 조성하고 경쟁력을 강화하여 자주국방 기반 구축
	계획	5년 주기 방위산업발전기본계획(제5조)
	조사	방위산업 실태조사(제6조)
	지원	위원회의 심의를 거쳐 국가정책사업으로 지정(제8조), 부품관리정책 수립 및 부품 국산화 개발 촉진(제9조), 사업조정(제11조), 자금융자(제12조), 수출지원(제15조)
국방과학기술혁신 촉진법(2020)	목적	국방과학기술혁신기반 조성
	책무	• 국방과학기술혁신을 위한 종합 시책 수립 및 추진 • 5년 단위 국방과학기술혁신 기본계획 수립
	원칙	방위력개선사업 추진 방법 결정 시 국내 연구개발 우선 고려, 무기체계 연구개발에 필요한 핵심기술 사전 확보, 미래도전국방기술개발, 국제협력 및 민관협력 등(제4조)
	시행	개발성과물의 귀속(제10조), 기술료의 징수(제11조), 국방과학기술 기획, 정보관리, 연구 및 조사 분석, 국방기술품질원(제16조)
방위산업기술 보호법(2016)	목적	방위산업기술을 체계적으로 보호하고 관련 기관 지원
	계획	5년 주기 방위산업의 기술보호에 관한 종합계획 수립(제4조)
	시행	방위산업기술 지정(제7조), 연구개발사업 및 방위산업기술 보호(제8조), 방위산업기술의 수출 및 국내 이전 시 보호(제9조)

자료: 저자 작성.

그림 4-3 방위력 개선 및 국방연구개발 예산 및 비중(2002~2021, 단위: 억 원, %)

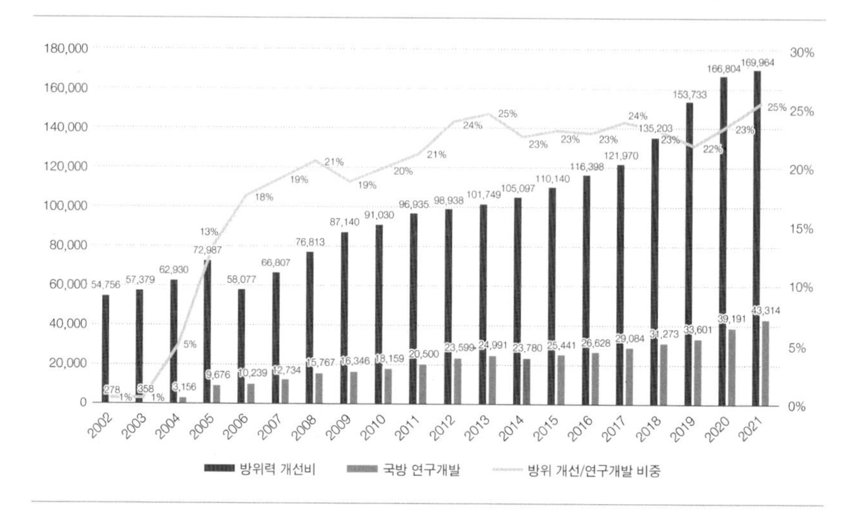

주: 그래프의 왼쪽은 방위력 개선 및 국방연구개발 예산이며, 오른쪽은 그 비중을 나타낸다.
자료: 방위사업청, 「방위사업 통계연보」 각 년 호; 과학기술정보통신부, 「2016년도 국가연구개발사업 조사·분석보고서」 참조.

개정하여 연구개발, 해외구매 및 방위산업 등 국방획득을 총괄하는 기관으로 방위사업청이 설치되었다. 문재인 정부는 2020년 방위산업 육성과 국내 연구개발을 촉진하기 위해 방위산업육성법과 국방기술혁신법을 제정했다. 자주국방을 목표로 제시하고 있는 국방개혁 관련 법제는 1960~1970년대 국가주도 산업정책 관련 법제와 목적, 정부 기능, 정책기구 등에서 유사점이 많다.

둘째, 전력증강사업 및 국방연구개발 예산이 큰 폭으로 증가했다. **그림 4-3**에서 보는 바와 같이 방위력 개선 사업비 및 국방연구개발비가 큰 폭으로 증가했다. 이전까지 방위력 개선 사업비에서 국방연구개발비가 차지하는 비중은 2~3% 내외였지만, 2005년 13%, 박근혜 정부 이후에는 평균 25% 내외의 비중을 차지하고 있다. 방위력 개선 사업비는 방위예산보다 빠르게 증가했다. 김대중, 노무현, 이명박 정부의 국방예산 증가율은 각각 3.5%, 8.4%, 6.1%였지만 방위력 개선비는 각각 7.0%, 7.4%, 8.3%씩 증가했다. 특히 방위력 개선사업

표 4-7 획득 방법별 사업 현황(2015~2021, 단위: 건)

구분		2015	2017	2020	2021
연구 개발	ADD	13	16	63	68
	방산업체	108	45	12	4
	핵심기술/ACTD(1)	80	6	1	
	선행연구	176	157	42	21
	기타(2)	14	20	-	-
	기술협력	4	-	2	-
구매	해외 구매(FMS 포함)	42	35	40	35
	국내 구매(양산 포함)	21	73	20	88
합계		458	352	241	216

자료: 방위사업청, 「방위사업 통계연보」 각 년 호, (1) 2017년 핵심기술/ACTC에는 국책사업 2건 포함, (2) 2017년 기타 항목은 성능개량 20건 포함.

비 중 국방연구개발비 사업 예산이 가장 큰 비중을 차지한다. 국방연구개발비가 빠르게 증가한 것은 제도 요인과 안보환경 등 두 가지 요인으로 설명할 수 있다. 우선, 국방개혁이 법제화되면서 국방개혁 관련 법제가 국방연구개발 투자를 강제했다. 김정은 체제 출범 이후 고도화되는 북핵 위협의 안보화와 함께 전작권 전환에 대비하는 전력 증강 투자 역시 국방연구개발 예산을 증가시켰다. 국방획득 사업별 연구개발 및 구매 사업 현황은 **표 4-7**에서 보는 바와 같다. 연구개발 투자 증가에 따라 ADD 및 국내 방산 기업의 연구개발 건수가 증가했다. 반면 공동 연구개발 등 기술협력 건수는 2015년 4건에 불과하다. 무기 구매에 있어서도 FMS를 포함하여 해외 구매 건수가 2015년 42건에서 2021년 35건으로 감소한 반면 같은 기간 국내 구매 및 양산 건수가 21건에서 88건으로 증가한 것은 국방개혁의 법제화 이후 국가안보혁신기반 구축을 위한 정책효과를 보여준다.

셋째, 그러나 국방획득에서 국내 조달 비중의 변화는 크지 않다는 점도 특징적이다. 또, 상업구매[9]에 있어 미국 비중도 2010년 77%에서 2013년 34%,

그림 4-4 국내외 조달 비중 및 상업구매 미국 비중(2010-2021)

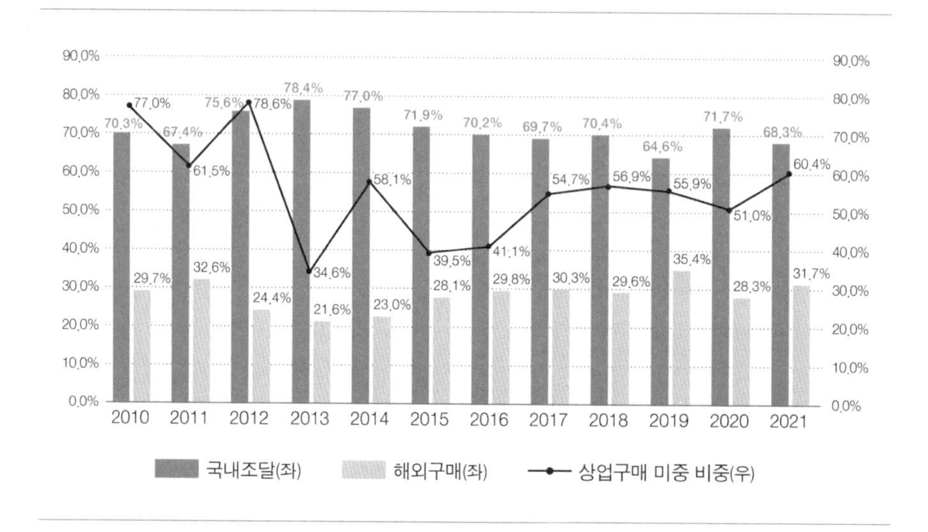

주: 그래프의 왼쪽은 국내외 조달 비중을 나타내며, 오른쪽은 상업구매 미국 비중을 나타낸다.
자료: 방위사업청, 「방위사업 통계연보」 각 년 호.

2016년 41%로 하락했지만 2021년 60%로 상승했다. 지휘·정찰, 기동화력, 함정, 항공기, 유도무기 등의 전력 증강 및 국내 연구개발 투자가 확대되었지만 국내 조달 비중에 큰 변화가 있지 않는 것은 동맹의존의 구조적 변화가 점진적으로 진행되고 있기 때문이다. 우선, F-35, 고고도 정찰용 무인항공기사업 HUAS 등 첨단 플랫폼 전력체계의 미국 의존이 지속되고 있다. 반면, 2010년 57.8%였던 무기체계 국산화율은 2015년 66.1%, 2020년 76.0%로 상승했다(방위사업청, 2021). 같은 기간 무기체계별로 함정 19.8%(56.8%~76.6%), 화력 16.7%(61.1%~77.8%) 등의 상승률이 높았지만, 항공 4.4%(48.4%~52,8%), 기동(70.3%~75.2%) 등의 상승률은 상대적으로 낮았다. 이는 방위장비의 연구개발,

9 무기획득에서 미국으로부터의 대외군사판매(FMS)와 상업구매는 각각 50%의 비중을 차지한다.

국내 생산, 부품 국산화 등이 증가함에도 불구하고 고가 플랫폼 전력체계의 미국 의존이 지속되고 있음을 보여주고 있다.

5. 결론 및 함의

지정학적 안보위협을 공유하는 한국과 일본이 동맹협력을 기반으로 추진하는 국가안보혁신기반 개혁은 경제적·전략적·군사적 비교 쟁점을 제기한다. 안보환경 변화에 따라 한국과 일본은 군사기술-방위산업-군사혁신을 연계한 국가안보혁신기반 개혁을 추진하고 있다. 안보전략의 동맹의존을 축소하고 자립적인 군사역량과 다자협력을 확대하는 등 동맹의존의 탈중심화를 모색하고 있는 것도 공통점이다. 그러나 국가안보혁신기반의 개혁과 동맹협력에 차이가 있다. 일본은 전후 방위전략을 구속했던 헌법9조, 무기수출을 변경하고 미일 동맹 협력 및 동맹 네트워크 확대를 기반으로 국가안보혁신기반 개혁을 추진하고 있다. 한국의 국가안보혁신기반 개혁은 자주국방을 목표로 '동맹의존을 축소하는 자주적인 혁신'이 강조되고 있다. 한국의 최근 몇 년 간 주요 전력체계의 획득에서 미국 비중이 감소하는 반면 국내 연구개발 및 구매 비중이 큰 폭으로 증가했다. 미국 등의 타국과 군사기술의 공동연구 개발 건수는 일본에 비해 매우 낮다. 일본의 국가안보혁신기반 전략이 미일동맹 및 동맹 네트워크와의 집합적 결속을 확대하고 있다면 한국은 자립적인 혁신역량을 강화하고 있다는 점에서 차이가 있다.

한국과 일본의 국가안보혁신기반 개혁은 세 가지 측면에서 정책적 함의를 검토할 수 있다. 첫째, 기술적 진부화의 문제다. 기술혁신의 속도가 빨라지면서 군사기술의 연구개발과 무기체계의 전력화에 소요되는 '시간'이 전략적 쟁점이 되었다. 전통적으로 기술적 진부화는 기술개발 기간 중 신기술이 도입되면서 전력화 단계에서 군사적 효용성이 감소하는 것을 의미한다. 파괴적인 군사기술 혁신 속도가 빨라지면서 안보위협의 현재화와 군사기술의 미래화 사이에 존재하는 전략적 취약성 문제가 더욱 중요해졌다. 다자협력을 통한 군사기술 및 방위산업의 네트워크가 기술적 진부화, 기술적 비대칭을 해소하는 수단으로 어떻게 활용될 수 있는지 검토할 필요가 있다. 둘째, 전략적 공간과 비용의 문제다. 세계 각국은 우주, 사이버, 육해공을 통합한 5차원 전쟁, 재래식-전략적 무기는 물론 민군 구분이 사라진 4세대 전쟁4th generation warfare에 대응하여 포괄적인 군사혁신을 추진하고 있다. 전장 공간의 확대는 곧 초영역적인 작전을 위한 능력, 비용, 기술의 문제와 직결되어 있다. 초영역적 공간을 지배하는 기술우위가 미래전쟁에서 무엇보다 중요해지고 있는 가운데, 동맹 네트워크에 기반한 국가안보혁신기반 전략은 안보자원의 비용을 분담하는 수단으로 활용될 수 있다. 셋째, 협력적 억지cooperative deterrence의 문제다. 미중경쟁과 우크라이나 전쟁을 거치면서 전략적 억지strategic deterrence, 통합적 억지integrated deterrence를 넘어 협력적 억지cooperative deterrence가 중요해졌다. 공포의 균형이 전략적 억지의 기본 원칙이었다면 통합적 억지는 5차원 전장 공간의 전략적·운용적·작전적 통합을 통한 군사전략에 국한되었다. 그런데 미중 간의 전략경쟁이 본격화되고 러시아의 일방주의를 허용하면서 전통적인 억지균형전략이 실패하게 되었다. 협력적 억지란 전략, 이익, 목표를 공유하는 국가 간의 협력을 통해 1차적으로 적대국에 대한 군사적 균형military balance을 관리하며, 기술, 산업, 경제에 있어서 협력을 통해 경쟁우위를 유지하는 것이다. 부상하는 중국과 물리적인 균형을 유지할 수 없는 미국이 인도-태평양의 동맹 및 협력국과의 협력을 강화하는 것 역시 협력적 억지의 사례라고 할 수 있다. 기술경쟁과 보호를 위한 공급망의 관리가 미중경쟁의 핵심 쟁점이 된 만큼 동맹 네트워크를 확장한 협력적 억지는 첨단기술의 경쟁력을 확보, 유지하는 시장 플랫폼의 의미도 부여할 수 있다.

국회사무처. 2020.「의안번호 24717: 국방과학기술혁신촉진법안(대안)」.
김광열. 2014.「이명박 정부의 방위산업 신성장 동력화와 국방연구개발」. ≪국제지역연구≫, 제18권 4호, 205~232쪽.
김상배. 2019.「미래전의 진화와 국제정치의 변환: 자율무기체계의 복합지정학」. ≪국방연구≫, 제62권 3호, 93~118쪽.
_____. 2020.「4차 산업혁명과 첨단 방위산업 경쟁: 신흥권력으로 본 세계정치의 변환」. ≪국제정치논총≫, 제60집 2호. 87~131쪽.
김진기. 2008.「경단연과 일본의 방위산업정책: 냉전기 일본 방위산업정책에 있어서 경단련의 역할」. ≪21세기정치학회보≫, 제18권 1호, 123~142쪽.
_____. 2010.「탈냉전기 미국과 일본의 방위산업협력: 미일기술포럼에서의 논의를 중심으로」. ≪국방연구≫, 제53권 2호, 79~104쪽.
_____. 2017.「아베 정권의 방위산업·기술기반 강화전략」. ≪국방연구≫, 제60권 제2호, 53~78쪽.
마상윤·박원곤. 2010.「데탕트기의 한미갈등: 닉슨, 카터와 박정희」. ≪역사비평≫, 제86호, 113~139쪽.
박철희. 2004.「전수방위에서 적극방위로: 미일동맹 및 위협인식의 변화와 일본방위정책의 정치」. ≪국제정치논총≫, 제44집 1호, 169~190쪽.
신욱희. 2005.「기회에서 교착상태로: 데탕트시기 한미관계와 한반도의 국제정치」. ≪한국정치외교사논총≫, 제26권 2호, 253~286쪽.
윤대엽. 2021.「아베정치와 북일 관계: 납치문제의 정치화, 북핵위협의 안보화」. ≪일본공간≫, 제30권, 141~180쪽.
윤석정·김성조. 2019.「아베 정권의 집단적 자위권 헌법해석변경과 일본의 정당정치」. ≪국제·지역연구≫, 제28집 2호, 1~28쪽.
이소연·황지환. 2021.「국가안보전략과 전시작전통제권 전환정책 변화: 노무현, 이명박, 박근혜 정부의 비교연구」. ≪국가전략≫, 제27권 1호, 129~155쪽.
이정환. 2014.「현대일본의 보수화 정치변동과 동아시아 국제관계」. ≪의정연구≫, 제20권 1호, 5~33쪽.
이필중·김용휘. 2007.「주한미군의 군사력 변화와 한국의 군사력 건설 사이이의 상관관계」. ≪군사≫, 제62권, 273~312쪽.
장은석. 2005.「후원-의존 관계에서의 약소국 방위산업 발전의 전망과 한계」. ≪국방정책연구≫, 제21권, 9~28쪽.
주정율. 2016.「박정희 대통령의 자주국방 사상과 현대적 함의」. ≪군사연구≫, 제139권, 423~451쪽.
지일용·이상현. 2015.「방위산업 후발국의 추격과 발전패턴: 한국과 이스라엘의 사례연구」. ≪국방정책연구≫, 제21권, 9~28쪽.
한국방위산업학회. 2015.『방위산업 40년 끝없는 도전의 역사』. 플래닛미디어.

経済産業省. 2021. "防衛装備の海外移転の許可の状況に関する年次報告書." 経済産業省.
防衛省. 2015. "総合取得改革に係る諸施策について." 防衛省.
防衛装備庁. "安全保障技術研究推進制度公募概要." https://www.mod.go.jp/atla/funding/koubo.html (검색일: 2023.1.20).
中島, 琢磨. 2005. "戦後日本の自主防衛論: 中曽根康弘の防衛論を中心として." ≪法政研究≫, 71(4): 137~167.

Arreguin-Toft, I. 2001. "How the Weak Win Wars: A Theory of Asymmetric Conflict." *International Security*, Vol.26, No.1, pp.93~128.
Bitzinger, Richard A. 1994. "The Globalization of the Arms Industry: The Next Proliferation Challenge." *International Security,* Vol.19, No.2, pp.170~198.
_____. 2010. "A New Arms Race? Explaining Recent Southeast Asian Military Acquisitions." *Contemporary Southeast Asia*, Vol.32, No.1, pp.50~69.
Brooks, Risa. 2021. "Are US Civil-Military Relations in Crisis?" The US Army War College Quarterly 51:1, 51-63.
Catalinac, A. 2016. *Electoral Reform and National Security in Japan: From Pork to Foreign Policy*. New York: Cambridge University Press.
Chin, W. 2019. "Technology, War, and the State: Past, Present and Future." *International Affairs,* Vol.95, No.4, pp.765~783.
Department of State. 2019. World Military Expenditures and Arms Transfers. https://www.google.com/url?sa=t&rct=j&q=&esrc=s&source=web&cd=&ved=2ahUKEwjjhJnl7Ln-AhXJhVYBHXcqBzMQFnoECB0QAQ&url=https%3A%2F%2Fwww.state.gov%2Fworld-military-expenditures-and-arms-transfers%2F&usg=AOvVaw3e6BnZWNLPWxrnxkLwt8Hh (검색일: 2023.1.20)
Dibb, P. 1997. "The Revolution in Military Affairs and Asian Security." *Survival: Global Politics and Strategy*, Vol.39, No.4, pp.93~116.
DoD. 2018. "Summary of the 2018 NDS: Sharpening the American Military's Competitive Edge." https://dod.defense.gov/Portals/1/Documents/pubs/2018-National-Defense-Strategy-Summary.pdf (검색일: 2021.8.10)
DoS. 2019. "WMEAT (World Military Expenditure and Arms Trade) 2019." https://2017-2021.state.gov/world-military-expenditures-and-arms-transfers-2019/index.html (검색일: 2021.8.10)
Gentile, G. et al. 2021. *A History of the Third Offset, 2014-2018*. Santa Monica: RAND Corporation.
Gray, C. H. 1997. *Post-modern War: the New Politics of Conflict*. London: Routledge.
Green, M. J. and P. M. Cronin(eds.). 1999. *The US-Japan Alliance: Past, Present, and Future*. New York: CFR.
Horowitz, Michael C. 2020. "Do Emerging Military Technologies Matter for International Politics?" *Annual Review of Political Science*, Vol.23, pp.385~400.

Hughes, Christopher. 2017. "Japan's Emerging Arms Transfer Strategy: Diversifying to Re-Centre on the US-Japan Alliance." *The Pacific Review*, DOI: 10.1080/09512748.2017.1371212

Jervis, Robert. 1989. *The Meaning of the Nuclear Revolution: Statecraft and the Prospect of Armageddon*. Ithaca: Cornell University Press.

Klare, M. 2018. "The Challenge of Emerging Technologies." Ams Control Association (December) https://www.armscontrol.org/act/2018-12/features/challenges-emerging-technologies (검색일: 2021.10.10)

Laird, R. F. and H. H. Mey. 1999. *The Revolution in Military Affairs: Allied Perspectives*. Washington: INSS.

Lewis, James A. 2021. "Mapping the National Security Industrial Base."(May 19). https://www.csis.org/analysis/mapping-national-security-industrial-base-policy-shaping-issues (검색일: 2022.6.10)

Lind, Jenifer. 2016. "Japan's Security Evolution." *Policy Analysis*, No.788(Feb. 25). https://www.cato.org/policy-analysis/japans-security-evolution (검색일: 2021.6.2)

Mack, A. 1975. "Why Big Nations Lose Small Wars: The Politics of Asymmetric Conflict." *World Politics*, Vol.27, No.2, pp.175~200.

Mandel, R. 1998. "Exploding Myths about Global Arms Transfers." *Journal of Conflict Studies*, Vol.18, No.2, pp.47~65.

Midford, Paul. "New Directions in Japan's Security: Non-US Centric Evolution, Introduction to a Special Issue." *The Pacific Review*, Vol.31, No.4, pp.407~423.

NSIN. 2021. NSIN Year in Review 2021. https://www.nsin.mil/assets/downloads/NSIN%20Year%20In%20Review%20-%20FY21_web.pdf (검색일: 2022.6.20)

O'Hanlon, Michael. 2018. "Forecasting Change in Military Technology, 2020-2040." https://www.brookings.edu/wp-content/uploads/2018/09/FP_20181218_defense_advances_pt2.pdf (검색일: 2021.8.10)

Samuels, Richard. 2019. *Special Duty: A History of the Japanese Intelligence Community*. Ithaca: Cornell University Press.

Sargent, J. Jr. 2020. "Government Expenditure on Defense R&D by the United State and Other OECD Countries: Fact Sheet." *CRS Report* (January 28) https://sgp.fas.org/crs/natsec/R45441.pdf (검색일: 2021.6.2)

Sargent, J. Jr. and M. E. Gallo. 2021. "The Global Research and Development Landscape and Implications for the Department of Defense." *CRS Report* (June 28) https://sgp.fas.org/crs/natsec/R45403.pdf (검색일: 2021.6.10)

Sasaki, A. and S. Aslow. 2020. "Japan's New Arms Export Policies: Strategic Aspirations and Domestic Constraints." *Australian Journal of International Affairs,* Vol.74, No.6, pp.649~669.

Sebata, Takao. 2010. *Japan's Defense Policy and Bureaucratic Politics, 1976-2007*. Lanhan, ML: University Press of America.

_____. 2019. “SIPRI Top 100 Arms Production and Military Service Companies 2019.” https://www.sipri.org/publications/2019/sipri-fact-sheets/sipri-top-100-arms-producing-and-military-services-companies-2018 (검색일: 2023.1.20)

SIPRI. 2020. SIPRI Arms Industry Database https://www.sipri.org/databases/armsindustry (검색일: 2023.02.20).

SIPRI. 2021. “SIPRI “Defense Expenditure Statistics.” https://milex.sipri.org/sipri (검색일: 2022.10.20)

Smith, S. A. 1999. “The Evolution of Military Cooperation within the US-Japan Alliance.” in Michael J. Green and Patrick M. Cronin(eds.). *The US-Japan Alliance: Past, Present, and Future*. New York: CFR.

Tan, Andrew. 2011. “East Asia's Military Transformation: The Revolution in Military Affairs and Its Problems.” *Security Challenges,* Vol.7, No.3, pp.71~94.

The Heritage Foundation. 2004. “Global US Troops Deployment, 1950-2005.” https://www.heritage.org/defense/report/global-us-troop-deployment-1950-2005 (검색일: 2023.1.20)

The White House. 2020. “National Strategy for Critical and Emerging Technologies.” (Oct. 20)

Watts, B. D. 2008. “The US Defense Industrial Base: Past, Present and Future.” Washington: the Center for Strategic and Budgetary Assessment.

5 미래국방과 동맹외교의 국제정치*

정성철 | 명지대학교

1. 들어가는 글: 미중경쟁과 동맹의 변환

바이든 행정부는 동맹의 시대를 출범시켰다. 미국은 동맹과 함께 오커스AKUS의 창설, 민주주의 정상회의, 쿼드와 파이브아이즈의 확대 등을 추진하면서 '미국의 복귀'을 체감케 했다. 이러한 미국이 주도하는 동맹정치의 배경에는 미국과 중국의 전략적 경쟁이 자리 잡고 있는 관계로 강대국 세력전이와 동맹전이에 대한 관심은 더욱 고조되고 있다. 사실 동맹은 국방의 핵심 요인으로, 국제정치학자들이 오랫동안 연구하고 논쟁해 온 대상이었다. 세력균형을 회복하기 위한 수단으로 자강과 동맹이 주목을 받은 이래 동맹의 형성·유지·종결은 각각 핵심 연구 주제로 자리 잡았다. 과연 동맹은 실제로 국제평화를 증진시키는가?(Levy, 1981) 국가들은 언제 자강이 아닌 동맹을 선택하여 안보 증진

* 유익한 논평을 해주신 정헌주 교수님께 감사드립니다.

을 꾀하는가?(Barnett and Levy, 1991) 민주동맹은 지속성과 신뢰성에 있어서 우위를 보이며 승리를 쟁취하는가?(Choi, 2004) 바이든 행정부 출범 이후 등장한 가치와 기술을 공유하는 포괄적 동맹(망)의 부상은 새로운 동맹연구의 필요성을 제시하고 있다.

기존의 동맹연구는 안보위협에 기반한 '현실주의 동맹론'과 민주주의 공유를 강조하는 '자유주의 동맹론'으로 나누어 볼 수 있다. 이러한 두 동맹론은 현재 부각되고 있는 동맹의 다층적 성격을 충분히 설명하지 못하는 한계를 지닌다. 제2차 대전이 끝난 상황에서 미국과 소련, 두 강대국이 세계를 양분하면서 군사협력의 동반자와 동맹망을 구성했다. 이후 소련과 사회주의 블록이 붕괴한 후 미국의 동맹망은 더욱 확장되면서 민주주의 전파를 기치로 내걸기도 했다. 이러한 역사적 배경 속에서 위협과 이념이라는 상반된 변수를 강조한 동맹연구가 꾸준히 진척된 것이다. 하지만 글로벌 생산망과 기술동맹을 선도하는 미국의 동맹전략은 새로운 시각을 요구하고 있다. 미·중이 동지국가like-minded states를 규합하여 다차원 경쟁에서 우위를 확보하려는 상황에 대한 체계적 이해가 필요한 시점이다.

최근 동맹정치 논의는 과거 미중 중심의 세력전이 논의보다 동맹의 자율성과 중요성을 강조한다. 2008년 금융위기로 미국의 상대적 쇠락이 부각되면서 중국이 미국을 추월할 수 있다는 전망을 부추겼다. 실제로 2014년 구매력 기준 GDP에서 중국은 미국을 추월했다. 그레이엄 앨리슨Graham Allison은 지배국과 상승국이 "투키디데스 함정", 즉 "구조적 긴장" 속에 빠져서 충돌에 이르는 경로를 소개했다. 그러면서 미국과 중국이 불필요한 분쟁에 휘말리도록 할 수 있는 동맹을 "치명적 매력fatal attraction"이라고 경고했다(Allison, 2017). 2017년 트럼프 행정부가 출범하자 미국은 자국우선주의를 내세우며 동맹에게 무임승차를 경고했다. 그러자 미국의 동맹들은 미국 없는 자유주의 세계질서를 구상하기 시작했다. 하지만 미국 외교의 중요성을 역설한 바이든 대통령이 당선되고 미국과 동맹관계가 복원되면서 중국의 우방 만들기 행보도 바빠졌다(Kim, 2021).

미중경쟁이 격화되고 확장되는 상황에서 두 강대국은 동맹을 자산으로 바라보면서 '자기편 만들기' 경쟁에 나선 것이다.

이러한 강대국 경쟁과 동맹에 대한 논의를 동맹전이alliance transition의 관점에서 바라볼 수 있다. 동맹전이론은 두 강대국을 중심으로 형성된 연합에 초점을 맞춘다. 즉, 두 강대국 간 힘의 역전이 아니라 두 연합 간 힘의 역전이 전쟁의 발발을 낳는 핵심 변수라고 주장하는 것이다(Kim, 1991). 만약 지배국 혹은 상승국이 강력한 연합을 구성한다면 두 세력 간 충돌은 일어나지 않는다고 주장하는 것이다. 그렇기에 미국과 중국뿐 아니라 이들과 연대하는 국가들의 의지와 국력에 대한 관심이 클 수밖에 없다(Jung, 2018). 이러한 이론적 논의를 따른다면, 미국이 냉전기에 형성한 동맹망을 유지하고 강화한다면, 과거 비동맹 노선을 유지했던 중국이 미국을 뛰어넘거나 미국과 충돌할 가능성은 높지 않다. 하지만 현재 미중 양국은 동맹을 함정이 아닌 자산으로 바라보며 안보·기술·가치의 다차원 경쟁을 펼치고 있다. 군사력 중심의 동맹망 형성이 아니라 역량과 가치를 공유하는 동맹망이 부상하는 시대가 도래한 것이다.

현재 한국은 미국이 주도하는 동맹변환의 파도를 타고 한반도의 미래를 그려나갈 시점을 맞이했다. 바이든 정부 출범 이후 미국은 본격적으로 혁신기술과 민주주의를 갖춘 국가들과 적극적 연대를 구축하여 중국의 부상을 억제하려는 노력을 경주하고 있다. 이러한 미국의 동맹전략 속에 기술·경제 중견국들의 선택과 외교는 세계정치의 주요 변수로 부상하고 있다. 특히 한반도는 한미동맹과 북중동맹이 상호작용을 펼치면서 국제질서와 지역질서에 파급력을 행사하는 요충지이다. 코로나19로 세계질서의 전환을 앞둔 현재, 기술과 가치를 기반으로 하는 동맹은 어떠한 변화를 추동힐 것인기? 이 글은 먼저 전통적 동맹론과 21세기 동맹정치의 간극을 확인한 후(2절), 미국 주도 동맹망의 등장과 위기를 살펴볼 것이다(3절). 이후 미국의 대외전략을 살펴보면서 동맹 변환의 내용과 성격을 분석하고(4절) 현재 한국이 마주한 도전들과 추구해야 할 대외전략에 대하여 논의한다(5절).

2. 전통적 동맹론과 21세기 동맹정치

그동안 국제정치학은 현실주의 동맹론과 자유주의 동맹론을 발전시켰다. 현실주의 동맹론은 '위협공유common threat'를 통해 동맹의 형성과 유지를 설명한다. 동맹 형성은 흔히 두 국가가 공동의 위협에 대응하기 위하여 역량을 결집하는 모델로 이해되었다. 이러한 역량결집capability aggregation은 자율성-안보의 교환tradeoff 문제를 낳는다(Morrow, 1991). 즉, 안보를 위해 동맹을 체결하면 자율성의 일부를 포기해야 한다. 동맹국에 기지를 제공하거나 동맹에 대한 책임이 발생한다. 물론 동맹의 요구를 무시할 경우 자율성을 늘릴 수 있지만, 그러할 경우 동맹은 약화되고 자국의 신뢰는 추락한다. 따라서 동맹결성은 안보를 위해 무언가를 포기하는 선택을 통해 이루어진다. 제3자 위협을 공유하는 두 국가의 전략적 선택이 바로 동맹이다. 이러한 안보협력은 상호방어, 불가침조약, 군사협력 등을 포괄한다.

동맹 유지와 관련해 방기abandonment의 두려움과 연루entrapment의 두려움이 널리 강조되어 왔다(Snyder, 1997). 일반적으로 동맹을 맺고 나면 동맹 파트너가 자국을 버린다거나 동맹 파트너의 분쟁에 얽힐 수 있다는 상반된 우려가 발생할 수 있다. 냉전기 미국이 주한미군 1개 사단 철수를 감행하자 한국은 방기에 대한 우려에 깊이 빠졌다. 베트남전의 수렁에서 벗어나면서 미국은 아시아 동맹국이 짊어질 짐을 강조했다. 미국이 아시아에서 발을 빼는 축소전략을 취할 경우 한국이 추구해야 할 안보전략에 대한 근본적 고민을 발생시켰다. 하지만 냉전이 종식되고 미국이 이라크를 침공하는 상황에서 한국을 포함한 미국의 동맹들에게 연루에 대한 우려가 급속히 확산되었다. 더구나 민주주의 미 동맹국은 '정의롭지 못한 전쟁'에 군대를 보낸다는 자국 내 비판으로 더욱 곤혹스러운 상황을 맞이했다. 이렇듯 전략적 이해의 충돌로 동맹은 때로 위기를 맞이하는 대상이었다.

한편, 자유주의 동맹론은 가치와 제도의 공유에 초점을 맞춘 채 동맹 형성과 유지를 설명한다. 1990년대 두 민주국가는 서로 전쟁을 하지 않는다는 민주평화론을 기반으로 다수의 학자들은 민주국가 간 동맹연구를 진행했다. 이러한 민주동맹론의 핵심 주장은 민주국가들은 서로 동맹을 잘 체결할 뿐 아니라 동맹관계를 오랫동안 유지하며 동맹신의를 지킨다는 것이다.[2] 따라서 동맹의 형성과 유지에 있어서 민주주의의 공유joint democracy는 핵심 변수이다. 이러한 민주동맹의 특수성은 '민주 승리론'의 주요 근거 중 하나로 활용되었다. 일부 학자들은 민주국가가 비민주국가에 비해 전쟁에서 승리할 확률이 높다는 주장을 펼쳤는데, 민주국가가 누리는 몇 가지 이점들 중 하나가 든든한 동맹의 후원이라고 지적했다(Reiter and Stam, 2002; Choi, 2004).

이러한 민주동맹론의 영향으로 이념과 제도를 공유하는 국가들의 협력과 갈등에 대한 연구가 활발히 이루어졌다(Lai and Reiter, 2000). 예를 들어, 전前근대 동아시아에서 유교를 공유하는 정치단위 간의 평화에 주목하거나 사회주의 혹은 독재체제를 공유하는 국가들이 펼치는 관계에 대한 분석들이 등장한 것이다(Kelly, 2012; Kang, 2010; Peceny, Beer and Sanchez-Terry, 2002). 이러한 연구들의 공통점은 동맹을 체결하는 국가들이 어떠한 속성을 공유하는지에 주목하고 있다는 것이다. 현실주의 동맹론이 동맹을 체결하는 국가들을 제외한 제3자의 위협을 강조한 점과 확연히 구분되는 지점이다. 이러한 두 동맹론은 상이한 시각을 제시하며 유지되었지만 뚜렷한 논쟁을 촉발시키지는 않았다. 국제분쟁 연구에서 현실주의와 자유주의 간의 패러다임 경쟁이 자주 논쟁을 유발했다는 점을 고려할 때 다소 의아스러운 지점이다.

최근 국제관계에서 동맹정치의 변환은 새로운 동맹론의 필요성을 높인다. 현재 국가들이 위협을 공유하고 역량을 결집하는 과정에서 현실주의와 자유주의 동맹론이 제공하는 설명에는 한계가 있기 때문이다. 현실주의 동맹론을 대

2 대표적인 연구로는 Siverson and Emmons(1991); Reed(1997)이 있다.

표하는 스티븐 월트Stephen Walt는 '위협threat'이 ① 국력, ② 거리, ③ 공격 능력, ④ 공격 의도로 구성된다고 보았다(Walt, 1987). 그러나 미국은 중국과 러시아를 우리의 '삶의 방식'을 무너뜨릴 수 있는 위협으로 규정하고 자유연합의 필요성을 역설한다. 즉, 상이한 이념과 제도에 기초하여 위협을 제시하면서 국내외의 지지를 호소하고 있다. 이는 20세기 미국이 파시즘과 공산주의에 대항한 자유연합을 촉구했던 과거를 상기시켜 준다. 하지만 중국과 러시아의 '샤프 파워', 즉 디지털 기술을 활용하여 타他민주국가의 내정에 개입해 영향력을 행사하는 '보이지 않는 손'에 대한 아시아와 유럽 민주국가들의 우려와 대응은 새로운 현상이다(Hamilton and Ohlberg, 2020; International Forum for Democratic Studies, 2017). 최근 호주의 뚜렷한 반중 노선으로의 전환은 이를 여실히 보여준다. 더구나 최근 미국 주도 동맹망은 군사 역량을 결집할 뿐 아니라 기술과 생산망을 공유하는 전략을 추진한다. 전통적 방식의 군사협력뿐 아니라 비군사 협력을 동맹관계의 핵심으로 삼으면서 포괄적 동맹을 지향하고 있는 것이다. 이렇듯 동맹관계에서 위협공유와 역량결집의 새로운 형태는 기존 동맹론의 변화를 요구하고 있다.

3. 미국 동맹망의 등장과 위기: 자유연합의 부상과 경제의존의 약화

현재 미국이 포괄적 동맹을 추진하게 된 배경은 무엇인가? 현재 미국이 주도하는 가치·제도에 기초한 위협공유와 기술·생산을 공유하는 역량결집은 그동안 미국 주도 동맹망의 변화를 추적하는 과정을 통해 이해할 수 있다. 냉전의 유산으로 수많은 동맹국을 거느리게 된 미국은 자유주의 연합의 부상을 선도했지만 그러한 자유연합 내 경제적 유대가 약화되는 변화를 막지는 못했다.

제2차 대전 이후 미국은 공산진영에 대항한 자유진영을 구축하면서 체제경쟁의 선봉에 섰다. 하지만 이러한 자유진영에 속한 미국의 동맹들이 모두 민주

그림 5-1 미국 동맹국의 민주주의 수준

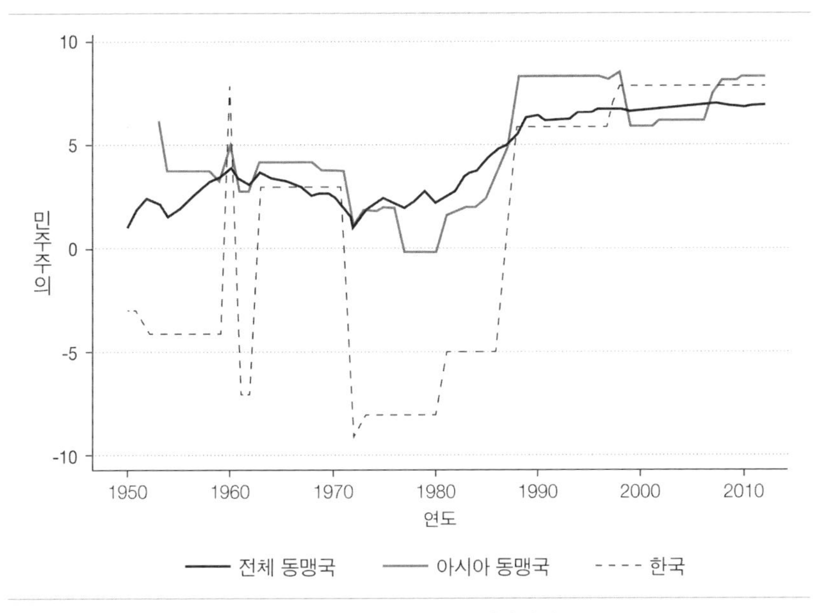

자료: Formal Alliances v4.1와 Polity5 2018 data를 활용하여 저자 작성.

주의를 채택하지는 않았다. 그렇기에 미국 내에서 독재자와 손잡는 미국 외교에 대한 도덕적 비판은 피할 수 없었다. 제2차 대전기에 전체주의에 대항하기 위하여 공산주의와 손잡았다면, 냉전기에는 공산주의에 대항하기 위하여 권위주의와 연대했다고 볼 수 있다. 그러나 이러한 비판은 1980년대 후반에 접어들면서 사그라들었다. 과거 권위주의 동맹들이 민주주의 동맹으로 탈바꿈하기 시작했기 때문이다. **그림 5-1**은 Polity Score(+10: 최고 수준 민주주의, -10: 최고 수준 권위주의)를 통해 미국 동맹들의 민주주의 수준을 나타낸 것이다. 미국 전체 동맹국들의 민주주의 수준은 1950년대부터 1980년대까지 0점 이상 5점 이하 영역에 머물렀으나, 1990년대부터 6점 이상의 수준을 보여준다. 일반적으로 6점 혹은 7점 이상을 민주주의로 분류하기에 미국의 동맹들이 혼합체제에서 민주체제로 전환했다고 볼 수 있다. 한국을 포함한 미국의 아시아 동맹들

그림 5-2 미국과 동맹 간 경제적 의존

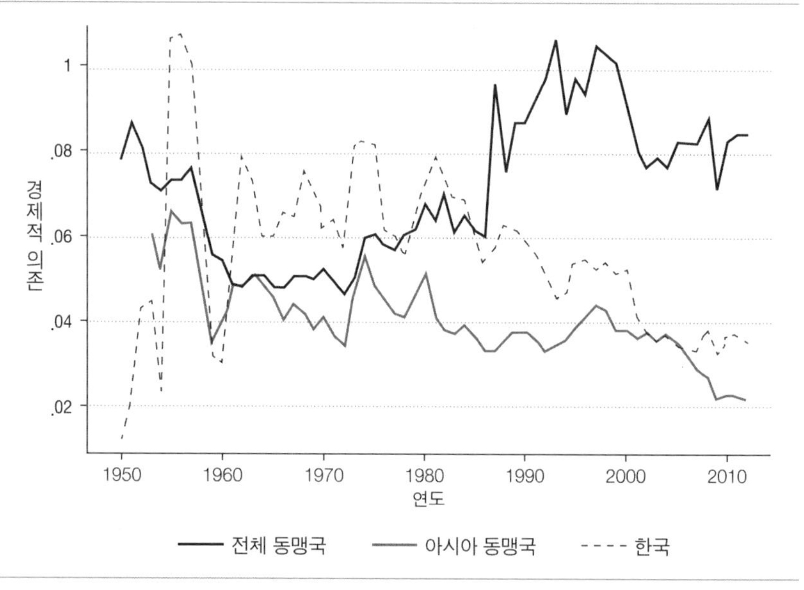

자료: Formal Alliances v4.1와 Historical Bilateral Trade and Gravity Dataset를 활용하여 저자 작성.

역시 유사한 궤적을 그린 것을 확인할 수 있다.

이렇듯 미국은 냉전 후반기에 이르러 명실상부한 자유연합을 주도하게 되었다. 반면에 자유연합이 구축한 경제유대는 약화되고 말았다. **그림 5-2**는 미국과 동맹 간 경제적 의존 관계를 나타낸다. 두 국가의 무역량이 각국 GDP에서 차지하는 비중을 살펴볼 때 전체 미국 동맹들의 경제 의존도는 1990년대 중반 정점을 찍은 후, 2000년 이후 하락하는 추세를 보여준다. 하지만 아시아 동맹들은 이미 1980년대 중반 이후로 미국 의존도를 꾸준히 줄이는 모습을 보여준다. 한국 역시 다른 아시아 동맹들보다 미국 의존도는 높지만 유사한 변화를 보여준다. 앞서 언급한 것처럼 1980년대 중후반부터 미美 동맹들의 민주화가 시작되었는데, 흥미롭게도 그 시기부터 미국의 경제적 영향력은 약화되기 시작했다. 미국이 선도하는 연합이 정치적으로 자유주의 가치를 내재화하는

그림 5-3 전 세계 GDP에서 차지하는 비중(1950~2020)

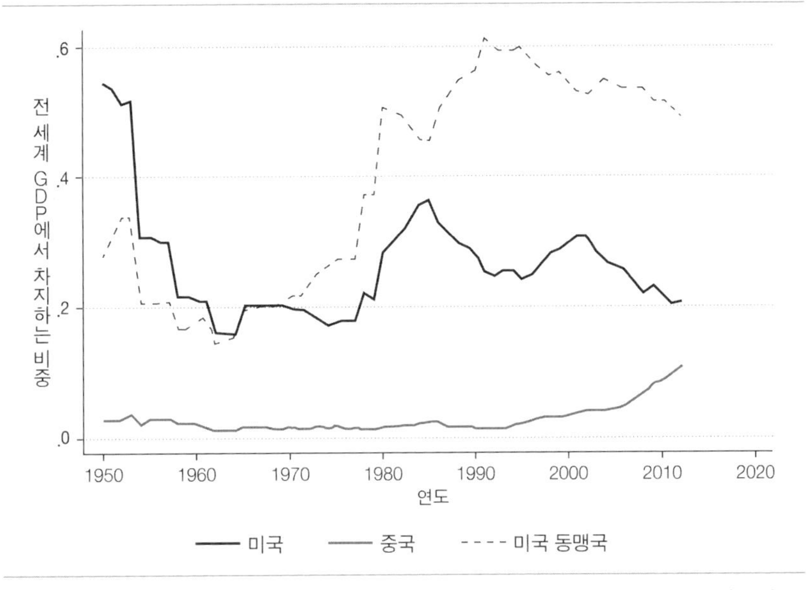

자료: Formal Alliances v4.1와 Historical Bilateral Trade and Gravity Dataset를 활용하여 저자 작성.

가운데, 미국에 대한 경제적 의존이 감소하는 변화가 20세기 후반기에 진행되었다. 전후체제에서 미국을 제외한 유럽과 아시아 국가들의 경제적 부상이 진행되자 정치적 자유화의 물결이 일어나며 글로벌 차원의 개방경제가 자리 잡은 결과라 할 수 있다.

미국 경제가 전 세계 경제에서 차지하는 비중이 줄어들면서 미국과 동맹 간 비대칭적 의존은 약화되었다. 1960년 전 세계 GDP의 40%를 차지한 미국 GDP의 비중은 1980년 25%로 줄어든다. 이후 다소 증가하기도 했으나 2019년에는 24%의 비중을 보여준다(그림 5-3 참조).[3] 사실 양차대전 이후 유럽과 일본의 경제성장이 이루어지면서 미국의 상대적 쇠퇴에 대한 우려의 목소리는 반복적으

3 https://www.visualcapitalist.com/u-s-share-of-global-economy-over-time/ (검색일: 2021.12.6)

그림 5-4 미국과 동맹 간 비대칭 의존

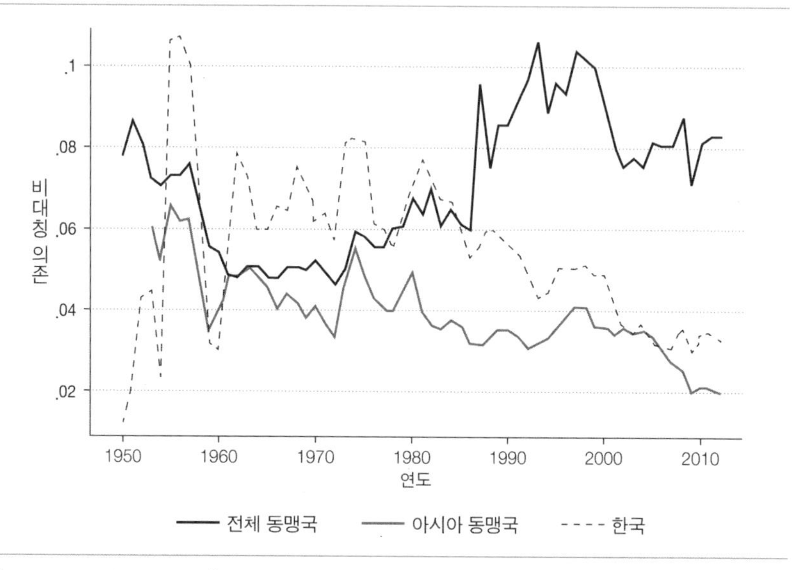

자료: Formal Alliances v4.1와 Historical Bilateral Trade and Gravity Dataset을 활용하여 저자 작성.

로 등장했다. 소련, OPEC 산유국, 독일과 일본의 영향력에 대한 경계를 늦추지 않았던 미국은 21세기 접어들어 중국의 추격을 맞이하였다. 이러한 변화 속에서 아시아 동맹들이 미국과 맺은 비대칭 의존관계는 1990년대 후반부터 급속히 약화되는 모습을 보인다(그림 5-4 참조). **그림 5-4**는 두 국가의 무역량이 각국의 GDP에서 차지하는 비중을 통해 비대칭적 의존 관계를 나타내는데, 미국과 동맹들 간 비대칭성은 2000년 이후 낮아졌지만, 미국과 아시아 동맹들 간 비대칭성은 앞선 시기부터 하락 국면에 접어들었다.

이러한 미국 경제의 약화는 중국 경제의 부상 속에서 주목을 받고 있다. 비록 아직 경제규모와 기술력에 있어서 미국이 중국을 앞서고 있지만, 세계 무역과 투자에서 미국의 위상은 약화되고 있다. 조지프 나이Joseph Nye는 2002년 출판한 책에서 세계정치를 안보 측면에서 단극체제, 경제 측면에서 다극체제, 초국가관계 측면에서 무극체제로 규정한 바 있다(Nye, 2002: 39). 21세기에 들어서 이미 경제는 미국, 유럽, 일본, 중국이라는 다자가 주도하는 구조를 형성했다는 평가를 내린 것이다. 아시아태평양 투자협정(2010)과 FTA(2011) 네트워크를 분석한 연구에 따르면, 중국은 위치권력을 뜻하는 중심성에서 미국을 크게 앞서고 있다(김치욱, 2012a; 2012b). 이렇듯 아시아를 중심으로 미국은 중국의 부상 속에서 경제적 영향력을 잃고 있었으며, 미국의 주요 동맹들 역시 탈냉전기 중국 경제의 부상을 기회로 삼으면서 중국과의 경제협력을 적극적으로 추진했다.

그렇다면 이러한 이념적·경제적 변화 속에서 미국의 선택은 무엇이었는가? 오바마 행정부는 '아시아로의 회귀Pivot to Asia'를 선언하며 동맹망의 강화를 추진했다. 9·11 이후 이라크전으로 실추된 미국의 이미지를 회복하면서 모범 리더십을 구축하고자 했다. 아시아의 경우 전통적인 양자동맹 중심 전략에서 벗어나 네트워크 동맹망을 건설하여 미국의 영향력을 유지 및 확보하고자 노력했다. 이는 미국의 동맹들이 전 세계 경제에서 차지하는 절대적 비중과 자유주의 성향을 고려할 때 합리적 선택으로 볼 수 있다. 2008년 금융위기로 미국의 추락을 예견한 전망도 등장했지만 오바마 행정부 2기 들어 미국 경제가 회복하면서 이른바 스마트파워에 기반한 미국 외교는 동맹들의 호응 속에 세계 안정에 기여하리라는 기대를 불러일으켰다. 경제적 성장에도 불구하고 중국이 전 세계 곳곳에 미치는 영향은 여전히 제한적이라는 "불완전한 강대국partial power" 주장도 널리 받아들여졌다(샴보, 2014).

하지만 미국의 글로벌 리더십은 국내 지지를 확보하는 데 실패했다. '자국우선주의'의 기치를 내건 트럼프의 당선은 미국 동맹전략의 급격한 변화로 이어졌다. 무임승차를 경고하며 정당한 운임을 지불하라는 미국의 압박을 마주한 미국의 전통적 동맹들은 그들의 신뢰를 철회하기 시작했다. 동시에 미국이 주도한 자유주의 세계질서의 미래를 이제는 자유주의 국가들이 연합하여 책임져야 할 필요와 부담을 느끼게 되었다. 미국이 스스로 퇴장한 세계에서 자유주의 세계질서의 종말을 막아야 한다는 일종의 위기 속에 미美 동맹들이 뭉치기 시작한 것이다. 더구나 코로나19와 기후변화로 인하여 국제협력의 중요성과 시급성이 부각되면서 미래 세계질서에 대한 다양한 전망과 주장이 제기되었다. 트럼프 대통령의 재선이 불발되고 바이든 행정부가 미국의 복귀를 선언하면서 자유연합의 안정은 상당 부분 회복되었다. 그럼에도 바이든 행정부가 국내 지지와 동맹 협조를 확보하면서 적극적인 대외전략을 추진할 수 있을지는 여전히 미지수이다. 다만 분명한 것은 미국이 안보·기술·가치를 연계한 포괄적 동맹망 구축에 나섰다는 점이다.

4. 미국의 대외전략과 동맹의 변환: 안보·기술·가치

'중산층을 위한 외교'를 강조한 바이든 행정부는 '디지털 자유연합'을 추구하는 대외전략을 실행에 옮기고 있다. 이는 자유연합과 기술동맹을 결합하여 중국의 부상을 억제하고 국내 노동자와 산업을 보호한다는 목표를 지향한다. 사실 20세기 후반에 접어들어 강대국 중심으로 대량살상무기를 보유하게 되면서 미중 전면전 가능성을 예상하는 이들은 많지 않다. 그 대신 국지적 수준에서 혹은 사이버 공간에서 양국의 충돌을 예견하는 다양한 시나리오가 논의되고 있다. 더구나 미국과 중국 양국이 과거 미국과 소련 관계와 달리 높은 수준의 경제적 상호의존을 맺고 있는 상황에서 양측 지도자 모두 충돌로 인한 심대한 피해를 우려하고 있다는 것이 중론이다. 코로나 상황에서 양국의 경쟁이 한층 심화된 것은 사실이나 여전히 협력 분야를 논의하고 있는 이유가 여기에 있다.

따라서 현재 미국은 중국의 경제를 압박하여 국력 역전 현상을 예방하는 데 역점을 두고 있다. 경제적 예방조치를 실행한 것이다. 선도 영역을 중심으로 우위를 점하고 이를 통해 미중 경제력 격차를 유지 혹은 확대하겠다는 계산이다. 이러한 중국 압박정책은 트럼프 행정부 시기 이른바 '무역전쟁'을 시작하면서 개시되었다. 바이든 행정부에 들어서 대중정책은 변함이 없다는 주장은 바로 이 점을 강조하고 있는 것이다. 미국 일각에서는 "위험한 합의"로 평가하지만(Sanders, 2021), 중국을 견제하여 자국의 우위를 확보해야 한다는 믿음은 미국 내에 널리 자리 잡고 있다. 이는 심각한 이념적·정치적 양극화로 위기에 봉착한 미국 사회에서 드문 합의점이다. 더구나 러시아의 우크라이나 침공이 현실화된 상황에서 미국 지도부가 권위주의 위기론을 둘러싼 대립을 펼칠 가능성은 매우 낮다.

물론 바이든 행정부만의 차별성은 존재한다. 전 세계 동맹·우방과 적극적으로 연대하여 중국과 러시아를 견제하는 전략을 줄기차고 적극적으로 실행하고 있다(The White House, 2021a). 특히 주목할 점은 전통적 안보협력을 뛰어넘어 가치와 기술까지 공유하는 포괄적 동맹을 추진한다는 점이다. 이러한 동맹혁신 비전은 지난 1년 동안 쿼드와 파이브아이즈의 확대, 오커스 출범, 민주주의 정상회의와 같은 다양한 동맹 협력체가 추진되는 과정에서 명백히 확인되었다. 한국과 일본, 호주와 유럽연합과 같은 미국의 오랜 동맹들을 핵심 구성원으로 하면서 민주주의와 선진경제를 공유하는 자유연합을 확대하고 강화하려는 노력들이 다방면에 걸쳐서 확인되고 있다. 전통적인 안보협력에서 중시하는 군사훈련과 정보 공유뿐 아니라 기술 보호와 규범 제정과 같은 노력들을 이들 국가들과 함께 하겠다는 미국의 의지는 반복적으로 드러나고 있다. 2021년 3월 미국-일본-호주-인도 쿼드 정상회담의 공통발표문의 제목이 "쿼드의 영혼The Spirit of the Quad"인 점은 상징하는 바가 크다고 본다(The White House, 2021b). 단순한 이익 공동체가 아니라는 입장이다.

미국이 강조하는 기술우위는 세계경제의 역사 속에서 주도국의 운명을 좌우했다. 글로벌 패권의 이동을 살펴보면, 기술혁신을 통해 선도 분야를 장악한 국가가 세계경제를 이끌면서 국제정치를 주도했다. 19세기 영국과 20세기 미국이 대표적이다. **표 5-1**에서 정리한 바와 같이 세계경제를 선도한 국가들에 대하여 학자마다 다소 상이한 국가들을 거명하지만 19세기부터 영국과 미국이 세계경제를 선도했다는 점에는 동의하고 있다. 특히 이들이 강조하는 점은 영

표 5-1 주요 학자들이 거명한 세계경제 선도국

세기 \ 학자	월러스타인(1974)	길핀(1975)	모델스키와 톰슨(1996)	킨들버거(1996)	매디슨(2001)
10~11			북송		중국
11~12			남송		
13			제노아		
14			베네치아	이탈리아 도시국가들	베네치아
15~16	합스부르크		포르투갈	포르투갈/스페인	포르투갈
17	네덜란드		네덜란드	네덜란드	네덜란드
18			영국 I	프랑스	영국
19	영국	영국	영국 II	영국	영국
20	미국	미국	미국	미국	미국

주: 괄호 안의 숫자는 각 학자들의 저작물 출간 연도이다.
자료: Thompson and Zakhirova(2019: 19, Table 2.1).

국과 미국이 석탄과 석유와 같은 에너지원을 활용하는 기술을 기반으로 운송·정보·통신·우주 등 주요 분야에서 앞선 기술을 보유했다는 사실이다(Modelski and Thompson, 1996). 따라서 미국의 입장에서 21세기 세계 경제패권국의 지위를 타국에게 넘겨주지 않기 위해서는 기술우위를 확보하는 것이 핵심이다. 4차 산업혁명과 관련해서 강조되는 반도체, 배터리, 인공지능, 양자기술을 미국 정부가 명시적으로 강조하며 주요국들과 협력을 강화하려는 이유도 여기에 존재한다(The White House, 2021a).

이러한 기술혁신에 기초한 자유연합 전략은 바이든 행정부 이전 시기부터 등장했다. 미국 내 정파적 이해와 이념적 입장을 넘어선 측면이 강하다고 볼 수 있는 근거이다. 2020년 10월 신미국안보연구소CNAS는 「공동 코드Common Code: An Alliance Framework for Democratic Technology Policy」에서 13가지 사항을 발표한 바 있다(Rasser et al., 2020). 한국과 미국을 포함한 민주주의 10개국과

유럽연합이 참여하는 기술동맹을 통해 공급망 확보, 기술 보호와 투자 확보, 국제규범과 기준 마련 등을 다음과 같이 제안한 것이다.

① 핵심 구성원들과 기술동맹을 체결하라(네덜란드, 독일, 미국, 이탈리아, 일본, 영국, 캐나다, 프랑스, 한국, 호주, EU).
② 다른 국가와 조직과 협업할 수 있는 메커니즘을 만들어라.
③ 핵심 구성원들을 적절히 늘릴 계획을 세워라.
④ 비공식 조직을 만들어 조직 건축을 위한 네트워크 구조를 채택하라.
⑤ 우선 합의에 기초한 1인 1표제로 시작하라.
⑥ 반드시 멀티스테이크홀더(산업, NGO, 과학·기술 조직, 학계)가 동맹 결정과 행동에 영향을 미치도록 하라.
⑦ 정기 모임(특히 실무자들과 스테이크홀더 간)을 개최하라.
⑧ 공급망을 확보하고 다변화하라.
⑨ 핵심 기술을 보호하라.
⑩ 새로운 투자 메커니즘을 만들어라.
⑪ 온전한 국제표준 설정 체제를 되찾아라.
⑫ 기술 사용에 대한 규범과 가치를 명문화하라.
⑬ 기술선도 민주국가들(tech-leading democracies) 간 다자협력이 가능한 다른 기술정책 영역의 전체 내용들을 평가하라.

한편, 같은 해 2월 미국 조지타운대학 안보·신흥기술센터CSET는 디지털 권위주의에 대항하기 위해 "신속하고 유연한 동맹agile alliances"을 구축할 것을 제안하는 보고서를 발표했다(Imbrie et al., 2020). 이 보고서는 인공지능과 관련된 방어·연계·투사 전략을 제시하면서 개별 계획에 따른 적합한 파트너 국가들을 거명했다(표 5-2 참조). 한국은 하드웨어 요충지, 인공지능 개발과 관련 인적 자본 개발에 있어서 최적 파트너로 지목되었다. 바이든 행정부 출범 이후 미국

표 5-2 AI 시대 미국의 대응전략과 과제

전략 (Strategy)	계획(Initiative)	최적 동반자 (Optimal Partners)
방어 (Defend)	1. 민감한 기술 정보의 유출 차단(Prevent the transfer of sensitive technical information)	독일, 영국, 일본, 캐나다, 프랑스, 호주
	2. 투자 검열 과정의 조정(Coordinate investment screening procedures)	영국, 독일, 네덜란드, 프랑스, 이탈리아, 일본
	3. 하드웨어 요충지의 활용(Exploit hardware chokepoints)	타이완, 한국, 일본, 이스라엘, 싱가포르, 네덜란드
연계 (Network)	4. 비(非)민감 데이터의 나눔·공유·저장(Share, pool, and store non-sensitive datasets)	영국, 독일, 일본, 프랑스, 네덜란드, 뉴질랜드
	5. 프라이버시 보존형 기계학습에 투자(Invest in privacy-preserving machine learning)	캐나다, 인도, 독일, 호주, 일본, 영국
	6. 상호운용성과 기민성을 갖춘 소프트웨어의 개발(Promote interoperability and agile software development)	캐나다, 호주, 영국, 독일, 이탈리아, 일본
	7. 인공지능과 연구개발 협력과제의 개시(Launch an AI R&D collaboration challenge)	일본, 독일, 한국, 프랑스, 영국, 네덜란드
	8. 인공지능을 위한 연계된 인적자본의 개발(Develop inter-allied human capital for AI)	인도, 영국, 독일, 프랑스, 캐나다, 한국
투사 (Project)	9. 인공지능에 대한 글로벌 규범과 표준의 형성(Shape global norms and standards for AI)	캐나다, 영국, 아일랜드, 호주, 싱가포르, 일본
	10. 다층 디지털 인프라 네트워크의 구축(Establish a multilateral digital infrastructure network)	독일, 일본, 프랑스, 영국, 아일랜드, 캐나다

자료: Imbrie et al.(2020: iv-viii)의 내용을 저자가 정리.

은 한국 정부와 기업들에 대하여 반도체와 배터리 생산망 공동 구축을 적극적으로 제안하고 협력을 요구했다. 기본적으로 한국을 기술선도 민주국가들 중 하나로 평가하고 기술혁신과 생산망에 있어서 일정한 역할을 요구하고 있다. 이러한 기술·경제 협력의 결과는 아직 예단하기 어려운 상황이지만 미국의 동맹혁신 계획에 주요 파트너로 한국이 포함된 것은 명확하다.

한편, 중국은 '디지털 실크로드'를 제시하면서 자국 중심의 권위주의망 건설을 이미 시작했다. 앞서 논의한 바대로 미국은 중국을 경제·이념·안보의 도전자로 지칭하고(The White House, 2020) 자유민주주의의 연대를 역설하고 있다. 이에 맞서는 시진핑 정부는 일대일로 전략을 제시했으며, 향후 유사국가들을 끌어모으기 위한 다양한 방안을 실행할 것으로 예상된다. 2015년부터 본격화된 중국의 디지털 실크로드는 제3세계 국가들과 디지털 기술의 상호의존 및 기술연대를 핵심으로 삼으면서 첨단기술 글로벌 네트워크의 구축을 지향하고 있다(차정미, 2021). 이러한 노력의 대표적 성과인 '일대일로 국제과학조직연맹Alliance of International Science Organizations'에는 전 세계 주요 개발도상국이 참여하고 있으며 러시아, 파키스탄, 카자흐스탄, 헝가리, 케냐, 네팔, 태국 등의 기관이 이사회를 구성했다(차정미, 2021). 하지만 이러한 중국의 글로벌 전략이 유의미한 역량을 갖춘 동맹과 우방을 규합할 수 있을지는 아직까지 미지수이다. 예를 들어, 중러 관계의 미래는 여전히 불확실하며, 동남아 국가들은 남중국해를 두고 중국과 대치하고 있다. 다만 디지털 권위주의의 선두인 중국이 권위주의 정권들에 국내 통제 기법을 전수하면서 경제발전의 모델을 제시하고 있다는 점은 부인하기 어렵다. 미국과 유사하게 중국 역시 자국 편 만들기에 노력을 기울이고 있는 형국이다.

그렇다면 향후 중국을 염두에 둔 미국의 동맹전략은 어떻게 전개될 것인가? 현재로서는 인권과 기술 보호를 명목으로 중국에 대한 국제 제재를 증가시킬 가능성이 높다. 중산층을 위한 대외전략은 곧 중국산 물품의 수입을 금지하고 주요 물자의 중국 수출을 가로막는 정책을 선호할 수 있다. 물론 이러한 국제제재가 얼마큼 동맹과 우방의 호응 속에서 다자 형태로 이루어질지, 그리고 중장기적으로 미국 경제에 미칠 영향이 무엇일지를 예단할 수는 없다. 하지만 이미 트럼프 행정부는 화웨이 장비의 도입을 금할 것을 파이브아이즈 동맹국들에게 요구한 바 있다. 이에 대한 주요 동맹들의 즉각적 반응과 실행 여부는 상이했지만 미국은 지속적으로 정보 유출로 인한 안보위협을 강조했다. 또한 미국은 신장지역 인권탄압에 쓰이는 장비와 기술을 중국에 수출하지 못하게 하

그림 5-5 무역제재(1950~2019)

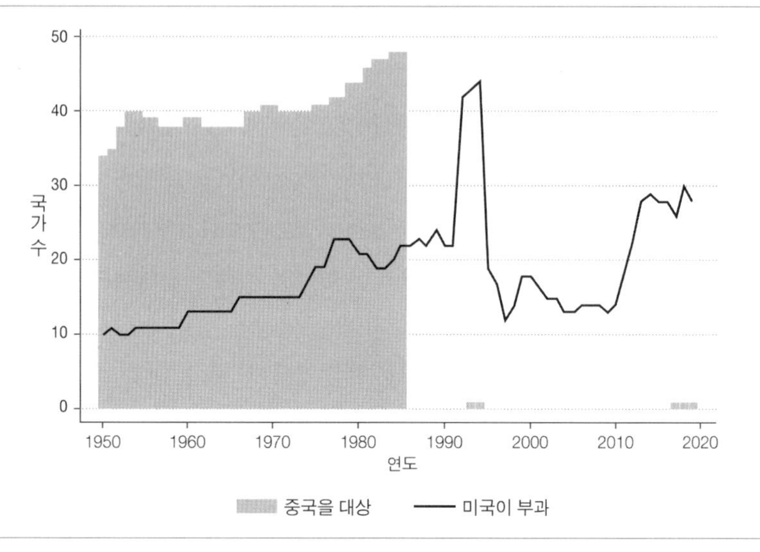

자료: 2021 Global Sanctions Database를 활용하여 저자 작성.

는 조치를 민주국가들과 함께 취할 것이라고 공언한 가운데, 백악관은 2021년 말 신장 상품을 수입 금지하는 법안에 서명했다(≪매일경제≫, 2021.12.3; ≪한국일보≫, 2021.12.24). 이러한 미국의 중국 압박은 동맹과 우방으로 하여금 제재 동참이라는 선택을 두고 고민을 안길 것으로 예상된다.

실제 미국은 제2차 대전 이후 경제제재를 가장 적극적으로 활용한 국가인 반면에, 1985년 이후 중국에 대한 국제사회의 경제제재는 드물었다. 2021년 Global Sanctions Database[4]에 따르면, 미국은 1950년부터 2019년까지 최소 10개국, 최대 44개국, 2013년 이후 약 28개국에 대해 무역(수출, 수입)제재를 부가했다(그림 5-5 참조). 그중 미국의 대중 경제제재는 '완전 수출입 제재'(1950~1972), '부분 수출 제재'(1973~1985, 1993~1994), '부분 수출입 제재'(2017~2019)의

4 https://www.globalsanctionsdatabase.com/

형태로 실행된 바 있다. 냉전 종식과 천안문 사태 이후 최근 미국이 중국에 대한 경제제재를 재개한 것이다. 하지만 미국을 제외하고 1986년부터 2019년까지 중국에 대하여 경제제재를 가한 국가는 존재하지 않는다. 이러한 대중국 무역제재 현황은 중국과 주요국·이웃국 사이에 형성된 경제적 상호의존망을 간접적으로 보여준다. 따라서 미국의 대중국 제재 동참 여부가 몰고 올 여파가 작지 않으리라 예상된다.

이처럼 기술혁신과 경제제재를 앞세운 미국의 동맹전략은 국방환경의 변화를 의미한다. 안보협력 차원에서 이루어진 군사동맹은 이제 안보·기술·가치를 공유하는 포괄동맹으로 전환을 이루고 있다. 따라서 좁은 의미의 국방에 기초한 대외전략이 지닌 한계는 보다 명확해지고 있다. 미국은 중국과 러시아를 군사력으로 영토를 위협하는 세력일 뿐 아니라 약탈적 행위로 공정한 경제 질서를 파괴하고 우리의 삶의 기반을 흔드는 도전으로 묘사하고 있다. 미국은 글로벌 생산망을 구축하고 수출입 통제를 오랜 동맹들에게 요구하며 화답을 요구하고 있다. 이러한 미국의 중국과 러시아에 대한 압박은 냉전 초기 대공산권 수출통제위원회Coordinating Committee for Multilateral Export Controls: COCOM를 연상시킨다. 미국은 냉전 초기 동유럽과 서유럽 간 무역을 중단시키며 자국의 영향력을 확대시켰는데, 이는 일정 부분 영국을 포함한 동맹들의 반발과 희생을 유발시켰다(김동혁, 2020). 그렇다면 글로벌 상호의존망이 그 어느 때보다 촘촘해진 상황에서 중국과 러시아 등 권위주의 세력을 주변화시키는 전략은 어려움을 겪을 수밖에 없다.

그렇다면 미국의 안보·가치·기술을 연계한 포괄적 동맹망이 성공을 거둘 것인가? 우선 선진경제를 일군 민주국가들이 공유하는 권위주의 위협인식이 긍정적 요인으로 작동할 것이다. 아시아와 유럽, 아메리카와 아프리카 등 전 세계에서 중국과 러시아의 도전과 팽창에 대한 우려와 반대 여론이 2010년대 후반부터 급증했다. 미국과 주요 우방은 베이징 동계올림픽에 대하여 외교적 보이콧을 선언했고, 우크라이나를 침공한 러시아에 대해 대규모 경제 및 금융

제재를 부가하고 있는 상황이다. 신기술과 경제력을 활용하여 자국 내 주요 세력을 감시하고 억압할 뿐 아니라 타국의 정치에 영향력을 행사하고 사회불안을 조장하는 중국과 러시아에 대한 민주사회의 반발은 미국이 주도하는 동맹망을 추동하는 근본 동력이 될 수 있다.

하지만 과연 미국이 어느 정도의 자원을 투입해서 동맹들의 신의를 확보할 수 있을지는 여전히 미지수이다. 특히 미국 중산층을 위한 외교를 선언한 바이든 행정부가 국내 세력을 설득하여 일정한 지지 속에서 글로벌 리더십을 안정적으로 행사할 수 있을지가 중요하다. 2022년 11월 중간선거에서 선전한 민주당은 바이든 행정부의 대외전략을 지탱하는 버팀목이 되고 있다. 사실 중국의 일대일로에 맞서 트럼프 행정부가 인도-태평양 전략을 제시했을 때 아시아 국가들의 반응은 미온적이었다. 미국이 투여하기로 한 자원과 지원이 미미했기 때문이다. 코로나19로 인해 전 세계 경제가 어려움을 겪는 상황에서 과연 미국이 얼마큼 공공재를 제공하는지는 더욱 중요해졌다. 한편, 중국 내부 역시 중요하다. 시진핑의 일대일로가 점차 약탈적 성격을 지닌 대외전략으로 평가받는 상황에서 전략적 변화가 필요한 시점이다. 외부의 불만과 우려를 고려한 중국 대외전략의 변화가 없다면 미국 중심의 동맹망의 응집성은 강화될 수밖에 없을 것이다.

5. 나가는 글

미국이 주도하는 포괄적 동맹망과 국방환경의 변화를 목도하면서 우리는 세 가지 과제에 직면했다. 첫째, 우리가 추구하는 안보와 가치가 충돌하는 상황을 맞이할 가능성이 높다. 미국이 주도하는 자유연합의 일원으로 한미동맹의 중요성은 더욱 부각되고 있다. 그러나 북한 문제를 두고 중국의 협력이 절실한 상황에서 자유연합은 우리에게 민주주의와 인권의 가치를 중시하는 목소리를 내고 행동할 것을 요구한다. 홍콩과 대만, 신장, 항행의 자유 등이 대표적 이슈들이다. 이에 대하여 우리는 대체로 신중한 입장을 취해왔지만 언제까지 이러한 전략적 모호성을 취할 수 있을지에 대한 회의적 시각이 강하다. 따라서 이러한 주요 문제에서 이익과 가치의 충돌을 어떻게 예견하고 대비하는지가 중요하다. 특히 우리의 입장을 국내 논의와 토론을 통해 도출한 이후 국제사회에 제시하고 설득하는 작업이 요구된다.

둘째, 미국이 추구하는 기술·경제망이 우리 이익의 단기적 희생을 요구할 수 있다. 특히 중국의 보복이 다양한 형태로 가해질 경우 우리의 경제적 이익은 감소하고 비용은 증가할 수 있다. 따라서 과연 어떠한 형태로 미국 주도의 자유연합에 참여하여 기여를 하면서 우리의 몫을 챙길 수 있는지에 대한 진취적 고민이 필요하다. 물론 앞서 언급한 대로 일정한 선택이 필요한 상황에서 모든 보복을 사전에 차단하는 것은 불가능하다. 하지만 그로 인한 취약성을 최소화하면서 미국과의 협력에서 우리의 실리를 챙길 수 있는 방안을 선제적으로 제시하고 현실화하는 노력이 시작되어야 한다.

셋째, 우리가 당면한 글로벌 팬데믹과 기후변화를 이겨나갈 국제협력 방안을 모색해야 한다. 기존의 국제협력이 안보와 경제에 치중하면서 양자 형태로 진행되었다면 현재 우리가 맞대하고 있는 위기는 새로운 형태의 국제협력을 요구하고 있다. 따라서 기존 한미동맹을 위시한 양자협력 모델의 한계는 더욱 뚜렷해지고 있다. 따라서 새로운 협력모델을 활용한 위기 극복과 국력 증진을 고민하고 주도할 주체와 이에 대한 지원이 필요하다. 기존의 다자협력체를 적극 활용할 필요가 있지만 어떠한 구성원이 참여하는 다자협력인지, 어떠한 어젠다를 중심으로 뭉친 다자협력을 선도할지에 대한 창의적 제안과 실행이 필요하다.

이렇듯 세 가지 도전에 직면한 우리는 국방환경의 근본적 변화에 발맞춘 위협규정과 역량결집이 요구된다. 우리 동맹과 우방과 더불어 무엇을 위협으로 바라보며, 무엇을 결집할지에 대한 새로운 고민이 필요한 것이다(그림 5-6 참

그림 5-6 위협규정과 역량결집

자료: 저자 작성.

조). 본 연구가 논의한 바와 같이, 현재 미국은 새로운 동맹망을 짜고 있다. 안보·가치·기술을 공유하는 다자 동맹망의 청사진이 제시된 것이다. 이러한 흐름 속에 우리 스스로 위협을 구성하고 역량을 선정하는 작업을 진행하며 조율해야 한다. 외부 세력이 규정한 위협을 그대로 받아들인 채 그들이 요구하는 역량을 수동적으로 제공한다면 약소국 동맹 파트너의 지위는 변하지 않을 것이다.

향후 민주주의와 권위주의 구도가 부상하는 현실 속에서 한국은 세계질서의 공동 건축자로 자리매김해야 한다. 지난 쿼드플러스와 파이브아이즈 참여를 둘러싼 국내 논쟁은 전략적 모호성의 유효성에 대한 고민의 연장이다. 이제는 그러한 수동적 자세에서 벗어나 우리의 이익과 위협을 구체화하면서, 그에 따른 전략과 방안을 실행에 옮기는 작업을 시작해야 한다. 미중경쟁으로 두 강대국이 제안하고 제시하는 문제를 둘러싼 논쟁을 반복하는 모습에서 벗어나 우리의 중심을 찾아가는 노력이 선행되어야 한다. 사실 다수의 민주주의 중견국들은 유사한 고민 속에서 자국 대외전략의 방향을 잡아가고 있다. 그들과 더불어 연대하면서 국내 합의에 기반한 대외전략을 마련하고 실행할 때 우리는 슬픈 한반도의 역사를 더 이상 되풀이하지 않을 것이다.

김동혁. 2020. 「소련과 서방 사이 통상 관계 변화를 통해서 본 냉전에 대한 재고찰, 1947-1957」. ≪인문과학연구≫, 제42권 1호, 1~12쪽.

김치욱. 2012a. 「미중관계와 아시아 투자 거버넌스의 동학」. ≪한국정치학회보≫, 제46권 4호, 279~298쪽.

_____. 2012b. 「네트워크 이론으로 본 미-중 자유무역협정(FTA) 경쟁」. ≪국제정치논총≫, 제52권 1호, 161~190쪽.

≪매일경제≫. 2021.12.3. "미국, 인권침해 악용 기술 수출 통제 나서…중국 겨냥." https://www.mk. co.kr/news/world/view/2021/12/1113909/ (검색일: 2021.12.6)

샴보, 데이비드. 2014. 『중국, 세계로 가다: 불완전한 강대국』. 홍승현·박영준 옮김. 아산정책연구원.

차정미. 2021. 「미중 기술패권경쟁과 중국의 강대국화 전략: '기술혁신'과 '기술동맹' 경쟁을 중심으로」. ≪국제전략 Foresight≫, 3호.

≪한국일보≫. 2021.12.24. "미 바이든, 신장 '강제노동 상품' 수입 금지 법안 서명…중국 '강렬히 분개.'" https://www.hankookilbo.com/News/Read/A2021122415280004413?did=NA (검색일: 2022.3.2)

Allison, Graham. 2017. *Destined for War: Can America and China Escape Thucydides's Trap?* Boston: Houghton Mifflin Harcourt.

Barnett, Michael N. and Jack S. Levy. 1991. "Domestic Sources of Alliance and Alignments: The Case of Egypt, 1962-73." *International Organization*, Vol.45, No.3, pp.369~395.

Choi, Ajin. 2004. "Democratic Synergy and Victory in War, 1816-1992." *International Studies Quarterly*, Vol.48, No.3, pp.663~682.

Formal Alliances v4.1. https://correlatesofwar.org/data-sets/formal-alliances/

Hamilton, Clive and Mareike Ohlberg. 2020. *Hidden Hand: Exposing How the Chinese Communist Party Is Reshaping the World.* London: OneWorld.

Historical Bilateral Trade and Gravity Dataset. http://www.cepii.fr/CEPII/en/bdd_modele/bdd_modele_item.asp?id=32

https://www.visualcapitalist.com/u-s-share-of-global-economy-over-time/ (검색일: 2021.12.6).

Imbrie, Andrew et al. 2020. "Agile Alliances: How the United States and Its Allies Can Deliver a Democratic Way of AI." Center for Security and Emerging Technology (February). https://cset.georgetown.edu/publication/agile-alliances/ (검색일: 2021.9.24)

International Forum for Democratic Studies. 2017. "Sharp Power: Rising Authoritarian Influence." National Endowment for Democracy (December 5).

Jung, Sung Chul. 2018. "Lonely China, Popular United States: Power Transition and Alliance Politics in Asia." *Pacific Focus*, Vol.33, No.2, pp.260~283.

Kang, David C. 2010. "Hierarchy and Legitimacy in International Systems: The Tribute System in Early Modern East Asia." *Security Studies*, Vol.19, No.4, pp.591~622.

Kelly, Robert E. 2012. "A 'Confucian Long Peace' in Pre-Western East Asia?" *European Journal of International Relations*, Vol.18, No.3.

Kim, Patricia M. 2021. "China's Search for Allies: Is Beijing Building a Rival Alliance System?" *Foreign Affairs*(November 15).

Kim, Woosang. 1991. "Alliance Transitions and Great Power War." *American Journal of Political Science*, Vol.35, No.4, pp.833~850.

Lai, Brian and Dan Reiter. 2000. "Democracy, Political Similarity, and International Alliances, 1816-1992." *Journal of Conflict Resolution*, Vol.44, No.2, pp.203~227.

Levy, Jack S. 1981. "Alliance Formation and War Behavior: An Analysis of the Great Powers, 1495-1975." *Journal of Conflict Resolution*, Vol.25, No.4, pp.581~613.

Modelski, George and William R Thompson. 1996. *Leading Sectors and World Powers: The Coevolution of Global Politics and Economics*. Columbia: Univ of South Carolina Press.

Morrow, James. 1991. "Alliances and Asymmetry: An Alternative to the Capability Aggregation Model of Alliances." *American Journal of Political Science*, Vol.35, No.4, pp.904~933.

Nye, Joseph S. 2002. *The Paradox of American Power: Why the World's Only Superpower Can't Go It Alone*. New York: Oxford University Press.

Peceny, Mark, Caroline C. Beer and Shannon Sanchez-Terry. 2002. "Dictatorial Peace?" *American Political Science Review*, Vol.96, No.1, pp.15~26.

Polity5 2018 data. https://www.systemicpeace.org/polityproject.html

Rasser, Marijin et al. 2020. "Common Code: An Alliance Framework for Democratic Technology Policy: A Technology Alliance Project Report." Center for a New American Security (October). https://s3.us-east-1.amazonaws.com/files.cnas.org/documents/Common-Code-An-Alliance-Framework-for-Democratic-Technology-Policy-1.pdf?mtime=20201020174236&focal=none (검색일: 2021.8.20)

Reed, William. 1997. "Alliance Duration and Democracy: An Extension and Cross-Validation of 'Democratic States and Commitment in International Relations.'" *American Journal of Political Science*, Vol.41, No.3, pp.1072~1078.

Reiter, Dan and Allan C. Stam. 2002. *Democracies at War*. Princeton: Princeton University Press.

Sanders, Bernie. 2021. "Washington's Dangerous New Consensus on China: Don't Start Another Cold War." *Foreign Affairs* (June 17). https://www.foreignaffairs.com/articles/china/2021-06-17/washingtons-dangerous-new-consensus-china (검색일: 2021.12.6)

Siverson, Randolph M. and Juliann Emmons. 1991. "Birds of a Feather: Democratic Political Systems and Alliance Choices in the Twentieth Century." *Journal of Conflict Resolution*, Vol.35, No.2, pp.285~306.

Snyder, Glen H. 1997. *Alliance Politics*. Ithaca: Cornell University Press.

Thompson, William and Leila Zakhirova. 2019. *Racing to the Top: How Energy Fuels Systemic Leadership in World Politics*. New York: Oxford University Press.

Walt, Stephen. 1987. *The Origins of Alliances*. Ithaca: Cornell University Press.
The White House. 2020. "U.S. Strategic Approach to the People's Republic of China." (May 20). https://www.whitehouse.gov/wp-content/uploads/2020/05/U.S.-Strategic-Approach-to-The-Peoples-Republic-of-China-Report-5.20.20.pdf (검색일: 2020.6.25)
_____. 2021a. "Building Resilient Supply Chains, Revitalizing American Manufacturing, and Fostering Broad-Based Growth." 100-Day Reviews under Executive Order 14017 (June) https://www.whitehouse.gov/wp-content/uploads/2021/06/100-day-supply-chain-review-report.pdf (검색일: 2021.8.20)
_____. 2021b. "Interim National Security Strategic Guidance." (March). https://www.whitehouse.gov/wp-content/uploads/2021/03/NSC-1v2.pdf (검색일: 2021.8.19)
_____. 2021c. "Quad Leaders' Joint Statement: 'The Spirit of the Quad.'" (March 12) https://www.whitehouse.gov/briefing-room/statements-releases/2021/03/12/quad-leaders-joint-statement-the-spirit-of-the-quad/ (검색일: 2021.8.20)
2021 Global Sanctions Databse. https://globalsanctionsdatabase.com/

6 '치명적 자율무기'를 둘러싼 국제협력과 국제규범화 전망*

인공지능 군사무기는 국제정치 안보환경에 어떤 영향을 미칠 것인가?

장기영 | 경기대학교

1. 서론

2020년 유엔 사무총장인 안토니우 구테흐스Antonio Guterres는 기술의 급격한 발전이 21세기 인류가 직면하게 될 가장 가공할 만한 안보위협이라고 언급했다. 이렇듯 4차 산업혁명이 고도화됨에 따라 인공지능, 가상현실, 사물인터넷, 드론 등과 같은 기술발달은 군사안보를 포함하여 사회 전반에 걸쳐 엄청난 변화를 야기할 뿐만 아니라 새로운 형태의 위협 역시 창출하고 있다. 구테흐스는 특히 인공지능artificial intelligence은 놀라운 능력과 가능성을 창출하고 있으나 인간의 판단이나 책임이 부재한 인공지능 기반의 '치명적 자율무기Lethal Autonomous Weapon Systems: LAWS'는 우리를 결코 용납할 수 없는 윤리 및 정치 영역으로 이끈다고 말했다(Guterras, 2020). 비슷한 맥락에서 지난 2015년 7월 28일 아르헨

* 이 글은 ≪담론 201≫ 제25권 3호(2022)에 게재된 논문 「인공지능 군사무기화의 국제안보적 영향과 규범화 연구」를 수정·보완한 것임을 밝힌다.

티나 부에노스아이레스에서 개최된 '국제인공지능 컨퍼런스IJCAI'에서 스티븐 호킹 박사와 노엄 촘스키 교수 등 2500명이 넘는 전문가들은 인공지능 무기에 반대하는 성명서를 제시했다(≪중앙일보≫, 2020.11.27).[1]

인공지능의 군사적 이용을 규제해야 한다는 국제사회나 국제기구의 요구와는 달리 대부분의 AI 선도국인 강대국들은 표면상으로는 치명적 자율무기의 확산을 경계하는 것 같지만, 실상은 인공지능 발전이 국력과 직결된다는 현실적인 인식을 하고 있다. 예를 들어 2017년 러시아의 푸틴 대통령은 "인공지능은 엄청난 기회를 제공하지만 그 위협은 예측하기 어렵다. 어느 국가가 인공지능 분야의 선도국이 될지 모르겠지만 그 국가는 곧 세계의 지도국이 될 것이다"[2]라고 언급한 적이 있다. 중국 역시 2017년 「차세대 AI 발전 계획Next Generation AI Development Plan」에서 AI를 국제 경쟁의 근간이 되는 전략적 기술strategic technology로서 기술한 바 있다(U.S. Congressional Research Service, 2020: 21). 현재 미국, 러시아, 중국, 이스라엘과 같은 국가들은 치명적 자율무기 개발에 많은 투자를 하고 있으나 아직까지 이를 제한하는 명시적인 국제법이나 국제규범은 없다. 미국, 중국, 러시아, 영국, 이스라엘 같은 국가들이 개발 중이라고 여겨지는 자율무기는 향후 국제정치에 어떠한 영향을 미칠 것인가? 또한 자율무기 개발을 규제하는 국제규범은 어떻게 진행되고 있으며 규범화를 둘러싼 국가들의 협력은 어떻게 전개될 것인가?

본 논문은 이러한 질문에 대답하기 위해 먼저 인공지능 군사무기 활용이 국제정치에 미칠 영향에 대해 설명하고, 그다음 현재 인공지능 발전을 둘러싼 국제협력 및 이를 규제하는 국제규범화의 방향에 대해 전망하고자 한다. 국제정치 현실주의자들realists의 논리에 따르면 국제사회에서 국가안보 및 국가이익

1 https://news.joins.com/article/23931580

2 https://www.theverge.com/2017/9/4/16251226/russia-ai-putin-rule-the-world

을 증진시킬 수 있는 AI 개발 통제에 동의한다는 것은 그러한 행위가 AI 선도국인 강대국들의 국가이익에 부합될 때에 가능하다고 할 수 있다. 즉 AI 선도국들은 새로운 규범을 윤리적인 고려에서 채택하는 것이 아니라 그러한 규범이 자신들이 이익을 증진할 수 있기 때문에 받아들인다는 것이다. 이러한 시각과는 달리 사고idea나 규범norm의 영향력을 강조하는 구성주의자들constructivists들은 새로운 규범들이 국가들의 현실적 고려나 제도적 동학과 상호작용을 하여 국제정치에 의미 있는 변화를 야기한다고 주장한다. 본 연구는 인공지능의 군사적 가치와 인공지능 군사무기가 안보환경에 미칠 영향력을 고려할 때 향후 AI 규제규범은 '완전자율'이나 '의미 있는 인간통제' 등의 추상적이고 모호한 정의를 원론적으로 표방한 정치선언에 그치거나 아니면 강대국들이 핵무기를 독점하고 타국의 개발이나 소유를 제한하는 것처럼 소수 AI 선진국들의 이해가 일치하는 가운데 더욱 구체화될 수 있을 것이라 전망한다.

본 연구는 다음과 같은 구성으로 이루어졌다. 2절에서는 인공지능 군사무기 발전 현황을 간략하게 알아본다. 다음 3절에서는 인공지능의 발전이 국제정치 안보환경에 어떠한 영향을 미치는지 알아보고, LAWS를 둘러싼 다양한 국제 인도주의적 담론에 대해 살펴본다. 또한 4절에서는 인공지능 분야 군사협력 및 국제규범화 가능성에 대해 전망한다. 마지막 장에서는 본 연구를 요약한 뒤에 이러한 LAWS와 이에 대한 규범화의 한국적 함의에 대하여 언급한다.

2. 인공지능 군사무기 발전

인공지능을 적용한 무기는 사람의 감독 및 통제 정도에 따라 다음과 같이 세 단계로 구분된다. 첫째, 인간이 원격 조정하는 무인탱크나 함정 등은 '인 더 루프in-the-loop' 단계이며, 둘째, 미사일 방어망과 같이 자동화 시스템을 갖추었지만 최종적으로 인간의 관리 및 감독하에 있는 단계는 '온 더 루프on-the-loop'

단계이다. 마지막으로 일단 인공지능이 프로그래밍되면 인간의 개입이 전혀 없는 상태에서 자동으로 임무를 수행하는 단계로, 완전자율무기 또는 킬러로봇이 작동하는 '아웃 오프 더 루프out-of-the-loop' 단계로 구별된다. 비슷한 맥락에서 호로위츠(Horowitz, 2020: 396)는 특정 문제 해결이나 업무의 완수를 위해 사용되는 '협의적 인공지능narrow AI'과 인간이 할 수 있는 어떠한 지적인 업무도 행할 수 있는 '인공일반지능artificial general intelligence: AGI'을 구분할 필요가 있다고 주장한다. 미국의 AI 실행 책임자인 국방부 부장관을 지낸 로버트 워크Robert Work는 AGI가 특히 위험하기 때문에 군사무기에는 활용하지 않을 것이라고 밝혔고, 만약 그런 무기가 생긴다면 국방부가 극도로 조심할 것이라고 말한 바 있다(샤레, 2021: 368).

그럼에도 불구하고 인공지능 기술발전으로 인해 가까운 미래 전쟁에는 기계가 자율적으로 교전 결정을 내릴 것으로 예상되고 있으며, 현재 미국과 중국을 비롯한 많은 국가들은 육상, 해상, 공중에 로봇을 배치하려고 경쟁하고 있다. 드론은 100여 개가 넘는 국가뿐만 아니라 하마스, 헤즈볼라, ISIS 등과 같은 비국가 무력집단에까지 전 지구적으로 확산되고 있으며, 이는 향후 더 많은 자율시스템의 등장을 예고한다. 미국이나 중국과 같은 강대국들 외에도 한국의 경우, 군용로봇을 연구하는 연구자들이 완전자율형 로봇이라고 간주하고 있는 로봇 센트리건SGR-A1을 비무장지대에 배치했고, 이스라엘은 가자지구 순찰을 위한 무인 정찰차량인 가디움Guardium과 해안을 순찰하기 위해 프로텍터Protector라는 무인 고속정을 각각 운용하고 있다. 또한 무인전투기의 형태로 영국의 타라니스Tranis, 중국의 샤프 스워드Sharp Sword, 러시아의 스캇Skat 등이 개발되고 있다고 전해진다. 현재 운용되고 있는 자율무기의 대부분은 방어용으로 사용되고 있으며, 인간이 감시하고 필요하면 행위를 중단시킬 수 있는 '휴먼 온 더 루프human-on-the-loop'에 해당된다고 볼 수 있다. 그러나 문제는 인간의 개입이나 통제가 전혀 없이 작동할 수 있는 '휴먼 아웃 오브 더 루프human-out-of-the-loop' 형태의 군사무기이다.

많은 전문가들은 과거 화약과 핵무기가 그랬던 것처럼 자율무기의 확산은 전쟁 수단 및 방식에 있어서 혁신적인 변화를 야기할 것이라고 전망한다. 시드니공과대학교UTS의 로봇공학 교수 매리앤 윌리엄스 교수에 따르면 "무기화된 로봇은 영화 쥬라기 공원의 벨로키랍토르와 유사하다. 민첩하게 기동하고, 번개 같은 속도로 반응하고, 컴퓨터 네트워크가 전송하는 정보로 강화된 고정밀 센서로 인간을 '사냥'할 수 있기 때문"이라고 경고한다(Nott, 2017). 이처럼 군사무기와 인공지능의 결합은 장차 미래 전쟁의 양상을 바꿀 새로운 게임체인저로 등장하고 있다. 기존의 무기체계들이 자율기능을 도입하게 되면 우선 군의 병력 소요가 효과적으로 감소할 수 있다. 신성호(2019)에 따르면 2016년 취역한 미 해군의 최첨단 스텔스 구축함 줌월트Zumwalt호는 이전에 수백 명이 수행했던 기능이 최첨단 자율체계에 의해 대체되면서 통상 1293명의 승조원으로 운영되었던 재래식 구축함의 10퍼센트에 해당되는 141명에 의해 운용된다고 한다. 또한 자율기능이 도입되면 효율적인 군사작전이 가능하다고 한다. 전투 수행 시 인공지능 군사무기에게 전쟁터에서 특정 목표물을 정밀하게 타격할 수 있는 고도의 능력을 갖추게 하여 민간인 또는 민간 시설에 대한 피해를 막을 수 있다. 또한 지형적인 요인이나 날씨와 같은 조건에도 구애받지 않고 고도의 군사작전이 가능하다는 점에서 기술 선진국들은 자율무기의 활용을 적극적으로 도입하고 있다.

이처럼 인공지능 선도국들은 인공지능 분야의 선점이 곧 군사적 우위로 직결된다는 인식을 갖고 있다. 오늘날의 선진적인 방공시스템의 대부분이 이미 자율화 능력을 갖추고 있으며 차세대 전투기들은 자율무기체제에 방점을 두고 개발되고 있다(Boulanin and Verbruggen, 2017). 따라서 자율무기의 등장은 먼 미래의 일로만 치부할 수는 없다. 최근 유엔 보고서에 따르면 2020년 3월 LAWS가 이미 리비아에서 사용되었으며, 해당 무기체제는 운용자와 무기 사이 데이터 연결 없이 목표물을 공격하도록 프로그래밍되었다고 한다(United Nations, 2021: 17). 이러한 상황에서 '킬러로봇 반대 운동Campaign to Stop Killer Robots'과 같은 국제기구들과 많은 국가들은 '규범창출자norm entrepreneurs'로서 LAWS를 국제 협약으로 금지하기 위해 규범화를 시도하고 있다.

3. 인공지능의 발전과 국제정치적 쟁점

1) 인공지능 발전과 국제 안보환경 변화

인공지능 무기 발전은 화약과 핵무기의 발전에 이어 제3의 전쟁혁명으로 여겨진다. 과거 화약과 핵무기의 등장이 전쟁의 방식과 나아가 국제정치 안보환경을 변화시켰던 것처럼 인공지능 발전과 같은 신기술 역시 개별 국가를 넘어서 국제정치의 근본적 변환을 야기할 가능성이 크다. 물론 많은 국제정치 학자들은 기술혁신이 곧 국제정치 질서의 변화를 의미하는 것은 아니라고 주장한다. 예를 들어 포젠Bary Posen과 로젠Stephen P. Rosen과 같은 학자들은 기술혁신만으로 세력균형에 영향을 끼치는 것은 아니며 군대가 그러한 기술혁신을 어떻게 사용하는지가 중요하다고 말한다(Posen, 1984; Rosen, 1994; Adamsky, 2010). 그러나 기술혁신 자체가 곧바로 국제정치 안보환경의 변화를 의미하는 것은 아니라고 하더라도 많은 전문가들은 인공지능이 무인작전, 정보 수집 및 처리, 군사훈련 등 군사 분야에 광범위하게 활용될 경우 '게임체인저' 역할을 하는 혁신적인 무기체계가 될 것이라고 전망하고 있다. 따라서 본 절에서는 새롭게 등장한 인공지능 군사무기가 전쟁의 수행 방식 및 국제정치 전반에 미칠 영향에 대해 생각해 본다.

(1) **인공지능과 '억지**(deterrence)'

우선 인공지능 군사기술이 발전함에 따라 국가들은 외부 안보위협에 대해 이전보다 강한 억지력을 갖기가 어려울 것으로 여겨진다. 예를 들어 LAWS는 인간이 통제할 수 있는 통상적인 무기시스템과 비교하여 신속하고 정확한 공격이 가능하기 때문에 개별 국가로서는 '신뢰할 만한 2차 공격 능력credible second-strike capability'을 확보하기가 이전보다 더욱 어려울 수 있다. 따라서 만약 LAWS의 군사적 활용으로 적의 지휘통제체계를 '신속하게' 궤멸시키고 적이 반격할 수 있는 능력 역시 제거할 수 있다면 LAWS를 보유하고 있는 많은 국가들은 군사적 위기가 발생했을 때 적보다 먼저 선제공격할 유인이 강해질 것이다(Horowitz, 2019: 782).

인공지능은 사이버 공격cyber attacks을 보다 효과적으로 가능하게 만든다. 인공지능이 사이버 공격과 결합되면서 사이버 공격 행위자들은 기존의 룰 베이스rule-based 탐지 도구의 레이더 아래 있으면서 전례 없는 속도와 규모로 표적공격을 지휘할 수 있게 되었다.[3] 미국의 전 국가안보국장인 키스 알렉산더 Keith Alexander 장군은 국방부 내에 있는 1만 5000개의 분리된 전산망을 뜻하는 '엔클레이브enclave'를 방어하기가 얼마나 어려운지 설명하면서 인간이 루프에서 벗어나 네트워크를 최신 상태로 유지해야 한다고 주장한다. 수비하는 측에서는 취약한 부분을 모두 막아야 하지만 공격자는 침입할 곳을 딱 하나만 찾아도 된다(샤레, 2021: 324, 331).[4]

또한 인공지능은 군집드론drone swarm과 같은 무기체계를 중요한 군사적 수단으로 만들어준다. 즉 AI 자율성 수준이 높아질수록 군집드론 공격이 훨씬 용이해진다고 할 수 있다. AI 기술이 드론에 활용된다면 궁극적으로 다수의 소형 드론들은 벌이나 개미와 같은 유기체들이 군집을 형성하는 것처럼 동기화된 상호 네트워크로 연결되어 집단적 시너지효과를 발휘할 수 있게 된다(김경수·

3 https://www.technologyreview.kr/preparing-for-ai-enabled-cyberattacks/

4 물론 자율적인 사이버 도구를 활용한다면 공격자와 수비자 사이의 불균형을 어느 정도 극복할 가능성이 있다. 그러나 국방부 부장관인 밥 워커는 이 경우에도 "수비하는 쪽이 오히려 유리하도록 방향을 완전히 바꿀 수 있다는 의미는 아니다"(샤레, 2021: 331)라고 언급했다.

김지훈, 2019). 전장에서 일부 드론들이 격추되거나 이탈하더라도 추가된 드론들이 전투력을 복원시킬 수도 있고, 낯선 환경에서도 GPS나 제어장치의 통제 없이 손쉽게 적응하여 전투 임무를 원활하게 수행할 수 있다. 최근 미국 해군대학원이 행한 시뮬레이션에서 신의 방패라고 불리는 이지스 구축함조차 군집 드론의 공격을 절반밖에 막아내지 못하는 것으로 드러났다. 자폭 기능을 갖춘 소형 드론을 군집해 이지스 구축함을 공격하는 시뮬레이션 분석 결과, 공격에 동원된 드론 8대 중 4대가 목표물 타격에 성공했다(≪한국일보≫, 2019.9.27).[5] 따라서 이러한 인공지능 군사기술의 발전으로 방어가 공격에 비해 훨씬 어렵게 된다면 개별 국가들은 이를 극복할 수 있는 억지 수단이나 전략적 방안이 부족하게 되어 더욱 심각한 안보위협을 느낄 수 있다.

(2) 인공지능과 '안보딜레마(security dilemma)'

LAWS의 확산은 궁극적으로 국가 간 안보딜레마에도 영향을 미친다. 안보딜레마란 국가 A가 자국의 안보를 추구하여 군사력을 증대시킨 결과 상대국인 국가 B는 이로 인해 안보위협을 느끼고 자국의 군사력을 증대시켜 역설적으로 먼저 군사력을 증대시켰던 국가 A가 이전보다 더 취약한 안보상태에 처하게 된다는 역설적인 상황을 말한다. 일찍이 저비스(Jervis, 1976)는 이러한 안보딜레마를 심각하게 만들거나 완화시키는 것은 '공격-방어의 균형offense-defense balance'과 '공격-방어의 구별offense-defense differentiation'에 달려 있다고 주장했다. 저비스의 논리에 따르면 안보딜레마는 방어보다는 공격이 이점을 지닐 때와 국가를 방어하는 무기가 공격용으로 쓰이는지 방어용으로 쓰이는지 구별이 어려울 때

5 시뮬레이션에서 이지스 구축함이 근접방어무기체계(CIWS) 2대를 보완하면 2.5대가, 전자장비를 무력화시키는 전자전(Jamming) 공격체계를 추가했을 때에는 1.56대가 자폭공격에 성공했다. 기만체계까지 추가로 설치해 모든 방안을 동원했을 때에는 최종 1.12대의 드론이 자폭작전을 수행하여 결과적으로 이지스함의 대공방어능력을 무력화했다(https://www.hankookilbo.com/News/Read/201909261582759728).

가장 심각해진다고 볼 수 있다.

인공지능 시스템은 기계가 사람의 결정 속도를 상회하여 전투의 국면을 가속화하고 결과적으로 전투에서 인간의 통제를 상실하게 만든다(Scharre, 2017: 26). 또한 인공지능으로 군사무기는 더욱 신속화·소형화·다양화·복합화가 가능하기 때문에 인간이 이를 이해하기 더욱 어렵게 된다. 이러한 가공할 만한 인공지능 시스템의 속도와 인간이 따라잡기 어려운 인공지능 기반의 군사무기의 특징은 앞에서 언급했듯이 본질적으로 방어자에게 불이익을 가져다주고 선제공격하는 행위자에게 많은 우위를 가져다준다(U.S. Congressional Research Service, 2020: 38). 인공지능 군사기술은 공격-방어 균형의 변화뿐만 아니라 많은 불확실성 또한 발생시키기 때문에 결과적으로 국가들의 안보딜레마를 더욱 심화시킬 수 있다. 저비스는 국가들이 다른 국가들의 군사력을 측정할 능력이 있다고 하더라도 국가들의 의도는 알기 어렵기 때문에 안보딜레마로 인해 군비경쟁이 일어난다고 주장했다(Jervis, 1976: 186). 현재 주요 국가들은 인공지능 군사기술을 개발하고 있으며, 국가들이 상대국들의 인공지능 발전 단계 및 관련 무기 개발을 둘러싼 군사적 의도를 완벽하게 검증할 수 있는 수단이 결여되어 있기 때문에 국제정치의 불확실성은 더욱 가중되고 결과적으로 주요 국가들 간 군비경쟁arms race이 일어나게 될 것이다. 즉 AI 선도국의 기술우위는 인공지능 기반의 무기 및 사이버 무기를 선제적으로 이용하려는 전략적 선택을 군사적으로 더욱 용이하게 하지만 상대국의 AI 발전 상황을 감시할 만한 효과적인 기제가 없기 때문에 국가들의 안보딜레마는 더욱 심화된다고 할 수 있다.

2016년 미국 국방부 부장관인 로버트 워크Robert Work는 "만약 우리의 경쟁국들이 터미네이터를 만들고, 우리는 여전히 기계가 인간을 돕고 있는 시스템을 작동하고 있으며, 그리고 터미네이터가 비록 좋지 않은 결정이라 하더라도 신속하게 결정을 내리는 것으로 드러난다면, 우리는 어떻게 대응해야 할까?"[6] 라고 질문했다. 워크가 가정한 상황은 전통적인 안보딜레마에 완벽하게 부합한다고 볼 수 있다. 한 국가가 더 나은 자율성을 추구하고 그 결과 그 국가의 빠른 반응 시간이 다른 국가들의 안보를 저해한다면 그것은 다른 국가들로 하여금 유사하게 더 많은 자율성을 추구하도록 야기한다고 예측할 수 있다. 모든 국가가 이러한 함정에 빠지게 되면 결과적으로 자율성의 추구는 해당 국가들을 더욱 안전하지 못하게 만들 것이다(Scharre, 2021: 125).

(3) 인공지능과 '국민국가(nation-state)'

인공지능의 발전이 국민국가의 위상을 공고하게 할 것이냐 아니면 새로운 형태의 정치체를 야기할 것이냐 하는 문제는 인공지능이 어떤 방식으로 운용되느냐에 달려 있다. 과거 근대 국민국가 형성 과정에서 주요한 역할을 했던 것은 전쟁이다. 찰스 틸리(Tilly, 1975)에 따르면 중세 유럽은 제국, 도시국가, 도시연합, 지주 네트워크, 해적 연맹, 전사 집단 등 다양한 유형의 통치체가 존재했으나 "전쟁은 국가를 만들었고 국가는 전쟁을 일으키는"(Tilly, 1975: 42) 반복 속에서 국민국가의 위상은 강화되고 조직화되었다고 한다. 그러나 인공지능의 발전으로 인한 새로운 유형의 위협이 증가하고 있는 상황에서 전쟁이 국가를 만들고, 국가는 전쟁을 수행한다는 틸리의 주장이 여전히 적실할 것인가에 대한 의문을 제기할 수 있다. 문제는 자율무기를 둘러싼 국제정치 안보환경에서 국가행위자가 유일한 주체가 아니며, 새로운 안보위협 및 전쟁은 오히려 국민국가를 해체시킬 수도 있다는 사실이다. 예를 들어 인공지능을 기반으로 한 무기체계의 복잡성이 증가하면서 전쟁의 전문화가 일어남에 따라 국가는 군사임무를 일정 부분 민간 군사 기업Private Military Company: PMC과 같은 비국가 전투전문가 집단과의 계약에 의해 해결할 가능성이 제기되고 있다(김상배, 2019). 베스트팔렌 조약을 야기했던 30년 전쟁이 지속되는 동안 비싼 대가를 치러야 하는 전쟁을 수행할 수 있었던 행위자는 조세수입을 통해 통치에 집중

6 Robert O. Work, 2016.5.2, "Remarks at the Atlantic Council Global Strategy Forum," Washington, DC, http://www.atlanticcouncil.org/events/webcasts/2016-global-strategy-forum

할 수 있었던 국가만이 가능했고, 곧 국가에 의한 전쟁의 국유화가 가능해졌다고 한다(홍태영, 2016: 97). 그러나 인공지능 군사기술은 국가가 무력행사의 주된 행위자가 아니라 특화된 비국가 전문가 집단들이 무력을 행사하는 것을 야기할 수 있기에 궁극적으로 국민국가를 중심으로 형성되었던 관념과 정체성을 변화시켜 국민국가의 약화를 초래할 것이다.[7]

2) 인공지능 발전을 둘러싼 인도주의적 담론

인공지능 군사기술과 관련하여 전장에서 삶과 죽음을 결정하는 문제를 사람이 아닌 인공지능에게 맡겨도 되느냐는 근본적인 윤리적 문제가 인권 및 국제법적인 쟁점으로 대두되고 있다(Sharkey, 2008). 인공지능 군사기술과 관련한 구체적인 비판으로는 우선 인공지능 시스템이 전투원과 비전투원을 구분할 능력이 결여될 가능성이 높다는 점이다. 즉 인공지능 군사기술이 전투원과 민간인을 구분하는 국제법적 의무를 수행할 능력이 결여되었기에 이를 규제해야 한다는 비판이다. 특히 게릴라전이나 테러의 경우 전투복을 입지 않은 전투원들과 민간인을 구분해야 하는 문제가 발생하는데, 인공지능 시스템은 이 경우 이른바 '구별성의 원칙'이라는 국제법 원칙을 지키기 어렵다는 비판이 제기된다. 이 밖에 인공지능 군사기술이 도입되면 전쟁 당시 군사적 목적을 통해 달성할 수 있는 이익 이상의 인명 피해나 재산 손실이 발생하면 안 된다는 '비례성의 원칙'이 지켜지기 어렵다는 국제법적·윤리적 비판이 존재한다. 이러한 시각에서는 군사무기의 인공지능 알고리즘으로는 비례성의 원칙을 지키기 어렵기 때문에 상황에 따른 합리적 판단과 상식을 기대할 수 없는 인공지능 군사

7 반면 인공지능 군사기술이 국가의 권위에 잠정적으로 도전하는 세력들을 감시하고 그 위협을 선제적으로 상쇄하는 방향으로 사용된다면 국민국가의 위상을 오히려 강화하는 목적으로 사용될 가능성도 존재한다.

무기를 규제해야 한다고 주장한다. 끝으로 1977년 제네바 협정 부속의정서 제1조 2항의 법적원칙인 '마르텐스 조항Martens Clause'에 따르면 제네바 협정 부속의정서나 기타 국제협약에서 다루지 않을 경우 전투원들과 민간인들은 인도적 원칙principles of humanity과 공공의 양심public conscience에 따라야 하는데, 인공지능 군사무기는 인간의 양심에 반하는 무기 사용을 금지하기 어렵다는 이유로 국제관습법에 위배가 된다고 주장한다(김자회·장신·주성구, 2017). 이러한 국제법상 또는 윤리적 쟁점으로 말미암아 이른바 '킬러로봇'의 금지를 촉구하는 정치적 운동이 글로벌 차원에서 전개되고 있다.

반면에 인공지능 군사무기는 군사적 또는 경제적 효율성 측면[8]에서뿐만 아니라 윤리적인 측면에서도 기여할 수 있다는 주장이 대두되고 있다. 이러한 주장을 펼치는 이들은 인공지능을 군사무기로 활용하면 무기의 정확도가 더욱 높아질 수 있기에 비전투원인 민간인들의 생명 역시 구할 수 있다고 주장한다. 예를 들어 미국 조지아 공대 론 아킨Ron Arkin 교수는 자율무기를 '차세대 정밀유도무기'라고 생각하고 있으며, 그는 소총에 '소프트웨어 안전장치'를 달아서 전투 상황을 평가하고 군인들의 윤리적 조언자 역할을 하는 방법도 언급한 바 있다. 또한 미국 해군의 무기 설계자였던 존 캐닝(John Canning, 2009)은 초정밀 자율무기를 통해 기계들이 사람을 직접 표적으로 삼는 것이 아니라 그들의 무기를 표적으로 삼는 자율무기를 제안했다.[9] 론 아킨이나 존 캐닝과 같이 자율무기의 불법적이거나 비윤리적인 행동을 막을 수 있다는 주장은 무기의 정확도가 높아질수록 비전투원인 민간인들의 생명을 구할 수 있는 것처럼 자율무기 사용이 더욱 인도주의적일 수 있다는 것이다.

8 장기영(2020)은 군사적 효율성 측면에서 자율무기가 인간에 비해 보다 넓은 지역을 정밀하고 효율적으로 감시하고 정보를 신속하게 처리할 수 있으며, 경제적인 측면에서 인간 병사를 운용하는 것보다 더 적은 비용으로 높은 작전효율성을 유지할 수 있다고 언급한다.

9 https://ieeexplore.ieee.org/document/4799401

4. 인공지능 규제 관련 국제규범화 현황 및 향후 국제협력 전망

1) 인공지능 군사무기 관련 국제안보 규범화 현황

표 6-1은 LAWS 금지에 대한 현재 각국의 입장을 보여준다. 우선 LAWS 금지에 찬성하는 국가들은 지부티나 페루와 같이 대부분 군사적으로 힘이 약한 국가들이며 이러한 국가들에는 완전자율무기로부터 수익을 창출할 군수산업이 존재하지 않는다. 이들 국가들은 위에서 언급한 헤이그 협약이나 제네바 협약과 같은 국제법이나 윤리적 쟁점들에 기반을 두고 인공지능 군사무기는 구별성의 원칙 및 비례성의 원칙을 준수하기 어렵다는 주장을 전개하고 있다. LAWS 금지에 찬성하는 국가들은 인공지능 군사무기는 인도주의적인 문제뿐만 아니라 군사적 위기를 더욱 불안정하게 만들 수 있다는 문제점을 노출하고 있다고 주장한다. 해당 국가들은 주식시장에서 행해지는 알고리즘 거래에서 컴퓨터 프로그램의 매물폭탄으로 주가가 급락하는 현상인 '플래시 크래시flash crashes'가 일어나는 것처럼 국가들의 서로 다른 인공지능 군사무기들이 예측하기 어려운 방식으로 상호작용하여 군사위기를 필요 이상으로 증폭시킬 수 있다고 지적한다(*The Economist*, 2019.1.19).[10] 주식시장에서는 플래시 크래시를 막기 위해 자동 서킷 브레이커circuit breaker[11]를 사용하지만 전쟁터에서는 '타임 아웃'을 선언할 장치가 부재하다는 것이 문제이다(샤레, 2021: 346).

반면에 인공지능 선도국인 강대국들은 LAWS 금지에 대체로 반대를 표명하

10 "Trying to restrain the robots." https://www.economist.com/briefing/2019/01/19/autonomous-weapons-and-the-new-laws-of-war

11 서킷 브레이커 제도는 1987년 10월 뉴욕 증시가 대폭락한 '블랙먼데이' 이후 주식시장 붕괴를 막기 위해 처음 도입된 제도로, 투자자에게 냉정함을 찾을 수 있는 시간적 여유를 주자는 취지에서 도입되었다. 1989년 10월 뉴욕 증시 폭락을 소규모로 막아낸 뒤 효과를 인정받아 현재 세계 각국에서 이를 도입·시행 중이다.

표 6-1 LAWS 금지에 대한 각국의 입장

찬성	기타	반대
알제리, 아르헨티나, 오스트리아, 볼리비아, 브라질, 칠레, 콜롬비아, 코스타리카, 쿠바, 지부티, 에콰도르, 이집트, 엘살바도르, 가나, 과테말라, 바티칸, 이라크, 요르단, 멕시코, 모로코, 나미비아, 니카라과, 파키스탄, 파나마, 페루, 우간다, 베네수엘라, 짐바브웨	중국[a, b]	오스트레일리아, 벨기에, 프랑스[a], 독일, 이스라엘[a], 한국[a], 러시아[a], 스페인, 스웨덴, 터키, 미국[a], 영국[a]

주: a는 LAWS 개발이 가능한 국가, b는 LAWS 개발은 반대하지 않으나 LAWS 사용 금지에 대해서는 원칙적으로 찬성.
자료: U.S. Congressional Research Service(2021).

고 있다. 이 중에서 특히 미국, 영국, 프랑스, 러시아 등은 LAWS 개발이 현실적으로 가능한 기술 선도국이라 볼 수 있다. 그러나 사실 강대국들 사이에도 LAWS 규제에 대해 미묘한 입장 차이가 존재한다. 우선 미국, 영국, 러시아 등은 LAWS 금지를 명시적으로 반대한다. 이러한 국가들은 현존하는 국제법으로도 미래의 군사무기 시스템을 검증하는 데 있어 충분하다고 주장할 뿐만 아니라 현재의 인공지능 시스템에서 보이는 단점들만을 고려하여 새로운 국제법을 창출해서는 안 된다고 주장한다. 이 국가들은 향후 인공지능 군사무기가 현재보다는 더욱 정밀해지고 또한 인도적일 수 있다고 주장한다. 특이하게도 인공지능 선도국 중의 하나인 중국의 입장은 LAWS 금지에 원칙적으로 찬성하나 LAWS 개발이 아닌 사용을 금지하는 데에 방점을 두고 있다. 마지막으로 프랑스와 독일은 현재로서는 LAWS 금지에 반대하나, 향후 국가들이 LAWS에 관한 행동수칙에 동의하기를 원하고 있다. 적어도 프랑스와 독일로 대표되는 국가들은 LAWS에 약간의 통제를 가하는 것에는 찬성하는 것으로 여겨진다(*The Economist*, 2019.1.19).[12] 전체적으로 **표 6-1**은 인공지능 군사무기 규범화를 둘러싸고 강대국들로 구성된 자율무기 기술 선도국들과 후발국들 사이에 첨예한 갈등이 존재하고 있음을 시사한다.

표 6-2 LAWS에 대한 CCW의 이행 원칙

- 모든 무기체계에 대한 국제인도법의 적용
- 무기체계 사용 관련 인간의 책임 유지
- 신종 무기 개발, 배치 및 사용 관련 국제법에 따른 책임성 확보
- 신무기 도입 시 국제법상 금지 여부 결정
- LAWS 분야 신기술에 기반한 새로운 무기의 개발 및 획득 시 적절한 안전 조치 및 비확산 조치 고려
- 모든 무기체계에 있어 위험 감소 조치 확보
- 국제인도법 준수에 있어 LAWS 분야 신기술의 사용에 관한 고려
- LAWS 분야 신기술의 인격화 금지
- 자율기술의 평화적 사용 방해 금지
- 군사적 필요성과 인도적 고려 간 균형을 추구하는 CCW가 동 문제 논의틀로서 적절

자료: 유준구(2019: 17).

표 6-1에서 보여주는 국가들 외에도 정부 간 또는 비정부 간 국제기구들 역시 LAWS 규제에 대한 규범화 시도를 계속하고 있다. 특히 '유엔 특정 통상무기 금지 협약The United Nations Convention on Certain Conventional Weapons: CCW' 관련국들을 중심으로 자율살상무기 규제를 위한 움직임이 나타나고 있다. 구체적으로 2014년 이후 CCW 관련국 총회를 통해 LAWS의 법적·윤리적·기술적·군사적 문제들에 대해 논의해 오고 있으며, 2017년부터 CCW 회의는 비공식 전문가회의에서 공식적인 정부 전문가 회의GGE로 바뀌었고, 현재는 GGE를 중심으로 LAWS 금지 규범화 논의를 전개하고 있다. 그 결과 2018년 CCW 관련국들은 LAWS에 대한 일련의 이행 원칙들을 채택했고, 관련국들은 국제인도법이 LAWS에 적용될 것이라는 점에 원칙적으로 동의했다. 구체적인 이행 원칙의 대강은 **표 6-2**와 같다. 현재까지 CCW 관련국들은 'LAWS를 금지할 것인지 또는 규제할 것인지' 또는 '이에 대한 정치적 선언을 할 것인지'에 대한 여러 제안서들을 검토해 왔다. 그러나 해당 국가들은 LAWS에 대해 구체적으로 어떤 접근을 해야 할지에 대해 합의하지 못하고 있다(U.S. Congressional Research Service,

12 "Taming terminators," https://www.economist.com/leaders/2019/01/19/how-to-tame-autonomous-weapons

2021).

LAWS를 국제협약으로 금지하기 위해 발족된 NGO들의 모임 '킬러로봇 반대 운동Campaign to Stop Killer Robots'은 현재 30개국 이상의 국가뿐 아니라 전 세계적으로 LAWS를 대중적으로 광범위하게 반대하고 있음에도 불구하고 CCW 외교가 현재 AI 기술이 개발되는 속도를 따라잡지 못한다고 비판했다. 킬러로봇 반대 운동은 오늘날의 스마트 폭탄smart bombs이 아닌 미래의 자율무기를 규제해야 한다고 주장하며 자신들은 일반적인 자율화에 반대하는 것이 아니라 사람의 승인 없이 적을 선택하고 표적화하는 자율무기에만 반대하는 것임을 명확히 하고 있다(Horowitz and Scharre, 2014; 장기영, 2020). 현재 3000명이 넘는 인공지능 전문가들이 공격용 자율무기의 금지를 요구하고 있고, 60개 이상의 비정부 국제기구들이 킬러로봇 반대 운동에 동참하고 있다. 끝으로 스티븐 호킹Stephen Hawking, 일론 머스크Elon Musk, 스티브 워즈니악Steve Wozniak과 같은 과학기술계의 권위자들도 자율무기 반대에 같은 목소리를 내고 있다(샤레, 2021: 17).

2) 인공지능을 둘러싼 국제관계 및 국제협력 전망

인류 역사상 군사무기를 통제하려는 시도는 많았지만 이런 시도는 대부분 실패했다고 볼 수 있다. 예를 들어 중세 유럽에서 석궁은 그 위력이 그리스도인에게 어울리지 않는 잔혹한 무기로 여겨졌기 때문에 교황 인노첸시오 2세가 1139년 석궁 사용을 금지했으나 결과적으로 석궁이 확산되는 것을 막지 못했다. 최근에는 비확산 조약을 통해 핵무기에 대한 규제가 이루어졌지만 국가들의 핵 개발을 완전히 중단시키지는 못하고 있다. 세이건과 발렌티노(Sagan and Valentino, 2017)는 많은 구성주의 학자들이 안정적인 규범이라고 여기는 '핵 사용 금기 규범nuclear taboo norm'과 '비전투원 면책 규범noncombatant immunity norm'을 미국 국민 대다수가 내재화하고 있지 않다고 주장한다.[13] 또 다른 최근의 사례로는 집속탄 금지 조약을 들 수 있다. 인도주의 운동의 일환으로 집속탄 금지 필요성이 대두되었지만 집속탄 금지 조약은 널리 채택되지 않았고, 여전히 많은 국가들이 집속탄을 사용하고 있는 것이 현실이다. 미국, 러시아, 한국 등 집속탄 주요 생산국 및 보유국들은 2008년 해당 무기 생산을 전면 금지하는 더블린 국제회의에 참석하지 않았다(Rosert and Sauer, 2021). 이러한 과거 사례들은 실제 인공지능 군사무기 규제를 향한 규범화 노력이 쉽지 않을 것이라는 사실을 방증한다.

인공지능 군사무기 금지에 관해 전 지구적 국제협력이 유난히 어려운 이유는 무기 금지에 대한 규범화가 AI 선도국인 강대국들이 아닌 대부분 AI 기술 후진국들이 원하는 것이기 때문이다. 게다가 이 국가들은 그동안 인권에 관심이 많은 편이 아니었기에 인권침해에 중점을 두고 AI를 규제하려는 규범 선도국으로 적극적으로 활동하기도 어렵다. 예를 들어 LAWS 금지에 찬성하는 쿠바, 짐바브웨, 과테말라, 이라크, 우간다와 같은 국가들은 인권수호에 대한 대외적 평판이 높지 않은 국가이기에 LAWS으로 인한 인도주의적 문제점들을 주장하기에 한계가 있을 수밖에 없다. LAWS 금지에 찬성하는 많은 국가들은 실제 인권에 대한 우려보다는 AI 군사무기화를 통해 발생할 수 있는 AI 선도국과 후발국 사이의 현저한 군사력 차이를 줄이기 위해 국제규범을 활용하려는 것처럼 보인다(샤례, 2021: 519).

LAWS 금지 규범화에는 현실적으로 LAWS 개발이 가능한 강대국들의 동의와 리더십이 절실하게 요구된다고 할 수 있다(Garcia, 2015; 장기영, 2020). 또한 LAWS 규제규범이 성공적으로 안착하기 위해서는 해당 규범이 강대국들(또는 강대국 정치엘리트들)의 이익에도 부합되어야 한다. 따라서 LAWS 규제를 둘러

13 프레스 외(Press et al., 2013) 역시 핵무기가 핵심목표를 파괴하는 데 있어 재래식 무기보다 훨씬 효율적인 상황에서 대중들이 핵무기의 사용에 더욱 찬성하는 경향이 발생하며, 따라서 핵무기의 군사적 효율성이 높아지는 상황에서 '핵 사용 금기(nuclear taboo)'가 완화될 수 있다고 말한다.

싸고 향후 강대국 국내 정치에서 전개될 정치담론화 과정이 무엇보다 중요하다고 볼 수 있다. 2013년 찰리 카펜터Charli Carpenter는 완전자율무기에 대한 미국 국민들의 정책선호를 분석했는데 그 결과, 설문 응답자의 55%가 전쟁에서 완전한 자율적인 로봇 무기를 사용한 데 반대했고, 자율무기를 선호하는 사람은 응답자의 26%에 해당했다. 특히 카펜터는 군 복무자와 참전군인들이 자율무기를 강하게 반대한다는 사실을 발견했다(Carpenter, 2013). 반면에 마이클 호로위츠(Michael Horowitz, 2016)는 자율무기가 군사적으로 더욱 효과적이고 자국의 군인을 더욱 보호할 수 있다는 말을 들은 응답자들은 자율무기에 대한 지지가 60%로 늘어났음을 규명했다. 이러한 상반된 연구 결과는 AI 선도국인 강대국의 국내 정치 맥락에 따라 완전자율무기에 대한 대중들의 정책선호가 달라질 수 있음을 의미하며, 향후 LAWS 규제규범의 성공은 강대국 국내 정치에서 전개될 '아이언맨 vs. 터미네이터' 프레이밍 게임의 결과에 의해 결정될 가능성이 높다고 하겠다.[14]

현재 LAWS 금지 규범화를 추구는 '규범 창출자들'은 '킬러로봇'이라는 부정적인 용어를 사용하여 효과적으로 프레이밍 전략을 추구하고 있다. 킬러로봇이라는 용어는 LAWS의 실제적인 폐해에 대해 단순하고 대중적인 메시지들을 효과적으로 전달한다. 그러나 그러한 용어 사용은 양날의 검이 될 수 있다. 킬러로봇이라는 용어는 공상과학소설의 느낌sci-fi-feel도 주기에 'LAWS는 아직 존재하지 않는다'는 느낌을 대중에게 줄 수 있다. LAWS 금지 반대자들은 이러

14 ≪뉴욕타임스≫는 2016년 10월 26일 보도를 통해 미국 국방부는 인공지능 로봇 무기 개발을 중국이나 러시아와 같은 국가들에 대해 군사적 우위를 유지하려는 전략의 핵심으로 여기고 있으며, 구체적인 형태는 '터미네이터형'보다는 '아이언맨형'에 가깝다고 전했다. 당시 로버트 워크 국방부 부장관은 사람들은 인공지능 로봇이 영화 터미네이터 시리즈에 나오는 킬러로봇들과 결과적으로 인류를 파멸시키는 핵전쟁을 일으키는 인공지능 프로그램 스카이넷처럼 될 것이라고 우려하지만 미국이 생각하는 것은 그런 것이 아니며 로봇이 생사를 결정할 때에는 항상 인간이 개입하게 될 것이라고 말했다(https://www.nytimes.com/2016/10/26/us/pentagon-artificial-intelligence-terminator.html).

한 기조하에 CCW에서의 규제 움직임은 아직 시기상조이며 미래의 무기에 대한 선제적인 논의일 뿐이라고 폄하한다(Rosert and Sauer, 2021: 16).

LAWS를 둘러싼 규범화가 가시적으로 달성되고 국가들이 그러한 국제규범을 잘 준수한다고 해도 이러한 국제규범화가 국가들의 높은 수준의 국제협력을 의미하는지는 여전히 불확실하다고 할 수 있다. 만약 LAWS 규제규범이 규범화 이전과 비교하여 AI 선도국들로 하여금 많은 것을 포기하도록 강제하는 것이 아니라면 이러한 규범화는 단순히 AI 선도국들의 국가이익을 반영하는 것에 지나지 않을 수 있다. 예를 들어 타라니스를 개발하고 있는 영국 정부는 2016년 "영국은 완전한 자율무기체계를 보유하고 있지 않으며, 이를 개발하거나 인수할 의사도 없다. 우리의 무기 운용은 항상 인간의 통제하에 이루어질 것이며 감독과 권한, 그 사용 책임을 절대적으로 보장한다"라고 말했지만, 영국군은 자율체계를 반드시 인간과 같은 수준으로 상황을 이해할 수 있어야 한다고 규정하고 있기에 이런 능력에 부합하지 않은 시스템은 자율이 아닌 자동 시스템으로 간주한다(샤레, 2021: 169). 비슷한 예로 몇몇 NGO와 국가들은 '의미 있는 인간통제'를 요구하고 있으며, 미국은 국방부 지침 3000.09의 표현에 따라 '적절한 인적 개입'이라는 용어를 사용하고 있다.[15] 자율무기에 대한 추상적인 정의에는 현재 개발 중인 자율무기를 국제규범에서 규정하는 자율무기에 대한 논의에서 벗어나도록 하는 전략적 의도가 내포되어 있으며, 향후 가시화될 국제규범은 AI 선진국들을 강하게 규제하기보다는 AI 선진국들의 국가이익을 심각하게 저해하지 않는 범위 내에서 실현될 가능성이 크다.

현재 LAWS에 대한 규범화의 가장 큰 문제점은 자율무기 규제에 대한 움직

15 일찍이 토마스 셸링(Thomas Schelling)은 『갈등의 전략(Strategy of Conflict)』(1963)과 『군사무기와 영향(Arms and Influence)』(1966)에서 가장 강력한 제약은 현저한 특징이 있으며 단순하고, 정도보다 질을 중요시하고, 인식 가능한 분명한 경계를 제공하는 것이라고 말했다. 이러한 관점에서 볼 때 LAWS에 대한 명료하지 않은 표현 및 정의들은 효과적인 규범 출현 가능성을 회의적으로 전망하게 한다.

임을 주도하는 행위자가 강대국들이 아니라 NGO나 AI 후발국들이라는 점이다. 결과적으로 향후 LAWS에 대한 의미 있는 규제가 이루어지기 위해서는 AI 선도국들의 입장에서 LAWS의 참혹함이나 확산이 그들의 군사적 효용을 넘어설 때에야 비로소 성공적인 규범화가 가능하리라는 전망을 할 수 있다. 이는 향후 LAWS 금지 규범화가 인도주의적 문제라는 프레임만으로는 성공적인 규범화를 달성하기 어려우며, 강대국들 사이 안보적 이해관계나 강대국 국내 정치에서 벌어지는 프레이밍 게임이 규범화의 중요한 동력이 될 것이라는 의미이다. LAWS 보유 및 군사적 사용이 강대국 지도자들의 정치적 비용을 크게 증가시키는 상황이 전개되거나 핵무기 비확산 조약NPT처럼 자율화 기술이 AI 선도국인 강대국들 외에 다른 국가들에게도 확산될 가능성이 있을 때에야 비로소 명확하고 효과적인 AI 규제규범이 등장할 것이다.

5. 결론

본 연구에서는 현재 AI 선도국들이 개발하고 있는 자율무기가 국제정치 안보환경에 미칠 영향에 대해 먼저 알아본 뒤 자율무기 개발을 규제하는 국제규범화를 둘러싼 국가들의 협력 가능성에 대해 살펴보았다. 인공지능 시스템은 기계가 사람의 결정 속도를 상회하여 전투의 국면을 가속화시키고 결과적으로 전투에서 인간의 통제를 상실하게 만들기 때문에 AI 군사기술 격차가 크지 않은 국가들 사이에서 분쟁이 일어나면 국가들의 서로 다른 인공지능 군사무기들은 예측하기 어려운 방식으로 상호작용하여 군사위기를 필요 이상으로 증폭시킬 수 있다. AI 군사기술 발전 단계가 현저하게 비대칭적인 국가들 사이에서는 군사적 위기가 예상치 않은 방향으로 과열되지 않고 오히려 AI 군사무기가 안보환경의 불확실성을 감소시킬지도 모른다. 그러나 인공지능 군사기술의 발전으로 궁극적으로 방어가 공격보다 어렵게 되는 안보환경이 조성된다면 해당 국가들은 이를 극복할 수 있는 억지 수단이 결여될 뿐만 아니라 이는 국가들 간 심각한 안보딜레마 문제를 야기할 수 있다. 또한 본 연구는 만약 특화된 비국가 전문가 집단들 역시 인공지능 군사기술을 사용할 수 있게 된다면 국가가 무력행사의 주된 행위자였던 근대 국제질서에서와는 달리 국민국가를 중심으로 형성되었던 관념과 정체성을 변화시켜 국민국가의 약화를 초래할 것이라 전망했다.

아울러 본 연구는 인공지능 군사무기 규제를 둘러싸고 전 지구적 국제협력이 어려운 이유는 무기 금지에 대한 규범화가 AI 선도국인 강대국들의 주도가 아니라 대부분 AI 기술 후진국들의 정책선호를 반영하고 있기 때문이라고 주장했다. 현실적으로 LAWS 개발이 가능한 강대국들의 동의와 리더십이 절실하게 요구되는 상황에서 향후 LAWS 금지 규범은 인도주의적 문제라는 프레임만으로는 성공적인 규범화를 달성하기 어렵고 성공적인 규범화를 이루기 위해서는 강대국들 사이 안보적 이해관계나 강대국 국내정치에서 벌어지는 프레이밍 게임이 향후 규범화를 결정짓는 중요한 변수가 될 것으로 전망했다. 본 연구에서 필자는 향후 군사무기에 대한 국제규범은 AI 선진국들을 강하게 규제하는 형태가 아니라 AI 선진국들의 국가이익을 어느 정도 반영한 상태에서 가시화될 수 있을 것이라 주장했다.

끝으로 LAWS에 관한 국제협력 및 국제규범을 분석한 본 논문은 향후 한반도를 둘러싼 안보환경 변화에 대해서도 시사하는 바가 크다고 할 수 있다. 예를 들어 한국, 북한, 중국, 일본 등 동아시아 국가들 모두 또는 일부 국가들의 함선들이 자율무기이고 이러한 함선들이 봉쇄선을 넘거나 또는 위협적인 행위를 하는 선박 모두에게 자동적으로 발포하도록 프로그래밍되었다고 한다면, 이러한 자율무기 함선의 등장은 동북아 안보환경에 많은 변화를 야기할 수 있다. 한국의 입장에서는 한국의 무기체계 역시 상대국들의 위협적인 움직임에 대해 자동적으로 발포되도록 프로그래밍되었다고 '믿을 만한 위협credible threat'을 가할 수 있는 것이 억지전략의 근간이 될 것이다. 또한 LAW 규범과 관련해서는 한반도를 둘러싼 관계국들을 이른바 포괄적 LAWS 사용 금지 조약하에서 규제할 수 있을지 아니면 인공지능 군사무기 개발로 국가 간 공포의 균형balance of terror을 달성하여 상호 인공지능 군사무기 사용을 자제하게 하고 억제하도록 하는 것이 더 나은지 냉철하게 그 이해관계를 따져봐야 할 것이다.

김경수·김지훈. 2019.「미래전을 주도할 군집 드론(Drone Swarm) 개발동향 및 발전추세」. ≪국방과 기술≫, 제479호, 98~109쪽.

김상배. 2019.「미래전의 진화와 국제정치의 변환: 자율무기체계의 복합지정학」. ≪국방연구≫, 제62권 3호, 93~118쪽.

김자회·장신·주성구. 2017.「자율 로봇의 잠재적 무기화에 대한 소고: 개념정립을 통한 규제를 중심으로」. ≪입법과 정책≫, 제9권 3호, 135~156쪽.

샤레, 폴. 2021.『새로운 전쟁: 인공지능과 로봇은 전쟁을 어떻게 바꿀 것인가?』. 박선령 옮김. 로크미디어.

신성호. 2019.「자율무기에 대한 국제사회 논쟁과 동북아」. ≪국제·지역 연구≫, 제28권 1호, 1~28쪽.

유준구. 2019.「자율살상무기체계의 논의 동향과 쟁점」. ≪정책연구시리즈 2019-18≫. 국립외교원 외교안보연구소. 1~32쪽.

장기영. 2020.「'킬러로봇'을 둘러싼 국제적 갈등: '국제규범 창설자'와 '국제규범 반대자' 사이의 정치적 대립을 중심으로」. ≪국제·지역 연구≫, 제29권 1호, 201~226쪽.

홍태영. 2016.「'새로운 전쟁'과 국민국가의 위기」. ≪국방연구≫, 제59권 1호, 83~107쪽.

Adamsky, Dima. 2010. *The Culture of Military Innovation*. Stanford: Stanford University Press.

Boulanin, Vincent and Maaike Verbruggen. 2017. *Mapping the Development of Autonomy in Weapon Systems*. Stockholm: SIPRI.

Canning, John S. 2009. "You've just been disarmed. Have a nice day!" *IEEE Techonology and Society Magazine*. pp.12~15.

Carpenter, Charlie. 2013. "How Do Americans Feel About Fully Autonomous Weapons?" The Duck of Minerva, June 19, 2013. https://www.duckofminerva.com/2013/06/how-do-americans-feel-about-fully-autonomous-weapons.html

Garcia, Denise. 2015. "Killer Robots: Why the US Should Lead the Ban." *Global Policy*, Vol.6, No.1, pp.57~63.

Guterras, António. 2020.1.22. "Remarks to the General Assembly on the Secretary-General's Priorities for 2020." https://www.un.org/sg/en/content/sg/statement/2020-01-22/secretary-generals-remarks-the-general-assembly-his-priorities-for-2020-bilingual-delivered-scroll-down-for-all-english-version

Horowitz, Michael C. 2016. "Public Opinion and the Politics of the Killer Robot Debate." *Research and Politics*, Vol.3, No.1, pp.1~8.

_____. 2019. "When Speed Kills: Lethal Autonomous Weapon Systems, Deterrence and Stability." *Journal of Strategic Studies*, Vol.42, No.6, pp.764~788.

_____. 2020. "Do Emerging Military Technologies Matter for International Politics?" *Annual Review of Political Science*, Vol.23, pp.385~400.

Horowitz, Michael C. and Paul Scharre. 2014. "Do Killer Robots Save Lives?" *PoliticoMagazine*. November 19, https://www.politico.com/magazine/story/2014/11/killer-robots-save-lives-113010/

Jervis, Robert. 1976. *Perception and Misperception in International Politics*. Princeton: Princeton University Press.

Nott, George. 2017. "Can Autonomous Killer Robots Be Stopped? Advances in AI Could Make Lethal Weapon Technology Devastatingly Effective." ComputerWorld, August 25. https://www2.computerworld.com.au/article/626460/can-autonomous-killer-robots-stopped/

Posen, Barry R. 1984. *The Sources of Military Doctrine: France, Britain, and Germany between the World Wars*. Ithaca: Cornell University Press.

Press, Daryl G., Scott D. Sagan and Benjamin A. Valentino. 2013. "Atomic Aversion: Experimental Evidence on Taboos, Traditions, and the Non-Use of Nuclear Weapons." *American Political Science Review*, Vol.107, No.1, pp.188~206.

Robert O. Work. 2016. "Remarks at the Atlantic Council Global Strategy Forum." Washington, DC, May 2, 2016. http://www.atlanticcouncil.org/events/webcasts/2016-global-strategy-forum

Rosen, Stephen P. 1994. *Winning the Next War: Innovation and the Modern Military*. Ithaca: Cornell University Press.

Rosert, Elvira and Frank Sauer. 2021. "How (NOT) to Stop the Killer Robots: A Comparative Analysis of Humanitarian Disarmament Campaign Strategies." *Contemporary Security Policy*, Vol.42, No.1, pp.4~29.

Sagan, Scott D. and Benjamin A. Valentino. 2017. "Revisiting Hiroshima in Iran: What Americans Really Think about Using Nuclear Weapons and Killing Noncombatants." *International Security*, Vol.42, No.1, pp.41~79.

Scharre, Paul. 2017. "A Security Perspective: Security Concerns and Possible Arms Control Approaches." *Perspectives on Lethal Autonomous Weapon Systems*, United Nations Office for Disarmament Affairs, Occasional Papers No.30, November.

_____. "Debunking the AI Arms Race Theory." *Texas National Security Review*, Vol.4, No.3, pp.121~132.

Schelling, Thomas C. 1963. *The Strategy of Conflict*. New York: Oxford University Press.

_____. 1966. *Arms and Influence*. New Haven: Yale University Press.

Sharkey, Noel. 2008. "The Ethical Frontiers of Robotics." *Science*, Vol.322, No.5909.

Tilly, Charles. 1975. *The Formation of Nation State in Western Europe*. Princeton: Princeton University Press.

U.S. Congressional Research Service. 2020. "Artificial Intelligence and National Security." R45178.

_____. 2021. "International Discussions Concerning Lethal Autonomous Weapon System." https://sgp.fas.org/crs/weapons/IF11294.pdf

United Nations. 2021. Letter dated 8 March 2021 from the Panel of Experts on Libya Established Pursuant to Resolution 1973(2021) Addressed to the President of the Security Council.

제3부

미래국방의 국가전략과 한국

제7장 미중 미래국방 전략과 인공지능 군사력 경쟁
_ 차정미

제8장 중견국의 미래 국방전략
_ 전경주

제9장 한국의 미래 국방전략
'국방전략 2050'의 추진과 과제
_ 손한별

7 미중 미래국방 전략과 인공지능 군사력 경쟁*

차정미 | 국회미래연구원

1. 서론

2020년 11월 미 하원 군사위원회 「미래국방TF 최종보고서」는 미국의 미래국방을 위한 최우선 과제로 인공지능 우위를 내세웠다. 이 보고서는 제2차 세계대전 중 미국 주도하에 영국, 캐나다 등 동맹국의 과학자들이 함께 원자폭탄 개발을 추진했던 '맨해튼 프로젝트Manhattan Project' 모델을 제안하면서, 인공지능 기술 개발과 적용 경쟁에서 반드시 우위를 확보해야 한다고 강조했다(House Armed Service Committee, 2020). 미국은 인공지능 시대 중국의 기술력 부상이 미국의 압도적 군사우위를 뒷받침해 왔던 기술우위를 위협하고 있다고 인식하고 있다(DOD of U.S., 2019: 4). 한편, 중국은 인공지능 기술의 부상과 전쟁양상의 변화가 위협과 동시에 전략적 기회를 제공할 수 있을 것으로 기대하고 있

* 이 글은 ≪국가전략≫ 제28권 3호(2022)에 게재된 글을 수정·보완한 것임을 밝힌다.

다. 2019년 중국 『국방백서』는 인공지능 등 첨단 과학기술이 빠르게 군사 분야에 적용되면서 글로벌 군사력 경쟁의 양상이 역사적 전환점을 맞이하고 있다고 강조하고, 지능화 혁신을 통한 2049년 세계 일류강군 실현의 목표를 제시한 바 있다(国务院新闻办公室, 2019). 2021년 중국의 제14차 5개년 계획 또한 지능형 무기장비 개발 가속화를 강군몽 실현의 핵심과제로 강조했다(中国政府网, 2020). 이렇듯 미중 양국의 미래 국방전략은 인공지능 기술에 주목하고 있다.

미중 양국의 국방전략에 있어 인공지능 경쟁은 미래 경제, 기술, 규범을 주도하기 위한 양국의 글로벌 리더십 경쟁과도 밀접히 연계되어 있다. 국방전략은 미래 전쟁에서의 승리뿐만 아니라 국가가 제시하는 전략목표와 전략이익 실현을 지원하는 역할을 포괄하고 있는 바, 인공지능 주도를 패권 유지의 주요한 요소로 인식하는 미국과 중화민족의 위대한 부흥에 주요한 동력이 될 것이라고 인식하는 중국의 국방전략은 인공지능 기술 발전과 활용 경쟁을 확대해 가고 있다. 이에 본 연구는 인공지능 기술이 미래 글로벌 리더십 경쟁과 군사력 경쟁의 게임체인저가 될 것이라는 기술결정론적 인식이 미중 양국 간의 인공지능 군사력 경쟁을 가속화하고 있음에 주목하고, 미중 인공지능 군사력 경쟁의 전략인식과 전개 양상을 분석한다. 미중 양국이 미래 전쟁과 미래 국력 우위를 위해 구체화하고 있는 군 구조 혁신, 군사기술혁신, 규범 주도 경쟁 등 인공지능 군사력 경쟁을 분석함으로써 미중 양국의 인공지능 군사력 경쟁의 미래와 국제정치적 함의를 제시한다.

2. 인공지능 군사력 경쟁과 기술결정론

1) 선행 연구 검토

최근 몇 년 동안 많은 국가들이 국가전략과 군사전략 모두에서 인공지능의 역할을 핵심축으로 강조하기 시작했다(Maas, 2019: 286). 마스(Maas, 2019)는 인공지능 기술의 발달이 군비경쟁을 촉발함은 물론 미중 양국 간의 '신냉전'을 제고하고 있다는 인식이 정책결정자들과 학자들을 비롯해 일반 국민들에게까지 팽배해 있다고 지적했다. 인공지능으로 대표되는 신흥기술의 부상 그리고 이러한 신흥기술이 미래 국가전략과 군사전략 모두에 주요한 요소라는 인식은 국가 간 신흥기술 육성 경쟁은 물론 신흥기술의 군사적 적용을 위한 경쟁을 촉발하고 있다. 이렇듯 인공지능 기술의 부상과 함께 군사화 경쟁이 확대되면서 인공지능 군사력 경쟁, 특히 미중 간의 인공지능 군비경쟁에 주목하는 연구들이 부상했다(Geist, 2016; Hughes, 2017; Pecotic, 2019; Marr, 2021). 인공지능 군비경쟁 연구들은 경쟁적인 인공지능 투자와 인공지능의 군사화 경쟁에 주목한다. 암스트롱, 보스트롬, 슐만(Armstrong, Bostrom, and Shulman, 2016)은 인공지능 군비경쟁 모델을 통해 군비경쟁 참여자가 많을수록, 상호 적대감이 높을수록, 상대의 AI 역량과 자국의 역량에 대한 정보가 많을수록 위협이 증가된다고 분석하고, 인공지능 선두가 되고자 하는 경쟁 상황에서 안전한 인공지능 발전을 위한 방안을 제시했다. 하너와 가르시아(Haner and Garcia, 2019)는 미국, 중국, 러시아, EU, 한국을 인공지능 군비경쟁의 주요국으로 구분하고, 인공지능 기술의 군사화 문제를 지적하면서 국제규범 구축의 필요성을 강조했다. 알렌(Allen, 2019: 6~7)은 중국 지도자들은 중국의 글로벌 인공지능 리더십 추구가 인공지능 군비경쟁을 강화할 것임을 알지만 인공지능의 군사화가 불가피한 것으로 인식하고 이를 가속화하고 있다고 강조한다.

반면, 이러한 '인공지능 군비경쟁' 프레임의 오류와 문제점을 비판하는 주장도 제기되고 있다(Scharre, 2021; Roff, 2019; Sherman, 2019; Pascal, 2019). 로프(Roff, 2019, 95~98)는 AI가 미사일이나 탱크와 같은 무기가 아니라 전자·컴퓨터네트워크 등 다양한 적용 범위를 가진 일반범용기술general-purpose technology: GPT이라는 점에서 인공지능 경쟁은 '군비경쟁'이 아니라고 강조하고, 군비경쟁 프레임은 중단되어야 한다고 주장한다. 샤르(Scharre, 2021) 또한 무기가 아닌 인공지능에 군비경쟁의 개념을 붙이는 것 자체에 오류가 있다고 주장한다. 셔먼(Sherman, 2019)은 미중 양국의 인공지능 군사력 경쟁에 대한 승자독식 프레임의 오류와 위험성을 지적하면서 미중 양국 간의 상호연계성과 인공지능 기술혁신의 개방성 등을 강조한다.

이렇듯 인공지능 군비경쟁에 대한 관심과 연구가 증대됨에도 불구하고 미중 양국 간에 전개되는 인공지능 군사력 경쟁의 배경과 구체적인 군비경쟁 양상에 대한 분석은 취약하다고 할 수 있다. 이에 본 연구는 미중 전략경쟁이 인공지능 기술의 부상과 연계되면서 가속화하고 있는 미중 양국 간의 인공지능 군사력 경쟁에 주목하고, 인공지능 군사력 경쟁의 배경과 구체적인 전개 양상을 분석한다. 이를 통해 미중 간 인공지능 군비경쟁이 실제 심화되고 있음을 보여주고, 인공지능 군비경쟁의 미래와 국제정치적 함의를 제시한다.

2) 인공지능 군사력 경쟁의 분석틀: 미중 전략경쟁의 심화와 인공지능 기술결정론

미중 간 인공지능 군사력 경쟁의 핵심은 기술에 대한 엘리트들의 전략인식에 있다고 할 수 있다. 미중 간 신흥기술 분야에서 전개되는 군비경쟁이 전략적 이익과 억제력 향상에 효과적이지도 않을 뿐더러 불필요하게 위험하고 경제적으로 낭비라는 주장도 있으나, 미중 양국은 인공지능 군사력 경쟁이 초래할 위험에 대해 경계하면서도 인공지능 기술주도와 군사화를 국가전략, 군사전략의 주요한 요소로 강조하고 있다. 그렇다면 미중 간 인공지능 군비경쟁을 유인하는 요인은 무엇인가? 본 연구는 인공지능 기술이 미래 경제력과 군사력 경쟁에서의 우위를 좌우할 핵심요소라고 강조하는 기술결정론적 인식과 담론에 주목한다. 기술결정론은 어떠한 기술에서의 우위가 미래 질서 혹은 전투에서의 승리에 결정적이라고 규정하는 것이다. 이러한 기술결정론에 대한 비판으로, 기술 자체가 아니라 사회적·역사적 맥락에서 어떻게 기술이 도입되느냐가 중요하다는 기술의 사회적 구성에 주목하는 구성주의적 접근이 1980년대 이후 부상하기도 했다(Dafoe, 2015: 1048~1049). 데포(Dafoe, 2015: 1050)는 극단적 기술결정론과 구성주의를 수용하면서, 군사적·경제적 경쟁의 심화가 기술결정론의 공고화를 초래한다는 '군사-경제 적응주의military-economic adaptationism'를 제시했다. 군사적·경제적 경쟁이 심화되는 시기에 기술이 새로운 사회구조를 양산하게 될 때, 군사적·경제적 경쟁에서 이기기 위해 사회기술체계가 진화한다는 것이다. 군비경쟁의 차원에서 보면 군비경쟁은 기술결정론적 인식에 근거하여 주요 강대국들의 정책결정자들이 그 기술에서 뒤처지는 것에 대한 두려움, 균형을 모색하기 위해 전개하는 담론들에 의해 강화된다고 할 수 있다(Sebastien, 2021). 결국 기술결정론은 특정 기술의 영향력에 대한 분석과 전망을 근거로 정책결정자들이 이를 안보화하고 전략화하면서 핵심 국가전략으로 혹은 국방전략의 주요한 부분으로 부상하게 된다고 할 수 있다.

미중 양국이 AI를 핵심으로 한 미래 군사전략 구상과 군사력 경쟁을 전개하고 있는 배경은 인공지능이 미래 국제질서에 게임체인저가 될 것이라는 전망과 인식에 근거한다. 미중 간 군사력 경제력 경쟁이 심화하는 시기에 인공지능이 미래 리더십과 군사력을 좌우할 핵심기술로 부상하면서, 이를 주도하기 위한 양국 간 전략경쟁이 심화되는 구조에 있다. 많은 연구와 논의들에서 인공지능은 가까운 미래에 전략 수행에 막대한 영향을 주는 것은 물론 현재의 힘의 균형을 파괴할 수 있을 것으로 인식되고 있다(Ayoub and Payne, 2016: 793). 인공지능은 2030년까지 세계 경제성장에 가장 큰 영향을 미치는 게임체인저로 평가받고 있다(PWC, 2017). 2017년 캐나다가 세계 최초로 AI 국가전략을 발표한 이후 2020년 12월까지 30개국이 넘는 국가들이 AI 국가전략을 발표했다(Stanford University's Human-Centered Artificial Intelligence Institute, 2021: 13). 주요국들이 국방 분야에서 인공지능 기술혁신과 군사적 적용에 적극 나서고 있는 것은 미래 전쟁뿐만 아니라 미래 경제, 영향력 경쟁에서의 우위를 점하기 위한 조치라고 할 수 있다. 또한 안보적 목적으로 인공지능 기술 관련 지식들이 국경을 넘지 못하도록 규제하기도 한다. 인공지능 경쟁은 미중 관계에서 특히 급격하게 부상하고 있다(Fischer and Wenger, 2021: 172~173).

인공지능은 또한 미래 전쟁에서의 승리를 위한 핵심기술로 강조되고 있다. 미래 전쟁 전망에 대한 많은 보고서들이 기술혁신의 요소를 미래 전쟁 양상 변화의 핵심 요소로 강조하고 있다(U.S. DOD Joint Staff, 2016; U.S. Army Futures Command, 2020; Rand, 2020). 첨단기술의 발전이 전쟁 수행 양상과 전쟁개념의 변화를 촉발하고 있다는 것이다. 특히, 인공지능은 미래 군사력과 전쟁 수행에 게임체인저가 되거나, 혹은 기존의 재래식 전력을 불확실하게 하는 효과가 있다는 점이 주목받고 있다(Johnson, 2020, 198). 인공지능 기술이 미래 전쟁 양상과 전력을 변화시킬 것이라는 전망과 믿음에 근거하여 강대국들은 저마다 지능화 전쟁에서의 우위를 확보하기 위한 군사독트린 변화, 군 구조의 변화, 군사기술혁신, 민군관계의 변화 등 다양한 혁신들을 추구해 가고 있다. 미국 「국가안보전략」과 「Joint Vision 2020」은 "압도적overmatch" "전면적 지배full spectrum dominance"로 최대 우위를 유지하는 것을 명확히 했고, 이러한 초격차 전략의 수행을 위해 인공지능 기술에 대한 투자를 적극 확대해 가고 있다(Swan and Hovaness, 2021). 중국 또한 군사현대화의 핵심목표로 '지능화 혁신' 전략을 내세우고 있으며, 인공지능, 로봇기술 등 첨단기술이 전장에 도입되는 새로운 단계의 군사현대화를 추구하고 있다(Kania, 2017: 11). 이렇듯 인공지능이 미래 전쟁의 양상을 바꿀 것이고 그 미래 전쟁에서 이기기 위해서는 인공지능 전쟁에 대비한 군구조개혁과 전력혁신에 나서야 한다는 인식은 인공지능 군사력 경쟁으로 이어지고 있다.

실제 인공지능 군비경쟁을 촉진하는 것은 미래 국력 증강과 미래 전쟁 승리를 위해서는 모두 인공지능 기술우위가 관건이라는 인식이라고 할 수 있다. 강대국 패권경쟁이 신흥기술과 연계되면서 국력경쟁과 군사력 경쟁 차원에서 군사 분야의 인공지능 투자가 급격히 증대되고 있다. 군사 분야의 인공지능 기술투자와 인공지능 기술의 군사화 경쟁은 **그림 7-1**과 같이 인공지능 기술이 미래

그림 7-1 인공지능 기술결정론과 군사력 경쟁

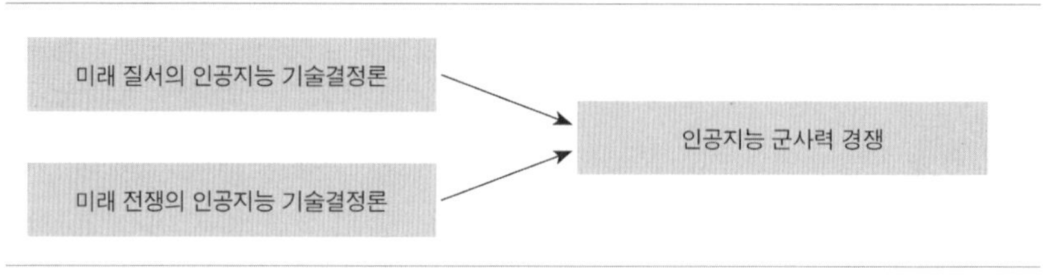

자료: 저자 작성.

전 승리와 미래 리더십 주도에 결정적 요소라는 인식하에 추동되고 있다.

그림 7-1과 같이 미중 양국의 군은 인공지능 기술 주도와 인공지능 기술의 군사화를 위한 군사력 경쟁을 가속화하고 있다. 이때 단순히 미래 전쟁에서의 승리뿐만 아니라 미래 경제력과 리더십의 핵심요소로 인식되는 인공지능 기술의 발전을 위한 군의 역할을 강조한다. 두 개의 기술결정론, 즉 미래 경제질서, 국제질서 권력 재편에 있어 인공지능이 게임체인저가 될 것이라는 인식과 인공지능이 미래 전쟁의 군사력을 좌우할 것이라는 인식이 공존하면서 미중 양국 간의 인공지능 군사력 경쟁이 가속화되고 있으며, 이중목적 기술로서 인공지능은 미중 양국이 미래 우위를 확보하기 위한 국가전략과 군사전략을 빠르게 가동하도록 압박하고 있다.

본 연구는 이렇듯 미래 리더십 확보와 미래전 승리라는 두 차원에서 전개되고 있는 미중 양국 간의 인공지능 군사력 경쟁을 인공지능 기술에 대한 전략인식, 인공지능 기술의 군사화와 지능전 대비를 위한 군 구조 혁신과 병력 증대, 인공지능 군사기술 투자의 확대, 인공지능 규범 주도와 동맹 강화의 측면에서 구체적으로 분석한다.

3. 미국의 인공지능에 대한 전략인식과 군사력 경쟁

1) 인공지능 기술결정론과 미국의 전략인식

미 국방부 정보국장 다나 데이지Dana Deasy는 "AI 분야에서 리더가 되는 것은 경제적 번영뿐만 아니라 국가안보를 제고하는 데에도 가장 중요한 문제"라고 강조한 바 있다(DOD of U.S., 2019.2.12). 미국의 인공지능 군사력 강화는 국가안보뿐만 아니라 경제 번영에 인공지능 기술이 결정적 요소라는 인식하에 중국의 추격에 대한 위협인식이 주요한 전략적 배경이 되고 있다.

(1) 인공지능의 질서결정론과 대중국 위협인식

2017년 미국 정부는 「국가안보전략National Security Strategy」, 「국방전략National Defense Strategy」, 「2020년도 R&D 예산 우선순위 메모R&D Budget Priorities Memo」 등을 통해 AI가 미국의 미래에 미치는 영향을 제시하면서 AI 연구개발의 중요성을 지속 강조해 왔다. 2018년 백악관의 과학기술정책국Office of Science and Technology Policy: OSTP은 AI 시대 미국의 리더십을 유지하기 위한 전략대화를 위해 백악관 AI 고위급회의를 개최했고, 정부 인사와 학계 연구계의 기술 전문가들, 산업연구실 책임자, 재계 지도자 등 100명이 넘는 인사들이 모였다(National Science and Technology Council, 2019: 2). 이후 2019년 2월 트럼프 대통령은 미국이 인공지능을 주도하기 위해 'AI 미국 리더십 유지Maintaining American Leadership in Artificial' 행정명령에 서명했다. 이 행정명령은 "AI 분야 미국 리더십의 유지가 미국의 경제와 국가안보 유지, 그리고 우리의 가치와 정책, 우선순위에 부합하는 방향으로 글로벌 AI의 진화를 구축해 가는 데 매우 중요한 요소"라고 강조했다(Executive Office of the President, 2019.2.11). 미국은 중국의 부상, 특히 첨단기술 분야에서 중국의 부상이 미국의 패권과 군사적 우위를 위협하고 있다고 인식하고, 인공지능을 미래 질서 리더십 경쟁의 핵심으로 강조하고 있다.

(2) **인공지능의 미래 전쟁 결정론과 대중국 위협인식**

미국은 군사 분야에서 적들보다 세대를 앞서가는 '압도적overmatch' 질적 우위를 유지하는 것이 전반적 국방전략의 핵심이라고 강조해 왔다(Singer, 2015). 그러나, 최근 미국은 이러한 압도적 군사력 우위가 새로운 기술의 부상으로 위협받을 수 있다고 인식하고 있다. 특히, AI와 같은 신기술의 부상이 전통적 군사력에서 격차를 가진 중국과 같은 경쟁국들에게 새로운 군사력 경쟁의 기회를 제공하고 있다고 인식하고 있다. 2017년 미국 「국가안보전략」 보고서가 "기술에 대한 접근이 약한 국가들을 강하게 만들고 있으며, 미국의 우위는 점차 줄어들고 있다"라고 강조한 이후, 미 「국방전략보고서」도 급격한 기술혁신으로 안보환경이 점점 더 복잡해지고 있다고 지적했다(DOD of U.S., 2018a). 미 국방부의 「2018 AI 전략요강」 보고서 또한 다른 국가들, 특히 중국과 러시아의 기술 향상을 위협으로 강조했다(DOD of U.S., 2018b). 보고서는 "미국이 항상 기술우위를 유지해 왔고 이것이 군사적 우위를 뒷받침해 왔으나, 중국과 러시아 등이 군사목적으로 AI에 상당한 투자를 하고 있고 이것이 미국의 기술적 전략적 우위를 약화시키는 요소"라고 밝혔다.

미국은 4차 산업혁명 시대의 도래와 함께 미래 핵심기술에 대한 중국의 대규모 투자가 미국의 전통적 군사우위를 위협하고 있다고 인식하고 있다. 미국은 중국 인민해방군의 기술 발전과 글로벌 영향력 확대를 경계하면서 중국과의 장기적 경쟁에 중점을 두고 있다(The White House, 2020: 13). 미국의 군사력이 기술적 측면에서 뒤처질 수 있다는 위협인식은 미국의 인공지능 군사력 강화를 추동하고 있다(Clark et al., 2020: 1). 2021년 3월에 발표된 AI 국가안보위원회의 보고서는 "AI가 권력을 추구하는 데 사용되고, 미래 전쟁에서 가장 먼저 사용되는 무기가 될 것을 우려한다"라고 밝혔다(National Security Commission on Artificial Intelligence, 2021: 1). 미국은 이러한 위협인식에 근거하여 미국의 압도적 군사력 우위를 지속적으로 유지하기 위해 인공지능 군사력 강화에 주력하고 있다.

2) 인공지능 군사력 경쟁과 군 구조 혁신

미국은 군사력 경쟁의 미래 핵심 분야는 정보와 의사 결정이 될 가능성이 높고, AI와 자율시스템이라는 파괴적 기술을 활용하여 장기적 우위를 구축할 수 있을 것으로 인식하고 있다. 또한, 미국은 다영역 전쟁, 모자이크 전쟁 등 새로운 작전개념과 첨단기술의 융합을 모색하고 있다(Clark et al., 2020: 63). 이러한 인공지능 기반의 군사력 제고를 위해 미국은 인공지능 기술의 군사적 적용을 가속화하고, 군 내 인공지능 자원과 역량을 효과적으로 제고하기 위한 군 조직 신설과 인력 증대, 역량 재편 등 다양한 군 구조 혁신을 추진해 가고 있다.

(1) 합동인공지능센터(JAIC)와 최고 디지털 인공지능 사무국(CDAO)

미 국방부는 미래 국방전략의 핵심으로 인공지능 전력 강화를 가속화하기 위해 이를 총괄할 조직과 직위들을 신설해 가고 있다. 우선 2018년 미 국방부 AI 전략의 핵심이라고 할 수 있는 합동인공지능센터Joint Artificial Intelligence Center: JAIC를 신설했다. 미 국방부는 전문 인재들이 AI의 군사적 적용을 가속화하는 데 투입되도록 했고, 전군의 협력이 필요한 상황에서 JAIC가 데이터, 머신러닝 모델, AI와 머신러닝툴 등을 공유하여 협력의 환경과 재료를 제공하도록 하고 있다(*Forbes*, 2021.8.7). JAIC의 수장인 잭 섀나한Jack Shanahan은 JAIC의 핵심 임무를 "첫째, 군 전반에 AI 전력 적용을 가속화하기 위해 연구와 개발이 빠르게 군사작전 전력으로 전환되도록 하는 것", "둘째, AI의 영향을 규모화할 수 있는 공동의 기반을 구축하는 것", "셋째, 국방부 AI 활동이 동시에 진행되도록 AI와 머신러닝프로젝트를 전군에서 진행하는 것", "넷째, 세계일류의 AI팀을 만들고 육성하는 것"이라고 강조했다(DOD of U.S., 2019.2.12).

2021년 미 국방부는 또한 분산되어 있는 AI 전략들을 통합하기 위해 최고 디지털 인공지능 사무국Chief Digital and Artificial Intelligence Office: CDAO을 신설했다. CDAO는 초기 예산 5억 달러, 소속 인원 200~300명 규모를 갖출 예정이다(Next Gov., 2022.2.2). CDAO는 분산된 AI 관련 데이터들을 통합하고, 데이터, 소프트웨어, AI를 통합하는 기술 창구 역할을 하게 될 것이다. 미 국방부는 CDAO등 AI 관련 조직의 신설 배경으로 가속화되는 중국의 위협을 지적했다(Next Gov., 2021.12.8).

(2) 육군미래사령부(AFC)

2018년 8월 미 육군은 미래사령부United States Army Futures Command: AFC를 창설하고, 미래 전쟁의 개념과 전력, 조직 구조 구축 등 육군 현대화를 주도하도록 하고 있다. 미래사령부 창설은 미 육군에 있어 1973년 이래 47년 만에 이뤄진 가장 중대한 조직개편의 하나라고 할 수 있다(Army Futures Command 웹사이트). 미 육군은 2019년 미래사령부 산하에 인공지능 태스크포스Army Artificial Intelligence Task Force: AI-TF를 창설하여, 육군 혁신의 틀에서 AI 전략, 이행 계획, 발전 계획 등을 주도하고 통합하는 역할을 주도하도록 했다. 육군 미래사령부의 AI TF창설은 미 국방부가 2018년 의회에 제출한 AI의 군사적 활용 전략 보고 이후 국방부 전체 AI 전략 일환으로 추진된 것이다(Easley, 2019).

(3) 해군 AI 연구소(NCARAI)

미 해군 AI 연구소Navy Center for Applied Research in Artificial Intelligence: NCARAI는 미 해군연구소U.S. Naval Research Laboratory 정보기술부서Information Technology Division 산하 기관으로 해군, 해병대 및 국방부Defense of Department: DOD의 인공지능에 대한 기본 및 응용 연구를 수행한다. 주요 과제는 지능형 에이전트, 인간-기계 팀 구성, 머신러닝 및 자율시스템 등이다(U.S. Naval Research Laboratory 웹사이트). 자연어처리 머신러닝 기술, 무선시스템에 자율시스템을 제공하여 로봇이 위험을 감수하고 군인을 보호할 수 있는 AI 적용 기술, 신속한 의사 결정 지원 방법 등을 핵심과제로 연구하고 있다(*Forbes*, 2021.8.7). 또한, 미 해군 중앙사령부 5함대는 2021년 인공지능과 무인시스템 통합에 주력할 태스크포스

59Task Force 59를 공식 출범시켰다. JAIC 등 외부 자문을 받아 기술 전문가들을 참여시켜 새로운 AI와 무인기술을 테스트하고 군 전반에 새로운 AI 기술과 무인체계를 통합하는 데 중점을 두고 있다(Barnett, 2021).

(4) 공군의 인공지능 전략

미 공군은 2020년 9월 국방부 인공지능 전략의 부속서로 미 공군의 인공지능 전략을 발표했다. 미 공군의 「인공지능전략 보고서」도 AI가 전쟁의 형태를 바꾸는 상황에서, 미 공군이 누려왔던 비교우위가 사라질 수 있다는 우려를 나타냈다. 특히 데이터와 정보에 의존하여 항공, 우주, 사이버 공간에서 임무를 수행하는 공군력에 중대한 위협이 되고 있어, AI 기술의 적용으로 작전역량을 유지하기 위한 전략적 조치가 시급하다고 강조했다. 또한, 공군과학국the Office of Air Force Chief Scientist: AF/ST은 공군연구소the Air Force Research Laboratory: AFRL와 협력하여 「자율체계의 미래를 향하여The Autonomous Horizons: The Way Forward」라는 리포트를 발간하여 자율시스템의 미래에 대해 상세한 제언을 제시했다(Department of the Air Forse of U.S., 2019).

3) 인공지능 군사기술연구 확대와 무기장비 혁신

미국은 인공지능 군사기술혁신을 가속화하기 위한 연구개발에 자원과 인력, 민관협력의 역량을 투입하고 있다. 미 국방부는 군사기술혁신 주도를 위해 국방혁신부DIU를 신설하고, 학계, 과학기술계, 민간기업과의 인공지능 군사기술혁신 연구를 장려하고 있다. 국방고등연구계획국Defense Advanced Research Projects Agency: DARPA은 민군협력의 인공지능 기술발전 플랫폼의 핵심이라고 할 수 있다. 민간의 기술협력도 인공지능 군사기술혁신의 핵심이라고 할 수 있다. 미국의 최대 방산업체인 록히드마틴이 규정한 '미래국방 5가지 트렌드5Trends Shaping the Future of Defense'의 첫 번째는 "AI가 미래 전쟁 승리의 핵심"이라는 것이다

(Rockheedmartin 웹사이트). 미국의 군사혁신은 네트워크를 넘어 AI 기술을 적용하는 지능화 플랫폼과 무기체계 구축에 주력하고 있다(Easley, 2019). 그만큼 인공지능 군사기술 연구는 미래 전력 강화의 핵심이 되고 있다.

2016년 미 국방부는 「국가 인공지능 연구개발 전략 계획National Artificial Intelligence Research and Development Strategic Plan」을 발표했다. 또한 2021년 8월 미국 육군미래사령부는 데이터분석, 자율시스템, 보안 및 의사 결정 지원에 중점을 두고 2026년까지 집중 투자할 인공지능 연구 영역을 발표했다(POTOMAC Officers Club, 2021.8.13). 그리고 2018년 9월, 인공지능 군사기술연구의 핵심적 역할을 하는 국방고등연구계획국은 AI 분야에 다년간 20억 달러 이상을 투자하는 'AI Next' 캠페인을 발표했다(DARPA 웹사이트).

이 같은 국방연구소 차원의 연구개발 확대 이외에도 미 국방부는 AI 기술 획득 프로세스를 유연하게 조정하여 군이 인공지능 기술을 적용하고 탑재하는 데 필요한 혁신을 추구하고 있다. 2021년 미 국방부 JAIC는 AI 테스트 및 평가 서비스 제공을 위해 향후 4년간 최대 2억 5000만 달러의 일괄 구매 계약을 공고한 바 있다(Federal News Network, 2021.2.11). 최근 조지타운대학 안보와 신흥기술센터Center for Security and Emerging Technology 보고서에 따르면, 미 국방부는 2020년 AI에 8억~13억 달러를 지출했으며, 무인 및 자율시스템에 17억~35억 달러를 추가 지출했고, 2022 회계연도 인공지능 프로젝트 예산으로 8억 7400만 달러를 요청한 것으로 알려졌다. 이는 600개 이상의 AI 관련 사업에 쓰일 것으로 예상되며, 이러한 예산 증대는 미 국방부 운영의 모든 측면에서 AI의 중요성이 급격히 증가하고 있음을 반영한 것이라고 할 수 있다(National Defense, 2022.1.6).

4) 인공지능 기술동맹과 규범 주도

미 국방부의 인공지능전략은 다음과 같이 4가지 전략 중점을 제시하고 있다. ① 핵심임무 수행에 AI 지원 기능 제공, ② 선도적인 민간 부문 기술기업, 학계 및 글로벌 동맹국과의 파트너십, ③ 선도적인 AI 인력 양성, ④ 군사윤리와 AI 안전 주도이다(DOD of U.S., 2018b: 4~5). 군사윤리와 규범 주도, 동맹국과의 파트너십이 인공지능전략의 주요한 부분을 차지하고 있다. JAIC의 수장인 샤나한은 "JAIC의 모든 일은 산업, 학계, 동맹과 글로벌 파트너들의 관계를 강화하는 데 초점을 두고 있다"라고 강조했다(DOD of U.S., 2019.2.12). 이러한 동맹국들과의 AI 연대의 핵심은 인공지능 군사기술의 윤리규범이라고 할 수 있다.

미국은 AI 기술을 안전하고 법적·윤리적 방법으로 사용하는 것을 원칙으로 하고 인공지능 군사기술의 윤리규범 주도에 주력하고 있다. 미 국방부는 2020년 2월 '인공지능 윤리규범Ethical Principle for AI'을 발표했다. AI 윤리원칙의 5가지 핵심은 책임성responsible, 공정성equitable, 추적성traceable, 신뢰성reliable, 통제가능성governable이다(DOD 웹사이트, 2020.2.24). 이러한 원칙들은 AI 규범과 윤리 문제에 있어 미국의 주도력과 리더십을 견지하기 위한 조치들이라고 할 수 있다. 미 국방부의 JAIC는 미국의 AI 윤리 주도를 위해 동맹국 대화를 지속해가고 있다.

이렇듯 미국은 중국의 부상이 초래할 미 패권과 군사력에 대한 도전을 위협으로 인식하면서, 인공지능을 국방전략의 핵심요소로 강조하고, 이에 대응한 군 구조 혁신과 관련 조직 신설, 군사기술 투자 확대 및 관련 예산 증대, 규범 주도와 동맹협력 확대 등을 적극 추진하고 있다.

4. 중국의 인공지능에 대한 전략인식과 군사력 경쟁

1) 인공지능 기술결정론과 중국의 전략인식

(1) 인공지능의 질서결정론과 전략적 기회인식

인공지능 기술의 부상, 특히 중국과 같은 도전국들의 인공지능 기술력의 부상이 미국에게 미 패권과 군사우위에 대한 위협으로 인식된다면, 중국에게 인공지능 기술의 부상은 강대국화와 군사력 격차 추격을 위한 전략적 기회로 인식되고 있다. 중국은 인공지능을 4차 산업혁명 시대 중국의 글로벌 강국화를 위한 핵심기술로 인식하고 있다. 2018년 11월 중국공산당 중앙정치국이 개최한 '인공지능' 주제 집체학습에서 시진핑은 "인공지능이 이번 산업혁명을 이끄는 전략기술이며, 차세대 인공지능 개발 가속화가 세계 과학기술 경쟁에서 중국의 주도권을 확보하는 데 주요한 전략자산"이라고 강조한 바 있다(≪人民日報≫, 2018.11.1).

인공지능 기술은 또한 중국의 지속적인 경제성장을 위한 '혁신경제'를 성공시키고, 4차 산업혁명 시대 디지털 경제 강국화의 핵심적 기술로 인식되고 있다. 중국은 2015년 발표된 '중국제조 2025'에서 인공지능형 제조를 핵심전략으로 제시했고, 시진핑 주석은 2017년 제19차 당대회에서 인공지능 등의 첨단기술을 경제 현장과 연결하는 융합전략이 4차 산업혁명 시대 세계 제1위의 경제대국을 가능하게 할 것이라고 강조하는 등 인공지능은 미래 중국의 경제성장과 글로벌 주도권을 확보하는 데 있어 핵심요소로 간주되고 있다.

중국의 국방전략은 국토방위뿐만 아니라 중국 공산당이 목표로 하는 국가목표, 즉 21세기 중엽 사회주의 일류강국의 목표를 실현하기 위한 지원을 중요한 요소로 하고 있다. 2020년 말 개정된 중국의 국방법이 5장 '국방기술 연구와 생산'을 신설, 국방과학기술을 통한 국가의 자주적 기술 발전과 신흥기술 주도를 강조하고 있는 것은 인공지능 기술 주도에 대한 군의 역할과 기여를 강조하고 있는 것이라 할 수 있다(人民网, 2020.12.29).

(2) **인공지능의 미래 전쟁 결정론과 전략적 기회인식**

중국은 2035년까지 인민해방군의 현대화를 완성하고, 2050년까지 세계 일류의 강한 군대를 만든다는 강군몽의 비전을 제시했다(*China Daily*, 2017.10.27). 이러한 강군몽의 비전에 인공지능 등 첨단 과학기술 기반의 군사현대화는 핵심적 요소로 강조되고 있다. 시진핑은 "전쟁을 계획하고 지휘하는 것은 과학과 기술이 전쟁에 미치는 영향에 세심한 주의를 기울여야 한다"라고 지적하고, "과학기술 발전과 혁신이 전쟁과 전투 방식에 중대한 변화를 가져올 것"이라고 강조한 바 있다(李风雷·卢昊, 2018). 치열한 글로벌 군사경쟁에서 주도권을 잡기 위해서는 과학기술 자립·자강을 견지하고, 과학기술혁신이 중국군 건설과 전투력 향상에 기여할 수 있도록 부단히 노력해야 한다는 것이다(中国军网, 2021. 9.17). 이렇듯 중국은 군사과학기술력이 곧 군사력이라고 인식하고, 미래 부국과 강군의 실현을 위해 군사기술혁신, 군민융합체계 심화 발전을 지속 강조하고 있다.

인공지능 기술은 이러한 군사기술혁신과 군민융합의 핵심이 되고 있다. 중국 강군몽 비전의 핵심담론은 군사지능화军事智能化이다. 2019년 중국 『국방백서』는 전쟁의 양상이 정보화 전쟁에서 지능화 전쟁으로 나아가고 있다고 강조했다(新华社, 2019.7.24). 이러한 새로운 기술과 전쟁양상의 부상은 중국의 무기현대화가 기계화·정보화를 넘어 지능화의 단계로 발전해야 할 필요성을 제기한다. 중국은 인공지능이 국방과 군대정보화 건설의 중요 추동력으로써 무인작전, 정보 수집과 처리, 군사훈련, 사이버공방, 지능화 지휘통제 정책 결정 군사 분야에 광범위하게 적용되면 '게임체인저'의 역할을 할 가능성이 높다고 인식한다(人民网, 2018.10.25). 중국의 전략가들은 군사혁신이 미국으로부터 오는 위협을 억지하고 극복하게 할 수 있을 것으로 기대하고 있다(Newmyer, 2010: 502). 또한 인공지능 군사기술이 미국과의 전통적 군사력 격차를 줄일 수 있을 것으로 기대하고 있다. 중국은 인공지능 기술이 미래 전쟁 역량 강화와 강군화 목표의 핵심요소라는 점에서 지능화 혁신을 위한 군구조개혁과 인력 증대, 인공지능 군사기술혁신, 인공지능 군사윤리 규범 주도 등의 노력을 전개하고 있다.

2) 인공지능 군사력 경쟁과 군 구조 혁신

(1) 전략지원부대 신설

중국은 2015년에 4차 산업혁명 시대 새로운 군사기술이 적용된 전쟁에 대비하기 위한 군사조직인 전략지원부대战略支援部队를 신설하여 우주, 사이버, 전자, 심리전 대응을 통합, 집중시켰다(차정미, 2019: 10). 전략지원부대는 육·해·공·미사일 군에 이은 제5부대로 비전통·비대칭 군사력을 담당하고 있으며 우주체계부와 네트워크체계부를 관장하고(Costello and McReynolds, 2018: 1~2), 데이터, 무인자율 등 인공지능 기반의 군사혁신에 중추적 역할을 한다. 전략지원부대에는 많은 수의 우수한 지도급 기술인력들이 포진되어 있다(解放军报, 2019.1.16). 현재 전략지원부대의 핵심 기술직책의 거의 80%가 30세 미만의 젊은 간부들이고, 대부분이 2~3개의 전문 기술을 가지고 있다(解放军报, 2019.8.9). 전략지원부대는 2020년부터 2022년까지 컴퓨터 전공자 등 핵심기술 인재들을 대폭 채용하면서 군대 내 기술 전문 인력 증대를 주도해 가고 있다(清华国防, 2022.3.8).

(2) 중앙군사위원회 장비발전부 개편

중앙군사위원회 장비발전부中央军事委员会装备发展部 또한 2016년 군 개혁으로 새로운 기술 발전의 필요에 따라 조직을 재정비했다. 장비발전부의 국방지적재산권부가 군사과학기술, 무기와 장비건설 혁신을 지원하고 있다. 무기획득 관련 총괄적 역할을 담당하고 있다는 점에서 점점 더 중대되는 인공지능 군사기술연구와 지능화 혁신을 위한 무기획득 등에서 주요한 역할을 담당하고 있다. 장비발전부가 2020년 전자과기그룹电子科技集团, '국방과학기술대학国防科学技术大学', 항공우주과공그룹航天科工集团과 함께 "전국 '전략방촌·합동지능승리谋略方寸·联合智胜' 합동작전지능 경기"를 개최한 것은 지능화 혁신을 위한 장비발전부의 역할을 보여주는 사례라고 할 수 있다(浙江大学, 2021.4.15).

(3) 중앙군사위 군사과학원, 국방과학기술대학 인공지능 연구조직 증대

인민해방군 군사과학원军事科学院과 국방과학기술대학은 군사과학기술 연구의 핵심 기관으로 최근 인공지능을 중심으로 한 구조혁신과 연구 프로그램에 집중하고 있다. 중국인민해방군 군사과학원 국방과기혁신연구원中国人民解放军军事科学院国防科技创新研究院은 2017년 신설되어 인공지능 분야의 민군융합 연구를 지속 확대하고 있다. 군사과학원은 주요 대학들과 인공지능 박사과정 공동 양성 등 민군협력의 인공지능 인재 양성에도 주력하고 있다(工信人才网 웹사이트). 중국인민해방군 국방과학기술대학도 2017년 지능과학원中国人民解放军国防科技大学智能科学学院을 설립하여, 지능화 무인전투에 필요한 인공지능, 생물지능, 혼합지능 연구에 주력하면서 '무인전장无人区'의 인재 배양과 과학기술 연구를 지향하고 있다(차정미, 2020).

3) 인공지능 군사기술혁신 연구개발 및 획득

중국은 인공지능 관련 군 조직 신설과 인력 증대 등과 함께 인공지능 군사기술 투자를 대폭 확대해 가고 있다. 2017년에 발표된 중국의 「차세대 인공지능 발전계획」 보고서에서 중국은 모든 종류의 AI 기술을 발전시켜 국방혁신 분야에 적용할 것이라고 강조했다. 이렇듯 중국의 군사력 강전략은 인공지능, 정보기술 발전에 점점 더 중점을 두고 있으며, 전장에서의 우위를 확보하기 위해 중국도 지능화 장비 건설을 통해 군사력을 추월할 수 있는 기회를 잡아야 한다고 인식하고 있다(中国指挥与控制学会, 2021.4.27). 오늘날 중국의 군사훈련은 시뮬레이션, 정보 네트워크 및 인공지능이 지원하는 방향으로 업그레이드되고 있으며 군인들은 점점 더 화면 앞에서 "전쟁에 대해 배우고", "전쟁을 연습한다"라고 강조하고 있다(魏兵·李建文, 2021). 지능화 기술이 전장의 정보 통합과 의사 결정 속도를 가속화하여 전투력을 제고할 것이라는 인식은 인공지능을 작전에 활용하는 미국의 모자이크 전쟁에 대한 접근과 유사하다. 중국은 이러한 새로운 작전개념의 부상과 함께 인공지능 군사기술혁신과 군사적 적용, 무기획득을 늘려가고 있다. 중국의 제14차 5개년계획(2021~2025)도 국방과학기술의 자주혁신에 주력하고, 전략적 핵심 첨단기술 발전을 통해 무기장비 업그레이드와 지능형 무기장비 개발을 가속화하는 것을 강군몽 실현의 핵심과제로 제시했다(中国政府网, 2020.11.3).

이에 중국군은 지능화 전쟁의 부상에 대한 대비와 기술 주도를 위해 기술개발과 군사적 적용을 위한 투자를 대폭 확대하고 있다. **표 7-1**은 중국군의 연구개발과 획득 공고의 통합플랫폼인 중국전군무기구매망에 나타난 인공지능 연구개발 및 무기획득 관련 주요 리스트이다.[1] 중국의 지능화 혁신전략이 공식화한 이후 전군무기구매망에 나타난 군사연구개발 및 무기장비 획득 공개입찰 내용 중 인공지능, 무인, 로봇 등 4차 산업혁명 신흥기술의 군사적 적용과 관련된 연구가 급격히 증대했음을 볼 수 있다. 또한, 중앙군사위와 전략지원부대뿐만 아니라 육해공군도 인공지능 분야의 군사기술혁신과 획득에 많은 관심과 자원을 투입하고 있음을 볼 수 있다.

중국이 제19차 당대회 이후 지능화 혁신을 주요한 목표로 내세우면서 무기장비체계 연구개발과 획득에 있어 인공지능 기술의 적용 분야를 급격히 증대하고 있다. 중국 인민해방군의 AI 국방예산은 공개되어 있지 않으나, 미국 조지타운대학의 분석 보고서에 따르면 매년 16억 달러 이상을 AI 지원시스템에 지출할 가능성이 높고, 실제 연구개발 비용 등을 포함하면 이보다 훨씬 더 높을 것으로 예상하고 있다(National Defense, 2022.1.6). 군사지능화 혁신의 목표를 위해 중국은 향후 AI 기술의 군사화를 다양한 측면에서 확대해 갈 것으로 전망된다.

1 중국전군무기구매망은 2018년 민군융합의 군사기술 연구개발 및 무기획득을 위해 통합적이고 공개적으로 전군의 공개입찰 리스트를 관리하는 통합플랫폼이었으나, 2021년 초부터 국외비 공개 사이드로 전환되었다.

표 7-1 중국인민해방군의 AI 기술 적용 무기장비 연구개발 주요 목록

	구매 프로젝트 입찰공고	발주기관
2020.11	무인기 자율협동제어 및 지능 이미지 식별 설계	전략지원부대
2020.09	신흥 AI 기술 발전 연구	중국 육군
2020.09	빅데이터 지능화연구	중앙군사위
2020.09	인간-기계 융합체계	중앙군사위
2020.09	무인지능체계	중앙군사위
2020.09	인지영역 지능안보	중앙군사위
2020.09	머신러닝 알고리즘	중국항공공업집단유한공사
2020.09	인공지능 신흥기술 발전 연구	육군
2020.08	AI 드론	중국핵공업집단유한공사
2020.07	로켓군에서의 인공지능기술 응용 연구	로켓군
2020.07	인간과 컴퓨터 상호작용 및 조작력에 관한 연구	전략지원부대
2020.05	무인기 시뮬레이션 훈련센터 건립	전략지원부대
2020.04	AI 플랫폼	전략지원부대
2020.02	부대 딥러닝 시스템 하드웨어 및 패키지 소프트	전략지원부대
2019.12	사물인터넷 비밀성 연구	군사과학원
2019.11	AI 서버 경쟁협상 공지	전략지원부대
2019.09	드론 자체 네트워크 통신 모듈 구매	육군
2019.08	드론 교란 시스템 구매	무경부대
2019.08	다선익 드론 플랫폼 구매	공군
2019.07	Quanser 드론 및 로봇 시스템 플랫폼 구매	육군
2019.07	중국인민해방군 부대 통합지능플랫폼 구매	전략지원부대
2019.07	지리공간데이터 대규모 처리 플랫폼	전략지원부대
2019.03	92228부대 데이터센터 구축 공정 설계	해군
2019.03	스마트 클러스터 기술 및 전형적 응용분석 공개 입찰	전략지원부대
2019.03	61540부대 원격탐지 데이터 스마트 처리	전략지원부대

자료: 이 자료는 2019년부터 2020년까지의 중국 무기획득 공개 조달 사이트인 전군무기장비구매망의 내용을 토대로 정리한 자료이다.

4) 인공지능의 윤리규범 주도 경쟁

중국의 인공지능 군사력 경쟁의 또 하나의 축은 표준과 윤리규범 주도이다. 중국은 인공지능 기술 발전과 함께 글로벌 규범을 주도하기 위한 외교적 노력도 확대하고 있다. 중국은 2021년 12월 제6차 유엔 특정재래식무기협약 검토회의에 「인공지능 군사 적용 입장 문건中国关于规范人工智能军事应用的立场文件」을 제출했다. 중국은 국제사회에서 중국이 최초로 인공지능 군사 적용 규제 방안을 내놓은 것이라고 강조했다(新华社, 2021.12.15). 본 입장문에서 중국은 '인공지능 기술을 활용한 군사우위 추구 반대, 인공지능을 활용한 다른 국가 주권과 영토 안보 위협 반대' 등 8가지 요구를 제시하고, 국제사회의 공감과 논의를 촉구했다(外交部, 2021.12.14). 중국 외교부는 향후 중국이 특정재래식무기협력의 틀 아래 '치명적인 자율무기체계' 문제 차원에서 인공지능 군사규범을 지속 주도해 갈 것임을 강조했다.

이렇듯 중국 또한 미국과의 경제, 군사경쟁에서 인공지능의 중요성을 지속 강조하고, 이에 대응한 군구조혁신과 관련 조직 신설, 인공지능 군사기술 투자 확대와 예산 증대, 규범 주도 등으로 인공지능 군사력 경쟁을 강화하고 있다.

5. 결론: 인공지능 군비경쟁과 기술안보국가(techno-security state)의 부상

중국의 경제적 부상과 발전전략이 과거 전통적 제조업 중심에서 첨단기술 산업으로 급격히 이동하면서 미중 양국 간 패권경쟁은 미래 질서 리더십 확보에 핵심요소가 될 수 있을 것으로 인식되는 신흥기술 분야 주도권 경쟁으로 확대되고 있다. 특히 인공지능 기술이 미래 경제성장과 군사력을 결정하는 게임 체인저가 될 것이라는 인식하에 미중 양국은 국가전략과 국방전략 차원에서 인공지능 투자를 급격히 증대하고 있다. 타이밍 청Taiming Cheung은 시진핑 시대 중국을 안보를 활용하여 기술패권을 추구하는 안보극대화 국가, 기술안보 국가techno-security state로 규정했다. 중국은 미래 기술강국, 군사강국이 되기 위해 기술과 안보의 연계를 적극 활용하고 있다는 것이다(Cheung, 2021.7.23). 시진핑은 국가전략 전반에서 발전과 안보를 동시에 고려해야 하고, 과학이 경제건설과 국방건설을 통솔해야 한다(科学统筹经济建设和国防建设)고 강조하면서 군민융합 발전을 국가전략으로 격상시켰다(释清仁, 2016). 발전과 안보를 동시에 목표로 한 기술 발전의 강조는 기술안보국가의 모습을 보여주는 것이라 할 수 있다. 미국 또한 인공지능과 같은 첨단기술 분야에서의 경쟁우위를 미국 패권 유지와 압도적 군사우위 유지의 핵심으로 인식하면서, 국가 차원의 인공지능 기술 투자와 군사과학기술 투자를 급격히 확대해 가고 있다. 미중 양국 모두 군 구조 혁신과 기술 연구개발, 무기획득 등 다양한 차원에서 인공지능 군사기술경쟁과 인공지능 기반의 군사혁신 경쟁을 지속 강화해 가고 있다.

미중 양국이 전개하고 있는 인공지능 기술경쟁, 군사력 경쟁은 미래 글로벌 영향력과 미래 안보를 둘러싼 패권경쟁의 핵심이 되고 있다. 미중 양국 간의 인공지능 군사력 경쟁은 인공지능 기술이 미래 국제질서를 주도하고, 미래 전쟁에서의 우위를 점하기 위한 결정적 기술이라는 점에서 지배적 경쟁 공간이 되어가고 있다. 인공지능 기술이 단순히 군사력 경쟁 차원에서뿐만 아니라 경제적·기술적 우위를 점하기 위한 게임체인저라는 인식이 지배되면서 군사 분야의 투자도 그 규모가 지속 확대되고 있으며, 기술개발의 가속화를 위한 민군협력 경쟁도 강화되고 있다. 인공지능 군비경쟁이 단순히 군사력 경쟁을 넘어 미래 경제력 경쟁, 미래 영향력 경쟁과 밀접히 연계되어 있다는 점에서 국방 분야의 인공지능 투자와 군사화의 추세는 지속 확대될 것으로 전망된다. 또한 미중 전략경쟁의 심화, 인공지능 군사력 경쟁에 참여하는 국가 수의 증대, 상대 국가의 인공지능 군사화에 대한 정보와 경계인식의 확대 등은 인공지능 군비경쟁을 더욱 심화시킬 것으로 보인다. 인공지능 기술의 군사화는 또한 기술의 국경을 높이고 진영화를 강화할 수 있다. 미국 국방위원회가 맨해튼 프로젝트를 모델로 인공지능 군사기술개발을 제언한 것이나, 미국이 중국의 인공지능 기업들을 제재리스트에 올리고, 인공지능 발전의 핵심인 반도체 수출입 통제를 심화하는 등의 조치는 기술과 안보의 밀접한 연계에 따른 기술의 진영화를 반영하고 있는 것이라 할 수 있다.

일부에서는 이러한 인공지능에 대한 모든 논의가 미래의 그림자 속에서 전개되고 있다는 점에서 정책 토론과 학계의 연구에 반영되고 있는 기술결정론이 당황스럽다고 주장한다(Fischer and Wenger, 2021: 173). 그러나, 미중 양국이 군사 분야에서 전개하고 있는 인공지능 기술 연구개발과 관련 조직 강화, 인공지능 기반의 무기장비체계 구축 등의 노력은 실제 인공지능 군사력 경쟁, 군비경쟁의 현실을 보여주는 것이라 할 수 있다. 여전히 인공지능의 미래 영향력과 이로 인한 미래 질서, 미래 군사력, 미래 전쟁에 불확실성과 불예측성이 높아지고 있다는 점에서 인공지능이 질서 경쟁과 군사력 경쟁에서 게임체인저가 될 것이라는 기술결정론적 담론이 힘을 받고 있으며, 상호 위협인식과 경쟁 속에서 미중 간 인공지능 군비경쟁은 지속 심화될 가능성이 높다고 할 수 있다. 인공지능 군사력 경쟁, 군비경쟁 프레임에 대한 논쟁을 넘어 실제 전개되는 인공지능 군사력 경쟁의 현실을 직시하는 것이, 미래 국제질서에 미치는 위기와 도전을 최소화하고 군사력 경쟁을 제어하기 위한 글로벌 협력을 시작하는 주요한 출발점이 될 수 있을 것이다.

차정미. 2019.「미중 사이버 군사력 경쟁과 북한 사이버 위협의 부상: 한국 사이버안보에의 함의」 ≪통일연구≫, 제23권 1호, 43~93쪽.

_____. 2020.「4차 산업혁명시대 중국의 군사혁신 : 군사지능화와 군민융합(CMI) 강화를 중심으로」. ≪국가안보와 전략≫, 제20권 1호, 41~78쪽.

释清仁. 2016.6.16. ""五个更加注重": 军队建设发展的战略指导." 中国国防报.
魏兵·李建文. 2021.6.12. "人工智能升级模拟训练: "AI蓝军"成为空战"磨刀石"." ≪解放军报≫.
中国政府网. 2020.11.3. "中共中央关于制定国民经济和社会发展第十四个五年规划和二〇三五年远景目标的建议."
解放军报. 2019.1.16. "战略支援部队某部大抓科技练兵, 圆满完成数十次发射任务."
_____. 2019.8.9. "战略支援部队某部大力培育新型军事人才."
清华国防. 2022.3.8. "2022年战略支援部队某部直接选拔军官招生简章."
浙江大学. 2021.4.15. "2021年浙江大学与军事科学院联合培养博士报名通知."
工信人才网. "军事科学院国防科技创新研究院." 企业简介.
国务院新闻办公室. 2019.7.24 ≪新时代的中国国防≫. 白皮书全文.
中国指挥与控制学会. 2021.4.27 "关于未来智能化海战的思考."
≪人民日報≫. 2018.11.1. "习近平讲故事: 人工智能具有很强的"头雁"效应" http://cpc.people.com.cn/n1/2019/0726/c64094-31256975.html
李风雷·卢昊. 2018.10.25. "智能化战争与无人系统技术的发展."『无人系统技术』.
中国军网. 2021.9.17. "在创新发展中开创强军事业新局面——认真学习贯彻习主席在视察驻陕西部队某基地时重要讲话."
新华网. 2021.12.15. "中国首次就规范人工智能军事应用问题提出倡议."
人民网. 2020.12.29 "中华人民共和国国防法."
_____. 2018.10.25. "专家: 人工智能是推动新一轮军事革命的核心驱动力."
外交部. 2021.12.14. "中国关于规范人工智能军事应用的立场文件." https://www.fmprc.gov.cn/web/wjb_673085/zzjg_673183/jks_674633/jksxwlb_674635/202112/t20211214_10469511.shtml (검색일: 2021.12.16)

Allen, Gregory C. 2019. "Understanding China's AI Strategy: Clues to Chinese Strategic Thinking on Artificial Intelligence and National Security." Center for a New American Security. 2019.2.
Armstrong, Stuart, Nick Bostrom and Carl Shulman. 2016. "Racing to the precipice: a model of artificial intelligence development." *AI & Society*, Vol.31, No.2, pp.201~206.
Army Futures Command. https://www.army.mil/futures/?from=org#org-about
Ayoub, Kareem and Kenneth Payne. 2016. "Strategy in the Age of Artificial Intelligence." *Journal of Strategic Studies*, Vol.39, No.5-6, pp.793~819.
Barnett, Jackson. 2021. "Navy to stand up new AI and unmanned system task force." *FEDSCOOP*. 2021.9.8.
Cheung, Taiming. 2021. "The Rise of the Chinese Techno-Security State Under Xi Jinping and the Global Strategic Implications." 2021.7.23. 국회미래연구원 웨비나 발표.
China Daily. 2017.10.27. "PLA to be world-class force by 2050."
Clark, Bryan, Dan Patt and Harrison Schramm. 2020. "Mosaic Warfare : Exploiting Artificial Intelligence and Autonomous Systems to Implement Decision-Centric Operations." Center for

Strategic and Budgetary Assessments.
Costello, John and Joe McReynolds. 2018. "China's Strategic Support Force: A Force for a New Era." *China Strategic Perspectives*, Vol.13.
Dafoe, Allan. 2015. "On Technological Determinism: A Typology, Scope Conditions, and a Mechanism." *Science, Technology, & Human Values,* Vol.40, No.6, pp.1047~1076.
DARPA. "AI Next Campaign." https://www.darpa.mil/work-with-us/ai-next-campaign (검색일: 2021.10.7)
Department of the Air Forse of U.S. "2019 The United States Air Force Artificial Intelligence Annex to The Department of Defense Artificial Intelligence Strategy." https://www.af.mil/Portals/1/documents/5/USAF-AI-Annex-to-DoD-AI-Strategy.pdf (검색일: 2021.10.3)
DOD Joint Staff. 2016. "Joint Operating Environment 2035: The Joint Force in a Contested and Disordered World."
DoD of U.S. 2005. "The National Defense Strategy of the United States of America." March 2005.
_____. 2018a. "Summary of the 2018 National Defense Strategy of the United States America."
_____. 2018b. "Summary of the 2018 Department of Defense Artificial Intelligence Strategy."
_____. 2019.2.12. "DOD Unveils Its Artificial Intelligence Strategy." https://www.defense.gov/Explore/News/Article/Article/1755942/dod-unveils-its-artificial-intelligence-strategy/ (검색일: 2021.10.2)
_____. 2020.2.24. "DOD Adopts Ethical Principles for Artificial Intelligence, U.S. Department of Defense." https://www.defense.gov/News/Releases/Release/Article/2091996/dod-adopts-ethical-principles-for-artificial-intelligence/ (검색일: 2021.10.4)
Easley, Mattew P. 2019. "Army Artificial Intelligence Task Force." U.S. Army. https://www.clsac.org/uploads/5/0/6/3/50633811/2019-easley-aiml.pdf (검색일: 2021.9.8)
Executive Office of the President. 2019.2.11. "Maintaining American Leadership in Artificial Intelligence." Executive Order 13859. https://www.federalregister.gov/documents/2019/02/14/2019-02544/maintaining-american-leadership-in-artificial-intelligence (검색일: 2021.10.3)
Federal News Network. 2021.2.11. "DoD's JAIC rolling out new contracts to speed up AI acquisition."
Fischer, Sophie-Charlotte and Andreas Wenger. 2021. "Artificial Intelligence, Forward-Looking Governance and the Future of Security." *Swiss Political Science Review,* Vol.27, No.1, pp.170~179.
Forbes. 2021.8.7. "Rigging For AI: How The US Navy Embraces Digital And Masters AI With Brett Vaughan, Chief AI Officer And AI Portfolio Manager At The Office Of Naval Research."
Geist, Edward Moore. 2016. "It's already too late to stop the AI arms race: We must manage it instead." *Bulletin of the Atomic Scientists,* Vol.72, No.5, pp.318~321.
Haner, Justin and Denise Garcia. 2019. "The Artificial Intelligence Arms Race: Trends and World Leaders in Autonomous Weapons Development." *Global Policy Volume,* Vol.10, No.3, pp.331~337.

House Armed Service Committee. 2020.9.23. "Future of Defense Task Force Report 2020."

Hughes, Mark. 2017.11.10. "Artificial intelligence is now an arms race. What if the bad guys win?" *World Economic Forum.*

Intriljgator, Michael D. and Dagobert L. Brito. 2000. "Arms Races." *Defence and Peace Economics,* Vol.11, No.1.

Johnson, James. 2020. "Artificial Intelligence in Nuclear Warfare: A Perfect Storm of Instability?" *The Washington Quarterly*, Vol.43, No.2, pp.197~211.

Kania, Elsa B. 2017.11. "Battlefield Singularity: Artificial Intelligence, Military Revolution, and China's Future Military Power." Center for American Security.

Maas, Matthijs M. 2019. "How viable is international arms control for military artificial intelligence? Three lessons from nuclear weapons." *Contemporary Security Policy,* Vol.40, No.3, pp.285~311.

Marr, Bernard. 2021.5.24. "The New Global AI Arms Race: How Nations Must Compete On Artificial Intelligence." *Forbes.*

National Defense. 2022.1.6. "China Matching Pentagon Spending on AI."

National Science and Technology Council. 2019.6. "The National Artificial Intelligence R&D Strategic Plan." https://www.nitrd.gov/pubs/National-AI-RD-Strategy-2019.pdf (검색일: 2021.10.3)

National Security Commission on Artificial Intelligence. 2021.3. "Final Report."

National Security Commission on Artificial Intelligence. www.nscai.gov.

Newmyer, Jacqueline. 2010. "The Revolution in Military Affairs with Chinese Characteristics." *Journal of Strategic Studies*, Vol.33, No.4, pp.483~504.

Next Gov. 2021.12.8. "DOD to Hire First-Ever Chief Digital and Artificial Intelligence Officer, Form New Office."

_____. 2022.2.2. "DOD Debuts Office to Help It 'Move Faster' on Artificial Intelligence."

Pascal, Alexander and Tim Hwang. 2019.12.11. "Artificial Intelligence Isn't an Arms Race." *Foreign Policy.*

Pecotic, Adrian. 2019.3.5. "Whoever Predicts the Future Will Win the AI Arms Race." *Foreign Policy.*

Philippe, Sebastien. 2021. "The Emerging Technologies Arms Race, Nuclear Weapons, and Global Security." APS April Meeting.

POTOMAC officer club. 2021.8.13. "Army Futures Command Seeking Proposals for AI-Powered Tech."

PWC. "Sizing the prize: PwC's Global Artificial Intelligence Study: Exploiting the AI Revolution." https://www.pwc.com/gx/en/issues/data-and-analytics/publications/artificial-intelligence-study.html (검색일: 2021.7.9)

RAND. 2020. "The Future of Warfare in 2030."

Raudzens, George. 1990. "War-Winning Weapons: The Measurement of Technological

Determinism in Military History." *The Journal of military history,* Vol.54, No.4.
Rockheedmartin. 2018. "5 Trends Shaping the Future of Defense." https://www.lockheedmartin.com/en-us/news/features/2018/trends-shaping-future-defense.html (검색일: 2021.12.13)
Roff, Heather. 2019. "The frame problem: The AI "arms race" isn't one." *Bulletin of the Atomic Scientists,* Vol.75, No.3, pp.95~98.
Scharre, Paul. 2019. "Killer Apps: The Real Dangers of an AI Arms Race." *Foreign Affairs.*
_____. 2021. "Debunking the AI Arms Race Theory." *Texas National Security Review,* Vol.4, No.3, pp.121~132.
Sherman, Justin. 2019.3. "Essay: Reframing the US-China AI Arms Race." *New America.*
Singer, Peter W. 2015.11.3. "The new race for the game changers of future wars." *CNN.*
Stanford University's Human-Centered Artificial Intelligence Institute. 2021. "Artificial Intelligence Index Report 2021."
Swan, Ryan R and Haig Hovaness. 2021.2.9. "The arms race in emerging technologies: A critical perspective." *European Leadership Network.*
The White House. 2017.12. "National Security of the United States of America." https://www.whitehouse.gov/wp-content/uploads/2017/12/NSS-Final-12-18-2017-0905.pdf (검색일: 2021.10.8)
_____. 2020.5. "United States Strategic Approach to the People's Republic of China." https://www.whitehouse.gov/wp-content/uploads/2020/05/U.S.-Strategic-Approach-to-The-Peoples-Republic-of-China-Report-5.20.20.pdf (검색일: 2021.10.1)
U.S. Army Futures Command. 2020. "Future Operational Environment: Forging the Future in an Uncertain World 2035-2050."
U.S. Naval Research Laboratory. https://www.nrl.navy.mil/itd/aic/
Wolfe, Audra J. 2013. *Competing with the Soviets: Science, Technology, and the State in Cold War America.* Johns Hopkins University Press.

8 중견국의 미래 국방전략

전경주 | 한국국방연구원

1. 들어가며

미중 패권경쟁은 현재 및 미래에 전 세계의 안보환경을 결정짓는 가장 중요한 변수이다. 이러한 경쟁은 '신냉전'이라 불리는 한편으로(Kaplan, 2019), 냉전 시대와는 여러 가지 측면에서 다르다. 그중 하나는 그때는 없었던 많은 중견국들이 있다는 것이다. 이들은 패권경쟁이 누구의 승리로 끝날 것인지에 대해 적잖은 영향력을 미칠 수 있다.[1] 중견국을 자기편으로 끌어들이기 위한 미국과 중국의 경쟁은 이미 본격화되었다. 이에 따라 중견국들 중 일부는 헤징hedging으로, 일부는 미국으로, 일부는 중국으로 기울어진 안보전략을 수립하기 시작했다.

1 롤런드 패리스(Roland Paris)는 일본, 독일, 영국, 프랑스, 캐나다, 한국 그리고 호주를 합치면 전 세계 경제의 5분의 1에 해당하는데, 그 정도의 힘이면 현재 국제질서의 침식을 늦출 수 있다고 보았다(Paris, 2019: 3).

오르간스키(Organski, 1958)의 구별에 따르면, 국가들은 경제력과 군사력을 기준으로 위계를 갖고, 다섯 개의 층위에 분포되어 있다(Organski, 1958).[2] 그중 중견국middle powers은 경제력과 군사력을 기준으로 강대국great powers과 약소국small powers 사이에 있는 국가들이다. 비슷한 의미로서 중간국가(in-between powers 혹은 medium powers)(윤대엽, 2022a: 61~90)나 2차 대국secondary power이라는 표현을 쓰기도 한다. 구체적으로는, "해당 국가의 지도자가 독자적으로는 효과적으로 행동할 수 없으나 국제기구를 통해서 소규모 그룹에 체계적인 영향을 줄 수 있다고 판단하는 국가"(Keohane, 1969: 296) 또는 "역내 혹은 더 넓은 지역에서 다른 국가에게 자국의 정책적 선호를 강요할 만큼 경제적으로나 군사적으로 충분히 강하지는 않지만, 국제관계에 영향을 미칠 의지가 있고, 그럴 수 있을 정도로 충분히 능력 있고 신뢰를 주는 국가"(Evans, 2018) 정도로 정의될 수 있다.

그런데 이러한 정의상으로 '중견국'이라 일컬어지는 대부분의 국가들은 중국으로부터 도전을 받고 있는 세계 최강대국 미국과 동맹관계에 있다. 미국은 이들 국가에게 자유주의적 국제질서와 규범의 복원을 요청해 오고 있다(Paris, 2019; Rachman, 2018). 중국을 최대 위협으로 상정한 2018년 미국 「국방전략서」에서는 상호 호혜적인 동맹과 파트너십이 미국에 지속 가능하고 비대칭적인 전략적 우위를 제공함으로써 미국의 전략 달성에 크게 기여한다고 주장했다. 동맹은 '보완적인 능력과 군사력'뿐 아니라 미국의 '역외 지역에 대한 유용한 정보'를 제공할 것이 기대된다. 또한 미국 국방부가 세계로 뻗어나가기 위한 기지와 군수체계를 뒷받침한다(DoD, 2018: 8).

그러나 중견국 입장에서는 쉽지 않다. 국제사회 내의 현재 위치에 안주하기보다 위상과 국력의 강화를 추구하는데, 중국과 적대 관계를 형성해서는 이러

2 국가 위계는 최상층부터 패권국(dominant nation), 강대국(great powers), 중견국(middle powers), 약소국(small powers), 식민지(colonies)순으로 구성된다.

한 위상과 국력 강화는커녕 안전도 보장되지 않을 수 있기 때문이다. 중국은 곧 미국보다 앞선 경제력을 가질 것이고, 일대일로를 중심으로 전 세계적인 대규모 무역 네크워크를 주도할 것으로 보인다(Rapp and O'keefe, 2022). 이에 따라 미국과 완전히 일치한 위협인식하에 중국의 도전을 저지하고 미국의 패권 회복을 지지하는 선택을 하는 것은 상당한 위험을 감수하는 일이 될 수 있다.

한편 이러한 현시점의 안보여건을 반영하지 않고서도, 기본적으로 중견국의 전략 수립에 있어 우선순위의 선택은 매우 어렵다. 중견국은 모든 문제에 단독으로 대처할 수는 없기에 타국에 의존해야 하는 약소국과 모든 문제를 자율적이고 주도적으로 해결하려는 강대국 사이에 위치한다. 따라서 이 두 가지 방향성 사이의 딜레마적인 상황에 놓이게 된다. 어중간한 능력으로 인해 강대국보다 많은 위협과 위험에 직면한 중견국은 제한된 능력으로 어떻게 이 많은 도전들을 감당하고 국가전략의 목표를 달성할 것인가에 대해 고민하게 된다.

중견국의 국가전략에 있어 목표를 달성하기 위한 수단은 다양하다. 본고는 그중 군사적 수단에 대한 전략, 즉 중견국의 국방전략에 초점을 맞춘 글이다. 중견국들은 군사력을 강화하기 위한 방편으로 국방혁신과 군사동맹의 활용 사이에서 저울질을 하고 있다. 즉, 국방전략의 목표를 달성하기 위해서는 기본적으로 독자적 군사력 건설 역량을 강화해야 하지만, 군사동맹과의 협력을 증대하는 방식을 선택할 수도 있다. 이 같은 대내적 지향성과 대외적 지향성 사이에서 균형을 맞추고자 하는 노력을 살펴봄으로써, 궁극적으로는 이와 유사한 고민에 놓인 한국 정부에 미래 국방전략에 대한 제언들을 제시하고자 한다.

본고의 궁극적 목적을 위하여 연구의 분석 대상은 민주주의 국가이며, 미국과 군사동맹을 맺고 있는 국가로 한정한다. 또한 외교적 행태를 중심으로 발전되어 온 중견국의 정의가 본고의 연구 목적에는 적절하지 않다고 판단되는 바, 중견국에 대한 가장 초기 정의인 경제력과 군사력, 즉 위치적 기준으로 본고의 분석 대상이 될 수 있는 국가들을 선별한다.[3] 그 결과로 본고는 영국, 프랑스, 일본, 그리고 호주를 주로 검토한다. 해당 국가들이 가장 마지막으로 발표한 전략문서와 군사력 강화를 위해 내놓은 최근 정책들을 주요 검토 대상으로 삼는다. 필요에 따라 역사적 배경에 대한 부연 설명이 있을 것이지만, 기본적으로는 가장 최근의 전략문서에서 '선언'한 내용들을 근거로 국가별 국방전략을 분석할 것임을 밝힌다. 선언하는 내용은 작성한 정부가 '지향'하는 내용이다. 따라서 경험적 사례들을 근거로 심층 분석을 하여 도출한 내용과는 차이가 있을 수 있다.

이를 위해 본고는 서론을 제외한 네 개의 절로 구성했다. 먼저 2절에서는 국방 관점에서 중견국을 식별하고 본고의 목적에 따라 검토 대상들을 선정한다. 3절에서는 중견국이 군사력을 강화하기 위해 강대국과 약소국이 추구하는 방향성 사이에서 어떤 딜레마에 놓여 있을지를 추론한다. 국방전략을 달성하기 위한 국방혁신과 동맹의 활용 측면을 주로 다룬다. 4절에서는 영국, 프랑스, 일본, 호주의 실제 국방전략에 대해 앞서 추론한 내용들을 토대로 분석한다. 마지막 장에서는 이들의 국방전략이 한국의 미래 국방전략에 주는 주요 함의를 도출한다.

2. 국방 관점에서의 중견국

학술적 차원에서는 중견국을 위치적positional, 행태적behavioral, 그리고 규정적identifying 기준에 따라 구분한다(Job, 2020; Carr, 2014: 70~84; Edström and Westberg, 2020: 171~190; 강선주, 2015: 137~174). 위치적 기준이란 국가의 물리적 능력, 즉 경제력과 군사력 등의 순위에 따른 위치를 의미한다. 행태적 기준이란 국가가 외교적 관행을 통해 다자주의를 추구하고, 강대국들 사이에서 중

3 행태적 기준과 위치적 기준 등에 대해서는 2절에서 설명한다.

재자 역할을 하고, 또 세계 공공재의 제공을 촉진하는 역할을 하는가에 대한 것이다. 규정적 기준은 스스로를 중견국이라고 부르는가, 다른 국가들이 중견국이라고 부르는가에 대한 것이다. 아시아·태평양 지역의 중견국을 검토한 잡(Job, 2020)은 이 세 기준을 만족시키는 국가로서 호주, 한국, 캐나다를 꼽았다(Job, 2020).

그러나 국방에 국한되지 않는 기준에 따른 중견국의 분류는 국방 차원에서 어떤 국가를 중견국으로 삼을 것인가, 그리고 이들이 어떻게 군사력을 강화하려 하는가를 살펴보는 데 있어 적절하지는 않다. 예컨대 골드스타인(Goldstein, 2000)은 군비 지출을 기준으로 2차 대국secondary powers을 식별했다(Goldstein, 2008). 이 기준에 따른 중견국들은 문화적 행태 등을 포함해 종합적으로 평가하여 정의한 중견국들과 일치하지는 않을 것이다.

따라서 먼저 군사력을 나타내는 주요 지표, 즉 국방비 지출, 병력, 그리고 전력 건설 능력(방산 수출 규모)을 종합 검토하여 중견국에 속하는 국가를 살펴보고자 한다. 검토 결과, 전략경쟁 중인 미국과 중국, 러시아보다 낮은 위치에 자리하는 국가는 인도, 영국, 사우디아라비아, 독일, 프랑스, 일본으로 압축된다. 본고의 목적은 궁극적으로 한국에 대한 함의를 도출하는 것이기 때문에, 민주주의 국가이면서 미국과의 군사동맹을 맺은 국가만을 연구 대상으로 정한다. 이로써 인도와 사우디아라비아가 제외된다. 한편 일본, 영국과 프랑스는 모두 2021년에 현재의 안보여건을 반영한 전략을 발표했으나, 독일은 신임 총리의 집권이 이제 막 시작되어 미래의 안보 상황을 고려한 새로운 전략을 아직 발표하지 못했다.[4] 연구에서 검토할 문헌이 부재하므로, 독일은 검토 대상에서 제외한다.

한편, 종합적인 관점에서 중견국에 속하지만 군사력을 다른 영향력 수단에

4 글을 작성한 2022년 상반기 기준이다.

표 8-1 주요국 국방비 지출(U.S.$ 백만 달러)

	국가	2020년 기준
1	미국	778232
2	중국	252304
3	인도	72887
4	러시아	61713
5	영국	59238
6	사우디아라비아	57519
7	독일	52765
8	프랑스	52747
9	일본	49149
10	한국	45735

자료: SIPRI(2021).

표 8-2 주요국 병력 수(현역)

	국가	2021년 기준
1	중국	2,035,000
2	인도	1,458,500
3	미국	1,388,100
4	북한	1,280,000
5	러시아	900,000
6	파키스탄	651,800
7	한국	599,000

자료: IISS(2021).

표 8-3 주요국 방산 수출(U.S.$ 백만 달러)

	국가	2020년 기준	2010~2020년 기준
1	미국	9372	105078
2	러시아	3203	70440
3	프랑스	1995	20321
4	독일	1232	16802
5	중국	760	16580
6	영국	429	12248
	:	:	:
12	한국	827	5220

자료: SIPRI(2022).

비해 적극적으로 사용하지 않는 국가로는 호주와 캐나다가 있다. 본고는 중견국이 추구하는 국방전략을 전반적으로 검토하기 위해 이러한 국가들도 검토를 할 필요성이 있다고 판단했다. 이 중 미래 국방전략의 중요한 시대적 배경인 미중 패권경쟁하에서 한국과 유사한 지정학적 여건과 고려 사항을 갖고 있는 호주를 검토할 사례로 선정한다.

이로써 본 연구에서 검토하는 사례로는 프랑스, 영국, 호주 그리고 일본이다. 네 국가는 공히 민주주의 국가이며 미국의 군사동맹국이고, 2020년과 2021년 사이에 모두 미국의 NDS가 규정한 미중 전략경쟁을 반영하여 새로운 전략문서를 발표했다. 한편 프랑스와 영국은 유럽 국가이고, 호주와 일본은 아시아 국가이다. 미중 전략경쟁에 대하여 지정학적으로 두 국가씩 유사한 여건을 보유하고 있기 때문에, 이들로부터 발견되는 공통점과 차이점에서 흥미로운 함의가 도출될 수 있을 것으로 기대된다.

3. 중견국 국방전략의 구성

본고는 중견국이 국가의 위상에 걸맞은 군사력을 유지 및 발전시키기 위하여 어떤 국방전략을 추구해야 할 것인가를 탐구한다. 그간 중견국 관련 연구는 경제력이나 군사력보다는 '소프트 파워soft power', 즉 기술, 정보, 지식, 문화 등이 갖는 국가적 매력의 크기를 강화하기 위해 어떤 외교전략을 추구해야 할 것인가에 대해 활발히 논의되어 왔다(Nye, 2004; 김상배·이승주·배영자, 2013: 11). 중견국은 개별 국가의 힘을 통해서 국제사회에 영향력을 행사하기는 어렵다. 따라서 지역 혹은 세계적 차원에서 영향력을 미치기 위해서는 협력을 추구해야 하고, 이러한 협력을 이끌기 위해서는 소프트 파워를 강화할 수 있는 외교적 역량이 필요하다. 이는 여전히 매우 중요한 논의이다.

그러나 미중 패권경쟁은 중견국들이 미래 국방전략을 고찰해야 할 필요성을 새롭게 제기한다. 미중 간의 경쟁은 신흥 전략기술에 기반한 군비경쟁이 첨예해지는 방향으로 나타나고 있다. 이를 열심히 좇아야, 국가들은 경쟁에 휘말리지 않고 원하는 만큼의 자율성을 가지며 국방목표를 달성할 수 있다고 느끼고 있다.[5] 군사동맹 관계에서 상대적으로 강한 국가의 경우, 동맹을 주도함으로써 동맹 상대의 자율성을 희생시키고, 자국의 능력을 행사할 수 있는 자율적

그림 8-1 중견국의 전략 달성을 위한 자원

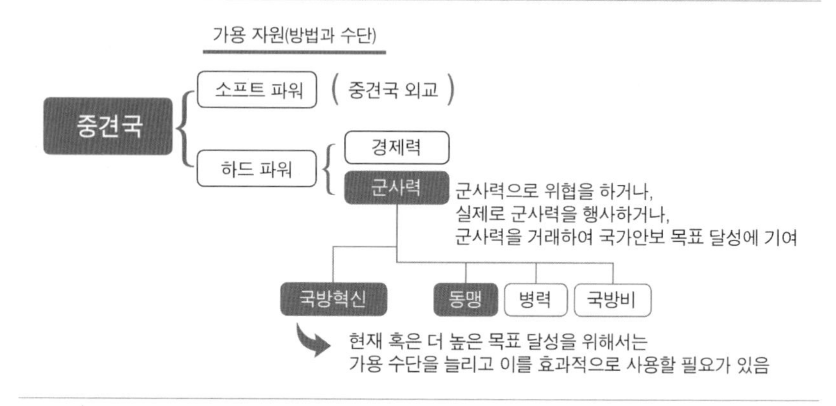

자료: 저자 작성.

인 공간을 확장해 간다. 반면 상대적으로 약한 국가의 경우, 자구적인 능력으로 감당하기 어려운 부분에 대해서는 일정 수준의 자율성을 희생하고 동맹 상대에 의존하고자 한다. 경쟁에 휘말리지 않는 자율성을 추구하기 위해 군사력 강화를 추구하지만, 이것이 다시 동맹에 의존하는 선택으로 이어져 자율성을 잃게 되는 역설적인 결과를 초래하기도 한다.

중견국은 일정 수준의 자율성을 추구할 수 있는 군사력을 보유한 국가들이다. 그래서 완전히 군사동맹에 의존하지는 않지만, 그렇다고 해서 완전히 군사동맹을 주도한다고 보기도 어려운 국가들이다. 이들은 완전한 자율성을 추구

5 이는 NATO에서 제시한 전략적 자율성 개념의 요체이다. 유럽이 안보·국방 영역에서 독자적인 결정을 하고, 동 결정을 행동으로 실현할 수단, 역량 및 능력을 보유하는 것으로 정의된다. 트럼프 행정부의 일방적이고 동맹을 경시하는 안보정책 이후 언급의 빈도가 증가했으나, 실제로는 프랑스의 전(前) 대통령 드골의 골리즘으로부터 사상적 기원이 있다. 프랑스가 NATO에 통합될 경우 자주국방을 할 수 없다는 것이 골리즘의 핵심이다. 이러한 논의는 미중 갈등 속에서 보다 본격화되고 있는데, 일례로 2020년 6월, 유럽연합의 조셉 보렐(Joseph Borrell) 외교안보 고위대표는 미·중 갈등 속에서 우리(EU)의 이해를 수호하기 위해 우리는 "어느 정도의 자율성(a certain degree of autonomy)"을 유지해야 한다고 언급한 바 있다(Zandee et al., 2020).

하는 과도기에 있다. 중견국이라 불릴 만한 국가들 중에 가장 앞선 국가는 국방혁신이라는 프레임하에 방위산업을 바탕으로 군사력 건설을 위한 독자적 능력을 추구하며, 군사동맹 관계를 주도하기 위해 노력할 것이다. 반면 반대편 끝에 있는 중견국은 동맹관계에 대한 의존을 중심으로 능력을 추구하며, 독자적 능력을 추구하기 위한 노력을 이제야 본격화하고 있을 것이며, 그 노력에도 동맹의 지원이 필요할 것이다.

국방혁신을 통해 자강을 택할 것이냐, 동맹을 활용할 것인가의 선택지와 관련하여, 미중 패권경쟁은 중견국들의 결정을 더욱 복잡하게 하는 요인이다. 미국과 동맹인 국가들 중 동맹을 활용하여 군사력을 강화하는 방안을 선호했던 국가들도, 이것이 자칫 중국과의 적대적 관계를 고착화시키는 요인이 될 것을 두려워하기 때문이다. 이로 인해 현재 주요 중견국들은 자강과 동맹 사이에서 조금씩 다른 경향성을 추구하는 모습을 보이는데, 이는 능력의 차이뿐 아니라 중국과의 경제적 관계, 그리고 독립성에 대한 관점이나 신념의 차이에 기인하기도 한다. 같은 국가라 할지라도 어떤 정부가 집권하느냐에 따라 방점이 상이하다.

1) 동맹과의 관계

국방전략에 있어 동맹은 목표를 달성하기 위한 방법과 수단이 된다. 동맹에 기여함으로써 자국의 국제적 위상을 강화하기도 하고, 동맹에 의존함으로써 혼자로는 위태로운 생존을 확보하기도 한다. 동시에 동맹은 국가가 함께하기로 하되, 일정 부분 서로를 구속하는 관계임을 약속으로 정하는 것이기도 하다. 물론 힘에 기반한 국제질서 속에서 약속은 결코 평등하지 않다. 이에 따라 강대국과 약소국의 동맹에 대한 행태는 ① 동맹에 기여하는 정도와 동맹의 협력에 의존하는 정도 중 무엇이 더 큰가, 그리고 ② 동맹국에 의한 제지를 얼마나 감수하는가에 따라 구분이 가능하다.

그림 8-2 중견국의 동맹과의 관계

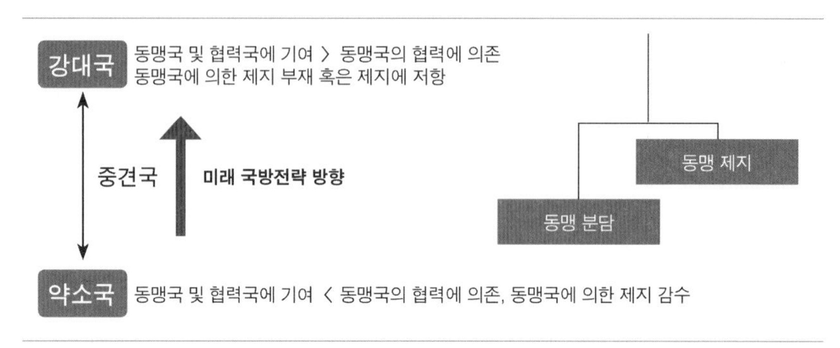

자료: 저자 작성.

동맹은 공동의 위협에 대응하여 맺는 국가 간의 관계이다(Walt, 1987; Waltz, 1979). 동맹의 본질은 역량결집capability aggregation으로서, 위협에 대하여 각국의 생존이나 힘의 극대화를 달성하기 위한 수단이다(정성철, 2022: 137). 기본적으로는 힘이 약할수록 동맹 상대의 협력에 의존할 것이다. 동맹 중 상대적으로 힘이 더 셀수록 동맹에 기여하는 부분이 협력에 의존하는 부분보다 커질 것이다. 동맹 중 더 힘이 센 쪽은 타국 안보에 대한 기여를 통해 자국의 힘의 극대화를 추구하는 동시에 약한 쪽이 위협을 가하는 국가로 편승bandwagoning하는 것을 막고자 한다. 물론 더 힘이 센 국가도 협력에 의존하는 측면이 없지 않다. 강대국은 전 세계의 질서를 수호하고 주도해야 하는 국가로서, 역량이 충분하고 신뢰할 수 있는 동맹국에게는 분담burden-sharing을 요청한다.

위협 대상국을 억지하는 것이 동맹 발생의 주된 이유이지만(Snyder, 1997), 동맹은 국제관계 관리의 수단으로서 가맹국을 관리하기 위해서 형성되는 것이라고 하는 학자도 있다(Schroeder, 1976; Pressman, 2008). 흔히 국가의 자율성과 동맹은 상호 교환적이라고 여겨진다. 국가는 동맹을 통해 자국의 안보를 증진시키는 대신 자율성을 침해받기 때문이다. 이는 '동맹 제지alliance restraint' 개념으로 설명된다. 프레스먼(Pressman, 2008)은 제지로 인한 실제 효과가 동맹 가맹국의 군사력 신장을 제한하고, 가맹국이 원하는 분쟁의 투지를 약화시키는 데 있다고 했다. 특별히 약소국의 입장에서 자율과 안보를 동시에 증진시키기는 쉽지 않다. 동맹이 체결되기 전 모든 국가는 동등한 자율성을 갖고 있다. 그러나 동맹이 결성된 순간 안보적으로 강한 국가는 그렇지 않은 국가에게 안보 이익을 제공하고 자율성의 일부를 반대급부로 갖게 된다(박원곤, 2004: 1). 약한 국가가 안보적으로 강한 국가에게 몇 가지 양보의 형태로 동맹에 의한 제지를 감수하게 되는 것이다.

동맹과의 긴밀한 협력은 중견국 국방전략의 핵심이다. 중견국에게는 자국보다 힘이 센 국가들이 복수로 존재한다. 특히 중국과 러시아와 같이 현재의 국제질서에 변경을 추구하는 강대국이 있다면, 중견국은 이들에게 강압과 회유의 대상이 된다. 중견국들은 이들로부터의 위협에 상시 대비하고 현상 유지를 추구하기 어렵다. 직접 갖추지 못하는 역량에 대한 강대국의 보완과 지원이 필요하다(Fox, 1959; Vital, 1967; Rothstein, 1968). 이에 따라 일정 수준의 제지를 감수하게 될 것인데, 중견국은 이러한 제지를 완화시키는 방향을 추구하게 될 것이다. 제지를 완화하는 것에 대한 조건은 동맹에 대한 기여다. 즉, 더 힘이 센 쪽이 약한 쪽 동맹국에게 군사력의 신장과 분쟁 투지에 대한 한계를 해제해준다면, 이는 동맹에 기여하는 효과를 기대하기 때문일 것이다.

유럽연합에서는 최근 들어 제지를 완화하고, 자율성을 추구하기 위한 노력이 이루어지고 있다. 이는 프랑스가 먼저 추구한 '전략적 자율성'이라는 개념이 유럽 차원에서 확대·발전되고 있는 것이다. 2013년 EU 집행위원회는 유럽이 안보와 국제 평화를 위한 책임을 맡을 수 있고, 국제사회에서 신뢰할 수 있는 파트너가 되기 위해서는 제3자의 능력에 의존하지 않고 결정 및 행동할 수 있어야 한다고 주장한 바 있다(European Commission, 2013). 현재 논의되고 있는 전략적 자율성은 "외교정책 및 안보에 있어서 제도적·정치적·물질적 자원을 사용하여 독자적으로 우선순위를 설정하고 결정할 수 있는 능력"을 의미하며, 혹은 "전략적 결정에 있어서 미국, 중국, 러시아와 같은 강대국의 의사에 종속된 규칙을 따라야 하는 주체rule taker"와 반대되는 개념으로도 규정할 수 있다(Lippert, Ondarza, and Perthes, 2019: 5; 오창룡·이재승, 2020: 82에서 재인용).

2) 국방혁신

국방혁신은 동맹과 함께 국방목표를 달성하는 또 하나의 축이다. 국방혁신은 사고와 지식을 군의 새롭거나 개선된 형태의 제품, 과정, 그리고 서비스에 투영하는 것을 의미하고, 주로 국방과 민군겸용 과학, 기술, 그리고 산업 기반과 관련된 조직과 활동들에 의해 이루어진다(Cheung, 2018). 따라서 과학기술에 기반한 군사력의 발전을 의미하는 군사혁신을 넘어, 군사력을 사용하는 군과 국방 기관 전체가 주어진 임무에 대한 새로운 접근을 추구하게 만드는 혁신을 의미한다. 이는 투자한 자원 대비 효과를 강화하여 이전에는 가능하지 않았던 전략을 가능하게 하고, 결과적으로 목표 도달을 용이하게 한다.

로즌(Rosen, 1991)에 따르면 혁신은 관료제적 성격을 지닌 군에 혁신적인 민간의 사고와 접근이 유입될 때 가능하다(Rosen, 1991). 관료제는 기본적으로 변화에 둔하고 어떤 측면에서는 저항을 하기 때문에, 상황에 따른 적응적 변화를 쉽게 추구하지 못한다는 것이다. 군뿐 아니라 정부 주도여도 관료제이기는 마찬가지다. 여기에 변화에 민감하고 흡수가 빠른 대학과 민간기업의 노력이 더해져야, 국방혁신의 아주 기본적인 조건을 갖춘 것이라 볼 수 있다. 따라서 국방혁신의 기반을 살펴보기 위해서는 '민-군 협력을 바탕으로 독자적인 국방혁신 기반을 갖추고 있는가', 아니면 여전히 '정부 주도의 국방혁신에 머무르는가'로 구분할 필요가 있다.

아울러 그러한 혁신을 성공적으로 추구한 결과는 방위산업의 고도성장으로 나타날 것이다. 이는 강대국이 갖는 군사력의 원인이자 결과다. 강대국은 신기술에 기반한 첨단 무기체계를 스스로 만들 수 있는 역량을 갖추었기 때문에, 상대적으로 더 강력한 군사력을 확보할 수 있다. 이로써 이들은 공급자가 되

그림 8-3 중견국의 국방혁신

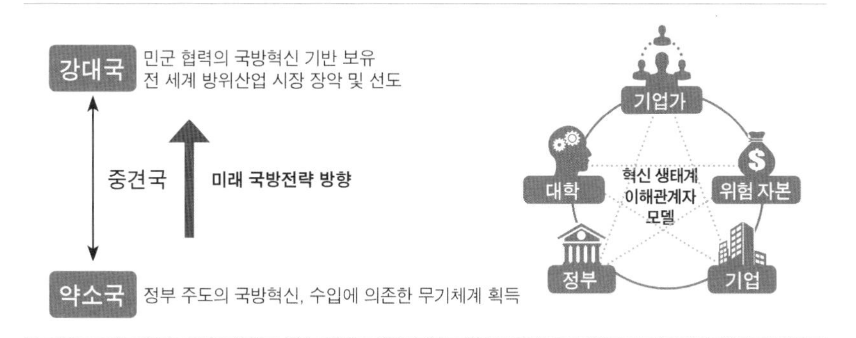

자료: 저자 작성.

며, 추가적인 국방혁신을 위한 동력과 시간을 얻는다. 반면 후발 국가들은 소비자의 자리에 머무를 수밖에 없고, 장기 계획을 가지고 무기체계를 갖기에는 당장의 위협 대응에 급급하다. 결국 약소국일수록 새로운 무기체계를 만들 수 있는 역량은 별로 없고, 기껏해야 열심히 모방을 하는 수준일 것이다. 따라서 국방혁신의 기반을 검토하는 두 번째 판단 기준은 '전 세계 방위산업 시장을 주도하는가'로 삼을 수 있다.

중견국은 이러한 강대국과 약소국의 입장 사이에서 독자적 능력에 기반한 국방력 건설을 추구하고자 할 것이다. 지금 당장 대처하기 어려운 강대국의 위협에 대해서는 동맹에 의존하지만, 점차 자주적 국방력 건설을 통해 동맹으로부터 자율성을 더 확보해 가는 방향을 추구할 것이다. 이는 상대 동맹국이 제지하는 바인 동시에 바라는 바이기도 하다. 더욱 강한 군사력으로 동맹에 기여하기를 바라는 한편, 너무 강해져 통제가 어렵게 되는 상황을 바라지는 않는다. 따라서 중견국은 미래에 국방혁신을 추구하는 과정에서는 동맹의 요구와 기대를 충족시키는 동시에 자주적 국방력 건설을 추구하기 위한 전략을 구사해야 할 것이다.

4. 주요 중견국의 미래 국방전략

이하의 내용에서 검토된 결과를 서두에서 제시하자면 다음과 같다. 해당 위치는 현재 시점의 국방전략을 기준으로 한 것이지만, 검토된 전략들은 2020년과 2021년 사이에 미중 전략경쟁의 상황을 장기적 관점으로 대비하는 차원에서 작성된 것이다. 따라서 현재 시점에서 본 다른 국가들의 국방전략이라 할지라도 미래에 한국 국방이 나아갈 방향에 대한 여러 시사점을 제공해 줄 것이다.

표 8-4 주요국 국방전략의 틀

동맹의 활용	국방혁신의 기반	
	민군협력 기반, 방산시장 공급자	정부 기반, 방산시장 소비자
동맹에 기여, 제지 부재	영국(미국), 프랑스(NATO)	
동맹에 의존, 제지 감수		호주(미국), 일본(미국)

자료: 저자 작성.

1) 영국

(1) 동맹과의 협력

한때 전 세계 패권국이었던 명성에 걸맞지 않게, 그동안 영국 전문가들은 자국이 전략 수립에 미진했다는 인식을 해왔다(Graydon et al., 2020; Newton, Colley and Sharpe, 2010: 44~50). 영국은 그 근본적인 원인으로서 미국과의 관계를 들고 있다. 일례로 영국의 대표적 국방 전문가인 패트릭 포터Patrick Porter는 적에 대한 뚜렷한 인식 없이 동맹국 미국에 의해 수동적으로 움직여 왔다고 지적한 바 있다(Porter, 2010: 6~12). 그러나 영국과 미국의 관계는 비대칭적 관계가 아니다. 영국이 미국의 제지를 받은 사례도 찾아보기 어렵다. 두 국가는 상호의존적이며, 이해관계가 거의 일치된 '특별한 관계Special Relationship'다.

영국은 유럽에서 미국이 수행해야 역할을 분담하여 대신 수행하고 있다고 봐도 무방하다. 영국 정부는 2021년 발간한 「국방전략서」에서 "영국과 미국 간의 협력은 그 어떤 양자 협력보다도 가장 넓고, 가장 깊고, 가장 앞서 있다"라고 자평하면서, 미국과의 동맹에 대한 강한 자부심과 만족을 드러냈다(Secretary of State for Defence, 2021). 현재 영국은 미국과 거의 모든 안보 영역에서 이해관계를 일치시키고 있고, 미국과의 관계와 NATO와의 관계를 분리하여 사고하지 않고 이 두 관계에 대한 동시 기여를 모색하고 있다. 또한 글로벌 차원의 거의 모든 다자 작전을 함께 주도하고 있다.

앞서 언급한 바와 같이 유럽 내에서는 전략적 자율성이라는 개념하에 미국에 대한 의존을 약화시키기 위한 논의가 오래 지속되어 왔다(Zandee et al., 2020). 그러나 영국은 이에 반대하는 입장이다. 유럽의 전략적 자율성 개념은 범위, 정의 및 영향에 대해 이론과 논쟁이 있으나, 대체로 러시아, 중국, 유럽 남부 등 현재의 도전에 대응하기 위해서 필요한 경우에는 독자 역량을 발휘할 수 있어야 한다는 목표를 갖고 있다. 영국은 프랑스나 독일과는 달리, 이러한 개념이 미국과의 관계 및 NATO를 저해하는 것을 우려하는 입장을 유지해 왔다. 말하자면 영국은 NATO와 미국 사이의 가교 역할을 추구하는 한편, 유럽보다는 미국에 동조하는 입장을 추구해 왔다.

영국은 NATO 외에도 파이브아이즈Five Eyes라는 군사동맹 및 정보 네트워크에 참여함으로써 미국과 협력하고 있다. 이는 군사정보의 수집, 공유 및 활용을 위해 미국, 영국, 캐나다, 호주, 뉴질랜드가 체결한 군사동맹 및 정보 네트워크이다. 또한 인태 지역에 위치한 국가가 아님에도 불구하고 미국, 호주와 오커스AUKUS 체결을 통해 중국 위협에 대한 공동 대응에도 동참하고 있다. 그밖에도 미국과 영국은 군사협력을 하는 범위가 대단히 다양하고 광범위하여, 어떤 주요 국가들 간의 협력과도 비교할 수 없는 수준이다. 영국은 미국과 이해관계를 일치시키고, 이로 인해 발생하는 책임을 공동으로 감당하고자 함으로써 미국과의 동맹에 기여하고 있다.

(2) 국방혁신의 기반

영국은 오래전부터 모든 방산 분야에 정상급 역량을 보유해 왔고, 특히 항공우주, 함정 분야에서 세계 최고 수준의 기술력을 보유하고 있다. 유럽 최대 독립 민간 방산복합체인 BAE Systems와 세계 3위 엔진업체 롤스로이스를 보유하고 있는 등 영국은 세계적 방산 기업 10여 개의 모국이다. 또한 총 20만 7000개의 일자리를 직간접적으로 창출하고 있고, 항공우주 및 방위산업의 97%가 중소기업이다(박지혜, 2021). 이처럼 민간의 참여가 매우 활발하게 이루어지는 기반하에서, 영국 방위산업은 2020년에도 무려 연평균 성장률 11.6%를 달성했다.

이 같은 민간 참여는 영국 방위산업의 원동력이자 혁신의 가장 중요한 기반이다. 특별히 민간 연구개발은 항공, 위성, 사이버안보, 신소재 등 국방 관련 분야의 세계적 혁신을 선도했으며, 현재는 민간 부문의 R&D 역량과 정부의 노력을 결합해 영국의 국방과 경제를 강화하고자 하고 있다(감혜미, 2019: 166). 영국은 미국과 유사하게 기술 소유권 이전 혜택을 통해 민간기업이 국방 사업에 참여할 수 있는 기회를 높여왔다. 국방 사업전략의 우선순위를 중심으로 민간 혁신기술 활용을 추진했고, 공동연구를 통한 무기 시스템 체계 확립과 함께 이를 효율적으로 활용할 수 있는 방안을 모색했으며, R&D 예산 확보 방안으로 신규 사업을 최소화함과 동시에 개방형 자금조달 정책을 추진했다.

특히 일찍이 2005년 및 2006년부터 국방 부문과 민수 부문 연구개발에 지속적인 장기 투자와 기술개발을 연계시킬 수 있는 전략을 추진했고, 나이트웍스Niteworks라는 군-산-학 네트워크에 약 175개 주체들이 참여하여 국방혁신을 추진해 오고 있다. 나이트웍스는 ① 정책결정을 위한 근거 제공, ② 민간 영역 기술을 국방 분야로의 적용 방안 제공, ③ 실용적 혁신 방안 모색 등을 사업 수행에 필요한 중요 기준으로 규정하고 있다(안형준, 2018: 102). 또한 사업 추진에 필요한 의사 결정을 지원하는 역할을 수행하며, 주요 무기체계의 획득 대안을 분석하고 사업 추진의 위험을 최소화할 수 있는 방안을 제시해 오고 있다.

나아가 영국은 2016년에 민간 기술의 도입과 혁신 환경 반영을 위해 국방혁신이니셔티브 산하에 '혁신 및 연구 통찰팀Innovation and Research Insight Unit: IRIS'을 창설했다. IRIS는 국방기술혁신 관련 전략과 투자 우선순위를 제언하는 임무를 수행하고 있다. IRIS는 정부, 학계, 산업, 협력 국가 등으로부터 정보를 수집하여 국방 관련 기술의 현황을 파악하고, 기술 발전에 따른 위협과 가능성을 분석하여, 국방기술혁신과 관련된 전략적 우선순위와 투자 분야를 선정하고, 이를 제언하는 역할을 담당한다(감혜미, 2019). 또한 국방혁신펀드 8억 파운드 조성과 스타트업 활성화를 위한 별도의 조직DASA Accelerator도 신설했다(≪뉴스투데이≫, 2020.1.28). 이는 국방에 대한 진입장벽을 낮추고, 방산업계가 아니지만 국방 기술에 기여할 수 있는 중견 및 중소기업과 대학, 민간 개인 연구자들을 재정적으로 지원하는 역할을 한다.

2) 프랑스

(1) 동맹과의 협력

프랑스는 특별히 국가적 차원에서 전략적 자율성 개념을 발전시켜 왔으며, 이는 실질적으로 미국에 대한 전략적 자율성을 뜻한다. 프랑스에서는 미국에 의해 일정 부분의 자율성을 포기하는 것에 대해 상당한 저항이 있어 왔기 때문에 미국으로부터 자국의 전략적 자율성을 추구하는 동시에, 자국이 주도하고자 하는 유럽의 전략적 자율성도 함께 추구하는 방향으로 발전해 왔다. 가장 최근인 2017년 문서에서는 "불안정과 불확실이 지배적인 세계 체제하에서 국익을 방어하기 위해 결정과 행동을 독자적으로 하는 것이 동맹과 협력국에도 신뢰를 줄 수 있다"(République Françaís, 2017: 54)라고 밝혔다. 이는 프랑스의 전략적 자율성이 유럽의 자율성을 뒷받침할 수 있다는 주장이다.

1994년 명시된 전략적 자율성 개념은 ① 상황에 대한 자율적 예측과 신속한 판단을 가능하게 하는 정보력, ② 정치·군사·지역 차원에 대한 복합적인 통제, ③ 적시적소에 군사력을 투입할 수 있는 전략적 이동성을 포함했다(Gouvernement Français, 1994: 52~53). 2008년에는 국가 지도자의 ① 평가의 자유, ② 결정의 자유, ③ 행동의 자유로 전략적 자율성 개념을 정의하고, 핵 억지력을 전략적 자율성의 필수 요소로 언급했다(Gouvernement Français, 2008: 69). 이어 2013년 보고서에는 '평가·계획·지휘' 혹은 '작전 결정·수행'의 자율성을 전략적 자율성으로 규정했다(Gouvernement Français, 2013: 20, 83, 138).

특히 프랑스는 유럽연합 이익의 대변자로서 트럼프 행정부 당시의 미국과 관계가 악화된 측면이 있다. 이를 계기로 하여 프랑스는 유럽의 리더이자 유럽의 이익과 일체화된 이익을 추구하는 국가로서 위상을 부각하고자 했다. 2017년 전략서 내용 중 유럽과 NATO의 전략적 자율성을 추구함으로써 유럽의 야심을 주도하고 세계적 책임을 다한다는 부분이 있는데, 이 부분에서 미국과 유럽 간의 간극에 대한 우려를 표명한 바 있다(République Français, 2017: 58). 반면 미국과는 국방과 안보에 대한 이익을 공유하고 있고, 상호 작전 그리고 정보 차원의 유대를 통해 힘을 발휘할 수 있기 때문에 중요한 파트너라고 설명하는 데 그쳤다.

프랑스의 핵전력은 프랑스가 미국으로부터 추구하는 자주 혹은 전략적 자율성을 상징한다. 프랑스는 "방어 개념에서 핵 억제를 점차적으로 없애고 대서양 동맹의 보장에만 기대는 경우, 전략적 자율성 원칙에 위배되는 의존성을 야기할 것"이라는 인식하에 독자적 핵전력을 발전시켜 왔다(오창룡·이재승, 2020: 92). 프랑스가 제시하는 전략적 자율성의 목표는 NATO 및 미국과의 갈등 속에서 프랑스의 독립성을 보다 강화시켜야 한다는 방향으로 나아가고 있다. 2019년 7월 발표된 프랑스 상원 보고서는 프랑스의 전략적 자율성이 200년 이상 지속된 대서양 동맹을 조건 없이 따라야 한다고 전제하면서도, NATO와 미국 주도의 집단방위 체제에 대한 비판적 견해를 분명하게 드러냈다.

즉, 프랑스는 미국에 대한 의존을 거부하고, 미국에 의한 제지를 감수하지 않는다. 미국과 상대적으로 동등한 관계를 추구하는 측면, 즉 미국에 의존하거나 미국의 제지를 감수하지 않는 측면은 영국과 유사하다. 다만 미국과 완전한 이해관계의 일치를 추구하지는 않는다는 점에서 영국과 차이가 있다. 유럽의 이익과 미국 사이에서 갈등해야 할 때 프랑스는 유럽의 이익을 택할 것이나, 영국은 미국의 이익이 곧 자국이 이익인 것으로 판단할 것이다. 또한 프랑스가 국익을 갖지 않는 지역에서 미국이 분담을 추구하고자 할 때, 영국과 프랑스의 정책 방향은 극명하게 차이가 날 것으로 예상된다.

(2) **국방혁신의 기반**

프랑스는 전 세계 3위의 무기수출국으로서, 방위산업은 수십 개의 대기업과 4000여 개의 중소기업으로 형성되어, 고용인력만 20만 명(전체 산업인구의 4%)에 달하는 방대한 규모이며, 무기의 70%를 국내에서 획득하고 있다. 또한 현재 프랑스는 EU 내에서 가장 많은 방위비를 지출하는 국가이다. 2020년에는 NATO의 권고 사항인 GDP 2% 방위비 지출을 상회하는 2.16%의 국방비를 지출했다(IISS, 2020). 프랑스는 브렉시트 이후 유럽연합 내에서 보다 중요한 위상을 확고히 하기 위해 국방예산을 늘리고, 특히 국방혁신 분야에 대한 투자를 적극적으로 하고 있다.

프랑스가 추구하는 자율성에는 정치적 자율성이나 작전수행 자율성뿐 아니라 산업적 자율성도 있다(Kempin and Kunz, 2017: 10). 프랑스는 2017년부터 12개의 세계적 기업과 4000여 개에 이르는 국내 중소기업들로 구성된 '국방산업 및 기술 기반Defence Industrial and Technological Base: DITB'을 발전시켜 왔다. 프랑스는 이러한 기술 기반의 국방혁신 생태계를 마련하는 것이 '주권의 문제'라고 주장하면서, 군에 대한 믿을 수 있는 획득 및 공급을 확보하는 것, 특히 핵억제 역할에 대해 이러한 기반을 갖추는 것이 프랑스의 행동의 자유를 가능하게 함으로써 전략적 자율성의 한 축을 담당한다고 본다(République Français, 2017: 63).

이와 관련하여 국제무기거래규정International Traffic in Arms Regulations: ITAR을 포함한 미국의 수출 통제 조치가 프랑스의 수출을 심하게 제한하고 있다고 지적한다(République Français, 2017: 64).

프랑스는 방위산업 발전에 있어서 미국으로부터는 독자성을 추구하되, 상대적으로 유럽과는 이익의 일치와 상호의존을 추구하고 있다. 프랑스는 '유럽방위펀드European Defence Fund'에 대한 투자를 과감히 해오는 등 유럽 내에서 기술적·산업적 차원의 협력을 촉진하기 위한 노력을 주도하고 있다. 프랑스는 주권에 대한 준수를 제외한 나머지 접근에 있어서 유럽 차원에서의 협력이 선호되어야 할 것임을 강조한다. 프랑스가 유럽의 공동 방위산업 발전 추구를 위해 제시하는 네 가지 접근은 다음과 같다. 첫째, '주권에 대한 준수'로서, 새로운 기술은 협력에 대한 결정을 하기 전까지는 전적으로 주권의 영역에 있다는 것이다. 둘째, '국가적으로 보유한 기술에 대한 협력'으로서, 공유가 가능한 장비에 대해 공유할 수 있다는 것이다. 셋째, '상호의존에 의한 협력'으로서, 공유가 전제된 상태에서 상호 보완적으로 기술적 지식을 공유하여 이로 인해 도출되는 결과까지 공유한다는 의미다. 마지막으로 '시장 대안'으로서, 구체적인 국가적 혹은 군사적 요구가 사소한 경우, 이를 자체 능력으로 개발하기보다는 훨씬 다양한 대안들을 공급하는 시장에서 해결한다는 것이다(République Français, 2017: 65).

이러한 국방혁신의 접근을 뒷받침하기 위해 프랑스는 자국이 규정한 새로운 영역, 우주, 사이버, 그리고 인공지능AI에서 신기술에 기반한 전력 운용과 건설이 가능하도록 다각도의 제도적·법적 노력을 펼치고 있다. 2017년에 사이버방위사령부를 신설하고, 2018년 1월에 「사이버국방전략검토서Cyber Defence Strategic Review」를, 2019년 1월에는 사이버공격독트린Cyber Offensive Doctrine을 발표함으로써 프랑스가 군사적 목적을 위해 사이버 공격 작전을 수행할 수 있도록 법적 기반을 마련했다(French Ministry of Armed Forces, 2021: 27). 동시에 공군과 우주군을 결합한 우주사령부를 신설하고, 2019년에 유럽 및 미국의 동맹국들과의 협의하에 '우주국방전략Space defence strategy'을 수립했다.

또한 프랑스는 2017년에 민간업체와의 협력을 통해 빅데이터와 인공지능에 기반한 주권적 의사 결정 수단을 만드는 이른바 ARTEMIS Architecture de Traitement et d'Exploitation Massive de l'Information multi-Sources, Architecture for Processing and Massive Exploitation of Multi-Source Information 프로젝트에 착수했다.[6] 2019년 9월에는 인공지능 전략을 수립했고, 이와 관련 윤리적 사항에 대하여 국방부를 조언하는 윤리위원회를 개설하기도 했다.

3) 호주

(1) 미국과의 협력

호주는 1952년에 미국 및 뉴질랜드와 태평양안전보장조약ANZUS을 맺었다. 이는 세 국가의 공동방위를 위해 체결한 조약이며, 현재 미·호 동맹의 근간이라 볼 수 있다. 해당 조약이 군사적 위기 발생 시에 미국이 호주를 돕기 위해 자동적으로 개입하는 것을 보장하지는 않기 때문에, 호주는 일정 수준의 자주self-reliance를 추구해 왔다. 또한 1970년대 후반 베트남 전쟁에 대한 부정적인 여론의 심화, 싱가포르 등 동남아시아에서의 영국군 철수, 닉슨 독트린 선언 등의 사태로 인해 호주에서는 동맹국에 대한 도움을 바라기 어려워진 측면도 있다.

호주는 "국방에 있어서의 자주란, 군사적 능력이 호주가 저항할 수 있는 능력 이상인 강대국의 위협을 받는 상황에서만 미국의 도움을 기대할 수 있으며, 그렇지 않고서는 호주가 호주 스스로 안보적 상황을 감당해야 할 것"이라는 의미로 이해하고 있다[Department of Defence(호주), 2009]. 즉, 호주의 선은 분명하

6 "The French Defense Procurement Agency Selects the Consortium Led by Atos for Project Artemis, phase II." Atos, Press release, 2019.5.23.

다. 호주가 강대국의 위협을 받는 상황에서만 미국의 도움에 의지하고, 그 외의 영역에 대한 방위는 모두 호주가 스스로 감당한다는 것이다. 예컨대 처음으로 '인도-태평양' 지역을 식별한 2013년 『국방백서』에서는 호주 본토에 대한 무력공격을 억제 및 격퇴할 때에 다른 국가의 '전투 군이나 전투 지원군'에 의존해서는 안 된다는 것을 여러 차례 강조했다[Department of Defence(호주), 2013].

이러한 국방정책은 호주 지역에 대한 독자적 방위를 강조하는 동시에 역외 지역에 대한 개입을 자제한다는 데에도 초점이 있었다. 호주 공군이나 해군의 병력이 파견되어 다른 국가 군대의 일부가 되거나 지원을 받게 되는 일은 기대하지 말 것을 주문하는 것으로, 본토 방위의 핵심은 '해·공역에서의 거리sea-air gap'[7]를 수호하는 데 방점을 두고, 더 넓은 지역의 안정성에 대한 전략적 위험을 해결하는 문제에 대해서 관심을 두지는 않겠다는 것이었다. 그러나 흥미롭게도, 이러한 선언과는 별도로 호주는 한국전부터 현재까지 미국에 의한 군사적 행동에 거의 모두 참여해 왔다(Job, 2020: 2040008-12).

오바마 행정부가 아시아·태평양으로의 복귀를 선언하기 전까지, 호주와 미국 간의 협력이 그렇게 긴밀하다고 보기는 어려웠다(전경주, 2012: 3). 그러나 2011년 오바마 대통령이 호주 의회 연설에서 미군 해병 2500명을 호주에 배치한다는 계획을 발표했고, 2014년에 호주와 미국은 '미군배치협약Force Posture Initiatives'을 조인했다. 그 결과 호주 북부에 미군이 주둔해 왔고, 양국은 최근 주둔 병력을 증가시킬 것을 합의했다(≪VOA 뉴스≫, 2021.9.17). 이 협약은 인도주의적 지원, 해상전력 구축, 재난구호 등 다양한 분야에 걸쳐 양국 간 협력 기회 확보를 목표로 하여 그 기간은 25년 이상을 상정하여 체결된 협약이다(최준화, 2020: 14). 이로써 호주의 국방에 대한 대미 의존도는 강화되었고, 미국과의 정책 및 우선순위의 조율을 통해 인도-태평양 지역 내 안보를 강화해 오고 있다.

7 호주의 북부와 북서부 해안, 그리고 동남아시아 해안 간에 존재하는 해상과 공중에서의 거리를 말한다.

최근 호주와 미국과의 동맹 협력은 또 한 번 새로운 국면에 접어들었다. 중국 위협에 대비하기 위해 협력의 필요성이 더욱 커진 것이다. 호주는 중국의 군사력을 따라잡을 수 없다(Davis, 2020: 19). 따라서 역내 안보에서 더 많은 역할을 받아 가질 수 있는 능력을 갖추고 그에 부합하는 군의 형태를 만들어가야 하는데, 이를 위한 현실적인 방법은 호주가 독자적으로 대응역량과 태세를 구축하기보다는 미국과의 국방기술 협력을 더욱 강화하고 미국이 역내에서 보유한 능력과의 융합을 추구하는 것이다.

호주의 『2016 국방백서Defence White Paper』에서는 호주의 국방이 ANZUS와 미국의 확장억제뿐 아니라 미국의 첨단기술과 정보에 대한 접근에 기반하고 있다고 표현되었다. 또한 미국과의 상호운용성을 유지하는 것이 호주군의 능력을 유지하는 데 핵심이라고 적었다[Department of Defence(호주), 2016]. 정보 공유 공동체인 파이브아이즈Five Eyes와 미국 및 호주가 공동으로 운영하는 파인갭Pine Gap도 강조한다. 나아가 호주는 2021년 전격 체결된 새로운 동맹, AUKUS를 통하여 미국, 영국의 해군으로부터 핵잠수함의 핵추진 기술과 정보를 제공받기로 합의했다. 이는 미국이 호주에 확장억제를 제공하는 대신 핵 개발 능력에 대하여 제지를 걸었던 측면을 완화한 것으로 볼 수 있다. 이는 미국, 영국 및 호주가 중국의 도전에 대해 연합 전선을 형성했다는 것을 상징적으로 보여준다.

아울러 호주는 그동안 미국 해군과 영국 해군이 몇 달간 독립적으로 운항이 가능한 초대형 무인수중선extra-large unmanned underwater vehicles: XLUUVs과 무인수상선unmanned surface vehicles: USVs의 개발에 박차를 가하고 있다는 점에 관심을 두고 있었다(Davis, 2019). 호주는 정보·감시·정찰, 그리고 잠재적으로는 공격을 가하는 해상 무인체계 능력을 발전시키기 위해 미국, 영국과 협력할 것으로 보인다. 이러한 협력의 구심점은 AUKUS뿐 아니라, 쿼드Quad도 활용될 가능성이 높다. 쿼드의 다국적 상업 혁신 기반multinational commercial innovation base은 각국의 구조적 재정 압박과 정부 주도 혁신 모델을 극복하는 데 유용할 뿐만 아니라 호주 군이 주요 신흥 기술을 응용한 전력을 획득하는 과정에서 위험을 분산하고 비용을 절감하는 데 도움이 될 것이다(김기범, 2021: 9).

(2) 국방혁신의 기반

이제까지 호주는 미국의 확장억제하에 있어 왔고, 호주 본토에 대한 위협은 거의 부재하다고 봤다. 그렇기 때문에 호주는 값비싼 방위 옵션을 고려할 필요가 없었고, 이를 위해 충분한 국방혁신 기반을 가질 필요성도 높지 않았다. 그러나 미중 전략경쟁의 핵심 지역이 호주 인접 해역이 됨에 따라, 호주의 위협 인식은 달라졌다. 이를 계기로, 현재 호주 정부에서는 4차 산업혁명의 기술을 활용하여 역내에서의 역할을 강화해야 한다는 인식이 강화되고 있다(Davis, 2020: 1). 지상, 공중, 해상 외에 사이버 공간과 우주를 새로운 작전 영역으로 식별하고 있으며, 해당 영역들에서 호주의 안보와 번영을 위한 이익의 확장을 추구하고자 한다(Davis, 2020: 7).

이를 이행하기 위해 호주 정부는 지난 2020년 7월, 「2020 국방 전략 계획Defence Strategic Update」을 발표했다. 특히 2016년 『국방백서Defence White Paper』에 나온 획득 예산인 1950억 호주 달러와 비교 시에 약 40%가 증가된 2700억 호주 달러 규모의 획득 예산이 주목을 받았다. 이는 향후 10년 간 국방산업에 투자될 금액으로서, 해군력 증강이 750억 호주 달러로 가장 많은 부분을 차지하며, 공군에 650억 호주달러, 육군에 550억 호주 달러, 사이버전에 150억 호주 달러, 우주 통신 및 감시 장비에 70억 호주 달러가 투입될 예정이다(홍승일, 2020). 이러한 예산을 토대로 특히 원거리 투사력, 대잠·대항 능력, 정보·감시·정찰 자산 능력을 강화하려는 추세가 엿보인다(조비연, 2021: 81).

SIPRI에 따르면 호주는 2010년부터 2020년까지 평균을 기준으로 방산 수출 19위에 해당하는 국가로서, 아직 방위산업이 크게 발전한 국가로 보기는 어렵다. 업체 수는 많지만 활동은 소수의 대규모 업체에 집중되어 있고, 호주 정부에 따르면 외국 자회사가 전체 방위산업 노동력의 약 50%를 차지하고 있다(최준화, 2020: 40). 그러나 호주 정부는 2018년부터 10년 내에 세계 10대 방위산업 수출국이 되겠다는 포부 아래, 방위산업 발전을 위한 제도 마련에 박차를 가해왔다. 2021년 기준 호주의 방위산업은 386억 호주 달러 규모로 지난 5년간 약 2.1%의 성장률을 보였으며, 향후 5년 동안도 3.5%가량의 성장세를 이어갈 것으로 전망된다(전희정, 2021). 호주는 전망 기간 동안 전 세계에서도 방위산업 성장률이 가장 높은 국가에 속한다(최준화, 2020: 34).

이에 호주 정부는 '호주산업능력Australian Industry Capability' 계획을 통해 자국 산업의 참여 및 개발을 보호하고 있다. 민간기업의 참여를 활성화하고자, 31억에 달하는 미국 달러의 기금을 마련하여 은행이 융자를 꺼리는 수출 기업들에게 대출을 해주는 정책을 마련했다. 또한 방위산업역량센터Centre for DefenceIndustry Capability: CDIC, 차세대기술기금Next Generation Technologies Fund: NGTF, 국방 혁신 허브Defence Innovation Hub 등의 육성조직(기금)을 설립했다. 아울러 중앙 방위산업 수출청을 만들고 호주 대사관 군무관의 역할을 확대할 계획에 있다(윤범식, 2021: 5).

4) 일본

(1) 미국과의 협력

전후 일본은 방위에 대하여 미국에 일방적인 의존을 취해왔으나, 아베 정권 이래 '수정주의 보통국가론', '수정주의적 내셔널리즘'을 추구하면서 보통군사국가화의 방향을 향해 가고 있다(박영준, 2014: 87~121). 그러나 미국에 대한 의존을 약화시키고 자주국방의 방향으로 가기보다는, 상대적으로 과거에 비해 미일 동맹에 대한 기여도를 높이고 상호의존을 강화하는 방향을 향하고 있다.

최근 미일동맹은 대중 위협인식의 일치로 인해 더욱 강화되는 추세다. 과거에 위협의 우선순위 측면에서 중국보다 북한이 앞섰다면, 2010년을 계기로 위협의 우선순위가 중국 쪽으로 급격히 경사되어 가는 추세를 보이기 시작했다

(김두승 외, 2013). 특히 2010년부터 센카쿠 열도를 둘러싼 중국의 대일 압박 정책을 경험한 뒤, 일본의 안보정책은 중국에 대한 위협인식을 고조시키는 방향으로 완전히 자리 잡게 되었다. 2021년 『방위백서』에서는 중국을 심각한 군사안보 위협으로 보는 인식이 더욱 강하게 드러났다. 중국 해안경비대의 규모와 잦은 출몰로 인해 센카쿠 열도에 대한 강한 우려를 제기하고 있다고 표현되어 있다(Ministry of Defense, 2021: 3). 또한 백서는 최초로 "대만을 둘러싼 환경을 안정화하는 것은 일본의 안보와 국제 공동체의 안정에 중요하다"(Ministry of Defense, 2021: 19)라고 주장하고, 대만해협을 봉쇄하여 일본의 해상교통로를 저지 또는 차단하려는 행위자로 중국을 직접 지목했다.

이러한 위협인식의 일치와 동시에, 일본은 역내에서 미국의 전략을 구체화하는 데도 상당한 기여를 하고 있다. 2015년에 18년 만에 개정된 「미일방위협력지침」에 따르면, 일본 이외의 제3국에 대해 무력공격이 가해질 경우, 지역 및 국제 안보질서 차원에서의 평화와 안보, 그리고 우주 및 사이버 공간에서의 안보를 위한 협력까지 상호 안보협력의 범위를 확대하기로 했다. 즉, 미일 연합작전의 지리적 제한을 없애고 일본 자위대가 전 세계에서 미군과 작전을 벌일 수 있도록 했다는 것이다(박영준, 2015: 2).

또한 2015년 지침에서는 미군과 자위대가 일본이나 주변 지역에 무력공격이 발생했을 때 원활하고 효과적으로 공동 대응을 할 수 있도록 평시 양자적국방기획bilateral defense planning을 실시하겠다는 내용이 담겨 있다. 일본 주변 상황에 대해서도 마찬가지로 대처하기 위해 상호협력기획mutual cooperation planning을 실시할 것도 명시했다.[8] 본 지침에는 동맹 기획을 최적화하기 위한 동맹조정메커니즘Alliance Coordination Mechanism: ACM이 구체화되어 있다. 메커니즘의 세부 기능으로는 조율을 위한 회의 개최, 연락 장교의 상호 파견, POC 지정 등

8 "The Guidelines for Japan-U.S. Defense Cooperation." https://www.mofa.go.jp/region/n-america/us/security/guideline2.html (검색일: 2021.10.15)

을 포함하고 있다. 또한 미군과 자위대는 공동으로 필요한 하드웨어와 소프트웨어를 갖춘 양자조정센터bilateral coordination center 설립을 준비할 것임을 밝혔다.

이는 미국이 일본의 군사력 증강에 대해 제지를 가하던 부분을 일부 해제한 것으로 해석할 수 있다. 일본은 국내 차원에서 이러한 지침 내용을 반영하고자 2016년 평화안보법 시행을 통해 집단적 자위권 행사를 규정했다. 이에 따라, 일본이 직접 공격을 당하지 않더라도 일본의 안전이 위협받거나 국제사회의 평화가 위태롭다고 판단될 경우에는 교전이 가능해졌고, 미군 등 외국 군대 함선을 방호할 수 있게 되었다(≪경향신문≫, 2018.12.5). 미국이 대응해야 하는 역내 위협에 대해 동맹 역량으로 대응하기 위해 미국이 일본의 군사력 운용의 자율성을 높여준 것이다.

또한 일본의 아베 신조는 2016년에 인도-태평양에 대한 비전을 직접 창안하여 미국과 공동으로 발전해 오는 적극성을 발휘하고 있다. 2021년 일본 『방위백서』는 "자유롭고 열린 인도-태평양Free and Open Indo-Pacific: FOIP" 개념에 대한 주인의식을 갖고 이를 일본의 국방비전으로 내세웠다(Ministry of Defense, 2021: 1). 또한 국방비전과 국방목표를 달성하기 위한 세 가지 축으로 ① 독자적인 국가방위 아키텍처, 다음으로 ② 미일동맹, ③ (다른 국가와의) 안보협력을 제시하고 있다. 특히 방위성 장관은 서문에서 미국과의 동맹이 일본 안보에 "최상위의 중요성paramount importance"을 지닌다고 표현했다(Ministry of Defense, 2021: 국방부 장관의 서문). 미국은 자유롭고 열린 인도-태평양이 일본 정부가 창출해 낸 개념이며, 일본과 인도-태평양에 대한 비전을 공유함을 명확히 하고 있다(The White House, 2022: 3).

일본이 미일동맹을 통해 수행할 것을 명시한 내용은 일본의 평화와 안전을 위한 내용에만 국한되지 않는다. 물론 '우주 영역과 사이버 영역의 협력', '포괄적 미사일방어체계', '양자 간 훈련 및 연습', '정보·감시 그리고 정찰ISR 활동', '해양 안보', '군수 지원', '일본에서의 대규모 재난에 대한 대응 협력' 등 일본의 평화와 안전에 대한 위협에 대응하는 것을 한 축으로 한다. 그러나 다른 한 축은 더 넓은 영역에 대한 협력 강화 및 확대를 위한 차원이다. 바람직한 FOIP를 위해서 '해양질서의 유지 및 강화'와 '인도적 지원/재난 구조'에 있어서 양자적 활동을 실시하고, '국방 장비 및 기술 협력' 그리고 '합동/공동 사용' 영역에서의 협력을 강화 및 확대할 것을 추구하고 있다.

(2) **국방혁신의 기반**

그간 일본은 평화헌법의 구속에도 불구하고 방위력을 증강해야 하는 안보전략의 모순 속에서 미일동맹에 의존하는 내생적 모델indigenous model을 구축해 왔다(윤대엽, 2022b). 1967년 이래 일본은 무기수출 금지정책, 이른바 '무기수출3원칙'을 준수함으로 인해 수출시장에 대한 접근이 원천적으로 차단되었다. 이로 인하여 국내의 수요만으로는 일본 방위산업이 이윤 창출을 위한 규모의 경제를 이루지 못한 측면이 컸다(김종열, 2014: 42). 미국에 대해서는 국방기술의 수출이 가능하도록 완화되기는 했다. 그러나 수십년 간 해외 선진 기업들과의 공동개발이나 생산에 적극적으로 참여하지 못함에 따라, 선진 국방과학기술의 습득을 통한 혁신은 크게 제한되는 구조였다.

방산업체와 우익단체들을 중심으로 이러한 구조를 변화시키고자 하는 노력이 지속되어, 아베 내각 수립 이후부터 근본적 변화가 이루어지기 시작했다. 2013년 『방위대강』에서 무기 장비의 기술 이전 및 국제 공동 개발과 생산이 필요하다는 내용이 언급되었고, 급기야 2014년에는 '방위장비이전3원칙'을 발표하면서 기존의 무기수출3원칙을 폐지했다(Ministry of Defense, 2013: 27). 평화공헌, 국제협력에 기여하는 경우; 일본의 안보를 위해 미국 등 안보상 협력관계에 있는 국가와의 국제 공동 개발·생산하는 경우; 그리고 일본의 안전보장에 기여하는 경우 등에 대해 심사를 거쳐 방위장비와 기술 이전을 허용한다는 것으로, 사실상 무기의 해외수출을 인정하는 대전환이었다(김종열, 2014: 43~44). 뒤이어 2015년에는 군사기술의 연구 및 방위산업 육성을 총괄하는 방위장비청을 개청했다(윤대엽, 2022b: 115).

이를 계기로 민간 부문과의 군사기술 협력도 활성화되어 왔다. 방위장비청은 민-군-관-학을 연계하는 협력을 주관하여 민간 부문의 참여를 확대하고, 범용기술을 개발하는 두 가지 방식을 추구해 오고 있다. 방위장비청은 대학과 연구기관의 군사기술 연구 참여를 확대하기 위해 '안전보장기술연구추진제도'를 시행했는데, 이는 대학·연구기관·민간기업 등으로부터 응모받은 연구에 대해 방위성이 자금을 제공하는 것으로서, 일본의 첨단 민수기술을 방위산업 부문에서 활용하고자 하는 의도를 반영한다(김진기, 2017: 69). 2013년 시행된 '특정기밀보호법' 역시 방위산업에 대한 민군협력을 강화하기 위한 조치였다. 국방연구에 대한 국민들의 부정적 인식을 의식한 과학자들이 국방연구를 기피하자, 이러한 연구를 비밀로 취급하여 공개되지 않도록 함으로써 과학자들이 국방연구를 기피하지 않도록 하기 위한 법적·제도적 토대를 마련한 것이다(김진기, 2019: 158). 이로써 2015년 이후 민군 군사기술 협력은 이전과 비교하여 대폭 증가했다(윤대엽, 2022b: 117).

변화의 모습이 투영된 최근 문서로는 2021년 7월에 발간된 『방위백서』가 있다(Ministry of Defense, 2021). 백서에 따르면 일본 방위성은 첨단기술에 대한 연구개발을 장려하기 위하여 방위장비청 안에 미래능력발전센터를 설립하고, 첨단기술전략국장과 기술협력지원부서를 설치하는 등 국방에 첨단기술을 수용하기 위한 제도적 뒷받침을 강화하고 있다. 또한 방위산업 기반을 강화하기 위한 네 가지 노력으로서, 방산업체의 경쟁력을 강화하기 위한 계약제도의 개혁; 방위장비 공급망의 리스크 관리를 강화; 수입 장비의 유지 보수를 위한 방위산업의 참여 증대; 그리고 방위장비이전3원칙에 입각한 장비 이전의 장려를 추구할 것임을 밝혔다.

그럼에도 불구하고 일본은 아직 미국으로부터의 구매가 압도적으로 많은 방산시장 소비자 국가이다. 일본은 2017~2021년 사이 전 세계 무기 수입 순위 10위 국가로, 무기 공급자는 미국, 영국, 스웨덴 순이다(SIPRI, 2022). 그렇지만 미국의 공급이 압도적이다. 2021년 기준, 일본은 방위장비의 90% 이상을 미국으로부터 조달해 온다(U.S. Department of State, 2021). 일본은 미국의 대외유상군사원조Foreign Military Sales: FMS를 통하여 정부 간 거래로 상당한 무기를 들여오는데, 미국의 일본에 대한 FMS 조달액은 2011년에 431억 엔(약 4138억 원)에서 2016년에는 4858억 엔(약 4조 6648억 원)으로 10배 이상 뛰었다(≪중앙일보≫, 2018.1.18). 또한 군사기술 및 방위장비에 대한 공동연구 사업도 주로 미국에 편중되어 있음을 확인할 수 있다(윤대엽, 2022b: 118).

5. 한국에 대한 함의

한국은 중견국으로서의 위상을 추구하기 위해 다각도의 외교전략을 추구하고 있다. 그런 반면 중견국으로서 어떻게 국방전략을 추구해야 할지에 대해서는 상대적으로 충분한 논의가 없었다. 캐나다나 호주와 같이 군사적 뒷받침을 통해서가 아니더라도 중견국으로서의 외교력을 보유하고 강화하고 있는 국가들도 있다. 그러나 이러한 국가들은 직접적인 군사적 위협에 당면해 있지 않다. 이에 따라 자국의 안보에 국한하지 않은 지역, 혹은 세계를 향한 훨씬 더 많은 외교적 수단들을 보유하고 다양한 국제기구에 영향력을 행사할 수 있는 여력이 상대적으로 많은 편이다.

한국은 그간 당면해 온 매우 직접적이고 가시적인 군사적 위협으로 인해 세계적 수준의 군사력을 보유하게 되었다. 북한에 대한 대비에 집중해야만 했던 한국 정부는 보다 멀리, 그리고 보다 넓은 안목에서 한국의 국방이 추구해야 하는 모습을 상상하기 어려웠다. 북한에 의한 국지도발과 전면전 도발 외에 지역적 차원에서 안고 있는 공동의 문제나 세계적 차원의 문제에 주도적인 역할을 하기 어려웠다. 강력한 군사력에도 불구하고 한미동맹에 대한 기여보다는 의존하는 비대칭적 위치에 있었고, 국방혁신을 위한 자체적 기반을 추구하기에 어려운 국내 여건에 있었다.

지금까지는 미국의 패권적 질서에 의해 미국에 대한 정치적 연대나 미국에 대한 의존이 큰 도전을 받지 않았다. 그러나 미중 전략적 경쟁이라는 새로운 안보환경에 따라, 한국은 지금까지보다 훨씬 더 어려운 선택을 해야 하는 상황에 놓였고, 이를 위해 자기주도적인 미래의 청사진을 그려야 할 필요성이 커졌다. 미중 전략경쟁하에서 중견국 한국이 추구해야 할 미래의 국방전략은 어떠해야 하는가? 본고는 이에 대한 답을 찾기 위해 한국과 유사하게 미중 전략경쟁 상황하에 전보다 어려운 정책적 선택에 직면해 있는 국가들, 프랑스, 영국, 호주, 일본의 국방전략에서 대한민국 국방부가 받아갈 함의를 찾고자 했다.

첫째, 동맹과의 협력을 어떻게 추구해야 할지에 대해 보다 다양한 대안들을 모색할 필요가 있다. 한미동맹을 강화하는 것은 한국이 미국에 대한 의존을 강화하고, 미국이 한국을 위해 더 많은 역할을 감당하는 것을 의미하지 않는다. 비대칭적인 한미동맹 관계를 보다 대칭적 차원으로 업그레이드하기 위한 한국 정부의 노력이 필요하다. 영국은 미국과 가장 강력한 동맹관계를 유지하며 위협인식뿐 아니라 이에 대한 대비를 일치시키고 있고, 이를 통해 자국의 안보와 번영뿐 아니라 세계적 위상 강화를 추구하고 있다. 프랑스는 미국보다 유럽연합 및 NATO와의 다자 관계를 유지하고, 자국의 이해관계를 미국이 아닌 유럽과 일치시키면서 NATO 동맹하에서 미국으로부터 프랑스를 포함한 유럽의 전략적 자율성을 추구하고 있다.

호주와 일본은 미국에 대한 의존도가 상대적으로 높고, 그로 인해 동맹으로부터 받는 제지에 대한 감수도 크다. 한편 최근 호주는 미국과 영국으로부터 핵추진 잠수함에 대한 기술 협력을 받기로 했다. 이는 금기시됐던 핵 개발 기술에 대한 제지가 완화된 것이다. 제지의 완화나 해제는 곧 더 많은 역할을 요구한다는 것인데, 이것은 동시에 호주의 국방력에 도약의 기회가 될 것이다. 그런 차원에서 그동안 한국의 미사일 개발 및 보유를 일정 부분 제한해 온 한미 미사일 사거리 지침을 완전히 해제한 것은 대단히 큰 의의가 있다. 한국이 자주적인 국방력을 강화하는 것은 매우 당위적이고도 옳은 방향이다. 그러나 이를 통해 궁극적으로 한미동맹의 약화를 추구하는 것이 아니라, 미국이 제지를 풀고 한국과 시너지를 강화할 수 있는 방향을 모색하도록 유도해야 할 것이다.

둘째, 국방혁신을 위한 민간과 학계의 노력이 국방에 흡수되도록 하기 위해서는 우리 국방이 쌓아놓은 장벽을 스스로 과감히 허물 필요가 있다. 머지않은 미래에 한국은 인구절벽으로 인한 병력 수급 부족에 직면할 것이다. 기술력으로 인력을 보완해야 하는 계기와 4차 산업혁명 기술이 맞물려, 우리 군이 보유하고 있는 무기체계와 운영체계는 대부분 AI를 기반으로 한 체계로 바뀌게 될 것이다. 또한 이미 강대국들의 경쟁으로 각축장이 된 사이버와 우주의 영역에서 한국에 위협이 될 수 있는 타국의 행위들을 예방하거나 억제하고, 우리의 국익을 추구할 필요가 있다. 그러나 이 광범위하고도 빠른 변화를 정부 주도적 국방혁신으로 감당하기는 역부족이다.

군사기밀에 대한 보안 의식이 대단히 높은 한국은 일차적으로 민간 및 학계와 공유할 수 있는 정보가 매우 제한적이다. 현상에 대한 문제 인식과 평가, 그리고 이를 해결하기 위해 정부가 갖는 제약들, 해결을 위해 추구하는 방향들을 공유할 수 있어야 혁신적인 해법을 함께 모색할 텐데, 이것부터가 불가능하다. 영국과 프랑스는 정부 정책에 대한 투명성 제고를 위해 노력하고 있고, 의회를 중심으로 민간 영역에서의 열띤 토의와 방향 모색이 이루어진다. 이를 통해 민간기업과 학계의 진입 장벽이 상대적으로 낮아, 군의 수요에 대한 공급자가 훨씬 더 다양해질 수 있다. 다양화된 공급은 경쟁을 낳고, 경쟁은 혁신의 원동력이 된다. 이러한 기반을 통해서만이 미래의 국방전략이 충분한 수단을 보유하게 될 것이다.

감혜미. 2019.「국방과학기술 연구개발 투자 효율화 방안 연구」. ≪한국산학기술학회논문지≫, 제20권 11호, 164~169쪽.

강선주. 2015.「중견국 이론화의 이슈와 쟁점」. ≪국제정치논총≫, 제55권 1호, 137~174쪽.

≪경향신문≫. 2018.12.5. "골격 드러내는 일본 무장강화 지침 '방위대강'...'개헌 전에 괴헌'" https:// m.khan.co.kr/world/japan/article/201812051700001#c2b

김기범. 2021.「쿼드(Quad) 국가 간 신흥기술 협력과 국방 분야에의 영향」. ≪국방논단≫, 제1877호(21-45).

김두승 외. 2013.「일본의 대중정책과 한국의 안보」. ≪KIDA 연구보고서≫ 안2013-3415.

김상배·이승주·배영자. 2013.『중견국의 공공외교』. 사회평론.

김종열. 2014.「일본의 무기수출 3원칙 폐지와 방위산업」. ≪융합보안논문지≫, 제14권 6호, 41~50쪽.

김진기. 2017.「아베 정권의 방위산업·기술기반 강화전략」. ≪국방연구≫, 제60권 2호, 53~78쪽.

_____. 2019.「일본 군사관련 규범의 변화에 대한 연구: 무기수출3원칙과 특정비밀보호법을 중심으로」. ≪민족연구≫, 제73호.

≪뉴스투데이≫. 2020.1.28. "방위산업 혁신, 스타트업 우대에서 해법 찾아야" https://www.news2day.co.kr/article/20200128147232

박영준. 2014.「일본 아베 정부의 안보정책 변화와 한국의 대응방안: 수정주의적 내셔널리즘과 보통군사국가화」. ≪국방정책연구≫, 제30권 1호, 87~121쪽.

_____. 2015.「미일 가이드라인 개정과 아태지역 안보질서 전망」. ≪EAI 일본논평≫, 제5호.

박원곤. 2004.「국가의 자율성과 동맹관계」. ≪동북아안보정세분석≫.

박지혜. 2021.「2021년 영국 항공우주-방위산업 정보」. ≪KOTRA 해외시장뉴스≫.

안형준. 2018.「국방과학기술 역량 제고를 위한정부연구개발 연계 및 활용 방안」. ≪STEPI 정책연구≫, 2018-12. https://iicc.stepi.re.kr/common/report/Download.do?reIdx=907&cateCont=A0201&s treFileNm=A0201_907

오창룡·이재승. 2020.「유럽 안보와 전략적 자율성: 프랑스의 안보협력 논의를 중심으로」. ≪통합유럽연구≫, 제11권 2호, 81~116쪽.

윤대엽. 2022a.「트럼프-시진핑 시기 미중경쟁: 탈동조화 경제안보전략의 한계와 중간국가의 부상」. ≪국가전략≫, 제28권 1호, 61~90쪽.

_____. 2022b.「첨단 방위산업과 군사혁신의 정치경제: 한일전략과 동맹」. 2022 한국국제정치학회 춘계학술회의 및 안보문제연구소 동북아안보정책포럼 자료집.

윤범식. 2021.『국방조달시장진출 가이드북: 호주』. 국방기술진흥연구소.

전경주. 2012.「미국의 아시아·태평양으로의 복귀, 그리고 한국」. ≪주간국방논단≫, 제1394호.

전희정. 2021.「2021년 호주 방위산업 정보」. ≪KOTRA 해외시장뉴스≫.

정성철. 2022.「미래국방과 동맹외교의 국제정치」. 2022 한국국제정치학회 춘계학술회의 및 안보문제연구소 동북아안보정책포럼 자료집.

조비연. 2021.「미중 간 전략경쟁과 여타 중견국의 균형-편승 스펙트럼」. ≪국제지역연구≫, 제30권 4호, 69~110쪽.
≪중앙일보≫. 2018.1.18. "일본 방위예산 늘어도 미국이 가로채".. FMS 계약체계 '불만' https://www.joongang.co.kr/article/22298311#home
최준화. 2020.「호주 방산시장 진출전략 보고서」. 국방기술품질원.
홍승일(호주 멜버른무역관). 2020.「2020 국방전략을 통해 본 호주의 안보강화 계획」. ≪KOTRA 해외시장뉴스≫.
≪VOA 뉴스≫. 2021.9.17. "호주, 미국과 군사 협력 강화..."미군 주둔 확대."" https://www.voakorea.com/a/6233326.html

Carr, Andrew. 2014. "Is Australia a Middle Power? A Systemic Impact Approach" *Australian Journal of International Affairs*, Vol.68, No.1, pp.70~84.
Cheung, Tai Ming. 2018. "Critical Factors in Enabling Defense Innovation: A Systems Perspective." *SITC Research Briefs*, Series 10.
Davis, Malcolm. 2019. "Unmanned Systems are the Future, and Australia's Navy Needs to get on Board." *The Strategist*, October 15.
_____. 2020. "Australia as a Rising Middle Power." No.328, The RSIS Working Paper series, April 23.
Department of Defence(호주). 2009. *Defending Australia in the Asia-Pacific Century: Force 2030*.
_____. 2013. *2013 Defence White Paper*.
_____. 2016. *2016 Defence White Paper*.
DoD. 2018. "Summary of the 2018 National Defense Strategy of the United States of America: Sharpening the American Military's Competitive Edge." Washington, D.C.
Edström, Håkan and Jacob Westberg. 2020. "The Defense Strategies of Middle Powers: Competing for Security, Influence and Status in an Era of Unipolar Demise." *Comparative Strategy*, Vol.39, No.2, pp.171~190.
European Commission. 2013. "Towards a more Competitive and Efficient Defence and Security Sector." https://ec.europa.eu/commission/presscorner/detail/en/MEMO_13_722 (검색일: 2021.10.1)
Evans, Gareth. 2018. "Australia and South Korea: Strengthening Middle Power Bonds. Keynote addressed to 2018 Symposium on Australia-Korea Relations, University of South Australia." April 20. http://www.gevans.org/speeches/Speech653.html (검색일: 2021.10.1)
Fox, Annette Baker. 1959. *The Power of Small States: Diplomacy in World War II*. Chicago: University of Chicago Press.
French Ministry of Armed Forces. 2021. *Strategic Update 2021*.
Goldstein, Avery M. 2008. *Deterrence and Security in the 21st Century: China, Britain, France, and the Enduring Legacy of the Nuclear Revolution*. Stanford, CA: Stanford University Press.

Gouvernement Français. 1994. *Le Livre Blanc sur la Défense.*

Gouvernement Français. 2008. *Le Livre Blanc: Défense et Sécurité Nationale.*

_____. 2013. *Le Livre Blanc: Défense et Sécurité Nationale.*

Graydon, Michael et al. 2020. "The Strategic Defence and Security Review Britain Need." Commentary, Rusi.org, January 28.

IISS. 2020. *Military Balance 2020.*

_____. 2021. *Military Balance 2021.*

Job, Brian L. 2020. "Between a Rock and a Hard Place: The Dilemmas of Middle Powers." *Issues & Studies*, Vol.56, No.2.

Kaplan, Robert O. 2019. "A New Cold War Has Begun." *Foreign Policy*. January 7.

Kempin, Ronja and Barnara Kunz. 2017. "France, Germany, and the Quest for European Strategic Autonomy: Franco-German Defence Cooperation in A New Era." Notes du Cerfa, No.141, December 2017.

Keohane, Robert O. 1969. "Lilliputians' Dilemmas: Small States in International Politics." *International Organization,* Vol.23, No.2, pp.291~310.

Lippert, Barbara, Nicolai von Ondarza and Volker Perthes, 2019. "European Strategic Autonomy: Actors, Issues, Conflicts of Interests." SWP Research Paper, No.4.

Ministry of Defense. "National Defense Program Guidelines for for FY 2014 and Beyond, December 17, 2013."

Ministry of Defense. 2021. *Defense of Japan 2021.*

Newton, Paul, Paul Colley and Andrew Sharpe. 2010. "Reclaiming the Art of British Strategic Thinking." *The RUSI Journal*, Vol.155, No.1, pp.44~50.

Nye, Joseph. 2004. *Soft Power: The Means to Success in World Politics.* New York: Public Affairs.

Organski, A. F. K. 1958. *World Politics.* New York: Alfred A. Knopf.

Paris, Roland. 2019. "Can Middle Powers Save the Liberal World Order?" Briefing, US and the Americas Programme, Chatham House, June 18.

Porter, Patrick. 2010. "Why Britain Doesn't Do Grand Strategy." *The RUSI Journal*, Vol.155, No.4, pp.6~12.

Pressman, Jeremy. 2008. *Warring Friends: Alliance Restraint in International Politics.* Ithaca, NY: Cornell University Press.

Rachman, Gideon. G. 2018. "Mid-sized powers must unite to preserve the world order." *Financial Times*, May 28.

Rapp, Nicholas and Brian O'keefe. 2022. "This Chart Shows How China Will Soar Past the U.S. to Become the World's Largest Economy by 2030." *Fortune*, January 31, 2022.

République Français. 2017. *Revue Stratégique de Défense et de Sécurité Nationale (Defence and National Strategy Strategic Review).*

Rosen, Stephen P. 1991. *Winning the Next War: Innovation and the Modern Military* Ithaca, NY: Cornell University Press.

Rothstein, Robert. 1968. *Alliances and Small Powers*. New York: Columbia University Press.

Schroeder, Paul W. 1976. "Alliance, 1815-1945: Weapons of Power and Tools of Management." in Klaus Knorr(ed.). *Historical Dimensions of National Security Problems*. Lawrence: University of Kansas Press.

Secretary of State for Defence. 2021. *Defense in a Competitive Age 2021*.

SIPRI. 2021. *SIPRI yearbook 2021*. Stockholm International Peace Research Institute

_____. 2022. "SIPRI Arms Transfer Database"(2022년 업데이트 버전).

Snyder, Glenn H. 1997. *Alliance Politics*. Ithaca, NY: Cornell University Press.

The French Defense Procurement Agency selects the consortium led by Atos for Project Artemis, phase II." Atos, Press release, May 23, 2019.

"The Guidelines for Japan-U.S. Defense Cooperation." https://www.mofa.go.jp/region/n-america/us/security/guideline2.html (검색일: 2021.10.15)

The White House. 2022. "Indo-Pacific Strategy of the United States."

U.S. Department of State. 2021. "U.S. Security Cooperation With Japan." January 20, 2021. https://www.state.gov/u-s-security-cooperation-with-japan/#:~:text=Japan%20acquires%20more%20than%2090,interoperable%20technology%20with%20advanced%20capabilities (검색일: 2022.3.25)

Vital, David. 1967. *The Inequality of States: A Study of the Small Power in International Relations*. Oxford: Calderon Press.

Walt, Stephen. 1987. *The Origin of Alliances*. NY: Columbia University Press.

Waltz, Kenneth. 1979. *Theory of International Politics*. NY: McGraw-Hill.

Zandee, Dick et al., 2020. "European Strategic Autonomy in Security and Defence." *Clingendael Report*, December 3.

9 한국의 미래 국방전략*

'국방전략 2050'의 추진과 과제

손한별 | 국방대학교

1. 서론

6·25전쟁을 거치면서 미국에 의존했던 한국의 초기 국방기획은 미국의 군사원조와 미군 병력을 유지하는 데 중점이 있었고, 이후에는 자주국방력을 갖추는 것을 지상 과업으로 삼았다. 다른 한편으로는 북한의 재남침을 억제하기 위해 안보-국방-군사 분야가 명확한 구분 없이 사용되기도 했다. 국방기획은 핵심 군사력을 갖추는 데 집중되었다. 그동안 한국 국방의 미래 구상은 '자주국방'과 '국방개혁'의 이름으로 '핵심전력을 우선 확보'하여 '한국군 단독의 억제력'을 갖추는 데 초점을 두어왔다. 장기간의 목표 기간을 설정하고는 있었지만 미래에 대한 예측과 대비보다는 대미 관계, 민군 관계의 정상화에 초점을 두고 있었다.

* 이 글은 ≪국가전략≫ 제28권 2호(2022)에 실린 글 「한국의 미래국방전략: "국방전략2050"의 이슈와 과제」를 수정·보완한 것임을 밝힌다.

다양한 국방 현안 속에서 한국 국방부는 미래국방을 위한 다양한 노력을 기울이고 있다. 문재인 정부에서 추진한 「국방개혁 2.0」, 「국방비전 2050」, 「미래국방혁신구상」은 미래 국방환경에 주도적으로 대비하는, 진정한 의미의 미래 국방기획으로서 의미를 가진다. 윤석열 정부에서는 「국방혁신 4.0」을 제시하고, 'AI 과학기술강군 육성'을 목표로 미래전에서의 경쟁우위 달성을 위한 틀을 마련하고자 한다. 장기적으로 지향하는 국방의 목표, 가치관, 이념으로서 미래에 달성하고자 하는 목표와 구현 방향에 대한 개념적인 청사진으로서 「국방비전」을, '첨단과학기술군'으로의 도약을 위한 국방역량 강화를 위해 「국방혁신 4.0」을 추진 중이다.

한국의 국방부는 국방정책실과 국방개혁실로 미래기획의 실무부서가 분리되어 있다. 명칭에서부터 국방정책의 수립과 국방개혁의 추진을 중심으로 업무가 구분되지만, 두 부서의 업무 대상 기간이 단기와 장기로 구분되기도 한다. 정책실은 국방태세의 확립과 한반도 평화 정착 보장, 한미동맹 현안 관리를, 개혁실은 미래 주도 국방역량 구축을 핵심과제로 하고 있다(국방부, 2021a). 이제 한국 국방부는 미래 국방기획의 실천을 위해 전략 및 작전수행 개념을 발전시키고, 미래지향적으로 조직을 개편하며, 최신 과학기술을 적용하고 신속전력화할 수 있는 제도적 기반을 마련하기 위해 노력하고 있다. 이는 한국의 진정한 의미의 미래 국방기획을 위한 시작으로서 의미가 있다.

미래에 대한 연구가 강조되지 않았던 적은 없었지만, 미래의 불확실성에 대한 불안감이 커지면서 미래를 정확하게 예측하고 이에 적실하게 대응해야 할 필요성이 부각되고 있다. 더욱이 정치, 경제, 사회, 환경 분야를 망라하는 포괄적 안보의 중요성이 커지면서 군사안보에 치중해 있던 장기 국가전략의 수립을 전 분야로 확장할 필요성도 제기된다. 대상 기간도 보다 길어져서 5~10년 내외의 단기 미래에서 30년 이후를 대상으로 하는 장기 미래를 바라보고 있다. 과학기술의 발전으로 객관성이 담보되고 보다 정교한 방법론의 발전을 통해 미래 예측의 정확성이 높아지면서 복잡하게 얽혀 있는 현상들을 파악할 수 있는 능력이 확보된 것도 대상 기간을 확대하는 원동력이 되었다.

미래 연구의 목적은 정확한 미래 예측 자체보다는 예측을 통한 기획의 목표 달성에 있다. 즉, 미래의 국방목표를 구현하기 위한 노력을 의미한다. 따라서 국방의 관점에서 미래를 연구하는 것은 신뢰성 있는 미래 국방환경의 전망, 우호적인 국방환경의 조성과 국가방위의 실현, 장기 목표와 관련된 이슈 방안 모색 등으로 과제화할 수 있다. 각국은 정부 차원에서 미래에 대한 연구를 진행하고 있다. 미국은 1979년 국가정보위원회를 설치하여 광범위한 네트워크에서 수집된 정보를 통해 중장기 국가발전 전략을 연구해 왔고, 2002년 UN이 설립한 '새천년 프로젝트'는 전문가 싱크 탱크로서 국가미래지수 및 연구방법론 등을 연구해 오고 있다. 영국은 수상 직속의 미래전략처를, 호주는 호주미래최고회의를, 스웨덴과 핀란드는 각각 미래연구원을 설립했다(노훈 외, 2010: 16~17).

군사력 발전을 위해서는 장기간이 소요되는 특성 때문에 미래에 대한 정확한 예측과 분명한 전략 방향을 설정하는 것은 무엇보다 중요하다. 이처럼 미래 전략 방향을 설정하는 과정은 국방목표를 설정하는 '국방전략'의 수립과 미래의 변화에 대처하는 방법과 수단을 마련하는 '국방개혁'의 추진으로 대별할 수 있다. 국가이익을 수호하고 국방목표를 달성하고, 제한된 국가자원을 최적화하여 활용하기 위해서는 목표-방법-수단의 유기적인 연계가 필요하며, 정치-전략-역사를 포괄적으로 연결해야 한다(Gray, 2014: 30~34). 이는 기획 대상 기간의 길고 짧음, 업무 분장과 관계없이 미래 국방목표를 구현하려는 노력으로 나타난다.

2. 개념적 고찰: 국방전략 기획

1) 국방전략의 개념과 특성

국방전략은 정치 영역에서 제시된 목표ends를 달성하기 위해 요구되는 군사적 수단means을 건설하고 운용하는 방법ways이다. 또 국방전략defense strategy은 국가의 생존을 목적으로 하는 안보전략security strategy과 전시 군사력 운용을 중점적으로 다루는 군사전략military strategy을 연결하는 역할을 한다. 국방전략은 정치로부터 제시된 정책목표, 목표와 수단을 연계하는 전략적 방법, 작전적 수준에서 목표를 달성하기 위한 군사적 수단으로 구성된다.

국방전략은 국방조직을 더욱 창의적으로 만들며 구성원을 통합한다. 또 기획과 관리 과정에의 참여를 유도하여 집행의 효과성을 높일 수 있다. 또한 장기간이 소요되는 정책의 결정과 집행 과정에서의 혼란을 방지한다. 놓치지 말아야 할 목표와 가치를 분명히 하며, 올바르고 신중한 결정을 하도록 하는 지침이 된다. 또한 다양한 요소들을 적용하는 데 있어 이해의 기반과 결정의 정당성을 입증하는 논리가 된다. 이들 관계가 항상 조화롭고 균형적인 것은 아닌데, 이는 기본적으로 미래 국방환경은 불확실하다는 점에서 국방전략은 특정한 가정assumptions에 기초하여 수립되기 때문이다.

따라서 국방전략이 필요한 근본적인 이유는 '미래의 변화와 불확실성', '불확실성과 우연, 마찰'로 점철된 전쟁의 특성으로부터 도출된다(클라우제비츠, 2016: 1편 1장). 미래는 항상 불확실성의 영역에 있다(Khalizad and Ochmanek, 1997: 45~49). 보다 간결하게 정리하면, 불확실한 미래 국방환경 속에서 국방전략은 '무엇이, 얼마나 국가를 위협하는가?'와 '어느 정도의 대응 능력이 필요한가?'의 핵심 질문에 대한 답을 제공해야 한다.

국방전략이 국방목표를 달성하기 위한 것이라면, 국방전략의 핵심적인 역할은 미래 예측과 준비를 통해 미래를 통제하는 것이다. 그레이(Colin Gray, 2014:

28)는 미래에 대한 준비로서 국방전략이 답해야 할 몇 가지 질문을 제시한 바 있다. 얼마나 먼 미래를 고민할 것인가, 미래에는 누가 또는 무엇이 안보를 위협할 것인가, 얼마만큼의 안보가 필요하며 가용할 것인가, 미래 환경의 특성은 무엇이 될 것인가, 미래의 전쟁양상은 어떻게 변화할 것인가, 현재의 군사력은 양적·질적으로 얼마나 적합할 것인가, 전술적·전략적·정치적으로 효과적이라고 신뢰할 수 있는가 등의 질문이다.

한국의 국방전략은 다음의 여덟 가지를 포함해 왔다. △ 군사위협평가, △ 동맹의 유지와 발전, △ 군 구조의 결정, △ 군사력의 현대화와 첨단화, △ 전쟁지속 능력의 발전 및 유지, △ 준비태세 향상, △ 국방기획관리, △ 민군 관계의 설정 등이다(한용섭, 2019: 81~83). 지금까지 한국의 국방전략이 다루었던 이슈를 정리하면, 크게 군사력, 국방운영, 민군 관계로 정리할 수 있다. 먼저 군사력 측면에서는 연합방위체제의 공고함 유지와 동시에 자주국방력의 증대를 추구했다. 다음으로 기획관리체계의 확립, 인력·군수시스템의 정비, 군 구조 정립 등을 통해 국방운영의 효율성을 증대하기 위해 노력해 왔다. 마지막으로 군의 민주화, 바람직한 민군 관계의 확립, 병역제도, 병영문화와 같은 논의도 주요 주제였다.

다음으로 국방기획은 안보 및 국방전략이 제시하는 포괄적인 목표를 국방예산 사용의 우선순위, 군사력의 개발, 전력구조의 변환 등으로 구체화하는 것을 의미한다(Mazarr et al., 2019: 4). 해리 야거Harry Yarger는 이전 연구자들의 논의를 이어받아 보다 간명하게 국방기획과 국방전략의 관계를 정의했는데, "기획은 전략을 작동하도록actionable 만드는 것"이며, "작전적·전술적 수준에서 불확실성을 감소"시키는 과정이라고 정리했다(Yarger, 2008: 51~52).

국방기획은 태생적으로 미래에 대한 '추측'에 기반한다. 전쟁 자체가 정치적이며political, 인간적이고human, 불확실uncertain하기 때문이다(McMaster, 2013). 국방기획은 외부 위협과 국내 환경이라는 맥락 속에서 진행되기 때문에 결코 고정되어 있지 않다. 또한 의도와 능력을 정확히 알 수 없는 상대만 있는 것이 아니라, 국내 정치에 민감한 정치인과 투표권을 가진 시민들도 불확실성의 영역에 있다. 따라서 국방기획은 계획plans이 아니라 준비preparation라는 주장은 설득력을 얻는다(Gray, 2014: 30~34).

그레이는 국방기획을 "미래 국가방위를 위한 준비" 자체를 의미한다고 보고, 선택 가능한 대안을 제공하는 군사조언, 군사전략의 디자인과 선택, 군사 프로그램의 설계와 마련, 행정, 군사계획의 준비, 사회·경제·정치외교 활동과의 통합, 위협과 위험에 대한 정보 수집과 분석, 동맹국과의 협력과 같은 활동을 국방기획 속에 망라했다(Gray, 2014: 4). 또 그레이는 국방기획의 과정과 '정치-전략-역사'를 연결하는 야심 찬 연구를 내놓았다. 먼저, '정치politics'는 국방기획 과정에서 제기되는 구체적인 이슈들을 결정할 수 있는 권위에 '정당성'을 제공한다. 다음으로 '역사history'는 현재의 국방기획자들에게 '경험과 근거'를 제공한다. 마지막으로 '전략'은 국방기획을 위한 이론과 논리적 틀을 제공한다.

2) 미래 국방기획

미래의 불확실성에 대비하기 위한 미래 국방전략을 기획하고, 목표-방법-수단의 불균형으로 인해 전략의 수정이 필요한 상황에서 적절한 방법론이 요구된다. 국방전략은 다양한 요인에 의해서 목표가 정해지고, 우선순위가 결정된다. 이 같은 요인들이 변화하면 국방전략은 변화를 요구받게 되는데, 일반적으로 급변하는 안보환경security environment의 변화와 자원의 제약resource restraint이 역동성을 심화시키는 결정적인 요인으로 작용한다(Bartlett et al., 2004: 17). 물론 변화요인들이 변화한다고 해서 전략에 직접 영향을 주는 것은 아니다. 각각의 요인들의 변화는 목표, 방법, 수단의 불균형을 유발하는데, 이것이 전략의 수정을 이끄는 것이다. 국방전략은 상대가 있는 게임이라는 점에서, 목표-방법-수단의 균형이 항상 성공을 담보하는 것은 아니다. 하지만 목표-방법-수단이 균형을 이루지 못하면 목적을 달성하지 못할 위험은 커질 수밖에 없다.

'전략'을 기획한다는 것은 미래의 불확실성에 대비하여 국가능력을 추출 및 동원하고how to size, 이를 구조화하며how to structure, 태세를 갖추는 것how to posture이며, 논리적이고 체계적인 방법론을 통해서 이를 뒷받침할 수 있어야 한다. 목적에 부합하는 전략기획 방법론을 선택하고 이를 발전시키는 것은, 불확실성과 모호성이 상존하는 상황에서도 국제체제, 국가, 조직 수준의 다차원적 소통을 통해 기획 과정 내의 모든 행위자들로 하여금 국가안보태세의 향상을 추구하게 한다는 의미를 가진다. 결국 어떠한 방법론을 선택하느냐가 전략기획과 그 전략수행의 성패를 결정한다고 할 수 있다.

다양한 국방기획의 방법론이 있으나 단일한 방법론만을 적용하지는 않는다. 위협기반과 능력기반의 방법론이 혼재되어 있고 포괄적으로 적용한다. 실제로는 수요에 초점을 두면서도 자원에 대한 정보를 필요로 한다는 점에서, 공식·비공식 차원에서 방법론의 통합을 지향하고 있다. 불확실한 미래의 국방환경을 고려하면 다양한 위험요소가 있으며, 이를 잘 관리해야만 한다. 그 이유는 첫째, 미래의 적이 보유하게 될 능력과 갈등의 양상이 어떻게 전개될지가 불확실하다. 둘째, 접근 방식과 관계없이 다양한 미래를 모두 포착하기 어렵다. 셋째, 특정한 가정과 예측은 잘못될 가능성이 크며 예측하지 못한 임무를 수행할 수 있다. 넷째, 기초 가정에 대한 시험과 민감도 분석을 통해 수정이 지속되어야 한다. 결국 미래의 위험을 회피하기 위해서는 우발 상황과 충격에 대비할 필요가 있다.

따라서 최대한 광범위한 범위의 변수를 모두 포괄해야 한다. 일반적으로 STEPPER(사회, 기술, 환경, 인구, 정치군사, 경제, 자원) 요소가 제기되고, 위협, 과학기술, 전략 등이 핵심변수로 고려된다. 지나친 단순화의 우려에도 불구하고 세 개의 변수는 미래 국방환경 및 전쟁양상을 결정할 수 있는 핵심변수이다. **그림 9-1**은 국방전략기획과 관련된 다양한 개념들을 도식화한 것이다. 국방기획의 행위자들은 전략의 목표-방법-수단을 규정한다. 그리고 목표-방법-수단은 내외부 환경의 변화에 따라 불균형이 발생할 수밖에 없는데, 이러한 환경

그림 9-1 국방전략 기획의 틀

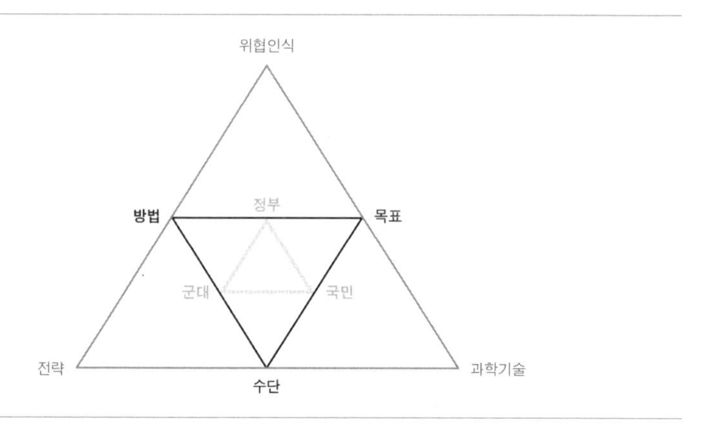

자료: 저자 작성.

을 결정하는 핵심변수로 위협-과학기술-전략을 제시할 수 있다. 결론적으로 세 차원의 삼각형들은 서로 연계되어 있다.

먼저 가장 안쪽에 위치한 정부, 군대, 국민은 클라우제비츠의 "경이로운 삼위일체"의 행위자들이며, 각각 이성, 우연성, 감성의 영역에 있다. 국방의 차원에서 보면, 정부는 실용성, 리더십, 동원력을 제공하고, 군대는 자신감, 복종, 조직을, 국민은 동기, 헌신, 지원을 제공한다. 현대에 들어 비국가 행위자 등으로 정체政體의 범위가 확대되고, 전쟁을 수행하는 수단이 군사력뿐만 아니라 외교, 정보, 경제 등으로 확장되며, 국제적 상호의존성과 교류의 확대로 국민의 정체성이 불명확한 상황이지만, 여전히 정부-군대-국민이 핵심적인 지위를 차지한다.

두 번째는 전략의 구성 요소인 목표-방법-수단이다. 각각의 개념에 대해서는 앞서 언급한 바 있으므로 여기서는 다른 차원과 연계되는 지점에 중점을 둔다. 먼저 국방목표는 국민여론에 따라 정책이 형성되고, 형성된 국방정책은 국민적 지지에 의해 정당화된다. 따라서 국방목표는 국가와 국민의 상호작용에 의해서 수립된다. 다음 방법으로서의 전략은 정치적 목적에 따라 전문성을 가진 군에 의해 수립되는데, 국가의 정책지침과 군의 군사조언이 상하향식으로 소통함으로써 만들어진다. 마지막으로 군사적 필요에 의해 국가재원이 요구되고 국민은 이를 군사력으로 추출한다.

제일 바깥쪽에 위치한 세 가지 변수가 미래 국방환경과 전쟁양상을 결정하는 변수이다. 위협인식은 정부의 영역인데, 안보화securitization의 결과로 나타나며 목표와 방법을 연결한다. 국가이익에 대한 위협의 변화는 국방의 목표와 방법의 변화를 가져오며, 국가는 안보화의 과정을 통해 위협을 규정한다. 과학기술은 국민의 영역에 있는데, 목표와 수단을 연결한다. 특히 미래 기술의 혁신적 발전은 민간 영역에서 더욱 활발하며, 국민의 감성과 연계되어 목표와 수단의 변화를 요구한다. 전략은 전통적으로 군의 영역에 있는데, 방법과 수단을 연계하여 목표를 달성하는 데 기여한다. 광의의 전략은 방법과 수단을 연결하는 데 그치지 않고 새로운 방법과 수단을 창출하는 기준으로 작동한다.

3. 한국 국방전략에 대한 비판적 검토[1]

1) '목표'로서의 국방전략

한국 국방전략의 역사를 살펴보면, 냉전기에는 미국에 대한 의존을 낮추고 자주국방을 추진하려는 노력이 지속되었다. 탈냉전기에 이르러서야 중장기 국방발전의 목표를 수립하고 정예군을 육성하기 위한 다양한 국방정책 기조가 제시되었다. 진정한 의미의 미래지향적 국방기획을 추진하게 된 것이다. 한국의 국방정책 변천사는 창군 및 대미의존기(1945~1961), 자주국방추진기(1961~

1 이 연구는 이미 추진되었던 정책을 다루고 있다는 점에서, 현재 윤석열 정부의 국방전략과 국방혁신 4.0은 논외로 한다.

1980), 자주국방확충기(1980년대), 국방정책전환기(1990년대) 등의 네 개의 시기로 구분할 수 있다. 국방부 군사편찬연구소는 여기에 대한민국 임시정부기(1919~1945)를 추가하고, 국군창설기(1945~1950)와 6·25전쟁 및 전후 정비기(1950~1961)로 세분화하여 제시하고 있다(군사편찬연구소, 2020: 107~165).

특히 군사편찬연구소는 정부별 특징을 자세히 분석하고 있는데, 1993년 이후를 국방태세발전기로 규정하고 행정부별 국방정책의 특징을 제시했다. 김영삼, 김대중, 노무현 정부를 '미래지향적 국방정책 추진'(1993.2~2008.2), 이명박, 박근혜 정부를 '정예 선진국방 추진'(2008.2~2017.5), 문재인 정부를 '유능한 안보, 튼튼한 국방 추진'(2017.5~2022.5)으로 구분했다. 2000년대 이후 한국 국방전략의 특징을 비교해 보면 **표 9-1**과 같다.

먼저, **노무현 정부**는 '국방정책 기조'를 ① 확고한 국방태세 확립, ② 미래지향적 방위역량 강화, ③ 선진 국방운영체제 구축, ④ 신뢰받는 국군상 확립으로 설정하고 군의 역량을 집중하여 일관성 있게 국방정책을 추진했다. 이 중 '미래지향적 방위역량 강화'는 동맹이나 대외 군사협력을 지혜롭게 활용하면서 자주적인 국방력을 발전시켜 나가는 데서 비롯된다. 자주국방과 한미동맹은 우리 안보의 중요한 두 축으로서 우리 안보에 대한 자주적 역량을 갖추어 나갈 때 한미동맹도 더욱 굳건하고 미래지향적으로 발전해 나갈 수 있다고 보았다.

다음으로 **이명박 정부**에서는 '정예화된 선진강군'을 '국방비전'으로 제시했다. 여기서 '정예화'는 미래 전장환경에 적합한 완전성이 구비되고, '네트워크 중심전NCW' 구현이 가능한 첨단전력이 확보된 상태를 말하며, '선진화'는 전투임무에 전념할 수 있는 여건이 보장된 가운데, 법과 규정 및 지휘체계 내에서 운용되고, 전문성과 경쟁력을 갖춘 글로벌 인재를 육성하며, 병영환경의 개선과 복지 증진이 이루어진 상태를 말한다. 그리고 '강군'은 전사적 기풍으로 충일한 군대, 군인다운 군인, 군대다운 군대, 강한 훈련으로 싸우면 이기는 군대를 말한다.

박근혜 정부는 '정예화된 선진강군'을 우리 군이 달성해야 할 '국방비전'으로

표 9-1 한국 국방정책의 변화

	노무현 정부	이명박 정부	박근혜 정부	문재인 정부
국가비전	평화번영과 국가안보	성숙한 세계국가	희망의 새 시대	국민의 나라 정의로운 대한민국
국가안보 목표	① 한반도 평화와 안정 ② 남북한과 동북아의 공동번영 ③ 국민생활의 안전 확보	없음	① 영토, 주권수호와 국민안전 확보 ② 한반도 평화 정착과 통일시대 준비 ③ 동북아 협력 증진과 세계평화 발전에 기여	① 북핵 문제의 평화적 해결 및 항구적 평화 정착 ② 동북아 및 세계 평화 번영에 기여 ③ 국민 안전과 생명을 보호하는 안심사회 구현
안보전략 기조	① 평화번영정책 추진 ② 균형적 실용외교 추구 ③ 협력적 자주국방 추진 ④ 포괄안보 지향	① 상생과 공영의 남북관계 ② 협력 네트워크 외교 확대 ③ 포괄적 실리외교 지향 ④ 미래지향적 선진안보체제 구축	① 튼튼한 안보태세 구축 ② 한반도 신뢰프로세스 추진 ③ 신뢰외교 전개	① 한반도 평화 번영의 주도적 추진 ② 책임국방으로 강한 안보 구현 ③ 균형 있는 협력외교 추진 ④ 국민의 안전 확보 및 권익 보호
국방비전	없음	정예화된 선진강군	정예화된 선진강군	유능한 안보, 튼튼한 국방
국방정책 기조	① 확고한 국방태세 확립 ② 미래지향적 방위역량 강화 ③ 선진 국방운영체제 구축 ④ 신뢰받는 국군상 확립	① 포괄안보를 구현하는 국방태세 확립 ② 한미 군사동맹의 발전과 국방외교·협력의 외연 확대 ③ 남북관계 발전의 군사적 뒷받침 ④ 선진 군사역량 구축 ⑤ 정예 국방인력 양성 및 교육훈련체계 개선 ⑥ 강도 높은 경영 효율화 ⑦ 가고 싶은 군대, 보람찬 군대육성 ⑧ 국민과 함께 하는 국민의 군대 지향	① 확고한 국방태세 확립 ② 미래지향적 자주국방 역량 강화 ③ 한미 군사동맹 발전 및 국방 외교·협력 강화 ④ 남북관계 변화에 부합하는 군사적 조치 및 대비 ⑤ 혁신적 국방경영과 방위산업 활성화 ⑥ 자랑스럽고 보람 있는 군 복무 여건 조성 ⑦ 국민 존중의 국방정책 추진	① 전방위 위협 대비 튼튼한 국방태세 확립 ② 상호보완적이고 굳건한 한미동맹 발전과 국방교류협력 증진 ③ 국방개혁의 강력한 추진을 통해 한반도 평화를 뒷받침하는 강군 건설 ④ 투명하고 효율적인 국방운영체계 확립 ⑤ 국민과 함께하고 국민으로부터 신뢰받는 사기충천한 군 문화 정착 ⑥ 남북 간 신뢰구축 및 군비통제 추진으로 평화정착 토대 구축

자료: 군사편찬연구소(2020: 149~165)의 내용을 표로 정리함.

설정하여 추진했다. 그리고 국방비전을 구현하기 위한 일관된 국방정책 기조로 ① 확고한 국방태세 확립, ② 미래지향적 자주국방 역량 강화, ③ 한미 군사동맹 발전 및 국방 외교·협력 강화, ④ 남북관계 변화에 부합하는 군사적 조치 및 대비, ⑤ 혁신적 국방경영과 방위산업 활성화, ⑥ 자랑스럽고 보람 있는 군 복무 여건 조성, ⑦ 국민 존중의 국방정책 추진 등의 7가지를 선정했다. 이 중 '미래를 준비하는 국방'은 미래지향적 자주국방 역량을 강화하고 한반도 방위와 통일을 주도할 수 있는 유리한 전략환경을 조성함으로써 지역 안정과 세계 평화에 기여할 수 있는 '정예화된 선진강군'을 육성하는 것을 의미한다.

문재인 정부는 '유능한 안보, 튼튼한 국방'을 우리 군이 달성해야 할 '국방비전'으로 설정하여 추진했다. '유능한 안보'는 우수한 첨단전력, 실전적인 교육훈련 및 강인한 정신력 등을 토대로 우리 주도의 전쟁 수행 능력을 구비하여, '강한 힘'으로 대내외 위협과 침략으로부터 대한민국의 영토와 주권을 수호하고 국민의 안전과 생명을 보호하는 것이다. '튼튼한 국방'은 굳건한 한미동맹 기반 위에 우리 주도의 강력한 국방력을 토대로 적의 도발을 억제하고 도발 시 적극 대응하여 싸우면 이기는 전방위 군사대비태세를 확립하는 것을 의미한다. 또한 「국방개혁 2.0」을 강력하게 추진했다.

한국의 국방전략에 대한 간단한 평가는 다음과 같다. 「국가안보전략서」, 「국방기본정책서」 등 행정부별로 전략문서를 발간하여 국방정책을 구체화해 왔다. 전략문서마다 각각의 국방비전과 국방정책 기조를 제시했는데, 일관된 방향성은 있었으나 각각이 직면한 국방환경에 차이가 있었고, 이를 반영하면서 의견의 합치에는 어려움을 겪었다. 특히 북한, 중국 등에 대한 위협인식에서 큰 차이를 보였고, 첨단 과학기술의 국방 분야 도입을 위해서는 일정한 기반과 시간이 필요했다.

먼저 국방목표는 1972년 처음 제정된 이후 두 차례 개정되었으며, 1994년 개정된 국방목표는 탈냉전기 안보환경의 변화를 반영한 것이었다. 이에 따라 국방정책 기조 역시 변화된 위협의 주체와 양상에 대처하는 포괄적 안보개념을 반영했으며, 미래지향적인 국방력 건설을 추구해 왔다. 국방정책은 그 경로 의존적 특성으로 인해 비판받았지만(정호태, 2021), 그보다는 안보환경과 위협의 변화가 더욱 큰 영향을 주었다고 볼 수 있다.

특히 탈냉전 이후 국방정책은 위협인식에 대한 분명한 합의에 이르지 못했다. 북한의 재래식 위협이 상존하는 가운데 핵능력이 고도화되었고, 중국의 군사적 부상은 잠재적 위협에서 직접적인 위협으로 대두되었다. 국가의 이익 영역이 지리적으로 확대되면서 이를 보호하기 위한 군사활동의 범위도 확대되어야만 했다. 합일된 위협인식을 갖추지 못한 것은 국내 정치적으로 북한에 대한 위협인식이 격차를 보였기 때문이기도 했지만, 한국군이 포괄적인 위협에 대응하기 위한 능력을 구비하지 못했기 때문이기도 했다.

또한 과학기술을 국방에 도입하기 위한 노력은 지속되었으나 높은 대미 의존도를 낮추고 한국 주도의 국방체제를 구현하기 위해 방위력 개선 사업에 예산이 집중되었다. 국방과학기술 현대화를 중점과제로 추진했으나, 노후 장비의 교체, 육군 위주의 전력증강, 기술도입에 이은 국산무기 양산에 그쳐 첨단 과학기술을 적용하는 데에는 미흡했다. 그마저도 고질적인 예산 사용의 비효율성, 업무의 부적절성 등으로 인해 첨단기술 기반을 마련하기 어려웠다(서우덕 외, 2015: 162).

2) '방법'과 '수단'의 혁신으로서의 국방개혁

앞에서 살펴본 바와 같이 변화요인들의 발생은 국방전략의 혁신적 변화를 요구한다. 각국은 새로운 첨단기술을 국방 분야에 활용하고, 이를 활용하기 위한 교리와 작전술을 발전시키고 있다. 결국 상대가 있는 게임에서 국방목표를 달성하기 위한 방법과 수단의 불균형이 발생하고, 불균형을 해소함으로써 국방활동의 성과를 높일 필요가 있다. 개혁의 정도, 기간, 중점에 따라서, 또는 정책, 전략적, 작전적 차원의 수준으로 국방개혁을 구분할 수도 있다.

먼저, **국방개혁**은 국방의 효율성과 환경에 대한 적응성을 증대시켜 나아가는 활동으로 정의할 수 있는데(한용섭, 2019: 423), 여기에는 동맹의 유지와 관리, 국방과 군 조직의 전문화와 민주화, 적정 규모의 군과 무기체계의 유지 및 관리, 정보화와 첨단화, 국방운영의 효율화, 군사력의 건설과 운용 등으로 개혁의 범위를 구분할 수 있다. 다음으로 **군사혁신**은 군사력의 건설과 운용의 혁신을 의미한다. 다양한 분야가 있지만, 군사전략과 교리 차원의 전장운영 개념, 전력체계, 군사기술에 대한 연구개발과 방위산업, 지휘 및 부대구조, 인력개발, 군수지원 및 자원관리 운영체계 등을 상호연계하여 전투력을 극대화하는 데 중점을 둔다.

한국은 국방개혁이라는 이름 아래 다양한 개혁조치를 해왔는데, 2000년대 이후 한국 국방개혁의 특징을 비교하면 **표 9-2**와 같다. 먼저, 노무현 정부의 **국방개혁 2020**이다. 노무현 정부의 국방개혁의 핵심은 한반도 평화와 번영을 보장하는 '자주적 선진국방'의 구현이었다. 미래 안보상황과 전쟁양상에 능동적으로 대처할 수 있도록 기술집약형 군 구조와 전력체계를 완성하여 '자위적 방위역량'을 확보하고, 새로운 국방 패러다임의 요구에 부응한 '선진 국방운영체제를 구축'하는 것을 의미한다. 국방개혁의 목표를 '국민과 함께하는 선진정예강군 건설'로 설정하고, 다음 네 가지를 중점으로 국방개혁을 추진했다. 첫째, 현대전 양상에 부합하는 군 구조 및 전력체계 구축, 둘째, 국방의 문민 기반을 확대하고 군은 전투임무 수행에 전념, 셋째, 첨단 정보과학군에 부합한 저비용·고효율의 국방관리체제 혁신, 넷째, 병영문화 개선을 통해 국방 전반의 체질을 개선하여 효율적 국방체제로 전환하는 것이었다. 또한 「국방개혁 2020」의 일관되고 지속적인 개혁 추진 여건을 보장하기 위해 주요 내용을 법으로 규정했다. 준비 조직의 설치 및 종합추진계획을 작성하여, 4대 중점의 안정적인 추진 여건을 마련했는데, 특히 2006년에는 기존의 준비조직을 '국방개혁추진단'으로 통합·편성하여 국방개혁을 본격적으로 추진해 나갔다.

이명박 정부의 **국방개혁 기본계획 2009~2020**과 **2012~2030**에서는 '정예화된 선진강군'을 육성하는 데 목표를 두고 국방개혁을 추진했다. 국내외 다양한 안보위협에 대처할 수 있도록 군 구조를 개편하고 실용적 선진국방 운영체제로 발전시키는 데 중점이 있었다. 이를 위해 군 구조 개혁과 국방운영 개혁을 큰 틀로 하여 국방개혁을 추진했다. 2010년에 발생한 천안함·연평도 도발 등 현존하는 북한의 위협에 따라 안보환경의 변화요소를 추가 반영하여 「국방개혁 기본계획 2012~2020」을 수립했다. 2010년 7월 '국방선진화추진위원회'를 대통령 직속기구로 격상했으며, 2010년 말까지 73개의 세부과제를 도출하여 추진력을 보강하려 했다. 한편, 2012년에 상부지휘구조 개편을 추진하기 위해 '국군조직법' 개정안을 제출했으나, 국회와 국민적 공감대 형성이 미흡하여 결국 제정되지 못한 아쉬움이 있다.

박근혜 정부의 **국방개혁 기본계획 2014~2030**는 북핵·WMD 등 비대칭 위협이 고조되고 효율적인 국방운영체제 구축에 대한 요구에 따라 '혁신·창조형의 정예화된 선진강군 육성'을 목표로 국방개혁을 수립했다. 이를 위해 다양한 위협에 동시 대비할 수 있는 능력을 구비하고, 병역자원 감소에 대비하여 정예화된 병력구조로 개선하는 데 추진 중점을 두었다. 또 실전적 교육훈련과 효율적 인력 운영을 통해 전투력을 향상시키고, 선진 국방운영체제를 구축하기 위해 동원체계 개선, 예비전력 정예화, 군수운영 혁신 등을 추진했다. 이전 행정부에서 추진했던 상부지휘구조 개편과 과제는 당면한 안보환경과 국민적 공감대 형성 등의 미흡성을 고려하여 더 이상 추진하지 않고 개혁과제에서 삭제했다. 2015년부터 국방개혁의 방향성을 재정립하고, 미래 국방의 청사진을 제시하기 위해 창조국방을 추진했으며, 2016년에는 그동안의 성과와 여건을 평가하여 「국방개혁 기본계획 2014~2030 수정 1호」를 작성했다. 여기에서는 북한의 군사위협에 대한 최적의 대비방안을 강구하여 부대개편계획을 조정하고, 국가재정전망을 고려하여 군 구조 개편과 연계된 필수전력을 우선 확보하는 데 중점을 두었다. 미래 국방발전을 위한 창의적 인재 육성과 정보통신 기술 기반의 스마트 교육환경 구축, 선진 국방정보화 기반조성 계획도 반영했다.

표 9-2 한국의 국방개혁

구분		노무현 정부	이명박 정부	박근혜 정부	문재인 정부
		국방개혁 2020	국방개혁 기본계획 2009~2020, 국방개혁 기본계획 2012~2030	국방개혁 기본계획 2014~2030	국방개혁 2.0
목표		국민과 함께하는 선진정예강군 건설	정예화된 선진강군	혁신·창조형의 정예화된 선진강군 육성	평화와 번영의 대한민국을 힘으로 뒷받침하는 강한 군대를 조기에 구현
중점		• 현대전 양상에 부합하는 군 구조와 전력체계 구축 • 국방 문민 기반 확대 및 군의 전투임무수행 전념 • 첨단 정보과학군에 부합한 저비용·고효율의 국방관리체제 • 국방 전반의 체질 개선을 통한 효율적 국방체제	• 다양한 안보위협에 대처할 수 있는 군 구조 개편 • 실용적 선진 국방운영체제	• 북한의 비대칭 위협과 국지도발, 전면전 위협에 동시 대비할 수 있는 능력 구비 • 병역자원 감소에 대비하여 정예화된 병력구조로 개선 • 선진 국방운영체계 구축	• 주도적 방위역량 확충을 위한 체질과 기반 강화 • 자원제약 극복과 미래 전장환경 적응을 위한 4차 산업혁명 시대의 과학기술 적극 활용 • 국가 및 사회 요구에 부합하는 개혁 추구
주요 과제	군구조	• 첨단전력 증강 및 정예화를 통한 과학기술군 • 육군 위주 병력 감축(68만 → 50만) • 합동참모본부 강화 • 육군: 부대 감축, 전력 증강, 지휘구조 단순화, '지상작전사령부' 및 '경비여단' 창설 • 해군: 근해 방어형 전력구조 → 기동형 부대구조, 해병대 공지기동부대 및 전략도서방어 부대구조 • 공군: 응징보복 능력 구비, 한반도 전역 공중우세 확보, '북부사령부' 창설	• 지휘구조 - 전작권 전환 대비 효율적 군사지휘 체제 구축 - 새로운 연합방위체제 정착 • 부대구조 - 중간지휘계선 단축 및 부대 감축 • 병력구조 - 간부 중심 정예화, 기술집약형 구조 - 비전투부대 민간자원 활용 확대 - 상비병력 감축, 예비전력 정예화 • 전력구조 - 합동성 강화, 부대 개편과 연계한 전력 확보	• 합참 및 각 군 본부 개편 → 연합·합동작전 지휘역량 강화 • 네트워크 기반하 공세적 통합작전 수행 능력 보강, 해군 잠수함사령부, 해병 제9여단, 공군 전술항공통제단 등 주요부대 창설 • 북한 및 잠재적 위협 대응 전력 보강 - K2전차, 한국형 기동헬기 잠수함, 호위함(FFX), 중거리 지대공유도탄 등 • 정예화된 병력구조로 전환 -상비병력 감축, 간부 비율 확대	• 지휘구조 - 전작권 전환 대비 한국군 주도 지휘 구조 - 합참의 전구작전 수행 최적화 • 부대구조 - 전방위 위협에 신속 대응 가능한 부대구조 • 병력구조 - 상비병력 감축 및 민간인력 확대 • 전력구조 - 탄력적 대비능력 확충, - 전작권 전환 필수전력 우선 확보

	국방운영	• 전문성 강화, 간부 구성비 확대, 유급지원병 도입 등 인사관리 제도 개선 • 국방운영의 투명성·전문성·책임성·효율성 향상	• 저비용·고효율의 실용적인 선진국방 운영체제 - 민간 자원 활용, 효율적 장비 관리체계 구축 - 각 군의 유사기능부대 통합 - 민간 경영기법 도입, 군 책임운영기관 제도 및 민간위탁 운영 - 장병획득체계 개선, 맞춤형 전문 인력관리체계 구축 - 합동성 강화를 위한 교육체계 개선 - 국방 아키텍처 기반, 미래전 대비 선진 국방정보화 환경 구축	• 국방경영 효율성 제고 - 합동 상호 운용성 기술센터 등 18개 조직의 군 책임운영기관 지정 - 비전투분야 군용차량의 상용차량화 • 여군 활용 확대 - 여군 전 병과로 확대, 여대 학군단 확대 등 • 창조적 연구개발 여건 보장 - 국방연구개발 투자 확대 • 동원예비전력 정예화 - 간부예비군 비상근 복무제도 도입, 향방 예비군 개인화기 교체	• 국방부의 실질적 문민화 • 3군의 균형발전 제도적 확립 • 첨단 정보과학기술의 국방 적용 • 사이버 안보역량 강화 • 군수 개혁 등 전쟁수행능력 기반의 발전 • 개방형 국방운영 및 지역사회와 상생하는 군사시설 조성 • 국방예산 절약을 통한 전력증강예산 확보 • 국방 연구개발 역량과 방산 경쟁력 강화 - '방위산업법' 개정, 방위사업청 개편 등 • 국방획득체계 개선 - 방위산업 투명성 제고, 무기체계 부실 방지 • 기술품질 중심, 수출기반 체제의 방위산업 개선
	병영문화	• 병영 내 자율적 생활여건 조성 • 전자학습체계 마련 • 내무반 병영시설 개선	• 병영생활관 현대화 • 전반적인 복지 수준 개선 - 군 의무지원체계 발전 - 군 가족 복지 향상	• 병 봉급 인상, 병영문화 쉼터 확충 • 군 가족 보육환경 개선 • 원격진료체계 및 의무후송헬기 도입	• 사회발전과 국민의 눈높이에 부합하는 인권 및 복지 구현 • 장병의 인권 강화 - 군 사법제도 개선 • 병 봉급 인상, 자기계발 기회 확대
기타		• 필수 사항 법제화 추진 • 주기적 국방개혁 추진 상황 평가	• 북한 위협 고려 「국방개혁 기본계획」 수정 • '국군조직법' 개정안 발의(제정 실패)	• 상부지휘구조 개편 삭제 (국회 및 국민적 공감대 미흡)	

문재인 정부는 **국방개혁 2.0 기본계획**을 내놓았다. 문재인 정부는 급변하는 안보환경과 전방위 안보위협에 능동적으로 대처하고 한반도의 평화와 번영을 강한 힘으로 뒷받침하기 위해 「국방개혁 2.0」을 추진했다. 다양한 안보위협과 불확실성의 증가 등 안보환경의 마찰이 극대화되는 추세 속에서 '평화와 번영의 대한민국을 힘으로 뒷받침하는 강한 군대를 조기에 구현'하는 데 목표를 두고 「국방개혁 2.0」을 수립했다. '강한 군대'란 '전방위 안보위협에 주도적 대응이 가능한 군', '첨단 과학기술 기반의 정예화된 군', '선진화된 국가에 걸맞게 운영되는 군'을 의미한다.

이들 국방개혁안들을 전체적으로 살펴보자. 2000년대 이전에는 노태우 정부의 '장기 국방태세 발전방향'(일명 818계획), 김영삼 정부의 평시작전통제권 환수에 따른 지휘체제 정비, 김대중 정부의 '국방개혁추진위원회'의 3단계 국방개혁 등이 대표적인 국방개혁 조치들이었다. 2000년대 이후에는 2005년 '국방개혁 2020' 이후 법률에 의거하여 유사한 개념과 구조로 추진되었다. 이는 미래에 대비한 혁신보다는 일상적 국방업무로 정착되는 결과를 낳기도 했다.

또 혁신적 조치들이 요구되는 다양한 이슈들이 있었지만, 한국의 국방개혁은 과거지향적인 사정 작업, 문민통제의 지휘구조에 집중하여 실질적인 국방력 증강에 소홀한 측면이 있다(이미숙, 2015: 134). 다양한 위협이 등장하고 있는 상황과 북핵을 비롯한 주변국의 군사력 증강을 고려할 때 아쉬움이 있는데, 이는 본질적인 군사혁신RMA에 집중할 수 없었던 국내외 환경에 기인한다. 또한 미래 위협과 기술의 변화에 따라 변화하는 전쟁양상에 기민하게 대응하는 전략으로 승화되지 못했다. 북한이라는 고정된 위협이 있었고 핵·WMD 위협을 증강한 탓이 컸지만, 이를 보완하려면 무기체계의 발전, 군사위협의 변화에 대응하기 위한 군사전략의 발전이 요구된다. 잠재적인 위협에 대한 대응을 포함하고, 보다 공세적인 전략을 채택하며, 독자적인 군사력 운용개념을 마련해야 하는 과제가 있다.

다음으로는 자주적 방위능력 확보를 위한 핵심전력이 중점적으로 확보되는 과정에서 신기술을 적극적으로 활용하는 데 인색했다. 군이 과학기술의 발전을 선도하지는 못하더라도, 변화의 폭과 범위가 큰 미래 과학기술을 빠르게 적용하여 새로운 작전개념과 전력 운영개념으로 연결시켜야 하기 때문이다. 부대 및 전력구조 개편에 장기간이 소요됨을 고려할 때 신기술의 변화를 반영하는 데 더욱 적극적일 필요가 있으며, 이를 위해서는 전문가 그룹을 적극적으로 활용하고, 유관기관, 언론, 국회, 국민의 통합된 노력이 요구된다.

3) 비판적 검토

한국의 공식적인 국방기획체계에서는 국방전략이라는 개념을 사용하지는 않았다. 다만 보다 장기적인 차원에서 미래 국방환경에 대비하기 위해서는 국방 차원에서의 전략개념이 필요하며, 최근 한국의 국방부는 『국방기본정책서』를 『국방전략서』로 개정하여 발간하기로 했다. 북한의 위협과 잠재적 위협 및 비군사적 위협에 동시에 대비하기 위해서는, 적보다 한 수 위의 전략strategy과, 전략을 이행할 전력forces이 있어야 하며, 그 전력을 획득할 재원budget이 있어야 한다(전제국, 2016: 91). 따라서 국방전략은 부여된 목표를 달성하기 위해 다양한 수단을 활용하는 방법을 제시하는 핵심적인 위상을 가진다. 이 같은 국방전략의 결정 과정과 내용을 비판적으로 검토해 본다.

먼저, 국방전략의 결정 과정에 대해서 살펴보자. 한국의 국방전략은 북한의 전면전 위협 대응이라는 대명제 아래, 한미동맹의 틀 속에서 결정되어 왔다. 민주화 이후 민군 관계의 재정립, 탈냉전 이후 자주국방에 대한 요구, 국방에 대한 시민사회의 관심과 참여 증가 등으로 국방전략 역시 기존의 결정 과정을 재고할 것을 요구받고 있다. 한국의 국방전략 결정 과정은 다음과 같이 몇 가지 특징으로 정리할 수 있다(한용섭, 2019: 97~101).

첫째는 **하향식 의제 설정**이다. 대통령 또는 국방장관이 의제 설정을 독점하고, 이를 국방부와 군이 수행하는 방식을 고수해 왔다. 이는 안보 관련 부처가 공통의 인식을 가지고 효율적으로 정책을 추진하는 데에는 적합할 수 있으나, 수동적 업무 자세를 체질화하는 결과를 가져왔고, 급변하는 안보환경에 기민하게 대응하지 못하는 한계를 노정했다. 더욱이 민주화에 따라 국회 등 정치권, 시민사회 등 다양한 사회세력들로 인해 안보 분야의 참여자가 확대되면서 바람직한 결과로 이끌기 위한 유기적인 연대와 소통이 요구된다.

둘째는 **체계적 접근의 부재**이다. 합리적 의사 결정보다는 군 간 경쟁inter-service rivalry이나 관료정치bureaucratic politics가 지배해 왔다. 이는 한미 연합방위체제의 안정성이나 한정된 재원으로 인해 발생하는 제로섬 게임의 국내 정치 등으로 인해 가능했던 일이다. 그러나 국방과 관련된 다양한 학문체계와의 연계, 폭넓은 전문가 활용, 전문성과 권위를 가진 정책결정자들의 갈등관리 등을 통해 체계적인 문제의 분석과 대안의 도출을 위해서는 보다 체계적인 접근방법론의 정립이 요구된다.

셋째는 **임기응변식의 대응**이다. 목표 설정 단계에서 특정 사안을 정확히 파악하지 않고 목표와 대안을 성급하게 제시해 왔다는 비판은 뼈아프다. 국방기획의 목표연도를 장기적인 미래로 설정하고는 있으나 현존 위협, 당면 과제 중심의 전략에 머물러 있었다. 장기적이고 합리적인 전략기획의 논리를 따르지 않고, 제기된 문제를 피상적으로 파악하고 이에 대한 대책만을 제시함으로써 논리적 일관성과 계속성이 떨어져 결국은 전략목표 달성에 혼선을 가져왔다.

다음으로 내용과 성격 측면에서 분석해 보면, 한국의 국방전략은 지금까지 '북한'의 '전면전 위협'에 대응하기 위해 '작전적 차원'에서 '제한된 지역과 역할'만을 '현존 전력'을 주요수단으로 고려해 왔다. 과거로부터 내려온 한국 국방전략의 현주소를 비판적으로 검토해 볼 필요가 있다. 한용섭(2019, 31~34)의 국가안보전략에 대한 비판은 국방전략으로 수준을 낮추어도 똑같이 적용할 수 있다. 한국 국방전략의 내용에 대한 비판을 정리하면 다음과 같다.

첫째는 **불균형성**에 있다. 6·25전쟁 이후 북한의 전면전 위협이라는 특정한 위협에 중점을 두고 군사력을 건설하고 운용하기 위한 전략을 수립하다보니 국력 성장에 따른 국가이익선의 신장에 맞추어 국방력을 적시에 적절하게 운용하지 못하는 문제가 발생했다. 특히 증강하는 주변국의 위협이나 비전통적 방식의 군사·비군사 위협에 균형 있게 대응하지 못하고 있다. 평시-전시 구분이 모호해지고, 군사력 이외의 국가능력이 활용되며, 일상적인 경쟁이 더욱 치열해지는 전쟁양상의 변화에 적응하지 못하는 것이다.

둘째는 **수동성**이다. 북한과 미국의 전략을 독립변수로 두고 그 범위 내에서 한국의 국방전략을 수립하다 보니 한국의 국익을 극대화할 수 있는 주도적인 전략을 만들어내지 못했다. 특히 군사적 수준으로 내려가면 전략적 차원의 결정은 미국이 주도했고, 한국은 작전계획을 실행하는 수준에서 역할을 수행해왔다. 따라서 주도적으로 국방목표를 설정하는 것이 아니라 자주국방을 위한 전력 건설과 작전적 운용방법을 발전시키는 데 머물러 있었다.

셋째는 **고정불변성**이다. 이는 국방부와 군은 기존의 정책과 전략을 고수하고, 국민도 정책의 일관성을 요구하기 때문에 발생한다. 북한의 위협이 불변하고, 안보는 미국에 의존하고, 한국은 경제발전에만 전념하겠다는 지배적 관념이 전략적 사고를 제약하고 있다. 앞에서 본 것처럼 위협의 변화와 기술의 발전이 가져올 불확실한 미래 안보환경에 적절하게 대응하기 위해서는 전략은 융통성과 유연성이 있어야 한다.

넷째는 **내부지향성**이다. 냉전 말기부터 한반도라는 지역적 범위를 넘어서는 이슈에 관심을 가지기 시작하기는 했지만, 여전히 국내의 정치, 경제, 사회문제를 중심으로 사고하고 있다. 안보 문제에 있어서도 북한이라는 상대와 한반도라는 지역을 넘어서지 못하고 있다. 정책목표와 국민인식이 모두 제한된 지역과 역할의 범위만을 상정하고 있기 때문에, 지역과 영역의 확대를 요구받는 국방전략 역시 국내 문제가 가장 핵심적인 요소로 고려되고 있다.

다섯째, **무연계성**이다. 부문별 국가전략의 상호연관성 부족은 국방 기능의 연계성 부족으로 이어졌다. 군사적 측면의 국가이익을 위해 경제 또는 외교전략과 정책을 사용하지 못했고, 통일을 위한 외교, 군사, 군비통제 측면의 전략과 정책을 유기적으로 구성하지 못했다. 국방기획관리, 예산과 집행, 군사기술 적용, 군 구조 효율화, 전략과 군사태세, 민군 관계 등은 결코 분리하여 생각할 수 없지만 기능적으로 분화된 조직과 사고로부터 전략이 만들어져 왔던 것이다.

4. 「국방비전 2050」

1) 개요

앞에서 본 바와 같이 미래 기획은 절대적이다. 국방, 전략, 기획의 개념은 모두 '미래'에 대한 대비에 중점을 두고 있다. 앞에서 본 바와 같이 위협, 기술, 전략의 변화가 미래전의 양상을 변화시킬 것이며, 변화를 적실하게 예측하고 민감하게 적응해 나가는 과정이 필요하다. 이는 군사기술혁명MTR, 군사분야혁명RMA을 넘어 안보분야혁명RSA을 통해 유리한 미래 안보환경을 조성하는 데에도 긴요하다. 6·25전쟁 이후 당면 위협 대응, 현행 작전 중심의 군사력 운용, 독자적 국방력의 구축 등에 우선순위를 둠으로써 한국군은 미래를 예측하고 대비하는 역할에 충실하지 못했다. 미중경쟁으로 인한 불안정한 동아시아 안보환경과 전작권 전환, 인구 감소 등으로 국방태세의 변화가 예상되는 가운데, 전략적 요구사항을 다음과 같이 제시할 수 있다.

첫째, 미래국방에 대한 목표와 비전이 필요하다. 위협의 변화를 비롯한 미래 환경을 정확히 예측하지 못하고, 국방전략 수립을 위한 방법론이 정립되지 못했기 때문에 한국의 국방목표는 국방의 역할과 다르지 않게 설정되어 왔다. 불확실한 미래 안보환경에 적용할 수 있는 국방목표의 수립이 필요하다. 둘째, 미래 국방목표 달성을 위한 방법과 수단을 확보하기 위한 다각적이고 혁신적인 노력이 요구된다. 주변국의 군사혁신 사례를 파악하는 노력은 지속되었지만, 한국의 국방개혁은 여전히 비교적 가까운 미래, 전력 건설 위주, 일부에 중점을 둔 개혁에 머물렀다. 미래의 환경변화에 적응하고, 선도할 수 있는 방법과 수단에 중점을 두어야 한다. 셋째, 모든 국력요소가 융합될 필요가 있다. 포괄안보의 시대를 맞아 복합적인 위협에 대응하기 위한 "융합안보 태세"가 요구된다(홍규덕·조수영·조관행, 2020). 이를 위해서는 보다 역동적인 민군협력의 모델이 필요하다.

2) 상황인식과 방법론

30년 이후의 먼 미래를 예측한다는 것은 어려운 작업이다. 특히 중견국으로서 미래 환경을 유리하게 조성할 수 있는 능력이 부족한데다, 변화에 적응하는 것만으로는 쉽지 않다. 때로는 미래에 대한 예측이 불필요한 위협을 만들어내고 취약성을 높일 수 있다는 점에서, 미래 예측을 공개하는 것은 상당한 위험성이 따르는 작업이다. 『국방비전 2050』에서 제시하고 있는 2050년에 대한 상황인식은 다음의 네 가지이다.

첫째는 **안보정세** 판단이다. 현재의 안보환경과 추세를 바탕으로 조심스럽게 미래 안보정세를 전망하고 있다. 국제질서의 변화, 갈등요인 및 행위자의 다양화, 하이브리드 분쟁, 자국 중심주의 등을 주요한 경향으로 보며, 대량살상무기를 포함한 전통적 위협뿐만 아니라 새로운 분야에서의 비전통적 위협을 강조했다. 아울러 북한의 위협은 지속될 것으로 보았다.

둘째는 **과학기술**의 변화이다. 4차 산업혁명의 진전과 와해적disruptive 기술의 등장으로 인한 혁명적 변화를 강조했다. 인공지능, 바이오, 우주 기술의 혁명적 발전이 현존 무기체계와 결합하면서 성능 역시 획기적으로 개량될 것으로 보았다. 무인자율무기체계, 지향성에너지 무기체계, 초장거리 극초음속 무기체계, 초인간 전투원체계 등이다. 기술의 발전은 한국에 상당한 이점을 줄 수도 있지만 상대적으로 약한 위치에 놓이거나 취약성을 증가시킬 가능성도 존재한다.

셋째는 **사회 및 자연환경**에 있다. 가장 핵심적인 변화는 한국의 저출생과 고령화에 있다. 도시화와 산업구조의 변화, 기후변화, 에너지 자원의 다원화, 환경오염과 감염병 등 다양한 변화요인이 있다. 이러한 변화는 군 구조와 국방예산에 직접적인 영향을 주며, 국방의 역할과 미래전 양상의 변화를 이끌 것으로 전망된다.

마지막으로 **미래전**에 대한 대비이다. 전쟁 주체의 다양화, 전쟁 수단과 방법의 변화, 영역의 확장에 따라 미래전의 패러다임도 변화할 것으로 예상했다. 전장 영역의 다변화·상호 교차·확대, 하이브리전 양상의 부각, 유무인 복합전투, 비선형전으로 변화될 것으로 보았다. 이에 대해 한국의 미래 국방전략은 '능동적 방위', 작전개념은 '지능형 전 영역 통합우세전'으로 제시했다.

앞에서 본 바와 같이 미래 기획을 위해 하나의 방법론만이 사용되는 것은 아니지만, 현재 국방부는 '전략적 포트폴리오 기법'을 채용했다.[2] 20~30년 이후의 장기 미래를 상정함으로써 특정 위협이나 재원을 고려할 수 없는 현실적인 문제도 있지만, 다양한 우발사태에 대응하기 위한 융통성과 적응력을 제공할 수 있는 방법론으로서 의미가 있다. 전체적인 방법론으로는 포트폴리오 기법이 채용된 것인데, 다양한 우발사태에 대비하여 능력기반 기획의 기반을 제공한다. 미국의 1997년 QDR은 환경 조성과 전략적 적응성을 높이기 위해서 포트폴리오 기법을 사용했다. 전략적 포트폴리오는 다양한 우발사태로 인한 위험을 분산하고, 미래의 다양한 갈등에 대한 적응능력을 높이고, 과제 간의 시너지 효과를 달성하는 데 기여할 수 있다(한용섭, 2019: 256~257).

다만 미래전 대응 개념, 미래 국방목표과 비전 슬로건 등을 제시하고는 있으

2 「국방비전 2050」은 미래 기획 방법을 공개했다. 미래 예측방법론으로 '호라이즌 스캐닝(Horizon Scanning)' 기법을, 기획의 방법론으로는 '역설계(Back-casting)' 기법을 적용했다. 그러나 전체적으로는 포트폴리오 기법을 채용했음을 알 수 있다.

나, 엄밀한 의미에서 목표와 전략으로부터 과제를 도출했다고 보기 어렵다. 위협이나 취약성을 도출하기에 목표 시기가 너무 먼 미래이기도 하며, 상대의 작전적 도전요소를 다루지도 않고 있다. 기술이나 재원, 특정 임무에 중점을 두지도 않는다. 포트폴리오 기법이 가지고 있는 근본적인 한계이다.

3) 미래 국방목표와 역할

한국의 국방목표는 1972년 최초 제정된 이후, 1981년 1차 개정, 1994년 2차 개정되었다(이미숙, 2015: 93~97). "외부의 군사적 위협과 침략으로부터 국가를 보위하고 평화통일을 뒷받침하며 지역의 안정과 세계평화에 기여한다"라는 국방목표는 엄밀하게는 '국방의 역할'에 가깝지만, 먼 미래에 있어서는 국방목표 역시 변화를 요구받는다.[3] 「국방비전 2050」는 다음과 같이 국방목표와 역할, 비전 등을 제시했다.

먼저, **국방목표**의 개정이다. 1994년 개정된 국방목표에 "국가이익 증진에 기여"한다는 내용을 추가했다. 미래 국방목표에 대한 설문조사 결과를 반영한 것이다. 국제사회에서의 책임 있는 역할을 확대함으로써 국가정책을 힘으로 뒷받침할 수 있는 군사적 지원역량을 구축한다는 것이고, 이를 통해 국제사회에서의 영향력 확대와 국가 위상 향상, 국민의 삶과 경제성장의 질을 높이는 등의 국가이익 증진에 기여할 수 있어야 한다는 것이다.

다음으로는 **국방의 역할**을 재규정했다. 국방목표 달성을 위한 구체적인 역할로서 다음의 여섯 가지를 제시했다. △ 국방태세 확립 및 독자적 국방력 강화

3 국방목표의 제정 이후 국방정책의 구체성은 오히려 떨어지는 경향을 보였다. 목표 이전에는 정부와 국방부의 '국방시책'과 '국방정책'으로 정부별·연도별 국방정책을 핵심과제화하여 제시되었는데, 두 차례 개정을 거치면서 '국방정책 기본방향'으로 일반적인 주제만을 제시하는 데 그쳤기 때문이다(이미숙, 2015).

를 통해 대한민국 영토 및 주권 수호, △ 강력한 군사력을 통해 한반도에서의 항구적 평화정착 노력 지원, △ 국방외교를 통한 국가위상 증진 및 국민의 생존과 번영을 위한 유리한 전략적 환경 조성, △ 세계적 군사역량 투사 기반 구축을 통해 에너지 및 식량 확보, 자유로운 경제활동 지원, △ 민간 기술의 적용과 국방 R&D를 통한 민군융합 국가산업 육성에 기여, △ 비전통적 위협에 대비한 포괄적 안보지원 역량 구축 등이다.

마지막으로 **국방비전**이다. 2050년을 목표로 국방의 모습을 상징적으로 표현하여 비전 슬로건으로 제시했는데, "미래를 현실로, 국민과 함께하는 초일류 국방"이 그것이다. 개념적이라는 비판도 있지만 상당히 먼 미래를 지향하고 있으며, 목표 기간에 따라 수정될 수 있다는 점을 고려한 것이다. 핵심은 기술혁신을 바탕으로 '초일류'를 지향한다는 것인데, 한국의 국방력을 세계 최고수준으로 향상시킨다는 의지를 담아 △ 강력한 군사력, △ 선진화된 국방운영체계, △ 혁신된 병영문화를 갖출 것이라고 선언했다.

이와 같은 국방비전은 전략목표로서의 구체성은 떨어지지만 세부 구현 방향을 세 가지로 제시하면서 미래의 도전에 대비하여 융통성과 적응성을 갖추어 가기 위한 전략과제 포트폴리오로서의 의미를 가진다. 적응력이 높은 능력을 갖추어 높은 불확실성에 대비할 수 있다. 아래의 세 가지 미래상은 기존의 국방목표와 국방정책 기본 방향에서 크게 벗어나지는 않지만 미래 상황인식과 대응전략에 기반한 구체적인 과제들을 포함하고 있다.

첫째, **군사력 건설과 운용** 측면에서는 '첨단과학기술 기반의 강한 국방'을 표방하고 있다. 안보환경 변화를 주도할 수 있는 국방전략 및 작전개념의 발전, 인구구조 변화와 국방예산 등을 고려한 군 구조의 발전, AI, 유무인 복합전투체계, 국방 우주 및 사이버, 전자전 역량의 강화, 혁신을 주도할 수 있는 인재관리와 실전적 교육훈련 환경 구축 등을 주요 과제로 내세웠다.

둘째, **국방운영** 측면에서는 '초일류 운영체계를 갖춘 자랑스러운 국방'을 내세우고 있다. 고효율의 국방운영체계 혁신, 스마트 군수, 친환경 및 탄소중립의 국방 인프라 조성, 복지환경의 발전, 군 문화의 발전, 비전통 위협에 대한 국방지원역량 강화 등이 관련된 주요 과제이다.

셋째, **군사외교 및 민군협력**으로 '국익 증진에 기여하는 함께하는 국방'을 제시했다. 이는 군과 외부의 협력적 관계 정립을 말하는데, 미래지향적 한미동맹과 국방교류협력의 발전, 국제평화와 지역안정화 기여 등의 기존 국방외교 기조가 있다. 다음으로 주목할 것은 민군 관계의 발전과 함께 민·관·군 융합의 방산협력체계 발전을 제시한 것이다. 미래 기술발전 속도와 추세를 따라 군사력을 건설할 뿐만 아니라 국가경제 발전에도 기여하는 역할을 명시한 것이다.

4) 국방력 강화를 위한 국방혁신

미래의 불확실성을 고려할 때 구체성과 실현 가능성에 대한 우려는 있지만, 미래 국방목표를 설정한 만큼 이를 달성하기 위한 방법과 수단의 혁신이 요구된다. 「국방개혁 2.0」은 '강한 군대 조기 구현'을 목표로 추진되었으나 2020년대의 단기적 관점을 갖고 있었다. 문재인 정부 임기 내 실질적인 개혁의 완료를 목표로 할 만큼 가까운 미래에 성과를 보일 수 있는 과제들로 구성되어 있었기 때문이다. 윤석열 정부에서 추진하고 있는 「국방혁신 4.0」은 보다 중장기적인 관점을 가지고 첨단과학기술 관련 핵심 분야에 집중하고 있다.

미국은 미국의 1950년대와 70년대 1, 2차 상쇄전략에서 한 걸음 나아가 제3차 상쇄전략을 내세우고 있다. 제3차 상쇄전략은 척 헤이글 장관이 '국방혁신 구상the Defense Innovation Initiative'의 일부로 제기한 것이다(Hagel, 2014). 첨단기술의 군사적 적용, 첨단기술을 극대화하기 위한 운용개념의 발전, 유능한 인력 획득의 세 가지 목표를 제시했으며, 역동적인 민군협력을 포함하면 모두 네 가지의 노력선을 제시한다.

한국의 국방비전은 2050년을 목표로 하고 있는데, 이를 달성하기 위해서는 혁신적인 방법과 수단 역시 요구된다.[4] 국방부는 「국방개혁 2020」과 「국방개혁 2.0」 이후를 목표로 우리군의 미래 국방준비를 위해 「미래국방혁신구상Future Defense Innovation Initiative: FDI2」을 제시했다. 4차 산업혁명의 핵심기술을 적극 도입하여 '첨단과학기술군'으로 도약하고, 군이 주도하는 국방산업이 국내 민간산업 발전의 추동력을 제공하는 것이 목표이다. 「국방비전 2050」과의 연계성 측면에서는 국방목표를 구현하기 위한 방법과 수단의 구체적 혁신 방안이라고 볼 수 있다.

첫째, **국방정책·전략 및 작전수행개념 발전**이 있다. 「국방비전 2050」을 장기 국방목표로 하여, 새롭게 발간되는 『국방전략서』, 『국방기획지침DPG』 등 국방기획·전략문서를 미래지향적으로 발전시키는 데 중점을 둔다. 아울러 미래 전쟁양상 변화에 대비하여 첨단 과학기술 발전을 고려한 미래 작전수행개념을 발전시킨다. 합참이 추진해 오던 미래 합동작전개념을 최신화하는 것뿐만 아니라 사이버·전자전, 우주작전 등 새로운 작전영역에서의 수행개념을 발전시키고 있다.

둘째, **최신 과학기술의 적용 및 AI+무인전투체계 기반 마련**이다. 미래전의 게임 체인저로서 드론·로봇의 무인전투체계를 조기에 전력화하고, AI의 국방 분야 적용을 최우선 과제로 설정했다. 이를 위해 '국방과학기술위원회'를 신설하여 국방 연구개발을 촉진하고, 신기술을 집중 육성 및 지원하며, 국가통합적 관점에서 연구개발 여건을 조성하고자 하고 있다. 국방부가 컨트롤타워로서 연구개발을 통제하며, 국방부 예하의 방사청, KIDA, ADD, 국방기술품질원뿐만 아니라 과학기술정보통신부, 산업통상자원부, 기타 국책 연구기관을 포괄하는 협력체계를 구축하고 있다.

4 일반적으로 제시되는 한국 국방의 혁신 방향으로는, △ 첨단 무기체계의 개발·획득과 함께 교리, 조직, 운영체계의 새로운 설계, △ 민간 부분의 혁신적 기술과 자산을 최대한 활용, △ 미국을 비롯한 군사 선진국과의 교류를 통해 '중간진입전략'을 수행(권태영·노훈, 2008: 360), △ 미래 기획을 위한 혁신기획팀을 설치할 필요가 있다.

셋째, **미래 국방업무를 위한 조직개편 및 국방기획관리체계 개선**이다. 현행 국방정책에 초점이 있었던 기존 국방기획관리체계를 정비하여 『국방기본정책서』를 『국방전략서』로 개정하고, 「국방비전 2050」과 『국방전략서』를 바탕으로 매년 『국방기획지침』을 발간하여 중기계획 수립에 지침을 제공하며, 미래 국방업무를 담당하는 전담부서를 편성하는 등 미래 국방업무를 위한 조직과 기획체계를 개선해 나가고 있다. 기본적으로 미래를 지향하는 국방전략의 특성을 반영하고, 이를 위한 기획, 예산, 집행, 평가를 연계시키기 위한 노력이다.

마지막으로 **혁신에 대한 국방 리더십 인식 제고**가 있다. 미래 전략환경과 국방과학기술와 혁신의 필요성에 대한 이해가 필요하다는 점에서 다양한 교육과정을 신설하고 있다. 이를 통해 미래 국방 준비에 대한 공감대를 형성하고, 민간 전문지식을 국방정책 분야에 전파하며, 산·학·연·관이 함께하는 미래 국방정책 네트워크를 형성할 수 있을 것으로 기대된다. 물론 역사와 경험의 함정에 빠지지 않고 한국의 특성에 적합한 혁신을 위해서는 국방전략의 역사성도 함께 고려되어야 하며, 이에 대한 교육과 훈련도 병행될 것이다.

5) 이슈와 쟁점

30년의 미래를 기획해 본 경험이 없음을 고려하면 한국의 미래 국방전략은 야심 찬 기획의도에도 불구하고 다양한 난관에 부딪힐 가능성이 크다. 여기에 다양한 요인의 상호작용으로 인한 불확실성까지 고려해야 한다. 위에서 제시한 국방목표와 비전, 이를 달성하기 위한 방법과 수단의 혁신은 분명한 기준을 제시하고 있지만, 이를 추진하는 과정에서 해결해야 할 몇 가지 쟁점이 있다. 이들은 서로 연계되어 있으며, 국가 수준에서 융합될 수밖에 없기 때문에 개별적으로 검토될 수 없음을 전제한다. 미래 국방전략의 추진 과정에서 예상되는 핵심 쟁점은 다음과 같다.

첫째, **미래 안보위협과 위험에 대한 인식과 규정**에 있다. 미래의 위협이 현재의 추세를 이어가기만 할 것이라고 장담할 수는 없다. 새로운 무기체계가 위협이 되는 상황은 비교적 대응하기 쉬운 것이다. 이미 우주, 사이버 영역으로 위협의 영역이 확대되었고, 코로나19 사태에서 보는 것처럼 완전히 새로운 형태의 위협이 등장할 수도 있다. 문제는 '위협을 누가, 어떻게 규정할 것인가?' 하는 것이다. '안보화securitization'의 과정 역시 민주화되면서 관련 행위자가 다양해지고, '감성'의 영역에 있는 국민들을 설득하고 정당성을 획득하는 과정은 더욱 복잡해진다. 무엇을 지켜야 할 것인가? 국가인가, 국민인가? 2050년에도 북한이 한국에 가장 큰 위협이 될 것인가, 무엇이 가장 위협이 될 것인가? 이러한 문제에 공감대를 형성하기도 어려울 수밖에 없다. 이는 국민이 제공하는 국방재원의 획득에 직결되는 문제로 가장 근본적인 쟁점이 될 것이다.

둘째, **인식된 위협에 대한 대응 주체** 문제이다. 미래의 안보위협에 대한 합의가 이루어졌다면, 다음 문제는 '누가, 어떻게 대응할 것인가?', '필연적으로 중첩되는 부분은 어떻게 할 것인가?'이다. 간단하게는 전염병, 환경, 난민, 자연재해와 같이 지금까지는 비군사적 위협으로 간주되던 분야도 국내 치안이나 행정력의 범위를 초과하게 된다면 군사력을 투입해야 한다. 나아가서 정치적인 목적과 결부되거나 국가 간 분쟁의 영역으로 들어오게 되면 군사적 대응이 요구된다. 종교 및 종파분쟁은 다른 지역에서는 이미 군사력이 요구되는 분야가 되었고, 테러와 사이버 공격, 국제범죄 등이 그 다음이 될 가능성이 있다. 다차원적 영역을 분명히 구분하기 어려운 회색지대 분쟁이 일상화되는 상황에서, 국방의 목표와 역할을 규정하는 것도 융합안보의 차원에서 적응적으로 고려되어야 한다.

셋째, **국방의 전략적 불균형 문제**이다. 목표-방법-수단의 균형을 말하지만, 불확실한 안보환경의 변화와 부족한 국가자원을 고려할 때 쉽게 포착되는 것이 아니다. 불균형이 발생하는 지점은 다음과 같다. 국방목표가 국민의 여론과 관계없이 형성되고, 국민의 지지를 받지 못하는 경우이다. 정치적 목적에 군의 전문성이 사장되거나, 군사적 고려에 함몰되어 국가의 정책지침이 왜곡되는 경우도 있다. 국가재원이 군사적 필요를 충당하지 못하거나 과도한 군사력 건설로 국가경제에 손실을 주고 군비경쟁을 야기할 수도 있다. 결국 전략적 균형을 위해서는 국민, 정부, 군의 삼위일체는 국방전략의 기획과 실행 과정 전반에서 소통해야 한다.

넷째, 운영적 관점에서 **각 군별 영역 구분 및 임무 분담 문제**가 있다. 미래 국방전략을 수립함에 있어 '새로운 영역은 어떤 군이 맡게 될 것인가?'의 문제도 해결해야 하는데, '우주영역은 공중영역의 연장된 형태인가, 새로운 영역인가? 그렇다면 사이버영역은 누가 담당할 것인가? 교차영역Cross-Domain에서의 시너지를 위해 이를 담당할 별도의 전력이 필요할 것인가?' 하는 문제를 예로 들 수 있다. 각 군 간 건전한 전략경쟁을 유도한다는 방법론은 단기 이익 앞에 무력해진다. 미래에는 필연적으로 기능적·물리적으로 통합될 것이라고 전제하더라도, 현재 시점에서 국방을 기획하는 데 있어서 각 군의 임무·역할 분담은 무엇보다 첨예한 갈등요소임을 부인할 수 없다.

5. 결론

미래는 항상 불확실성과 예측 불가능의 영역에 있다. 관련 행위자가 늘어나고, 기술이 도약적으로 발전하며, 상호교류가 활발해지면서 불확실성은 더욱 커진다. 어떤 미래는 정확도가 높은 과학적 방법을 통해서 예측이 가능할 수 있지만, 국방의 미래는 의도를 가진 상대로부터 비롯되는 '진불확실성'의 영역에 있다. 단순히 예측이 어려울 뿐만 아니라, 상대방의 관심이나 의도가 무엇인지, 어떤 것이 위협이 될 것인지, 당위적으로 어떠한 목표가 선호되는지와 같이 다양한 측면에서 불확실성의 원인을 찾을 수 있다.

미래 국방환경에서 실패 가능성을 줄이고 성공률을 높이기 위해서 국방전략을 기획한다. 보다 정확한 미래 예측을 위해 정성적·정량적 방법론을 적용하지만 한국과 같은 중견국들에게 미래 환경을 조성하거나 주도할 여유는 주어지기 어렵다. 결국 미래의 불확실성에 얼마나 빠르게 적응할 것인지, 위험을 예방하고 대응하기 위한 능력을 어떻게 갖추어 나갈 것인가가 핵심이다. 이를 위해 국내외의 시대적 상황에 따라 적절한 국방목표를 제시하고, 목표 달성을 위해 방법과 수단을 혁신적으로 구성하는 과정이 미래 국방기획의 핵심이 된다.

한국 국방부는 2050년을 목표로 하는 「국방비전 2050」을 수립하고, 「미래국방혁신구상」을 통해 비전을 구현하기 위한 핵심과업을 선정했다. 30년 이후의 미래를 위한 전략과 수행방안이 마련 것으로, 당면 위협 대응, 현행 작전 중심의 군사력 운용, 독자적 국방력의 구축 등으로 제한되어 있었던 기존 국방정책을 혁신적으로 개선하려는 노력으로 평가된다.

먼저, 「**국방비전 2050**」은 "미래를 현실로, 국민과 함께하는 초일류 국방"을 미래비전 슬로건으로, "능동적 방위"를 국방전략으로, "지능형 전 영역 통합우세전"을 미래 작전수행개념으로 제시했다. 이를 구현하기 위해 "강한 국방", "자랑스러운 국방", "함께하는 국방"을 미래상으로 제시하고, 세부과제화하여 추진하고자 한다. 다음으로 「**국방혁신구상**」도 있다. 국방비전을 구현하기 위해 우선 요구되는 '첨단과학기술군'으로의 도약을 위해서 방법과 수단의 혁신을 추진 중이다. 전략과 교리의 발전, 최신 과학기술의 적용 및 연구개발, 미래 기획을 위한 조직 및 체계 개편, 리더십에 대한 교육 등을 골자로 하고 있다.

이 같은 노력은 기존의 국방전략 및 국방개혁을 보강·발전시킨 의미도 있지만 미래 국방기획 측면에서 중요한 의미를 가진다. 북한을 넘어서 주변국 및 비전통위협에도 적극 대비할 것임을 공식화했고, 전략·교리와 군사기술의 융합을 추구하며, 유관부처 및 기관과의 협력을 통해 국가차원에서 국방 패러다임의 전환을 추진하고 있다. 무엇보다 먼 미래를 위한 청사진을 제시함으로써 미래 안보환경을 주도적으로 조성하려는 목적을 분명히 하고 있다.

현재의 노력이 하나의 시작점으로서 의미를 가지지만, 미래 기획의 중요성을 고려할 때 보완 및 발전시켜야 할 내용도 있다. 일부는 실행과정에서 발생하는 운용적 위험을 줄이기 위한 것이지만, 일부는 가정 자체가 틀렸기 때문에 전략목표 달성에 실패하는 전략적 위험에 직면할 수도 있다. 따라서 미래에 대한 적응, 회복탄력, 균형, 주도, 융합과 연계 등을 위한 노력이 필요하다.

첫째는 **연계성**이다. 미래에도 국방의 역할을 규정하는 국방목표에는 변함이 없을 것이다. 다만 국방전략-군사력 운용-군사력 건설-연구개발-방산구조-인력구조-국방운영의 연계를 고려하여, 각각의 분야를 재점검함과 동시에 포괄적인 관점에서 연계성을 극대화하는 노력이 필요하다. 아울러 변화의 속도에 빠르게 적응하며, 다양한 부서, 연구기관, 관련 부처들과의 협력, 혁신적 아이디어의 발전을 위해서는 소규모의 정예 미래 기획팀을 설치하는 것이 필요할 것이다.

둘째는 **단계화**이다. 미래 기획체계를 정비 중에 있지만, 현재까지는 2050년의 전략목표만 제시하고 그 실행을 단계화하는 방식으로 구성되어 있다. 따라서 목표와 구현방법 자체가 구체성을 가지지 못하는 한계를 가진다. 유연성을 가지는 것은 중요하지만 안정성을 위해 전략환경, 방법과 수단, 가용재원의 변화에 따라 중간단계를 세분화하고 전략을 구체적으로 제시해야 한다.

셋째는 **효율화**이다. 국방전략 추진에 있어 위협의 변화뿐만 아니라 자원의 감소도 큰 위험요인이다. 인구감소 및 노령화로 인한 병력감축의 압박이 극심할 것인데, 부대구조의 단순화, 효율화가 긴요해진다. 아울러 정보화 발전과 관련하여 지휘통제의 간소화 요구도 커질 것이다. 결국 국방조직을 간소화하고 효율화하기 위한 개편이 필요하다. 특히 상비전력과 예비전력의 총체전력화Total force하고, 군수 및 행정조직을 중심으로 통폐합, 민간활용, 아웃소싱 등을 적극 활용해야 한다.

넷째, **구체화**이다. 첨단기술을 적용하여 일류 국방을 완성하겠다는 분명한 비전을 제시하고 있지만, 결국 국방의 핵심은 미래 전쟁을 어떻게 억제하고, 승리할 것인가에 달려 있다. 따라서 미래 작전수행개념을 구체화하는 것이 가장 핵심적인 과업이다. 이를 위해서는 위협을 정확하게 평가하고, 이에 대응하기 위한 작전개념, 작전임무와 요구능력까지 분석되고, 전투실험으로 검증되어야 한다. 전작권 전환과 연계하여 합참의 역할을 재검토할 필요가 있다.

국방부 훈령 제2048호. 2017.「국방기획관리기본훈령」. 국방부.
국방부. 2019.「국방개혁 2.0」 국방부.
______. 2020.『2020 국방백서』. 국방부.
______. 2021. "국방부 업무보고." 국방부.
______. 2021.「국방비전2050」 국방부.
______. 2023.『2022 국방백서』. 국방부.
______. 2023.「국방혁신 4.0」. 국방부.
군사편찬연구소 편. 2020.『국방 100년의 역사』. 군사편찬연구소.
권태영, 노훈. 2008.『21세기 군사혁신과 미래전: 이론과 실상』. 법문사.
노훈, 2010.「국방정책2030」. 한국국방연구원.
서우덕 외. 2015.『방위산업 40년: 끝없는 도전의 역사』. 한국방위산업학회.
이미숙. 2015.「한국 국방정책의 변천 연구 : 국방목표를 중심으로」. ≪군사≫, 제 95권, 85~140쪽.
전제국. 2016.「국방기획체계의 발전방향: 문서별 적실성과 연계성을 중심으로」. ≪국방정책연구≫, 제32권 2호, 90~125쪽.
정호태. 2021.「한국 국방정책 경로의존성에 관한 연구: 국방목표를 중심으로」. ≪한국행정사학지≫, 제52권, 199~223쪽.
클라우제비츠, 칼 폰. 2016.『전쟁론』. 김만수 옮김. 갈무리.
한용섭. 2019.『우리 국방의 논리』. 박영사.
홍규덕·조수영·조관행. 2020.「초연결사회 보안환경 변화에 따른 취약요인 및 대응방안」. 홍규덕 편.『초연결사회 국가보안의 위기: 왜 융합보안인가?』. 국제정책연구원.

Bartlett, Henry et al. 2004. *Strategy and Force Planning*. New Port: Naval War College Press.
Hagel, Chuck. 2014. *Defense Innovation Days*. Opening Keynote Speech to Southeastern New England Defense Industry Alliance, September 3.
Gray, Colin. 2014. *Strategy and Defense Planning: Meeting the Challenge of Uncertainty*. Oxford: Oxford University Press.
Khalizad, Zalmay and David Ochmanek. 1997. *Strategy and Defense Planning for the 21st Century*. Santa Monica: RAND Corporation.

Mazarr, Michael et al. 2019. *The U.S. Department of Defense's Planning Process*. Santa Monica: RAND Corporation.

McMaster, H. R. 2013. "The Pipe Dream of Easy War." *The New York Times*, Jul. 20.

Yarger, Harry. 2008. *Strategy and the National Security Professional: Strategic Thinking and Strategy Formulation in the 21st Century*. Westport: Praeger Security International.

찾아보기

가

감시정찰체계 68
감염병 123
강인공지능(strong AI) 89
개방형워킹그룹(OEWG) 34
결심중심전 22, 88
경제제재 200
공포로부터의 자유 118
공해전(air-sea battle) 105
교차영역 처벌 억제(cross-domain deterrence by punishment) 100
구성주의 116
국가 필수전략기술 64, 66
「국가사이버안보전략」(한국, 2019) 137
국가안보 115
「국가안보전략(National Security Strategy)」(미국, 2017) 241
국가안보혁신기반 155
국가안보혁신네트워크(NSIN)(미국, 2019) 153
국군의료지원단 135
국방개혁 172, 309
국방개혁법 172
국방개혁의 법제화 172
국방개혁의 정치화(politicization of Defense Reform) 169
국방고등연구계획국(DARPA) 245
국방과학연구소(ADD) 170
국방기획 301
국방기획관리체계 325
국방목표 308, 321
『국방백서』(호주, 2013) 282
국방비전 322
「국방비전 2050」(한국) 318
국방산업 및 기술 기반(DITB) 279
국방신속지원단 136, 141, 143
국방연구개발비 174
국방운영 322
국방의 역할 321
국방전략 300
「국방전략(National Defense Strategy)」(미국, 2017) 241
「국방전략서」(미국, 2018) 262
『국방전략서』(한국) 315
국방혁신 263
「국방혁신 4.0」 298
「국방혁신구상」(한국) 328
국방획득체계 159
군-산-학-연 연계 139
군-산-학 네트워크 276
군민융합 모델 29
군비경쟁 236
군사과학원(军事科学院) 251
군사기술의 미래화 178
군사기술혁신(MTR) 155
군사동맹 265
군사력 건설과 운용 322
군사외교 142, 323
군사전략 300
군사혁신(RMA) 29, 99, 310
궁핍으로부터의 자유 118
귀속(attribution) 101
규범창출자(norm entrepreneurs) 213
극한기술 67, 71
글로벌 범죄 133

글로벌 패권 195
글로벌보건안보구상(GHSA) 124
금융위기(2008) 193
기반적 방위력 161
기술우위 195~196
기술적 비대칭 178
기술적 진부화 178
기후정상회의 130

나

나토(NATO) 125
난민 133, 139
난민안보 143
내생적 모델 288
내생적 협력 모델(indigenous cooperative model) 163
네트워크 국가(Network State) 38
네트워크 중심전 21, 89
뉴스페이스 모델 29
뉴스페이스(또는 뉴디펜스 현상) 29

다

다크사이드(DarkSide) 127
대외유상군사원조(FMS) 290
동맹 네트워크 모델 160
동맹 제지 270
동맹전이(alliance transition) 185
동맹조정메커니즘(ACM) 286
동맹협력의 탈중심화 159
드론 부대 53
디지털 권위주의 129
디지털 실크로드 198
디지털 안보 25
디지털 자유연합 194

라

로봇군비통제국제위원회(ICRAC) 35

마

마약 133
머신러닝(machine learning) 94
메타거버넌스 27, 121, 140, 145
모자이크전 22
무기수출3원칙 167
무인시스템 78
미국 주도 군사혁신 158
미라클 작전(2021) 134, 139
「미래국방혁신구상(FDI2)」(한국) 324
미래사령부(AFC) 244
미래전 320
「미일방위협력지침」(2015) 286
미중 데탕트(1972) 158
민군겸용 기술 45
민군협력 165, 323
민주주의 정상회의 195
민주평화론 187

바

바이든 행정부 194~195
바이오 변형 슈퍼솔져 78
바이오 안보 123
발사체 추진동력 72
『방위대강』(일본, 2013) 288
방위력 개선 사업비 174
『방위백서』(일본, 2021) 289
방위사업청 159
방위산업 272
방위산업혁신(DIR) 155
방위장비청 159
백신외교 124
보건안보 124, 136, 143
보건안보청(UK Health Security Agency) 125
보장(assurance) 97
복원력(resilience) 27, 122, 142
복합지정학(Complex Geopolitics) 37
불법이주 133

비전통 안보위협 122
비전통 위협 국방 대응체제 발전 추진 계획(한국, 2020) 141
비판안보 117

사

사이버 기술 67~68
사이버 주권(cyber sovereignty) 128
사이버-물리 시스템(Cyber-Physical Systems) 68
사이버안보 126, 136, 143
「사이버안보 전략(EU Cybersecurity Strategy)」(EU, 2020) 129
사이버안보정보공유법(Cybersecurity Information Sharing Act)(미국, 2015) 137
사회 영향 분석(social impact assessment) 57
사회안보 26, 116
상쇄전략 323
상호운용성 157
상호확증파괴(MAD) 156
선호 미래와 비선호 미래 53, 62, 83
세계질서 204
소프트 파워 267
소형원자로 72
스워밍 22
스핀오프 모델 29
스핀온 모델 29
시나리오 기법 46~48, 51
신재생 에너지 129
신흥 및 기반 기술(EFT) 45
신흥기술 236
신흥안보 25, 119, 134, 140
쓰리 호라이즌(Three Horizons) 49~50

아

아랍의 봄 121
아베 내각(2012~2020) 163
아시아로의 회귀(Pivot to Asia) 193
아웃소싱(out-sourcing) 62
아이젠하워 모델(Eisenhower Model) 156
안보 패러다임 115
안보위협의 현재화 178
안보전략 300
양질전화 임계점 120
억제 88
역량결집 203
역량-취약성 역설(capability-vulnerability paradox) 89
연결성(connectivity)의 속도 93
오바마 행정부 193
오커스(AUKUS) 195, 275
온난화 138
온실가스 131, 138
우발적 상황악화(inadvertent escalation) 98
우주공간의 군사화 156
우주통제 시스템 71
우크라이나 전쟁(2022) 148
월트, 스티븐(Stephen Walt) 188
웨일스 학파 117
위기고조 88, 95
위협공유(common threat) 186
위협규정 203
유럽방위펀드 280
유럽연합(EU) 125
유엔 정부자문가그룹(GGE) 34
유엔 특정 통상무기 금지 협약(CCW) 222
육군 탄소 관리시스템 138
율곡사업 170
이슈연계 임계점 120
이중용도 기술 44, 70, 139
인간시스템 67, 77
인간안보 117
인공지능 234
「인공지능 군사 적용 입장 문건」(중국, 2021) 254

인공지능 태스크포스(AI-TF)(미국, 2019) 244
인공지능과 국민국가(nation-state) 217
인공지능과 안보딜레마(security dilemma) 215
인공지능과 억지(deterrence) 213
인도-태평양 전략 202
일반범용기술(GPT) 236

자

자동화 드론 79
자유롭고 열린 인도-태평양(FOIP) 287
자유주의 동맹론 186
자율무기체계 19, 73
자율무인체계 67, 78
적합성(fitness) 26, 122, 140
전기차 132
전략적 자율성 271
전략지원부대(战略支援部队) 250
전쟁의 안개(fog of war) 99
제1차 상쇄전략 156
제2차 상쇄전략 156
제3차 상쇄전략 157
존엄성 침해로부터의 자유 118
중간국가 262
중견국 262
중앙군사위원회 장비발전부(中央军事委员会装备发展部) 250
지정학적 임계점 120

차

창발 119
청해부대 136
최고 디지털 인공지능 사무국(CDAO) 243
치명적 자율무기(LAWS) 208

카

코로나19 124, 135
코펜하겐 학파 116
쿼드 195
킬러로봇 35
킬러로봇 반대 운동(Campaign to Stop Killer Robots) 212

타

탄소중립 129, 138
「탈린 매뉴얼」(NATO, 2013) 128
태양광 132
통합 버추얼 기동훈련 56
통합대응체계 143
통합억제(integrated deterrence) 100
특정기밀보호법(일본, 2013) 167
특정재래식무기금지협약(CCW) 36

파

파리기후협약(2015) 129
파이브아이즈(Five Eyes) 128, 137, 195, 199, 275
팬데믹 조약 125
평화유지활동(PKO) 142
포괄안보 118
포괄적 동맹 195
포스트 휴먼 전쟁 24

하

하위정치 113
하이브리드전(hybrid warfare) 23, 92
한국군 현대화 5개년 계획 170
합동인공지능센터(JAIC) 243
합성훈련환경 69, 76
핵 혁명(nuclear revolution) 156
혁신 및 연구 통찰팀(IRIS) 277
현실주의 동맹론 186
협력적 거버넌스(collaborative governance) 57
협력적 억지(cooperative deterrence) 178
호라이즌 스캐닝(Horizon Scanning) 47
환경안보 137

휴먼 아웃 오브 더 루프
(human-out-of-the-loop) 211
휴먼라이트워치(HRW) 35

기타(숫자, 알파벳 순)

2차 대국 262
2.5차 상쇄전략 156
3D 프린팅 81
AI 기술 67, 73, 76
AI 선도국 209
C4I 체계 69, 75
OODA 루프 의사 결정 과정 92
WHO 124
X 이벤트 142

서울대학교 미래전연구센터

서울대학교 미래전연구센터는 동 대학교 국제문제연구소 산하에 서울대학교와 육군본부가 공동으로 설립한 연구기관으로, 4차 산업혁명 시대 미래전과 군사안보의 변화에 대하여 국제정치학적 관점에서 접근하는 데 중점을 두고 있다.

김상배

서울대학교 정치외교학부 교수다. 서울대학교 외교학과를 졸업하고 동 대학원에서 석사학위를 받은 뒤 미국 인디애나대학교에서 정치학 박사학위를 받았다. 2022년 한국국제정치학회 회장을 역임했으며 현재 한국사이버안보학회 회장을 맡고 있다. 주요 연구 분야는 신흥안보, 사이버 안보, 디지털 경제, 공공외교, 미래전, 중견국 외교다. 대표 저서로 『미중 디지털 패권경쟁: 기술·안보·권력의 복합지정학』(2022), 『버추얼 창과 그물망 방패: 사이버 안보의 세계정치와 한국』(2018), 『아라크네의 국제정치학: 네트워크 세계정치이론의 도전』(2014) 등이 있다.

허경무

동아방송예술대학교 창의융합학부 조교수다. 캐나다 요크대학교 Administrative Studies학과를 졸업하고, 미국 컬럼비아대학교 School of International and Public Affairs에서 석사학위를 받은 뒤 KAIST 문술미래전략대학원에서 공학(미래전략) 박사학위를 받았다. 현 KAIST 문술미래전략대학원 겸직교수 겸 한국미래학회 운영이사를 맡고 있으며, 경찰청 및 법무연수원을 포함하여 다양한 기관에 초빙되어 국내 학계 및 공공기관에 미래연구를 소개하고 있다. 주요 연구 분야는 미래 플랫폼 조직, 예견적 거버넌스(anticipatory governance), 시나리오 기반 과학기술 미래예측이다. 최근 논문으로 "What the Ukraine-Russia War Means for South Korea's Defense R&D" (2023), "(De)centralization in the Governance of Blockchain Systems: Cryptocurrency Cases" (2023) 등이 있다.

정구연

강원대학교 정치외교학과 부교수이다. 고려대학교 노어노문학과를 졸업하고, 정치외교학과 대학원에서 석사학위를 받은 뒤 미국 캘리포니아대학 로스앤젤레스(UCLA)에서 정치학 박사학위를 받았다. 주요 연구 분야는 미국 외교·안보 정책 및 정책 결정 과정, 해양안보, 지역안보 아키텍처 등이다. 최근 저서와 논문으로는 "Recalibrating South Korea's Role and Regional Network in the Indo-Pacific"(2023), "Multilateralism in the Indo-Pacific: Conceptual and Operational Challenge"(2023), *New Democracy and Autocratization in Asia*(2022) 등이 있다.

조한승

단국대학교 정치외교학과 교수이다. 고려대학교 정치외교학과에서 학부와 석사과정을 마치고 미국 미주리대학교에서 정치학 박사학위를 받았다. 주요 연구 분야는 글로벌 거버넌스, 보건안보, 국제분쟁과 평화이다. 『국제기구와 보건·인구·여성·아동』(2015), 『국제기구와 지역협력』(2015) 등의 편저와 「이스라엘의 군사혁신과 혁신국가 전략의 연계」(2021), 「코로나 팬데믹과 글로벌 보건 거버넌스: 실패 원인과 협력의 가능성」(2021) 등의 논문을 발표했다.

윤대엽

대전대학교 군사학과 및 PPE(정치·경제·철학)전공 부교수다. 연세대학교 정치외교학과를 졸업하고 동 대학원에서 비교정치경제 전공으로 박사학위를 취득했다. 일본 게이오대(2010), 대만국립정치대학(2011), 북경대학 국제관계학원(2014~2015)에서 방문학자로 연구하고 서울대학교 미래전연구센터, 연세대학교 중국연구원의 객원연구원으로 활동하고 있다. 정치경제 시각에서 동아시아의 경제협력, 국가안보, 군사혁신, 군사정보, 방위산업 문제를 연구하고 강의하고 있다. 최근 연구로는 「경쟁적 상호의존의 제도화: 일-중의 경제안보전략과 상호의존의 패러독스」(2022), 「트럼프-바이든 시기 미중경쟁: 탈동조화의 경제안보전략과 중간국가의 부상」(2022) 등이 있다.

정성철

명지대학교 정치외교학과 부교수다. 서울대학교 서양사학과와 외교학과에서 각각 학사학위와 석사학위를 취득하고 미국 럿거스대학교에서 정치학 박사학위를 받았다. 주요 연구 분야는 무력분쟁, 동맹관계, 국제질서, 미중관계이다. 대표 연구로는 "Economic Slowdowns and International Conflict"(2022), "The Indo-Pacific Strategy and US Alliance Network Expandability"(공저, 2021), "Lonely China, Popular United States: Power Transition and Alliance Politics in Asia"(2018), "Searching for Non-aggressive Targets"(2014), "Foreign Targets and Diversionary Conflict"(2014) 등이 있다.

장기영

경기대학교 국제학과 조교수다. 서울대학교 동양사학과를 졸업하고 서울대학교 외교학과 대학원과 미국 노스캐롤라이나주립대학에서 정치학 석사학위를 받은 뒤 미국 메릴랜드주립대학교에서 정치학 박사학위를 받았다. 주요 연구 분야는 내전, 테러, 분쟁정치, 정치커뮤니케이션, 투표행태, 동아시아 국제관계 등이다. 대표 연구로 "I know Something You Don't Know: The Asymmetry of Strategic Intelligence and the Great Perils of Asymmetric Alliances"(2023), "Social Media Use and Participation in Dueling Protests: The Case of the 2016-2017 Presidential Corruption Scandal in South Korea"(2021), "The Spatial Diffusion of Suicide Attacks"(2022) 등이 있다.

차정미

국회미래연구원 국제전략연구센터장이다. 연세대학교 중어중문학과를 졸업하고 연세대학교 정치학과에서 석·박사 학위를 받았다. 현재 연세대학교 통일연구원 객원교수, 한국국제정치학회 중국연구분과위원장을 맡고 있다. 주요 연구 분야는 중국 외교안보, 미중 기술경쟁, 중국 군사혁신, 과학기술외교 등이다. 대표 연구로 "The Future of the World Order in 2050: Probable vs. Preferred"(2022), "The Future of US-China Tech Competition: Global Perceptions, Prospects and Strategies"(2021), 「미중 전략경쟁과 과학기술외교(Science Diplomacy)의 부상」(2022), 「시진핑 시대 중국의 군사혁신 연구: 육군의 군사혁신전략을 중심으로」(2021), 「4차 산업혁명시대 중국의 군사혁신: 군사지능화와 군민융합(CMI) 강화를 중심으로」(2020) 등이 있다.

전경주

한국국방연구원 연구위원이다. 고려대학교 정치외교학과를 졸업, 동 대학원에서 정치학(국제정치 전공) 석사를 받고 런던정경대학교에서 비교정치학 석사학위를 받았다. 고려대학교 정치외교학과에서 정치학(국제정치 전공) 박사학위를 받았다. 주요 연구 분야는 국방전략, 전략기획, 억제 이론, 북한 군사 및 정치이다. 연구원에서는 주로 『국방전략서 작성 연구』를 비롯한 전략기획 관련 연구와 북한 위협 평가 및 대응 관련 연구를 수행해 왔다. 최근 논문으로는 「북한의 핵개발 성공 요인에 대한 고찰」(2022), 「국방전략서 작성의 이론과 실제」(공저, 2021) 등이 있고, 저서로는 *The United Nations, Indo-Pacific and Korean Peninsula*(공저, 2023), 『외교의 부활』(공저, 2021) 등이 있다.

손한별

국방대학교 군사전략학과 부교수이다. 국가안전보장문제연구소 군사전략연구센터장을 겸직하고 있다. 서울대학교에서 학사 및 석사학위를, 국방대학교에서 군사학 박사학위를 취득했다. 합동참모본부 전략기획부 실무자로 근무한 바 있다. 국가안보론, 전략기획론, 전쟁론, 핵전략 등을 강의하고 있으며, 주요 관심 분야는 국방전략, 북핵 대응전략 및 비확산정책, 한미동맹 이슈 등이다. 주요 논문으로 「핵무기 개발과 국가행위의 변화」(2022), 「한국의 군사우주전략」(2022), 「포괄적 위협평가의 시론적 검토」(2022), 「국방전략서 작성의 이론과 실제」(공저, 2021) 등이 있다.

한울아카데미 2431

서울대학교 미래전연구센터 총서 7

미래국방의 국제정치학과 한국

엮은이 김상배 | **지은이** 김상배·허경무·정구연·조한승·윤대엽·정성철·장기영·차정미·전경주·손한별

펴낸이 김종수 | **펴낸곳** 한울엠플러스(주) | **편집책임** 조수임 | **편집** 정은선

초판 1쇄 인쇄 2023년 5월 10일 | **초판 1쇄 발행** 2023년 5월 30일

주소 10881 경기도 파주시 광인사길 153 한울시소빌딩 3층

전화 031-955-0655 | **팩스** 031-955-0656 | **홈페이지** www.hanulmplus.kr

등록번호 제406-2015-000143호

Printed in Korea.

ISBN 978-89-460-7432-3 93390

※ 책값은 겉표지에 표시되어 있습니다.

서울대학교 미래전연구센터 총서 3

우주경쟁의 세계정치

복합지정학의 시각

- 김상배 엮음
- 김상배·최정훈·김지이·알리나 쉬만스카·한상현·이강규·이승주·안형준·유준구 지음
- 2021년 5월 3일 발행 I 신국판 I 352면

주요국의 우주전략과 우주공간에 대한 쟁점을

복합지정학의 시각에서 분석한다!

'우주'는 기본적으로 한 나라의 주권과 지리적 경계를 넘어서는 탈지정학의 공간이다. 또한 민간 기업의 우주기술 개발이 빠르게 성장함에 따라 출현한 이른바 '뉴스페이스'의 등장은 우주공간의 초국적인 성격, 즉 비지정학적 측면을 보여준다. 여기에 우주 문제의 안보화와 더불어 다양한 이해 관계자들의 협력과 경쟁이 함께 일어나는 비판 지정학의 동학까지 작용한다. 이러한 맥락에서 본다면, 우주공간에서의 주도권을 장악하기 위한 주요국들의 경쟁은 단순한 기술적·산업적 차원에서 나아가 거시적이고 포괄적인 시각에서 바라볼 필요가 있다. 이에 이 책은 탈지정학, 비지정학, 비판 지정학을 아우른 '복합지정학의 시각'을 원용하여 우주를 둘러싼 각국의 경쟁과 국제협력에 관한 쟁점을 분석했다.

미국과 중국을 필두로 주요국들은 우주산업 개발에 앞장서고 있다. 여기에 냉전기 이후의 부침을 극복하고 우주 관련 이슈에 적극적인 태도를 보이고 있는 러시아, 다른 국가에 대한 의존성을 낮추고 독립성을 높이려고 시도하는 유럽연합까지 더해 그 경쟁이 치열해지고 있는 상황이다. 이에 이 책은 각국의 우주전략을 분석하고 우리나라에 주는 함의를 도출하고자 했다.

서울대학교 미래전연구센터 총서 4

디지털 안보의 세계정치

미중 패권경쟁 사이의 한국

- 김상배 엮음
- 김상배·이중구·신성호·송태은·이승주·손한별·노유경·고봉준·정성철·유준구 지음
- 2021년 10월 28일 발행 | 신국판 | 344면

수세와 공세를 병행하는 미국 vs. 투자와 집중력으로 무장한 중국,

복합지정학의 시각에서 이해한 미중 디지털 안보경쟁

'디지털 기술'이 야기하는 문제가 양적으로 늘어나고 질적으로 변화하면 국가안보의 문제로 비화된다는 진단 아래, 패권경쟁을 벌이고 있는 대표적 국가인 미국과 중국의 디지털 안보경쟁을 논의했다. 이 책에서 주로 원용한 시각은 '복합지정학'이다. 복합지정학의 시각에서 이해한 미중 디지털 안보경쟁은, 좁은 의미의 자원경쟁이나 기술경쟁을 넘어서 표준경쟁 또는 플랫폼 경쟁의 형태로 전개되고 있다. 이러한 문제의식을 바탕으로, 포괄적이고 총체적인 시각에서 미중경쟁과 더 넓게는 변화하는 국제질서의 맥락을 읽을 수 있도록 구성했다.

이를 위해 사이버전·전자전 영역, 사이버심리전, 군사정보·데이터 안보 영역에서 두 국가의 경쟁 양상을 파악했다. 전반적으로 미국이 앞서 가고 중국이 그 뒤를 바짝 쫓는 모양새지만, 중국의 빠른 성장 속도는 주목할 만하다. 우주개발, 드론 산업, 자율무기체계와 같은 첨단기술 영역에도 고도화된 디지털 기술이 적용된다는 점을 고려하여, 기술 분야에서의 양국의 전략도 면밀히 탐구했다.

서울대학교 미래전연구센터 총서 5

미중 디지털 패권경쟁

기술·안보·권력의 복합지정학

- 김상배 지음
- 2022년 4월 6일 발행 | 신국판 | 352면

중국의 약진과 미국의 제재, 그리고 두 국가의 맞불 정책…

중국의 생존전략과 미중 상호 의존이라는 변수 속에서 디지털 패권을 잡을 나라는?

4차 산업혁명으로 촉발된 미국과 중국의 경쟁은 기술 분야를 시작으로 플랫폼, 체제, 첨단 군사기술까지 아우르는 지정학적 갈등의 문제로 진화했다. 여기에 코로나19 사태가 겹치면서 경쟁은 더욱 심화된 국면을 맞았다. 비대면 생활로 인해 경쟁의 무대가 사이버 공간으로 옮겨가면서 사이버 공간에서도 국가와 진영의 경계가 높아지고 있다. 이 책은 이러한 급진적이고 복합적으로 진행 중인 미중 경쟁의 현실을 명확하게 제시하고 가까운 미래를 전망하고자 한다.

이 책은 미중 경쟁을 제대로 이해하기 위해서는 지정학적 문제뿐 아니라 탈지정학적인 문제까지도 포괄하는 더 넓은 시각이 필요하다는 인식하에 '복합지정학'의 시각을 원용했다. 복합지정학의 시각으로 보았을 때, 미중 경쟁은 '신흥기술 경쟁'인 동시에, 기술과 안보가 만나는 지점에서 진행되는 '신흥안보 갈등'이고, 권력의 성격과 권력 주체, 권력 구조의 변동까지 수반하는 '신흥권력 경쟁'으로 이해할 수 있다. 이러한 인식을 바탕으로 이 책은 기술, 안보, 권력의 3부로 나누어 최근 몇 년간 미중 경쟁의 주요 이슈를 분석했다. 이 치열한 경쟁에 무엇이 변수로 작용할 것이며, 경쟁의 방향이 어디를 향할 것인지 다양한 가능성을 열어두고 검토했다.

서울대학교 미래전연구센터 총서 6

미래전 전략과 군사혁신 모델

주요국 사례의 비교연구

- 김상배 엮음
- 김상배·손한별·김상규·우평균·이기태·조은정·표광민·설인효·조한승 지음
- 2022년 11월 21일 발행 | 신국판 | 304면

안보환경의 변화와 첨단기술의 발전 속에서
주요국은 어떤 군사혁신 전략을 모색하고 있는가?

강대국 간 패권경쟁이 심화되고, 한편에서는 동맹을 강화하려는 등 안보환경의 변화에 따라 각국은 군사혁신 전략에 변화를 꾀하려는 움직임을 보이고 있다. 이에 이 책은 주요국의 군사혁신 과정을 분석하고 각국이 미래전에 대응하는 서로 다른 전략들을 비교분석할 수 있도록 구성했다. 여기에 오늘날 군사혁신은 4차 산업혁명 분야의 첨단기술을 얼마만큼 활용할 수 있느냐에 큰 영향을 받는다는 점을 고려하여, 첨단 방위산업과 군사혁신에 초점을 맞추었다.

이 책을 관통하는 시각이라 할 수 있는 복합지정학적 접근을 통해 오늘날 주요국의 군사전략이 영토와 물리력 차원을 넘어 전개되는 모습에 주목했다. 즉, 기술의 발전, 안보 인식의 변화, 자본과 정보의 흐름, 국제 제도와 규범의 발전 등을 포괄하는 복합적 차원에서 군사혁신 전략을 분석했다.

또한 각국의 군사혁신 모델을 이해하는 데 있어 중요한 변수라 할 수 있는 각국의 네트워크 역량도 살펴보았다. 군사혁신의 주체가 누구인가에 주목했으며, 민군 협력과 군-산-학-연 네트워크라는 측면, 국제 협력과 대외적 네트워크라는 측면에서 분석했다. 각 요소들을 각국이 어떻게 운용하고 있으며, 미래전에 어떤 전략으로 대응할 것인지 전망했다. 이를 바탕으로 한국이 미래전에 대응하는 군사혁신 전략을 모색하는 데 도움이 될 수 있도록 했다.